# 基于BIM的Revit 机电管线设计案例教程

**主编** 卫涛 柳志龙 晏清峰

**副主编** 陈帅 高静雯 朱爱玲

**参编** 陈晓慧 邹芷琪 陈兴芳 汤梦晗 胡艳

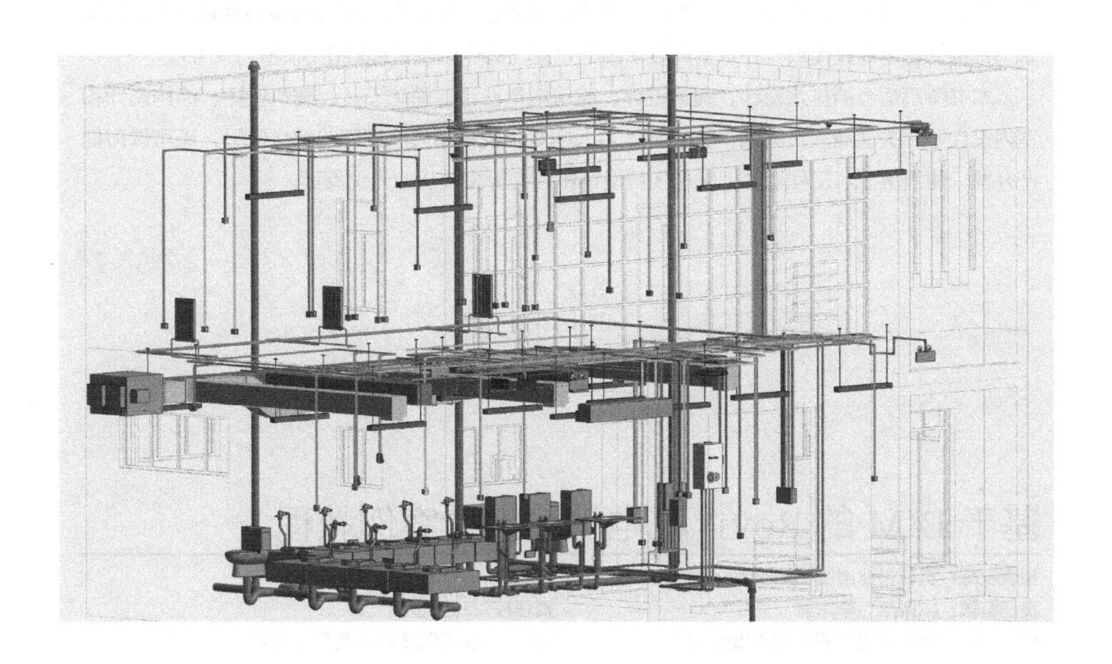

机械工业出版社
CHINA MACHINE PRESS

图书在版编目（CIP）数据

基于BIM的Revit机电管线设计案例教程 / 卫涛，柳志龙，晏清峰主编. —北京：机械工业出版社，2019.12（2023.3重印）

ISBN 978-7-111-64337-1

Ⅰ. 基… Ⅱ. ①卫… ②柳… ③晏… Ⅲ. 房屋建筑设备－机电设备－管线设计－计算机辅助设计－应用软件－教材 Ⅳ. TU85-39

中国版本图书馆CIP数据核字（2019）第281617号

本书以一栋已经完工并交付使用的二层公共卫生间案例为导向，介绍了基于BIM的Revit机电管线综合设计的相关知识及全过程。此案例虽小，但以小衬大，常用的机电专业构件都会介绍到。书中完全按照专业设计、管线综合调整、工程算量和现场施工的高要求介绍操作的整个过程，可以帮助读者深刻地理解和巩固所学习的知识，从而更好地进行绘图操作。另外，作者专门为本书录制了长达13小时的高品质教学视频，以帮助读者更加高效地学习。

本书共7章，介绍了机电样板、二维注释族、三维机电构件族、新风管、排风管、采暖供水管、采暖回水管、生活热水供水管、生活供水管、生活污水管、各种电缆桥架和线管等机电专业的设计。在讲解中描述了建模、绘图、算量、统计、出图与调整的方法，并着重介绍了“管”与“桥架”的建立、绘制、修改与翻弯的过程；针对比较复杂位置的管线进行碰撞检查，生成《冲突报告》，并及时调整问题管线；还建立了房间虚拟净高对象族，设置相应的项目参数，用明细表统计出《房间净高统计表》。本书附录中给出了Revit常用快捷键及命令对照表，以及本书案例的机电专业图纸，并对多屏显示器的设置与操作以及管线避让原则做了介绍。

本书特别适合给排水设计、暖通设计、建筑电气设计、消防设计、建筑设计、结构设计和室内设计等相关从业人员阅读，也适合作为大中专院校和相关培训班的教材使用，还可供房地产开发、建筑施工、工程造价，以及BIM设计和咨询等相关从业人员阅读。

基于 BIM 的 Revit 机电管线设计案例教程

出版发行：机械工业出版社（北京市西城区百万庄大街 22 号 邮政编码：100037）

责任编辑：欧振旭 李华君　　责任校对：姚志娟

印　刷：北京捷迅佳彩印刷有限公司　　版　次：2023 年 3 月第 1 版第 6 次印刷

开　本：185mm × 260mm 1/16　　印　张：17.75

书　号：ISBN 978-7-111-64337-1　　定　价：79.00 元

客服电话：（010）88361066 68326294

# 前言

2002 年 3 月 21 日，美国欧特克公司（Autodesk）用 1.33 亿美元从 Revit Technology 公司收购了一款三维可视化软件——Revit。为了与图软（Graphisoft）公司的 ArchiCAD 及奔特力（Bently）公司的 Microstation 竞争，Autodesk 公司于 2003 年为 Revit 推出了 BIM（Building Information Modeling，建筑信息化模型）理念。自此，BIM 逐步成为西方一些发达国家建筑业发展的风向标。

21 世纪是信息化的时代。在我国，为了适应这个发展要求，住建部近年在全国范围内大力推行 BIM 技术。要求到 2020 年末，建筑行业甲级勘察、设计单位，以及特级、一级房屋建筑工程施工企业应掌握 BIM 技术，并实现 BIM 与企业管理系统一体化集成应用。要求到 2020 年末，以国有资金投资为主的大中型建筑，以及申报绿色建筑的公共建筑和绿色生态示范小区的新立项项目，在勘察设计、施工和运营维护中，集成应用 BIM 的项目比率达到 90%。

使用 Revit 做 BIM 设计的工程师们经常讲“无机电不 BIM”。这句话虽然有一些夸大，但也从一个侧面说明了机电专业在 BIM 中的重要性。在 BIM 设计费（建筑、结构、机电三个专业）的分配中，建筑与结构两个专业之和比机电一个专业的设计费还低。这是由机电专业的复杂化、困难程度及不确定性决定的。

机电专业就是早期建筑设计院中的设备专业，也叫机电设备专业，分为建筑电气、给排水和暖通三个子专业。由于技术的进步与时代的发展，机电的分类越来越细致，大致有强电、弱电、给水、热给水、污水、采暖、通风、空调和消防等子专业。在这些子专业中，除了消防专业没有专业图纸外（消防专业是在其他专业中设置消防分项），其他每个专业都有自己的图纸。这样问题就来了：这些专业是如何设计和制图的？

机电专业的这些子专业都是根据建筑专业提供的条件图来进行本专业的设计，并通过本专业的平面图来表达。这样就会出现如下问题：

- 平面图纸只能表达管线水平位置，而不能表达垂直向的位置；
- 各专业只能控制自己管线的位置，而没有考虑其他专业管线的位置；
- 机电专业只参照建筑专业的条件图设计，而没有考虑与结构专业的关系（例如，是在梁上打洞还是绕过梁）。

就算把多个专业的管线设计放入一张图纸中也解决不了问题，这是由平面图纸天生的不足所决定的。于是 BIM 就来解决这个问题了。使用 Revit 制作机电 BIM 模型不仅能将机电所有专业的管线放在一个模型中，而且还能链接建筑与结构专业的模型。也就是建筑、结构和机电中所有的构件都集成在一个项目文件中了。由于应用了 BIM 技术，所以可以利用 Revit 的“碰撞检查”功能检查不同专业之间的管线是否“打架”，管线会不会影响结构构件的布置，并在最后由软件自动生成《冲突报告》。根据这个《冲突报告》，设计师返回模型中调整有问题的管线，甚至还要调整结构构件（如减少梁的高度、设置反臂梁等）。这就叫做管线综合调整，简称“调管综”。各专业调整合理之后，使用 Revit 软件在关键位置生成《管线综合断面图》，俗称“BIM 管综图”。

机电专业的设计主要是管线的设计，所以单个机电子专业的设计被称为管线设计，而多个机电子专业的设计被称为管线综合设计。只有基于 BIM 的管线综合设计才能正确指导施工，才能避免管线碰撞和专业碰撞这种代价高昂的现场返工问题。

笔者曾接触过一个医院项目，项目部先尝试在一层放射科进行管线施工，结果布置好后又拆，拆了又布置，反反复复折腾了一周，无法进行下去。因为施工无法进行，甲方召集各专业负责人开了专业碰头会，机电专业人员居然要求结构专业人员把建好的几道混凝土主梁拆掉换成钢梁，以减少梁的高度，好布置管线。在专业间的矛盾无法调和时，笔者适时带领自己的团队介入，为甲方进行 BIM 咨询服务，驻场解决管线施工问题。最后各机电专业人员要求：BIM 管综图出到哪，哪里就开始施工；不出 BIM 管综图，坚决不施工，以避免不必要的返工。

本书就是根据笔者的实际工作经历，并根据笔者对基于 BIM 的管线综合工作流程的理解而组织团队写作的。

与本书对应的建筑与结构设计的相关知识，请读者参考机械工业出版社于 2017 年 9 月所出版的本书姊妹篇《基于 BIM 的 Revit 建筑与结构设计案例教程》一书。这两部书都以一栋已经完工并交付使用的二层公共卫生间为案例进行讲解，只是分别介绍了不同专业的设计。本书中的操作将会链接该案例中建筑和结构两个专业的模型，并完全按照实战要求进行讲解。

## 本书特色

### 1. 配13小时高品质教学视频，提高学习效率

为了便于读者更加高效地学习本书内容，作者专门为本书录制了 13 小时高品质教学视频（MP4 格式）。这些教学视频和书中涉及的项目文件、族文件等配套资源需要读者自行下载，具体见前言中的“本书配套资源获取方式”模块中的介绍。

另外，笔者建议读者扫描右侧的二维码，直接通过手机端观看本书的配套教学视频，再通过计算机端学习与操作，这样会大大提高学习效率。因为我们知道，在没有智能手机或智能手机不发达的时期，一般是先在计算机端观看教学视频，然后再切换视窗进行学习与操作。这样的操作非常频繁，会浪费很多宝贵的时间。如今移动端的普及很好地解决了这个问题，带来了更好的学习体验。

### 2. 双屏幕进行Revit操作，提高作图效率

从 Revit 2020 开始，可以支持多显示器操作。本书配套教学视频就是采用 Revit 2020 为讲解版本，使用了一主一副两个屏幕全程进行操作。主屏幕显示平面视图，副屏幕显示

三维视图或立面视图。这样在操作时不用来回频繁地切换视图，极大地提高了作图效率。设置与操作双屏幕的方法，读者可参考本书附录C中的介绍。

### 3. 选用经典案例进行教学

本书介绍的二层公共卫生间案例的实际工程项目是本书姊妹篇《基于BIM的Revit建筑与结构设计案例教程》一书中介绍的案例。只是本书讲解的是这个项目的机电专业，而姊妹篇介绍的是该项目的建筑与结构专业。这个项目虽然小，但能以小衬大，机电专业中涉及的各种管线都布置了，基于BIM的Revit管线综合设计的全过程在这个项目中也为读者完整地展示了。

### 4. 全程使用快捷键操作，以提高工作效率

本书完全按照实战要求，每一步都尽量采用快捷键进行操作，这样不仅准确，而且更加高效，可以适应实际的工作要求。本书附录A中也收录了Revit中常用的快捷键用法，供读者随时查阅。

### 5. 提供完善的技术支持和售后服务

本书提供专门的技术支持和售后服务QQ群（群号为157244643和48469816），读者在阅读本书的过程中有任何疑问都可以通过该群获得帮助。

## 本书内容

第1章介绍了如何利用建筑专业已经设置好的轴网与标高，快速地在机电样板中创建机电专业的轴网与标高系统，并使用过滤分类、视图样板等功能创建机电样板。

第2章介绍了风管标记、管道标记、电缆桥架标记等二维注释族，以及新风机和散热器等三维机电构件族的制作。

第3章介绍了新风管、排风管，以及一层和二层采暖水管的布置，中间穿插了族的放置与修改。

第4章介绍了给排水专业中的给水管、热给水管、污水管的布置，以及这些管道、存水弯和相应洁具的连接方法，并对卫浴装置的管道连接方法做了介绍。

第5章介绍了插座与开关的定位，以及插座电缆桥架布置、照明电缆桥架布置、消防桥架及电信桥架布置。

第6章介绍了管线和设备的工程量统计。主要讲解了两种统计方法：长度的统计与数量的统计。长度的统计使用明细表中的“长度”字段；数量的统计使用明细表中的“合计”字段。

第7章介绍了管线碰撞检查和调整，并生成管线综合断面图，最后引入了房间净高虚拟对象族的制作与插入，使用明细表统计房间净高并生成相应的明细表。

附录A给出了Revit常用快捷键及命令对照表。

附录B提供了本书中机电各专业的图纸。

附录C介绍了在Revit中多屏显示器的设置与操作。

附录D介绍了管线避让的原则。

## 本书配套资源获取方式

为了方便读者高效学习，本书特意为读者提供了以下配套学习资源：

- 13 小时同步配套教学视频；
- 本书教学课件（教学 PPT）；
- 本书中分步骤的 RVT 项目文件；
- 本书中涉及的机电项目样板 RTE 文件；
- 本书中涉及的 RFA 族文件。

这些配套资源需要读者自行下载，请在 www.cmpreading.com 网站上搜索到本书，即可在本书页面上找到“配书资源”链接进行下载。

## 本书读者对象

- 从事给排水、暖通、电气、消防设计的人员；
- 从事机电设备设计的人员；
- 从事建筑设计的人员；
- 从事结构设计的人员；
- 从事 BIM 设计与咨询的人员；
- Revit 二次开发人员；
- 房地产开发人员；
- 建筑施工人员；
- 工程造价从业人员；
- 建筑软件和三维软件爱好者；
- 需要一本案头必备查询手册的人员；
- 建筑学、土木工程、建筑电气与智能化、给排水科学与工程、建筑环境与能源应用工程、工程管理、工程造价和城乡规划等相关专业的大中专院校的学生。

## 本书作者

本书由卫老师环艺教学实验室卫涛、柳志龙，以及许昌市规划设计院晏清峰任主编，由陈帅、高静雯、朱爱玲任副主编。其他参编人员还有陈晓慧、邹芷琪、陈兴芳、汤梦晗、胡艳。

本书的编写承蒙卫老师环艺教学实验室全体同仁的支持与关怀，在此对大家表示感谢！此外，还要感谢出版社的各位编辑在本书编写和出版过程中所给予的大力支持和帮助！

虽然我们对书中所述内容都尽量核实并多次进行文字校对，但因时间所限，书中可能还存在疏漏与不足之处，恳请读者批评指正。联系邮箱：hzbook2017@163.com。

卫涛

于武汉光谷

# 目录

# 第 1 章　机电专业样板

在 Revit 中，建筑样板对应建筑专业，结构样板对应结构专业，机械样板对应机电专业。如果一个项目中有多个专业，就要使用构造样板。但是软件自带的机械样板不适合我国的相关制图与设计规范，因此需要设计师自己定义机电专业的样板文件。

## 1.1　创建机电样板

项目样板的设置是一个项目开始的先决条件 ，只有依托于完善的样板文件，各专业工程师相关模型的搭建才能有序进行，在繁杂的设计流程环节中无损传递。创建样板文件能让每个工程师不必花费时间来设置软件，将时间真正地用于设计本身，能统一不同工程师的建模设置和制图标准，规范本单位不同项目的模型标准，设计出具有本单位统一风格的模型。

### 1.1.1　复制轴网标高系统

在笔者的《基于 BIM 的 Revit 建筑与结构设计案例教程》一书中，曾介绍了项目的建筑与结构专业。轴网与标高是由建筑专业制定，所以此处只需要复制已有的数据就可以了。

（1）新建机电样板。选择“模型”|“新建”命令，在弹出的“新建项目”对话框中单击“浏览”按钮，在弹出的“选择样板”对话框中，选择 China 目录下的 Systems-Default CHSCHS 文件，单击“打开”按钮，并在“新建项目”对话框中选中“项目样板”单选按钮，单击“确定”按钮，进入创建样板界面，如图 1.1 所示。

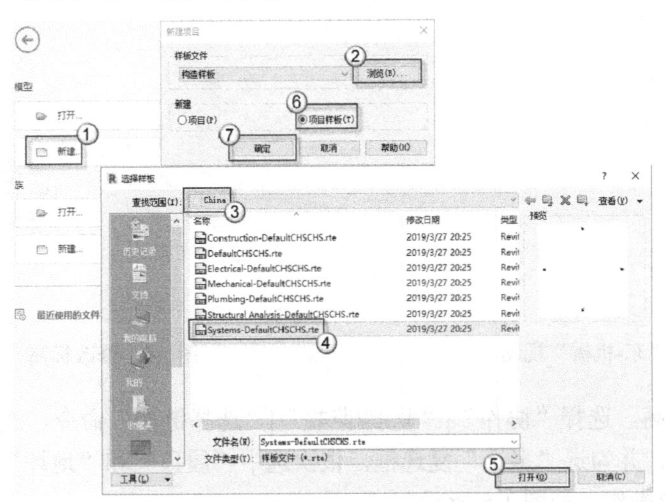

图 1.1　新建机电样板

（2）链接“建筑轴网”RVT 文件。选择“插入”|“链接 Revit”命令，打开“导入/链接 RVT”对话框，选择配套下载资源提供的“建筑轴网”文件，单击“打开”按钮，如图 1.2 所示。

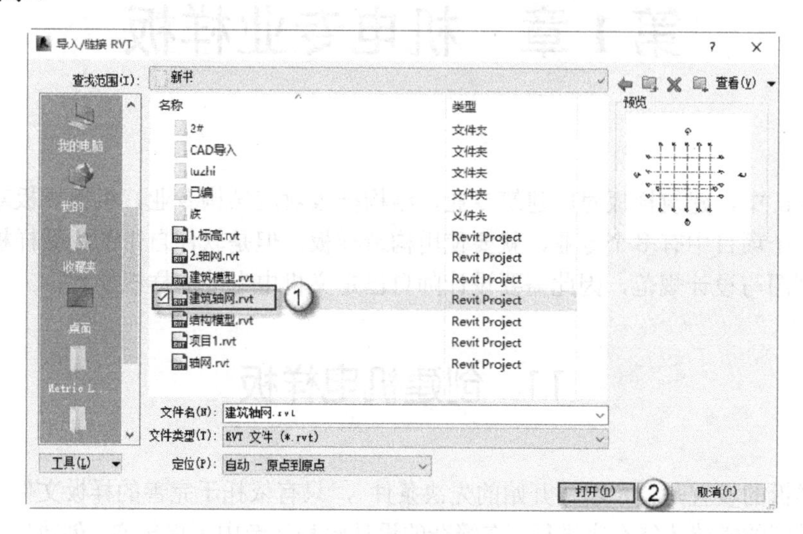


图 1.2　链接“建筑轴网”RVT 文件

（3）打开“东-机械”视图。选择“项目浏览器”面板中的“机械”|“暖通”|“立面（建筑立面）”|“东-机械”选项，打开“东-机械”视图，如图 1.3 所示。

（4）修改标高。依次将“标高 1”和“标高 2”名称改为“一层”和“二层”，并将“二层”标高改为“3.600”个单位，如图 1.4 所示。

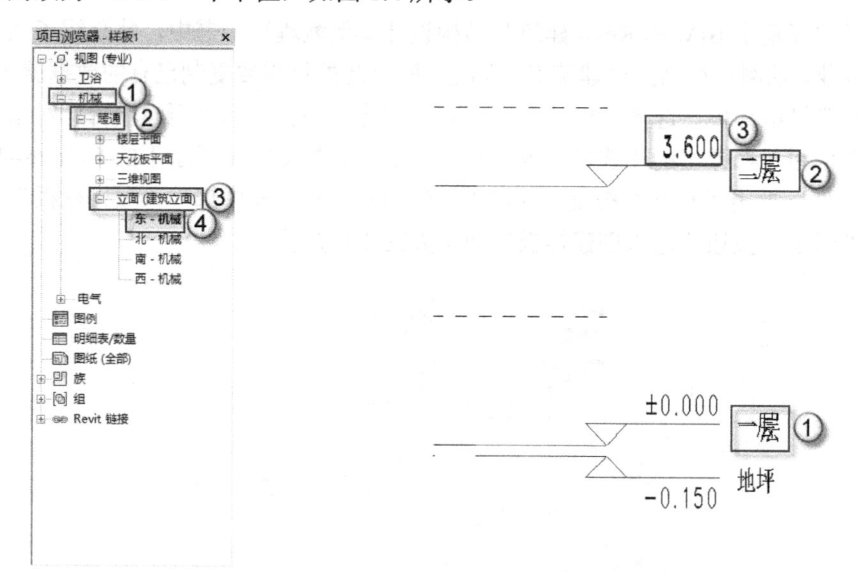


图 1.3　打开“东-机械”视图

图 1.4　修改标高

（5）复制标高。选择“协作”|“复制/监视”|“选择链接”命令，选中链接对象，单击“复制”按钮，并勾选“多个”复选框，依次选中“屋顶”和“地坪”两个标高，单击“完成”按钮完成操作，如图 1.5 所示。

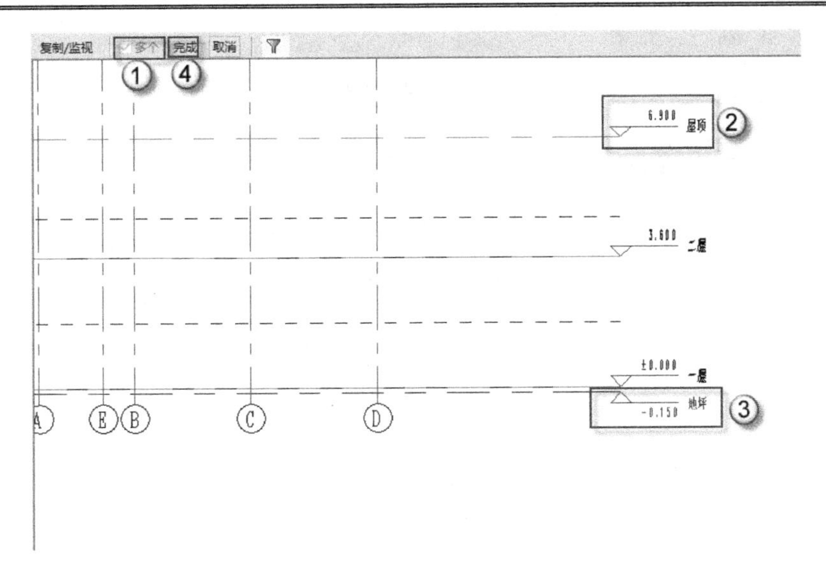


图 1.5　复制标高

（6）更改标高类型。选择标高标头中“二层”字样，然后在“属性”面板中单击“编辑类型”按钮，在弹出的“类型属性”对话框中，将“颜色”选择为“红色”，“线型图案”选择为“划线”，最后单击“确定”按钮，完成“上标高标头”的类型编辑，如图 1.6 所示。依此方法对一层标高类型进行更改。

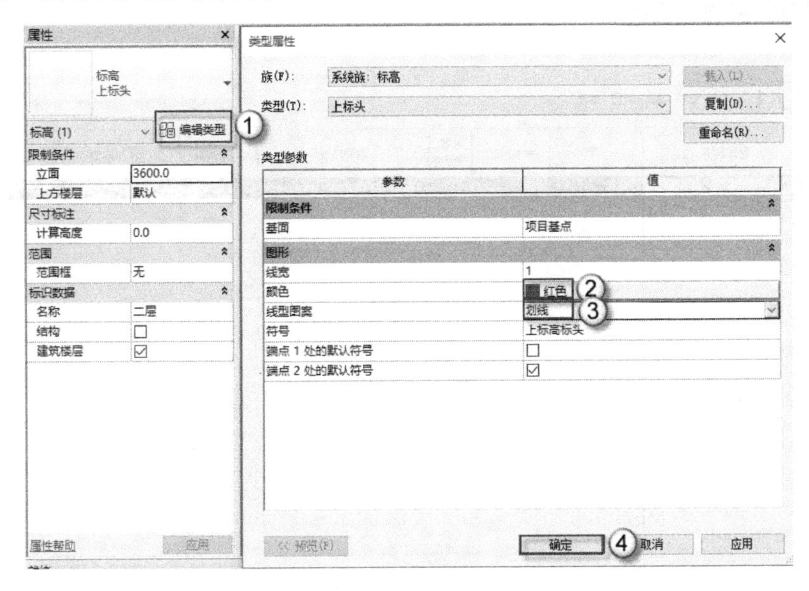


图 1.6　更改标高类型

（7）打开“1-机械”视图。选择“项目浏览器”面板中的“机械”|“暖通”|“楼层平面”|“1-机械”选项，打开“1-机械”视图，如图 1.7 所示。

（8）复制轴网。选择“协作”|“复制/监视”|“选择链接”命令，选中链接对象，单击“复制”按钮，并勾选“多个”复选框，框选整个轴网链接，单击“完成”按钮，完成操作，如图 1.8 所示。

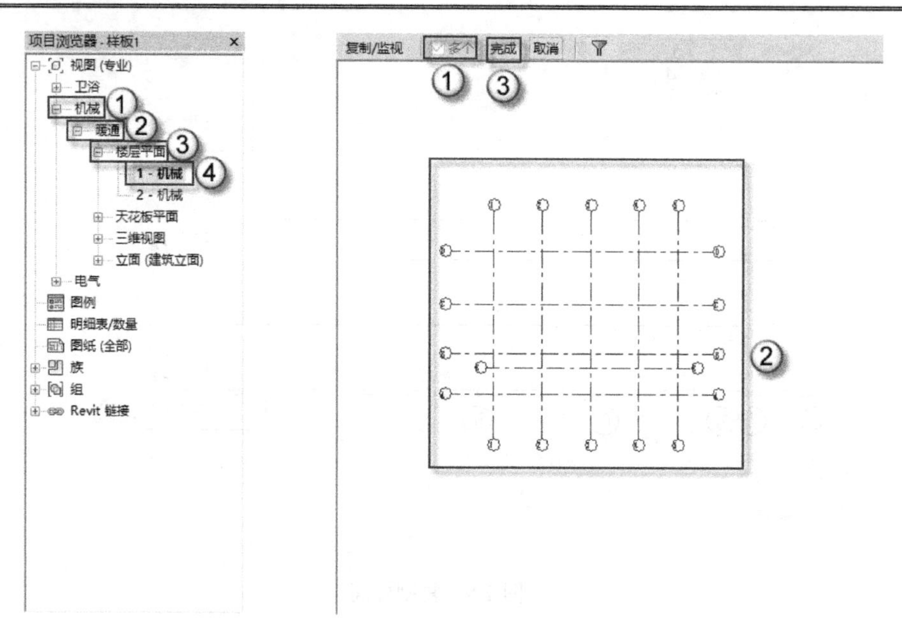


图 1.7　打开“1-机械”视图　　　　图 1.8　复制轴网

（9）删除链接。选择“管理”|“管理链接”命令，在弹出的“管理链接”对话框中选择 Revit 选项卡，然后选择“建筑轴网”选项，单击“删除”按钮，再单击“确定”按钮，将建筑轴网链接删除，如图 1.9 所示。

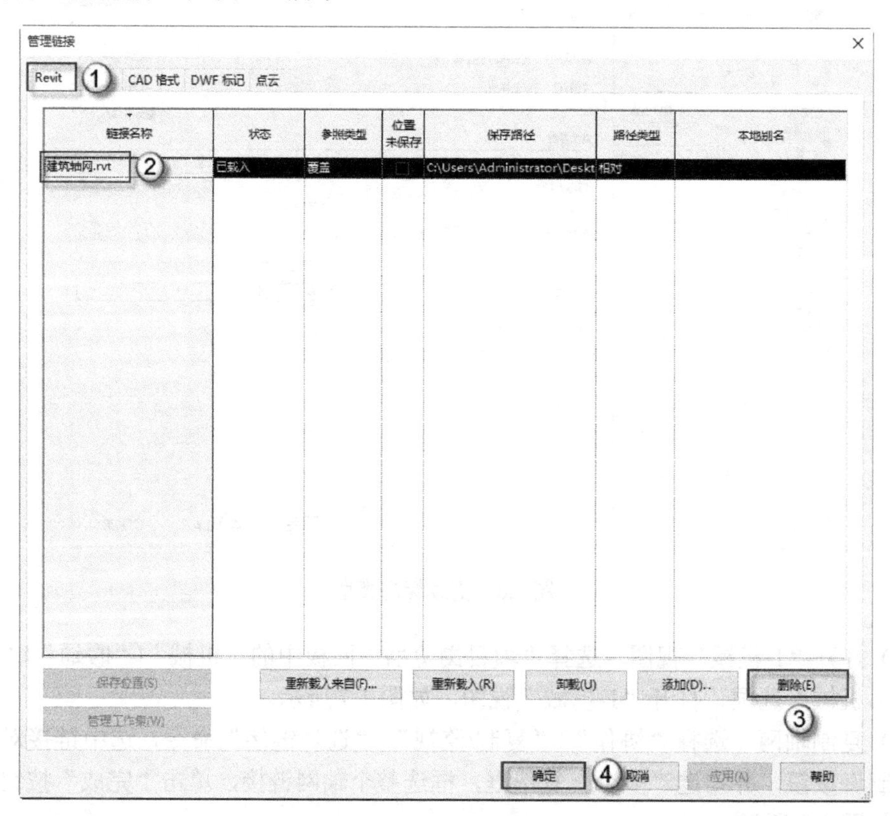


图 1.9　删除链接

注意：由于链接的这个 RVT 文件中的数据已经复制到了样板文件中，后面的操作不再需要，因此可将其删除。

（10）更改轴线类型。选择轴线，然后在“属性”面板中单击“编辑类型”按钮，在弹出的“类型属性”对话框中设置“轴线末段颜色”为“红色”，设置“轴线末段填充图案”为“轴网线”，最后单击“确定”按钮，完成“轴线”的类型编辑，如图 1.10 所示。

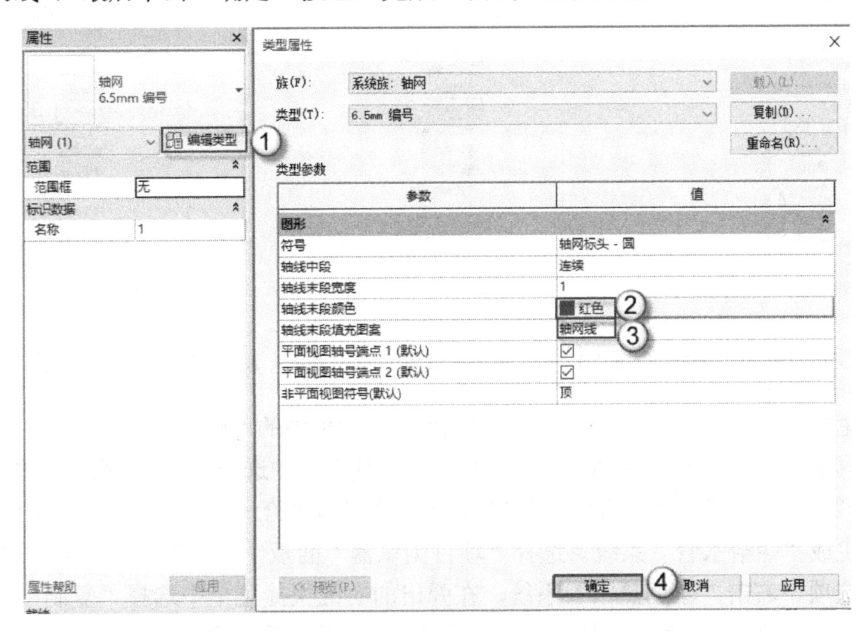


图 1.10　更改轴线类型

## 1.1.2　系统设置

对于机电专业，在开始设计之前必须建立一套较为完善的管道和线路系统。由于项目的大小和复杂程度不同，所以软件自带的几种管道和线路系统并不能达到要求，必须要加以完善。因此，在进行设计之前，要根据项目的需要建立完善的机电管线系统，具体操作如下：

（1）生成“新风”系统。选择“项目浏览器”面板中的“族”|“风管系统”|“风管系统”选项，右击“送风”系统，在弹出的右键快捷菜单中选择“复制”命令，将自动生成“送风 2”系统，然后将“送风 2”系统重命名为“新风”系统，如图 1.11 所示。

（2）生成“采暖供水管”系统。选择“项目浏览器”面板中的“族”|“管道系统”|“管道系统”选项，右击“家用热水”系统，在弹出的右键快捷菜单中选择“复制”命令，将自动生成“家用热水 2”系统，然后将“家用热水 2”系统重命名为“采暖供水管”系统，如图 1.12 所示。

（3）生成“采暖回水管”系统。选择“项目浏览器”面板中的“族”|“管道系统”|“管道系统”选项，右击“家用热水”系统，在弹出的右键快捷菜单中选择“复制”命令，将自动生成“家用热水 2”系统，然后将“家用热水 2”系统重命名为“采暖回水管”系统，如图 1.13 所示。

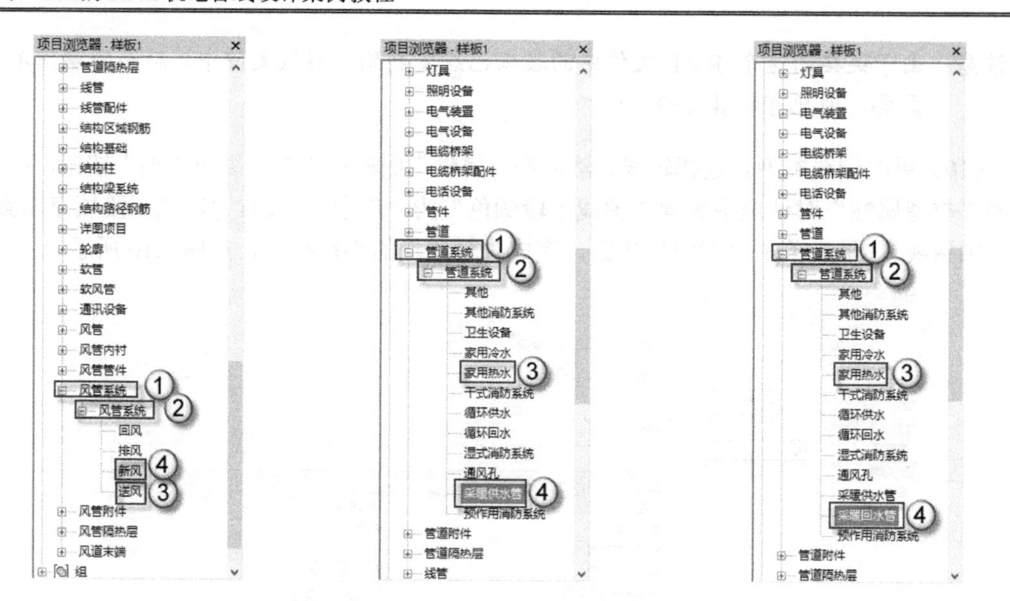


图 1.11　生成“新风”系统　　图 1.12　生成“采暖供水管”系统　　图 1.13　生成“采暖回水管”系统

（4）生成“给水管”系统。选择“项目浏览器”面板中的“族”|“管道系统”|“管道系统”选项，右击“家用冷水”系统，在弹出的右键快捷菜单中选择“复制”命令，将自动生成“家用冷水 2”系统，然后将“家用冷水 2”系统重命名为“给水管”系统，如图 1.14 所示。

（5）生成“热给水管”系统。选择“项目浏览器”面板中的“族”|“管道系统”|“管道系统”选项，右击“家用热水”系统，在弹出的右键快捷菜单中选择“复制”命令，将自动生成“家用热水 2”系统，然后将“家用热水 2”系统重命名为“热给水管”系统，如图 1.15 所示。

（6）生成“污水管”系统。选择“项目浏览器”面板中的“族”|“管道系统”|“管道系统”选项，右击“卫生设备”系统，在弹出的右键快捷菜单中选择“复制”命令，将自动生成“卫生设备 2”系统，然后将“卫生设备 2”系统重命名为“污水管”系统，如图 1.16 所示。

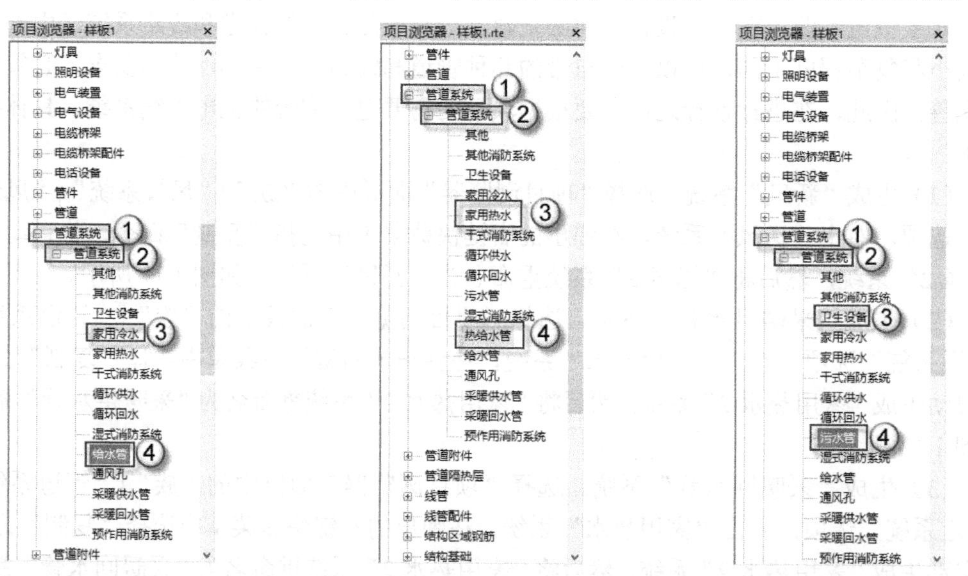


图 1.14　生成“给水管”系统　　图 1.15　生成“热给水管”系统　　图 1.16　生成“污水管”系统

（7）创建“插座”电缆桥架。按 CT 快捷键，发出“电缆桥架”命令，在“属性”面板中，单击“编辑类型”按钮，在弹出的“类型属性”对话框中单击“复制”按钮，弹出“名称”对话框，在“名称”一栏中输入“插座”，单击“确定”按钮完成操作，如图 1.17 所示。

🔔注意：本案例中的机电图纸中只涉及插座、照明、消防和电信 4 种桥架，所以此处只需创建这 4 种桥架。

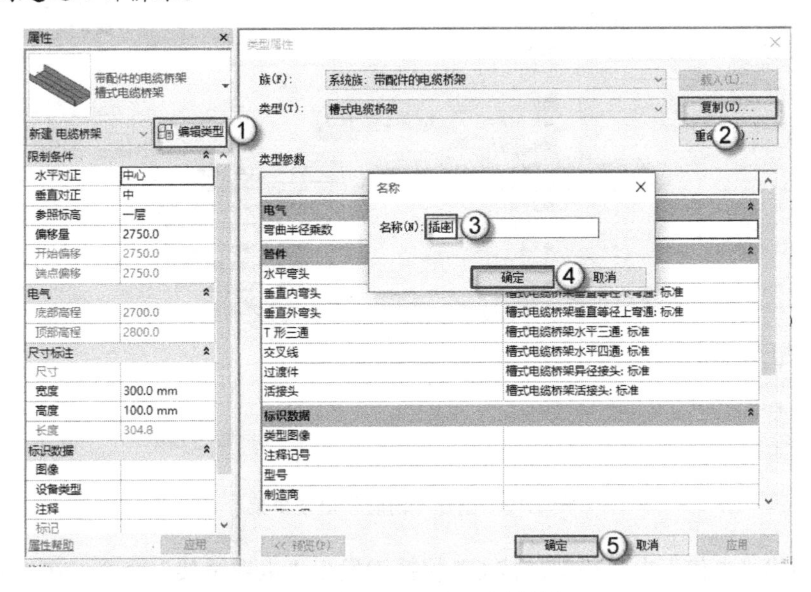


图 1.17　创建“插座”电缆桥架

（8）创建“照明”电缆桥架。按 CT 快捷键发出“电缆桥架”命令，在“属性”面板中单击“编辑类型”按钮，在弹出的“类型属性”对话框中单击“复制”按钮，弹出“名称”对话框，在“名称”一栏中输入“照明”，单击“确定”按钮完成操作，如图 1.18 所示。

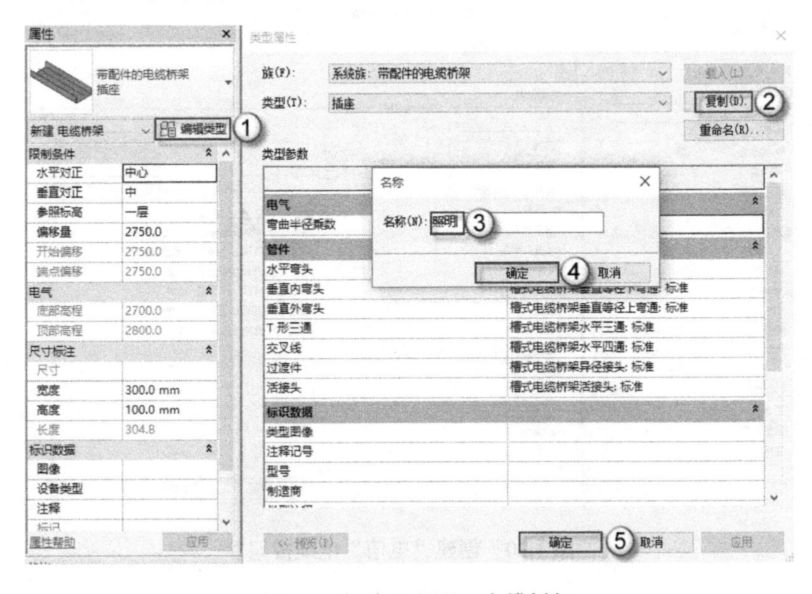


图 1.18　创建“照明”电缆桥架

（9）创建“消防”电缆桥架。按 CT 快捷键发出“电缆桥架”命令，在“属性”面板中单击“编辑类型”按钮，在弹出的“类型属性”对话框中单击“复制”按钮，弹出“名称”对话框，在“名称”一栏中输入“消防”，单击“确定”按钮完成操作，如图 1.19 所示。

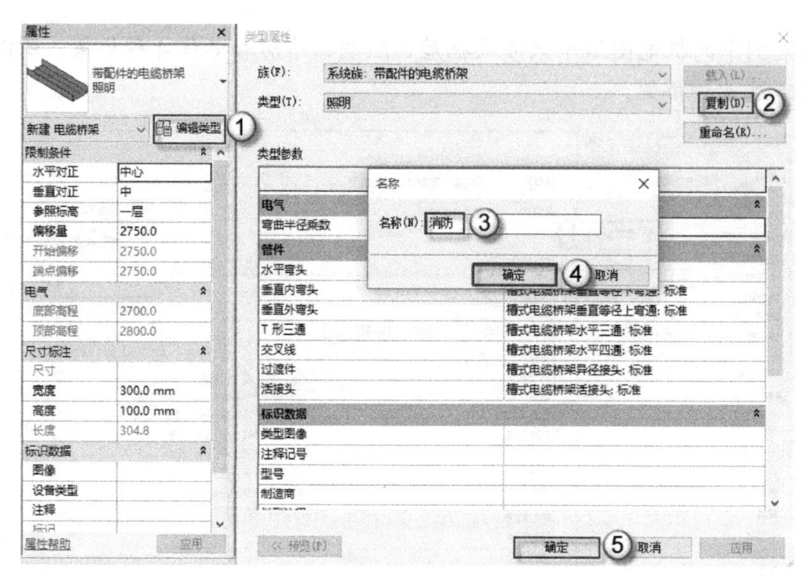


图 1.19　创建“消防”电缆桥架

（10）创建“电信”电缆桥架。按 CT 快捷键发出“电缆桥架”命令，在“属性”面板中单击“编辑类型”按钮，在弹出的“类型属性”对话框中单击“复制”按钮，弹出“名称”对话框，在“名称”一栏中输入“电信”，单击“确定”按钮完成操作，如图 1.20 所示。

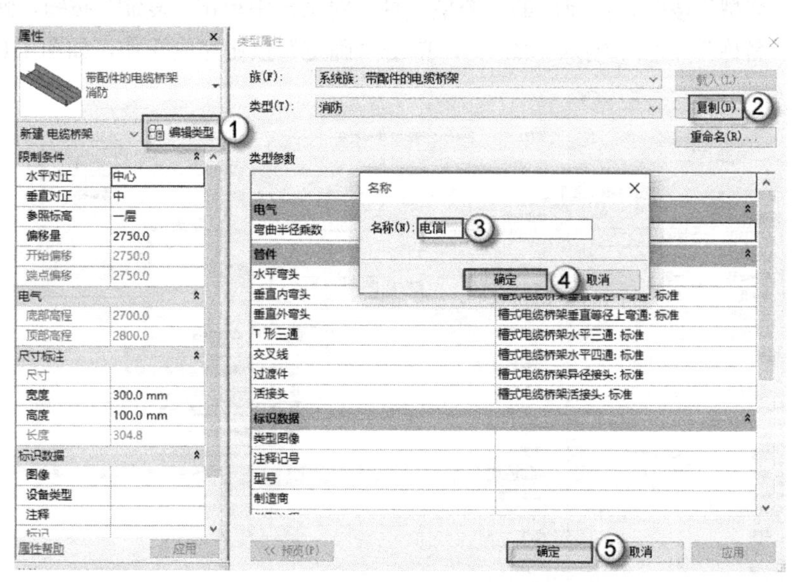


图 1.20　创建“电信”电缆桥架

## 1.1.3　过滤器设置

过滤器实际上就是一种对机电专业中各种管线进行分类的工具，并用不同颜色进行区分，具体设置方法如下：

（1）添加项目参数。选择“管理”|“项目参数”命令，在弹出的“项目参数”对话框中单击“添加”按钮，在弹出的“参数属性”对话框中选择“项目参数”单选按钮，在“名称”栏中输入“二级子规程”，在“规程”栏中选择“公共”选项，在“参数类型”栏中选择“文字”选项，在“参数分组方式”栏中选择“图形”选项，在“类别”栏中勾选“隐藏未选中类别”复选框和“视图”复选框，单击“确定”按钮完成操作，如图 1.21 所示。

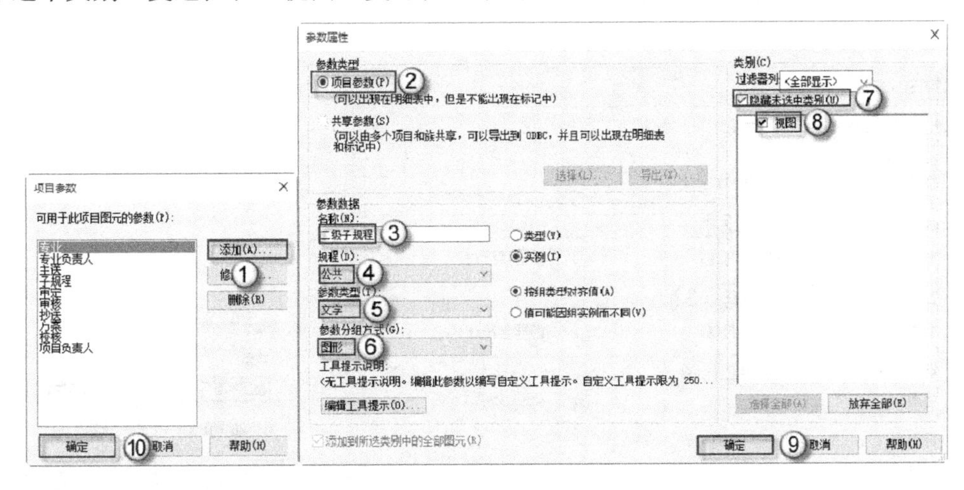

图 1.21　添加项目参数

（2）设置浏览器组织。右击“项目浏览器”面板中的“视图（专业）”选项，在弹出的右键快捷菜单中选择“浏览器组织”命令，在弹出的“浏览器组织”对话框中勾选“专业”复选框，单击“编辑”按钮，进入下一步操作，如图 1.22 所示。

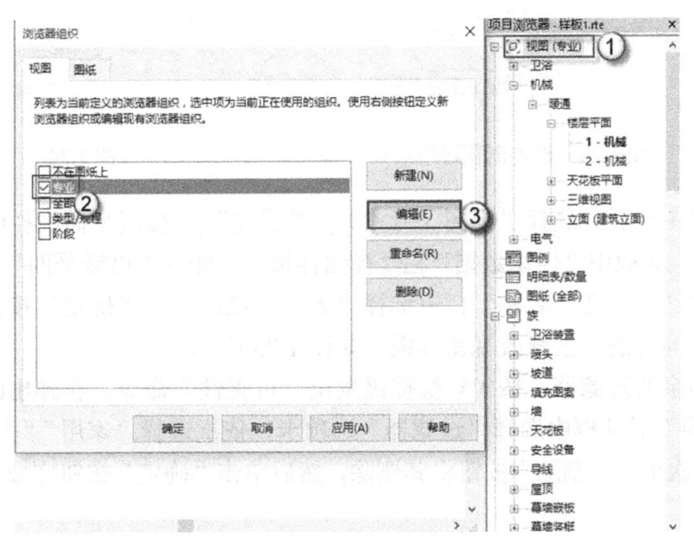

图 1.22　设置浏览器组织

（3）设置浏览器组织属性。继续上一步操作，在弹出的“浏览器组织属性”对话框中选择“成组和排序”选项卡，在“成组条件”栏中选择“子规程”选项，在“否则按”栏中选择“二级子规程”选项，在下面的“否则按”栏中选择“族与类型”选项，单击“确定”按钮完成操作，如图 1.23 所示。

**注意：** 由于软件自带的排序方式不是设计师做项目所需的方式，因此此处需要自己设置排序方式，这样就可以将暖通专业、给排水专业及电气专业分开。

（4）生成其他平面。选择“视图”|“平面视图”|“楼层平面”命令，在弹出的“新建楼层平面”对话框中选中“地坪”和“屋顶”标高，单击“确定”按钮。完成后可以观察到在“视图（专业）”|“暖通”|“楼层平面”栏中有了所需的楼层平面视图了，如图 1.24 所示。

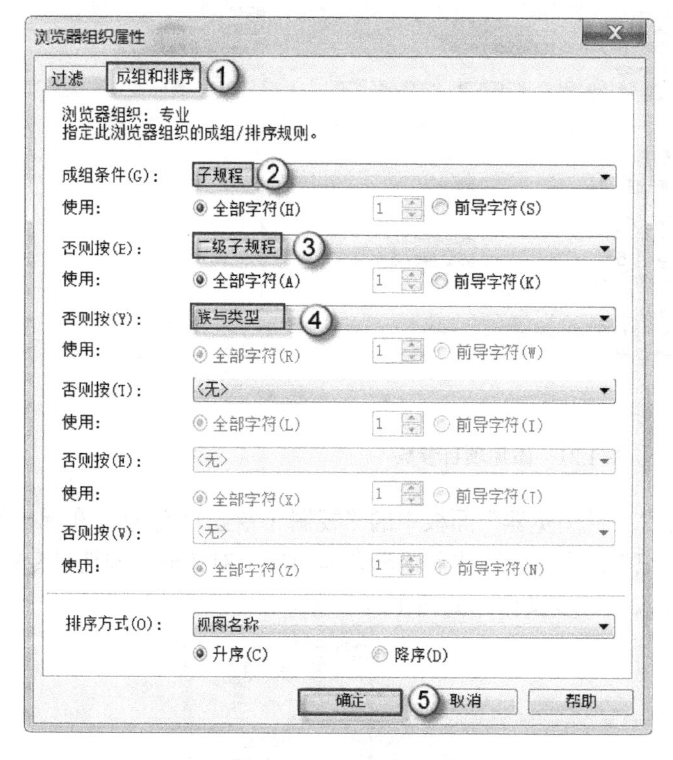


图 1.23　设置浏览器组织

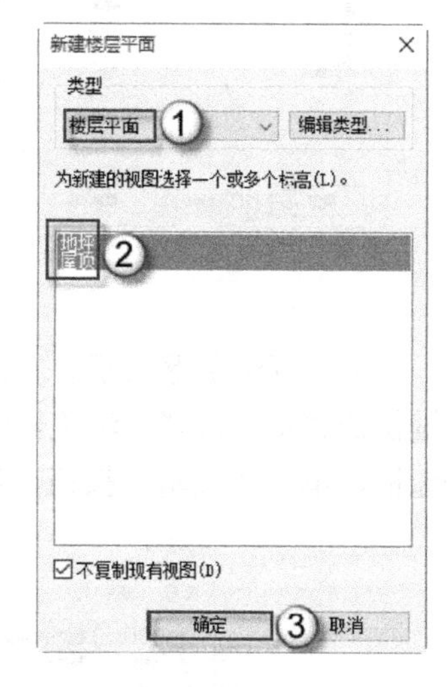


图 1.24　生成其他平面

（5）修改视图样板。选择“视图（专业）”|“暖通”|“楼层平面”栏中的“地坪”平面，单击“属性”面板中“标识数据”栏“视图样板”左侧的“机械平面”按钮，弹出“应用视图样板”对话框。在“名称”栏中选择“无”选项，单击“确定”按钮完成操作，并将屋顶平面依据同样的方法修改视图样板，如图 1.25 所示。

（6）删除多余的过滤器。按 VV 快捷键发出“可见性”命令，在弹出的“楼层平面：可见性/图形替换”对话框中选择“过滤器”选项卡，依次选择“家用”“卫生设备”“通风孔”选项，并依次单击“删除”按钮将其删除，然后单击“确定”按钮完成操作，如图 1.26 所示。

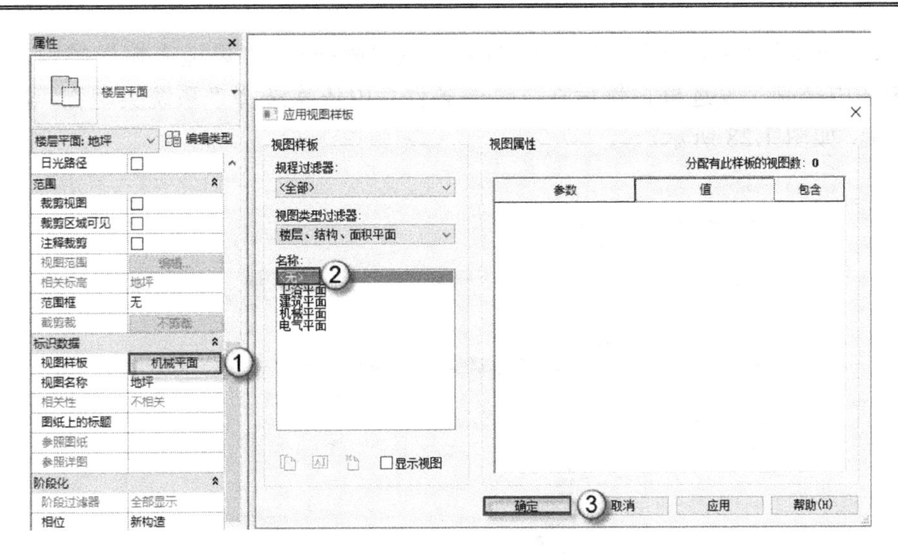


图 1.25　修改视图样板

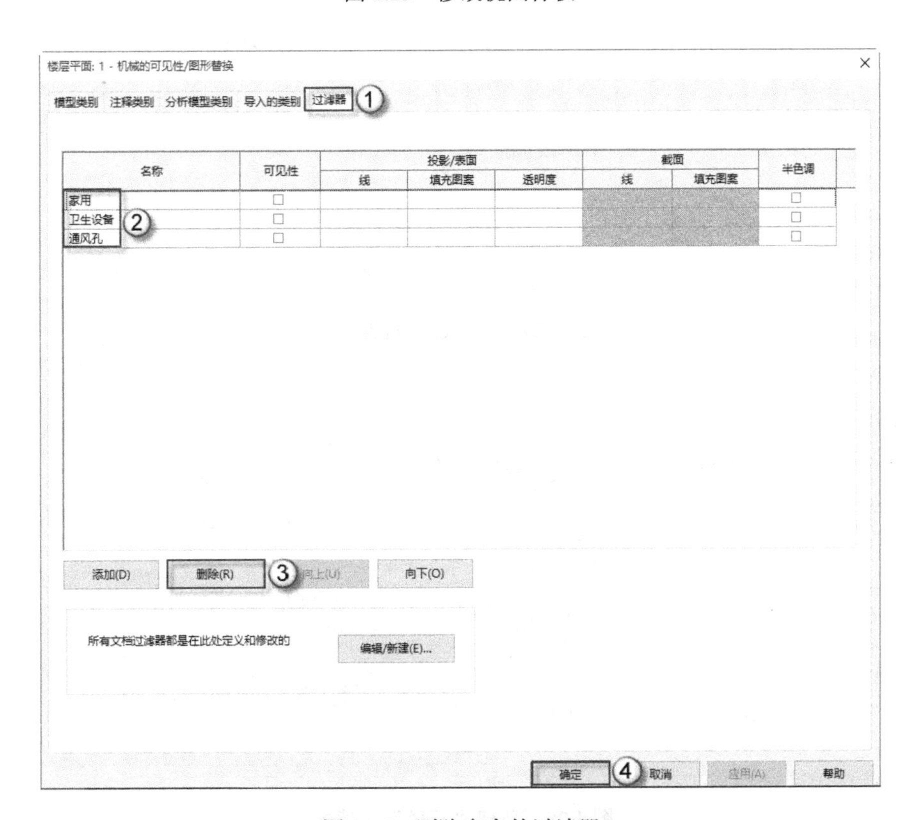


图 1.26　删除多余的过滤器

（7）继续删除过滤器。继续在“楼层平面：可见性/图形替换”对话框中，单击“编辑/新建（E）”按钮，在弹出的“过滤器”对话框中依次选择“过滤器”栏中的每个选项，并逐个单击“删除”按钮将其删除，如图 1.27 所示。

（8）新建“新风”过滤器。在“过滤器”对话框中，单击“新建过滤器”按钮，弹出“过滤器名称”对话框，在“名称”栏中输入“新风”，单击“确定”按钮，返回“过滤器”对话框。在“过滤器”栏中选择“新风”选项，在“过滤器列表类别”

栏中选择“风管”“风管管件”“风管附件”“风管隔热层”“风道末端”类别，并勾选“隐藏未选中类别”复选框，然后在“过滤条件”中依次选择“系统类型”“等于”“新风”选项，如图 1.28 所示。

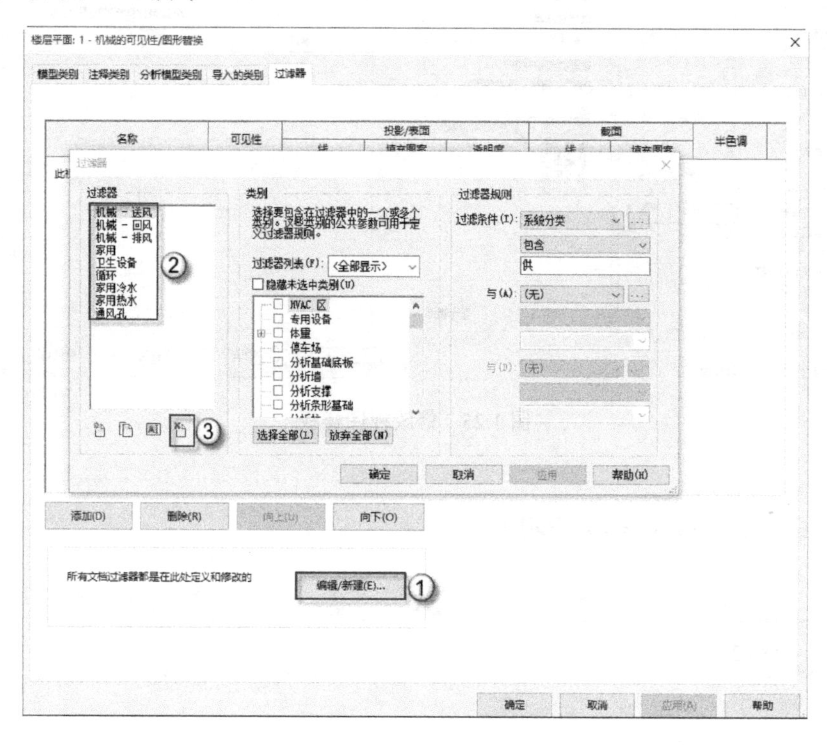


图 1.27　继续删除过滤器

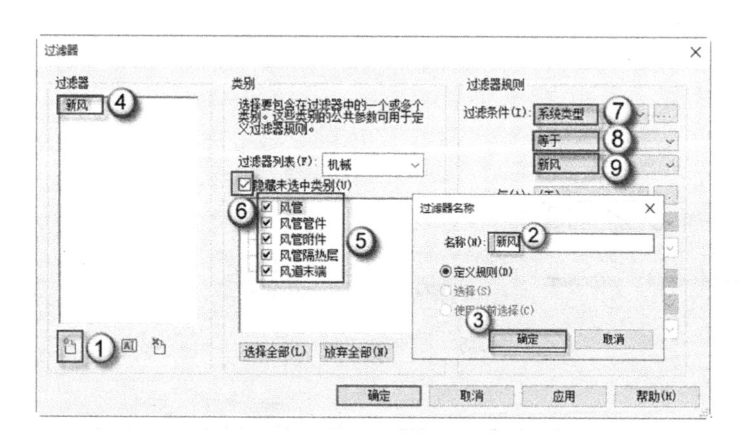


图 1.28　新建“新风”过滤器

（9）新建“排风”过滤器。在“过滤器”对话框中，单击“新建过滤器”按钮，弹出“过滤器名称”对话框，在“名称”栏中输入“排风”，单击“确定”按钮，返回“过滤器”对话框。在“过滤器”栏中选择“排风”选项，在“过滤器列表类别”栏中选择“风管”“风管管件”“风管附件”“风管隔热层”“风道末端”类别，并勾选“隐藏未选中类别”复选框，然后在“过滤条件”中依次选择“系统类型”“等于”“排风”选项，如图 1.29 所示。

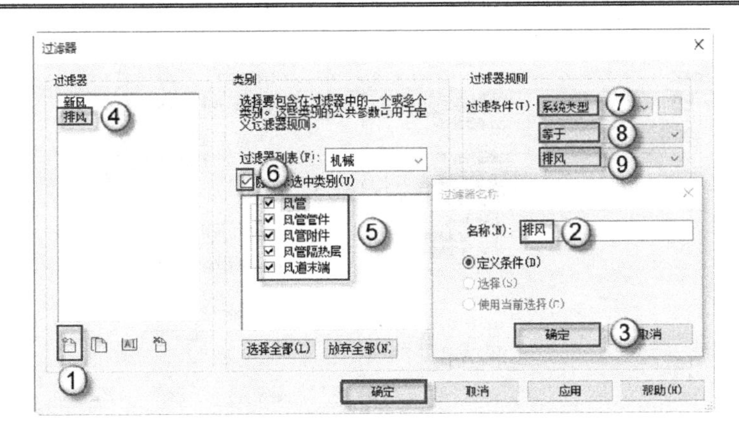


图 1.29　新建“排风”过滤器

（10）新建“采暖供水管”过滤器。在“过滤器”对话框中，单击“新建过滤器”按钮，弹出“过滤器名称”对话框，在“名称”栏中输入“采暖供水管”，单击“确定”按钮，返回“过滤器”对话框。在“过滤器”栏中选择“采暖供水管”选项，在“过滤器列表”中选择“管件”“管道”“管道附件”“管道隔热层”类别，并勾选“隐藏未选中类别”复选框，然后在“过滤条件”中依次选择“系统类型”“等于”“采暖供水管”选项，如图 1.30 所示。

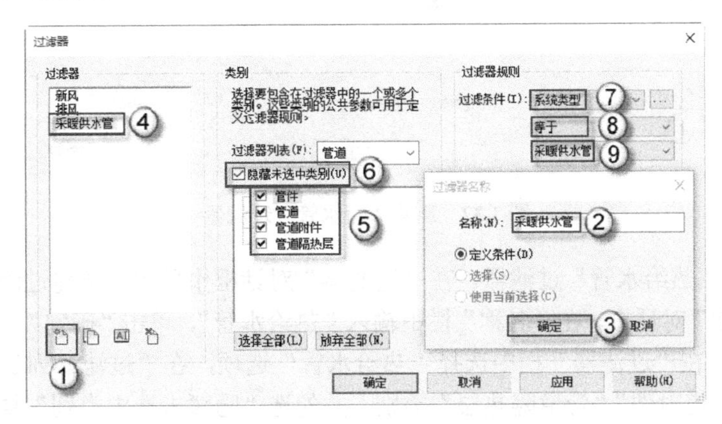


图 1.30　新建“采暖供水管”过滤器

（11）新建“采暖回水管”过滤器。在“过滤器”对话框中单击“新建过滤器”按钮，弹出“过滤器名称”对话框，在“名称”栏中输入“采暖回水管”，单击“确定”按钮，返回“过滤器”对话框。在“过滤器”栏中选择“采暖回水管”选项，在“过滤器列表”中选择“管件”“管道”“管道附件”“管道隔热层”类别，并勾选“隐藏未选中类别”复选框，然后在“过滤条件”中依次选择“系统类型”“等于”“采暖回水管”选项，如图 1.31 所示。

（12）新建“给水管”过滤器。在“过滤器”对话框中单击“新建过滤器”按钮，弹出“过滤器名称”对话框，在“名称”栏中输入“给水管”，单击“确定”按钮，返回“过滤器”对话框。在“过滤器”栏中选择“给水管”选项，在“过滤器列表”中选择“管件”“管道”“管道附件”“管道隔热层”类别，并勾选“隐藏未选中类别”复选框，然后在“过滤条件”中依次选择“系统类型”“等于”“给水管”选项，如图 1.32 所示。

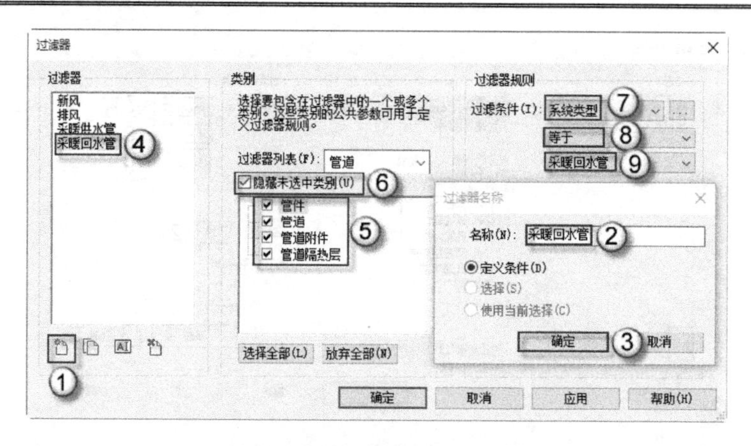


图 1.31 新建“采暖回水管”过滤器

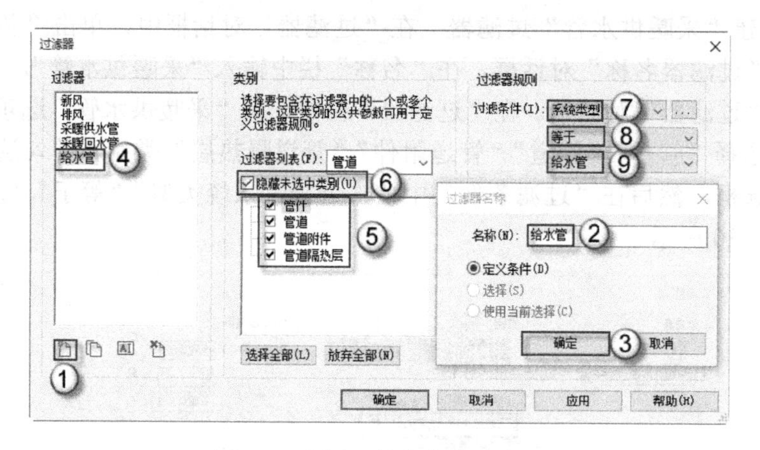


图 1.32 新建“给水管”过滤器

（13）新建“热给水管”过滤器。在“过滤器”对话框中单击“新建过滤器”按钮，弹出“过滤器名称”对话框，在“名称”栏中输入“热给水管”，单击“确定”按钮，返回“过滤器”对话框。在“过滤器”栏中选择“热给水管”选项，在“过滤器列表”中选择“管件”“管道”“管道附件”“管道隔热层”类别，并勾选“隐藏未选中类别”复选框，然后在“过滤条件”中依次选择“系统类型”“等于”“热给水管”选项，如图 1.33 所示。

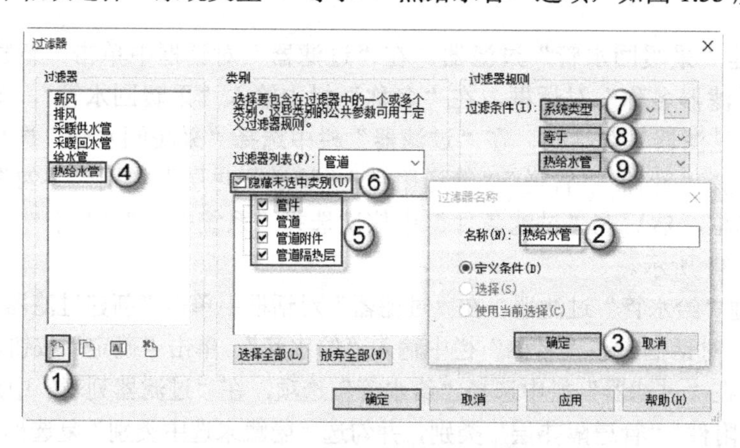


图 1.33 新建“热给水管”过滤器

（14）新建“污水管”过滤器。在“过滤器”对话框中单击“新建过滤器”按钮，弹出“过滤器名称”对话框，在“名称”栏中输入“污水管”，单击“确定”按钮，返回“过滤器”对话框。在“过滤器”栏中选择“污水管”选项，在“过滤器列表”中选择“管件”“管道”“管道附件”“管道隔热层”类别，并勾选“隐藏未选中类别”复选框，然后在“过滤条件”中依次选择“系统类型”“等于”“污水管”选项，如图 1.34 所示。

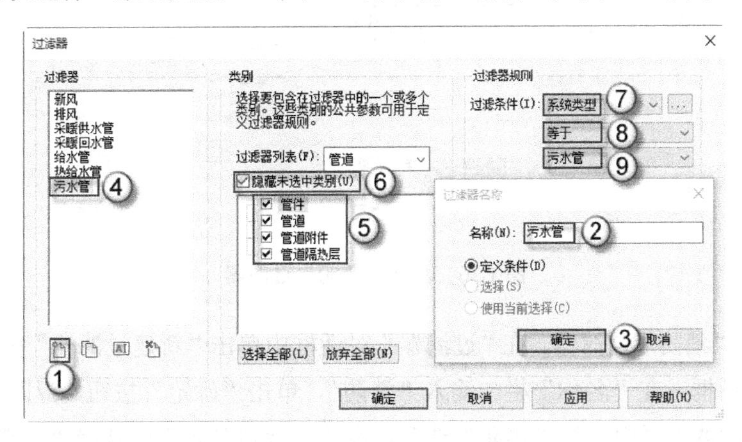


图 1.34　新建“污水管”过滤器

（15）新建“插座”过滤器。在“过滤器”对话框中单击“新建过滤器”按钮，弹出“过滤器名称”对话框，在“名称”栏中输入“插座”，单击“确定”按钮，返回“过滤器”对话框。在“过滤器”栏中选择“插座”选项，在“过滤器列表”中选择“电缆桥架”“电缆桥架配件”类别，并勾选“隐藏未选中类别”复选框，然后在“过滤条件”中依次选择“类型名称”“等于”“插座”选项，如图 1.35 所示。

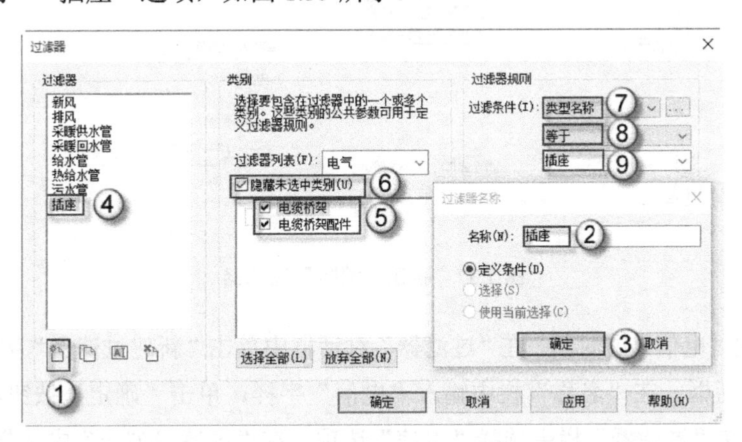


图 1.35　新建“插座”过滤器

（16）新建“照明”过滤器。在“过滤器”对话框中单击“新建过滤器”按钮，弹出“过滤器名称”对话框，在“名称”栏中输入“照明”，单击“确定”按钮，返回“过滤器”对话框。在“过滤器”栏中选择“照明”选项，在“过滤器列表”中选择“电缆桥架”“电缆桥架配件”类别，并勾选“隐藏未选中类别”复选框，然后在“过滤条件”中依次选择“类型名称”“等于”“照明”选项，如图 1.36 所示。

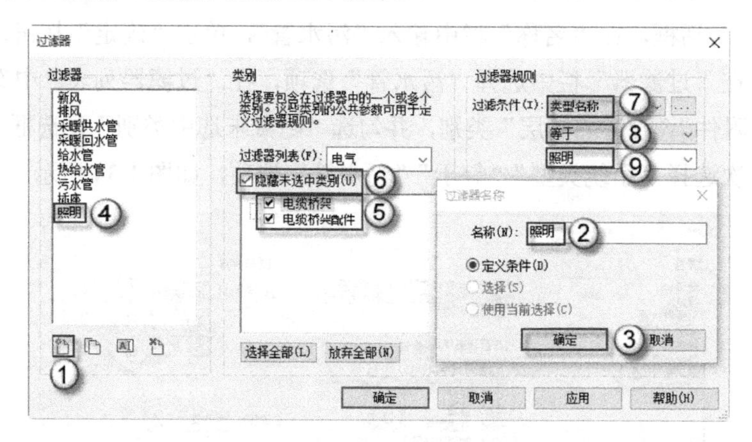


图 1.36　新建“照明”过滤器

（17）新建“消防”过滤器。在“过滤器”对话框中单击“新建过滤器”按钮，弹出“过滤器名称”对话框，在“名称”栏中输入“消防”，单击“确定”按钮，返回“过滤器”对话框。在“过滤器”栏中选择“消防”选项，在“过滤器列表”中选择“电缆桥架”“电缆桥架配件”类别，并勾选“隐藏未选中类别”复选框，然后在“过滤条件”中依次选择“类型名称”“等于”“消防”选项，如图 1.37 所示。

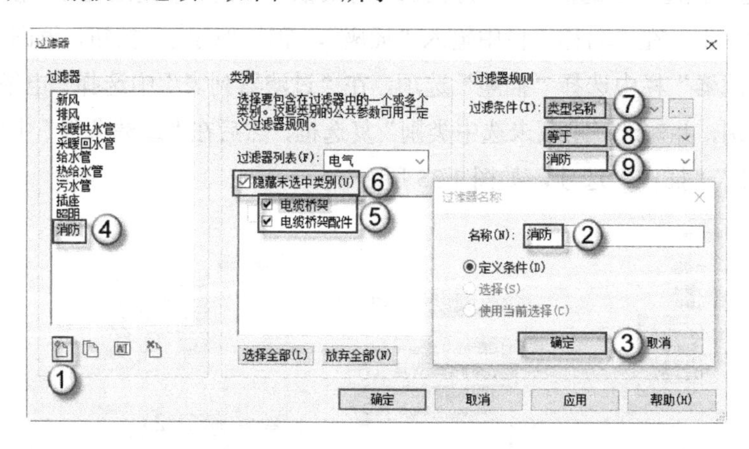


图 1.37　新建“消防”过滤器

（18）新建“电信”过滤器。在“过滤器”对话框中单击“新建过滤器”按钮，弹出“过滤器名称”对话框，在“名称”栏中输入“电信”字样，单击“确定”按钮，返回“过滤器”对话框。在“过滤器”栏中选择“电信”选项，在“过滤器列表”中选择“电缆桥架”“电缆桥架配件”类别，并勾选“隐藏未选中类别”复选框，然后在“过滤条件”中依次选择“类型名称”“等于”“电信”选项，单击“确定”按钮完成操作，如图 1.38 所示。

（19）添加过滤器。在“楼层平面：可见性/图形替换”对话框中单击“添加”按钮，弹出“过滤器”对话框，在“选择一个或多个要插入的过滤器”栏中选择所有已经创建完成的过滤器，单击“确定”按钮完成操作，如图 1.39 所示。

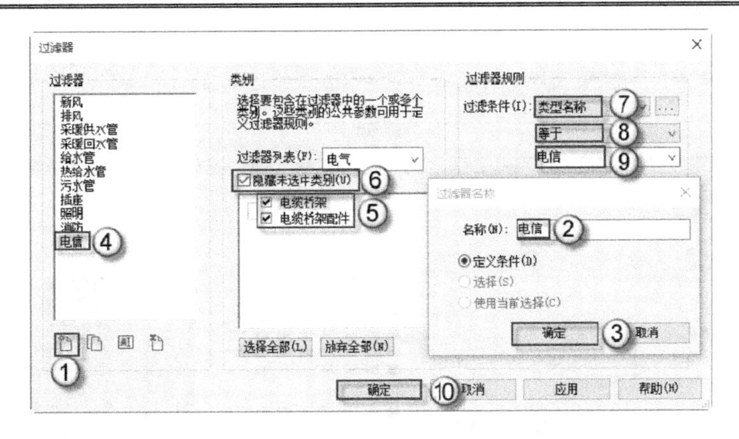


图 1.38　新建“电信”过滤器

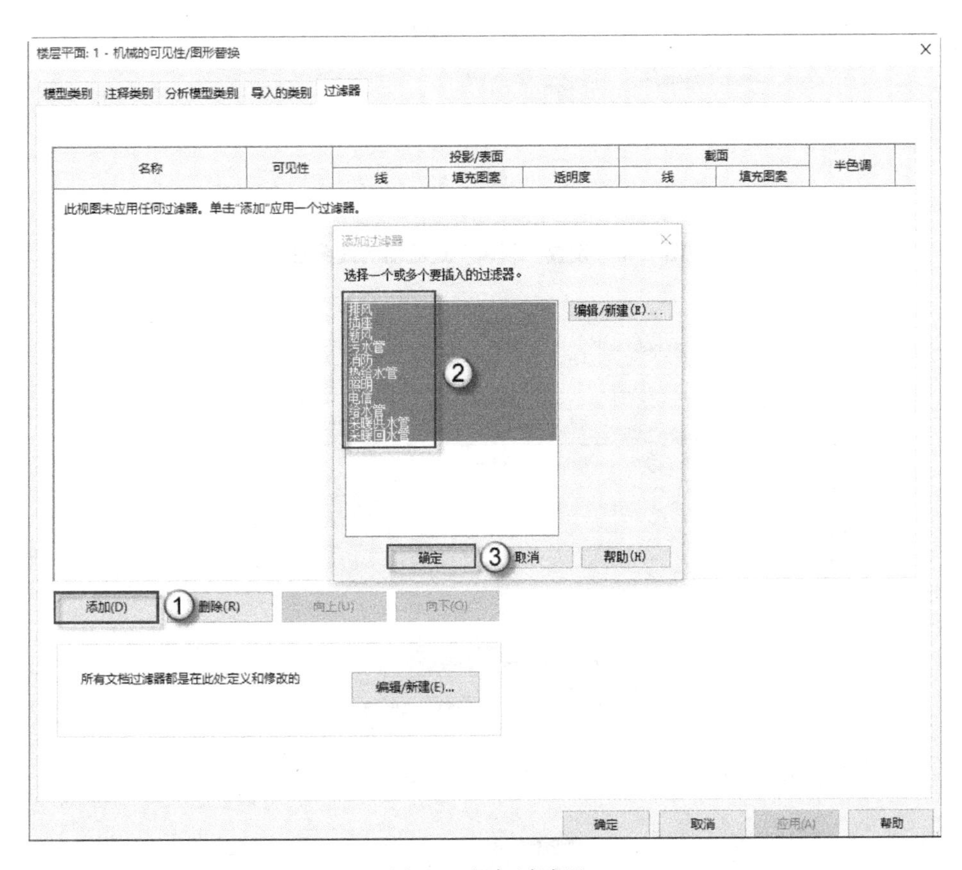


图 1.39 添加过滤器

（20）设置“新风”过滤器的线图形。在“楼层平面：可见性/图形替换”对话框中，在“投影/表面”栏下方单击“替换”按钮，弹出“线图形”对话框。在其中将“线”设置为：“宽度”为“1”，“颜色”由“<无替换>”切换为“R=96，G=73，U=123”，“填充图案”为“无替换”，单击“确定”按钮完成操作，如图 1.40 所示。

（21）设置“新风”过滤器的填充图案。在“楼层平面：可见性/图形替换”对话框中单击“替换”按钮，弹出“填充样式图形”对话框。在其中设置“颜色”为 RGB 096-073-123，“填充图案”为“实体填充”，单击“确定”按钮完成操作，如图 1.41 所示。

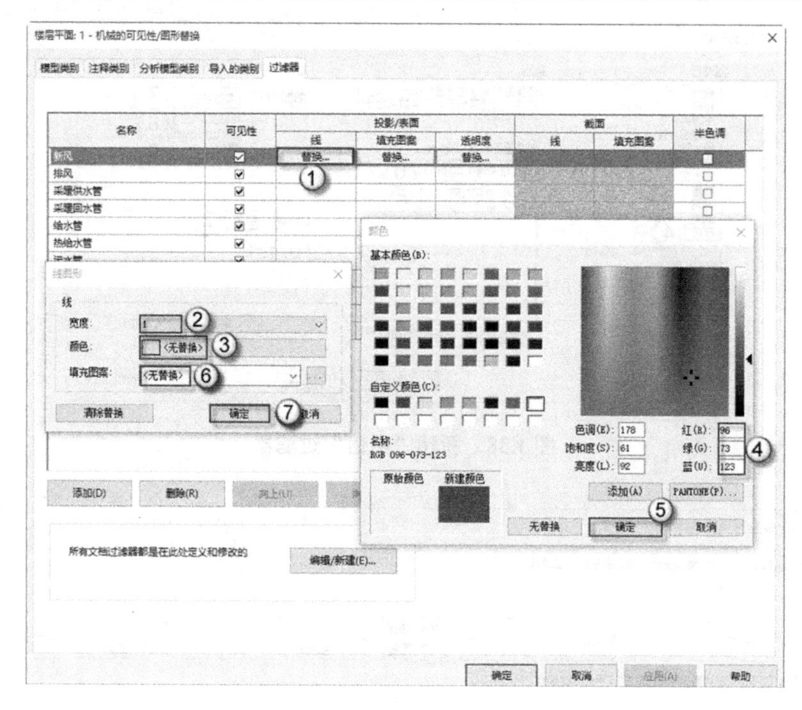


图 1.40　设置“新风”过滤器的线图形

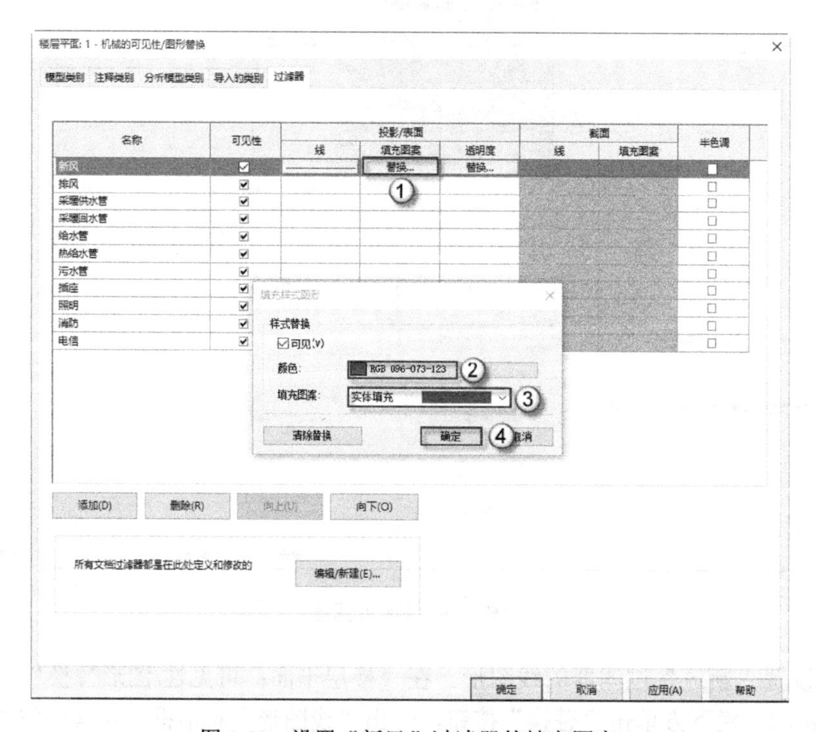


图 1.41　设置“新风”过滤器的填充图案

（22）设置“排风”过滤器。在“楼层平面：可见性/图形替换”对话框中，在“投影/表面”栏下方将“线”设置为线宽为“1”，单击“替换”按钮，弹出“填充样式图形”对话框。在其中设置“颜色”为 RGB 146-208-128，“填充图案”为“实体填充”，单击“确定”按钮完成操作，如图 1.42 所示。

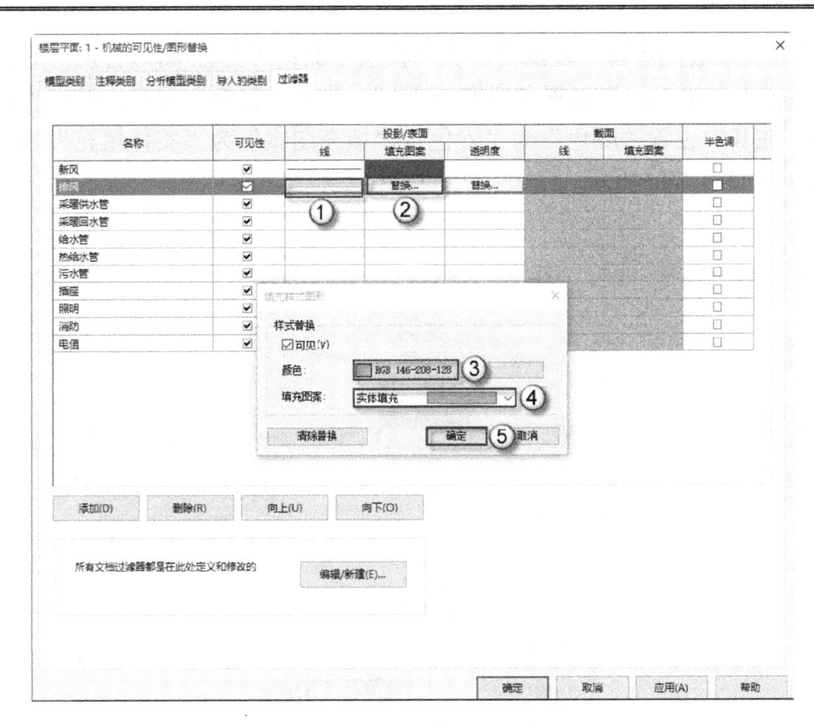


图 1.42　设置“排风”过滤器

（23）设置“采暖供水管”过滤器。在“楼层平面：可见性/图形替换”对话框中，在“投影/表面”栏下方将“线”设置成线宽为“1”，单击“替换”按钮，弹出“填充样式图形”对话框。在其中设置“颜色”为“蓝色”，“填充图案”为“实体填充”，单击“确定”按钮完成操作，如图 1.43 所示。

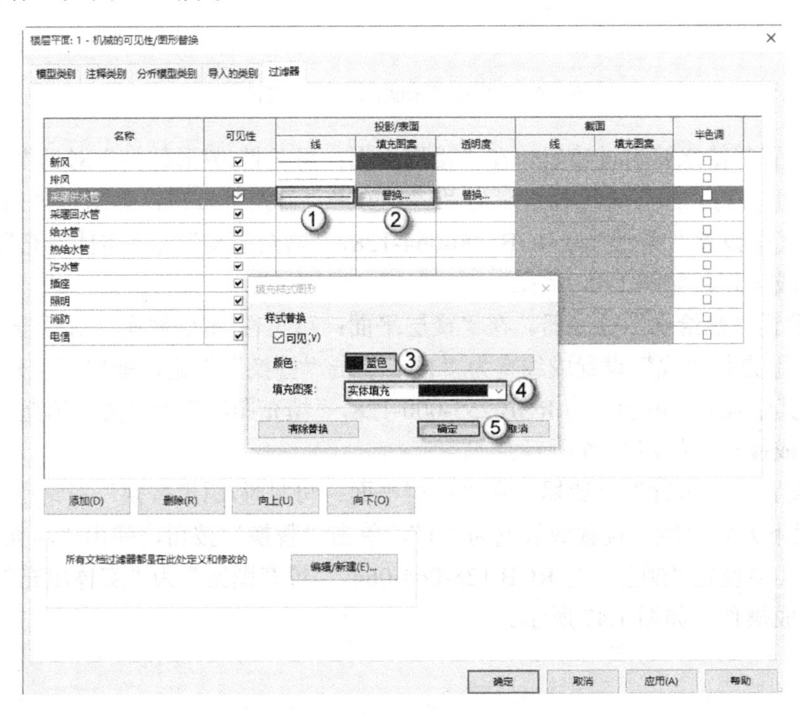


图 1.43　设置“采暖供水管”过滤器

（24）设置“采暖回水管”过滤器。在“楼层平面：可见性/图形替换”对话框中，在“投影/表面”栏下方将“线”设置成线宽为“1”，单击“替换”按钮，弹出“填充样式图形”对话框。在其中设置“颜色”为“青色”，“填充图案”为“实体填充”，单击“确定”按钮完成操作，如图 1.44 所示。

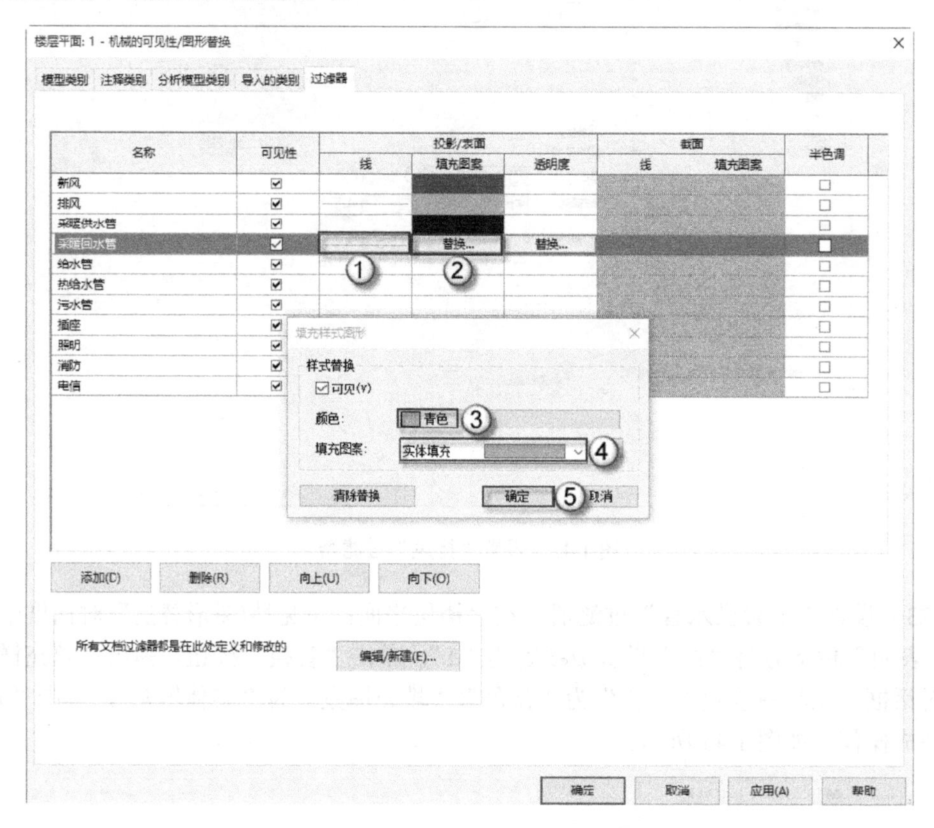


图 1.44　设置“采暖回水管”过滤器

（25）设置“给水管”过滤器。在“楼层平面：可见性/图形替换”对话框中，在“投影/表面”栏下方将“线”设置成线宽为“1”，单击“替换”按钮，弹出“填充样式图形”对话框。在其中设置“颜色”为 RGB 000-064-128，“填充图案”为“实体填充”，单击“确定”按钮完成操作，如图 1.45 所示。

（26）设置“热给水”过滤器。在“楼层平面：可见性/图形替换”对话框中，在“投影/表面”栏下方将“线”设置成线宽为“1”，单击“替换”按钮，弹出“填充样式图形”对话框。在其中设置“颜色”为 RGB 255-000-128，“填充图案”为“实体填充”，单击“确定”按钮完成操作，如图 1.46 所示。

（27）设置“污水管”过滤器。在“楼层平面：可见性/图形替换”对话框中，在“投影/表面”栏下方将“线”设置成线宽为“1”，单击“替换”按钮，弹出“填充样式图形”对话框。在其中设置“颜色”为 RGB 128-064-064，“填充图案”为“实体填充”，单击“确定”按钮完成操作，如图 1.47 所示。

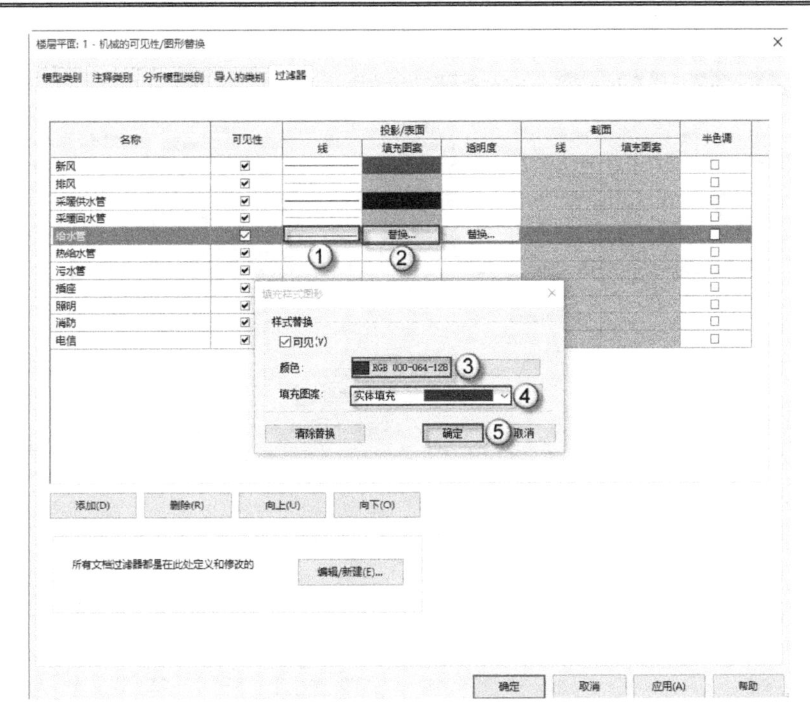


图 1.45　设置“给水管”过滤器

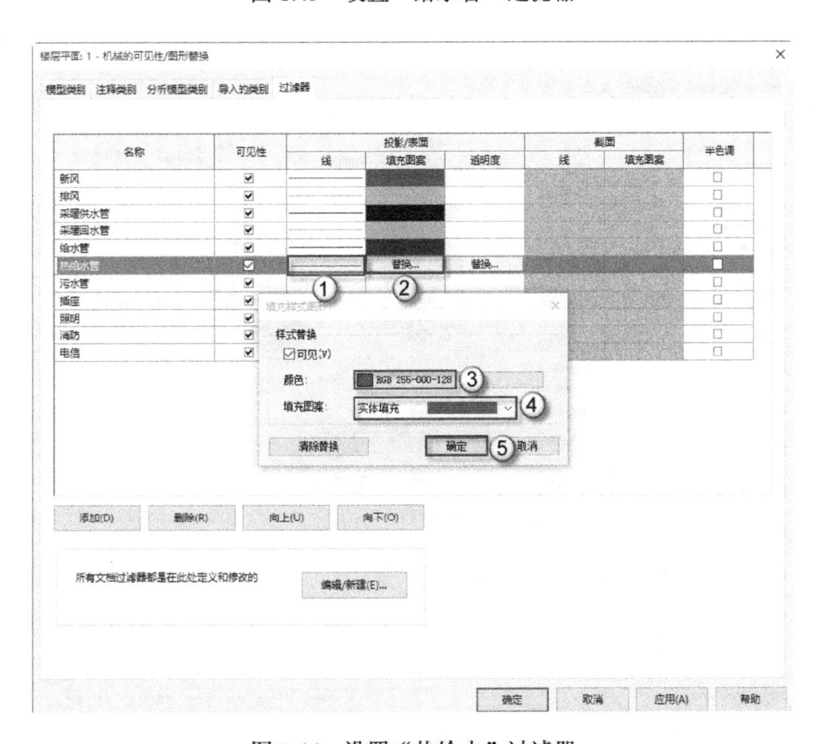


图 1.46　设置“热给水”过滤器

（28）设置“插座”过滤器。在“楼层平面：可见性/图形替换”对话框中，在“投影/表面”栏下方将“线”设置成线宽为“1”，单击“替换”按钮，弹出“填充样式图形”对话框。在其中设置“颜色”为 RGB 128-128-192，“填充图案”为“实体填充”，单击“确定”按钮完成操作，如图 1.48 所示。

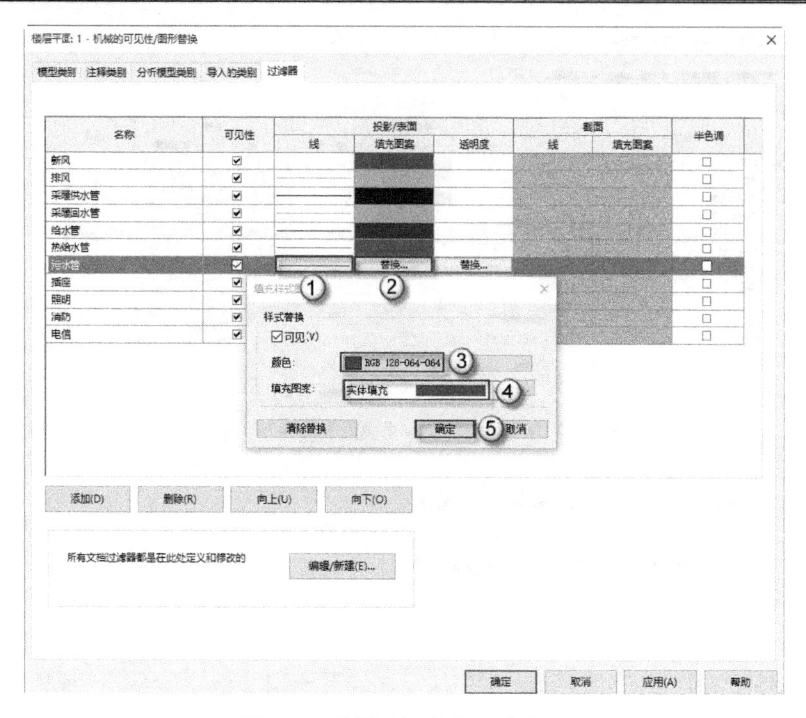


图 1.47　设置“污水管”过滤器

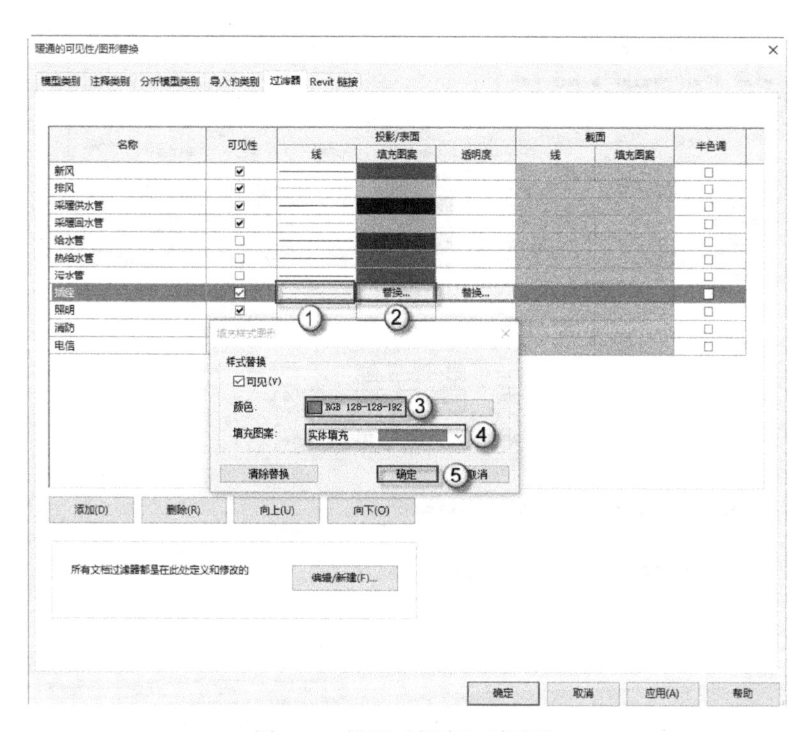


图 1.48　设置“插座”过滤器

（29）设置“照明”过滤器。在“楼层平面：可见性/图形替换”对话框中，在“投影/表面”栏下方将“线”设置成线宽为“1”，单击“替换”按钮，弹出“填充样式图形”对话框。在其中设置“颜色”为 RGB 000-112-192，“填充图案”为“实体填充”，单击“确定”按钮完成操作，如图 1.49 所示。

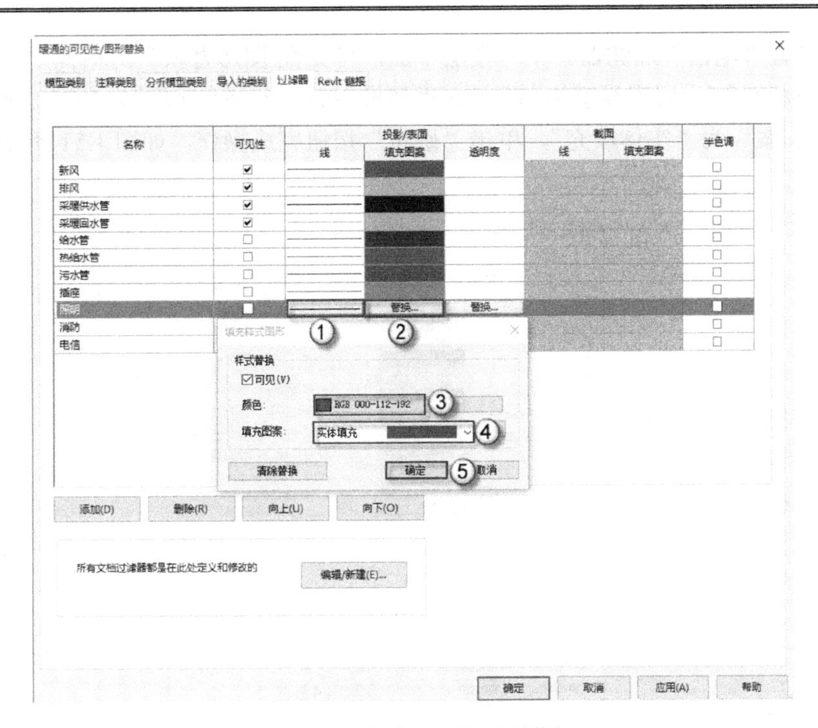

图 1.49　设置“照明”过滤器

（30）设置“消防”过滤器。在“楼层平面：可见性/图形替换”对话框中，在“投影/表面”栏下方将“线”设置成线宽为“1”，单击“替换”按钮，弹出“填充样式图形”对话框。在其中设置“颜色”为“红色”，“填充图案”为“实体填充”，单击“确定”按钮完成操作，如图 1.50 所示。

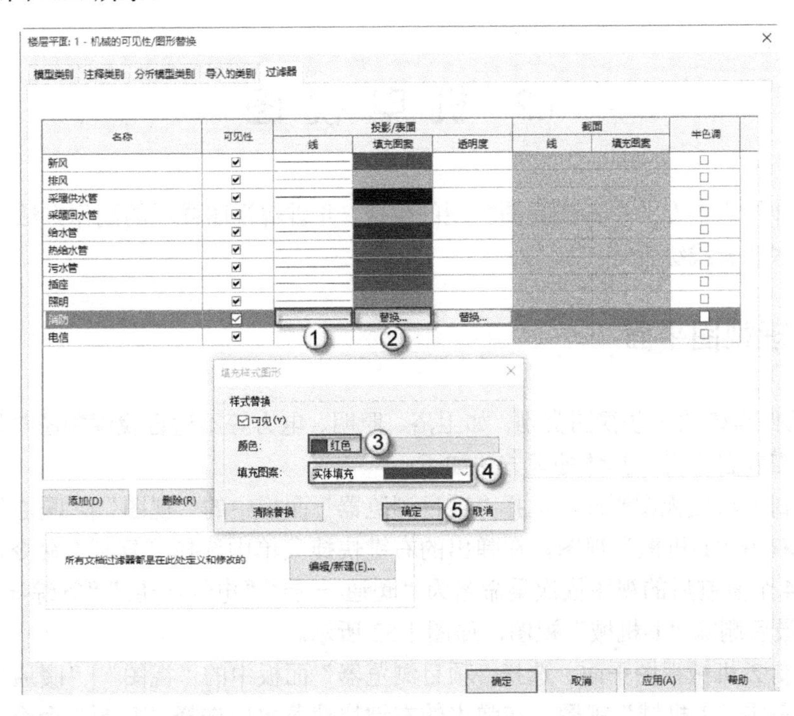

图 1.50　设置“消防”过滤器

（31）设置“电信”过滤器。在“楼层平面：可见性/图形替换”对话框中，在“投影/表面”栏下方将“线”设置为线宽为“1”，单击“替换”按钮，设置“颜色”为 RGB 200-200-128，设置“填充图案”为“实体填充”，单击“确定”按钮完成操作，如图 1.51 所示。

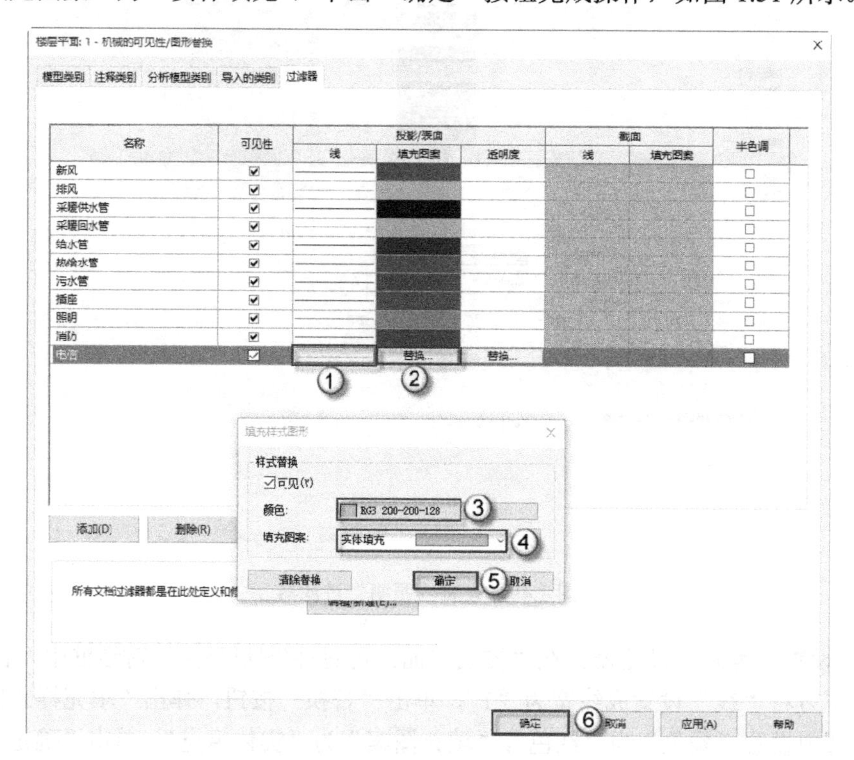


图 1.51　设置“电信”过滤器

# 1.2　机 电 视 图

本节将介绍机电专业中各类视图类型的生成，并讲解视图样板的制作方法，包括暖通、电气、给排水和管线综合等。

## 1.2.1　处理视图平面

Revit 软件自带的一些视图类别，如卫浴、照明、电力等不适合我国制图与设计的相应规范，因此需要自定义，具体处理方法如下：

（1）复制 1-机械视图平面。选择“项目浏览器”面板中的“视图”|“暖通”|“楼层平面”选项，右击“1-机械”视图，在弹出的右键快捷菜单中选择“复制”命令，连续复制 4 个，并将 4 个复制后的视图依次重命名为“暖通-一层”“电气-一层”“管综-一层”“给排水-一层”，最后删除“1-机械”视图，如图 1.52 所示。

（2）复制 2-机械视图平面。选择“项目浏览器”面板中的“视图”|“暖通”|“楼层平面”选项，右击“2-机械”视图，在弹出的右键快捷菜单中选择“复制”命令，连续复制

4 个，并将 4 个视图依次重命名为“暖通-二层”“电气-二层”“管综-二层”“给排水-二层”，最后删除“2-机械”视图，如图 1.53 所示。

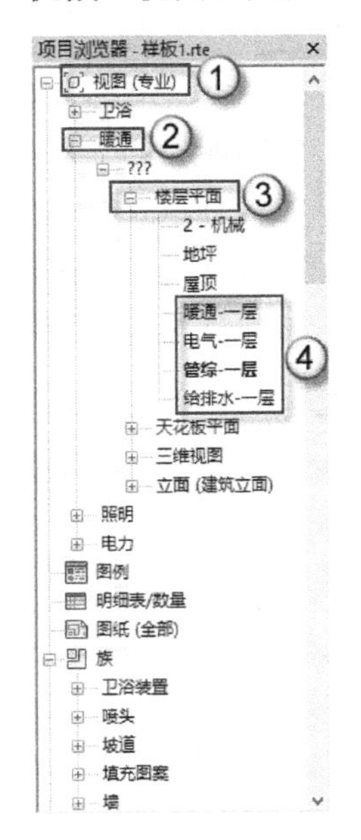


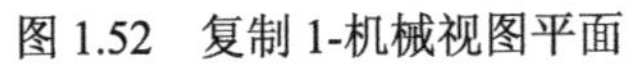
图 1.52　复制 1-机械视图平面

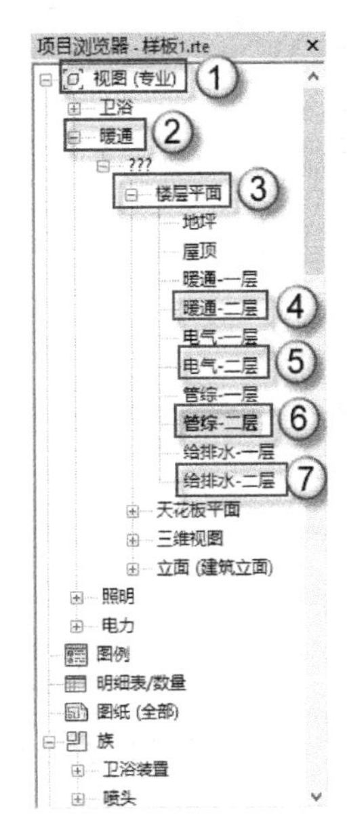


图 1.53　复制 2-机械视图平面

（3）复制地坪视图平面。选择“项目浏览器”面板中的“视图”|“暖通”|“楼层平面”选项，右击“地坪”视图，在弹出的右键快捷菜单中选择“复制”命令，复制 4 个地坪视图平面，并将 4 个视图依次重命名为“暖通-地坪”“电气-地坪”“管综-地坪”“给排水-地坪”，并删除“地坪”视图，如图 1.54 所示。

注意：如果出现“是否希望重命名相应标高和视图”的对话框，单击“否”按钮，若单击“是”按钮，将会导致所在标高名称被修改。

（4）复制屋顶视图平面。选择“项目浏览器”面板中的“视图”|“暖通”|“楼层平面”选项，右击“屋顶”视图，在弹出的右键快捷菜单中选择“复制”命令，复制 4 个屋顶视图平面，并将 4 个视图依次重命名为“暖通-屋顶”“电气-屋顶”“管综-屋顶”“给排水-屋顶”，并删除“屋顶”视图，如图 1.55 所示。

（5）创建“机电立面”视图。在“项目浏览器”面板中配合 Ctrl 键选择“东-机械”“北-机械”“南-机械”“西-机械”4 个视图，然后在“属性”面板中的“子规程”栏中选择“管线综合”选项，在“二级子规程”栏中输入“机电立面”，如图 1.56 所示。

注意：此处与前面的“添加项目参数”相对应，因为已添加了“二级子规程”参数，所以此处的“属性”面板中才有“二级子规程”栏中，进而让其按照设置的排序方式排序；由于只需要管综中有 4 个方向的立面视图，故此处只需要添加“东-机械”“北-机械”“南-机械”“西-机械”4 个立面视图，其他的均可删掉。

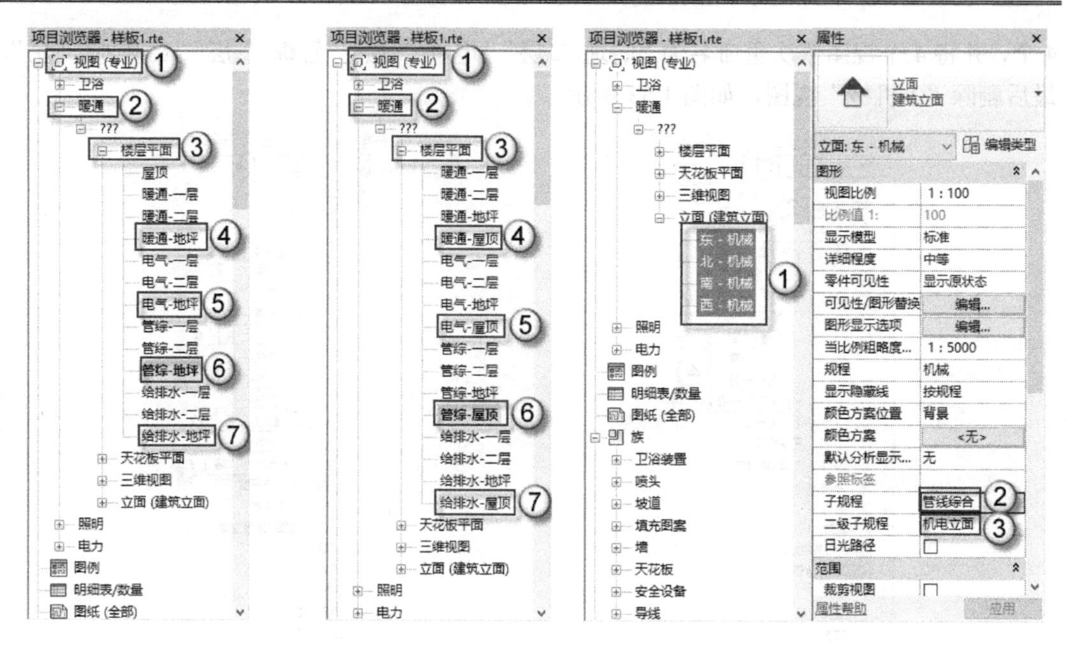


图 1.54　复制地坪视图平面　图 1.55　复制屋顶视图平面　　图 1.56　创建“机电立面”视图

## 1.2.2　创建视图样板

视图样板是一系列视图属性，例如，视图比例、规程、详细程度及可见性设置等。使用视图样板可以确保遵循设计单位的标准，并实现施工图文档集的一致性。

（1）打开“暖通-一层”视图。选择“项目浏览器”面板中的“视图（专业）”|“暖通”|“楼层平面”|“暖通-一层”选项，打开“暖通-一层”视图，如图 1.57 所示。

（2）创建“暖通”视图样板。选择菜单栏中的“视图”|“视图样板”|“从当前视图创建样板”命令，弹出“新视图样板”对话框。在“名称”栏中输入“暖通”，单击“确定”按钮，在弹出的“视图样板”对话框中的“名称”栏中选择“暖通”视图样板，依次取消“V/G 替换导入”“方向”“阶段过滤器”“颜色方案位置”“颜色方案”“系统颜色方案”“截剪框”复选框的勾选，在“子规程”栏中输入 HVAC，在“二级子规程”栏中输入“暖通”，单击“确定”按钮完成操作，如图 1.58 所示。

**注意：**“V/G 替换导入”是设置“可见性/图形替换”的“导入类别”，由于不同视图样板下的需求不同，所以不勾选此复选框；同理，不勾选“方向”“阶段过滤器”“颜色方案位置”“颜色方案”“系统颜色方案”“裁剪框”复选框的目的也是如此，不同视图样板的需求不同。

（3）创建“给排水”视图样板。选择菜单栏中的“视图”|“视图样板”|“管理视图样板”命令，弹出“视图样板”对话框，选择“暖通”视图样板，单击“复制”按钮，弹出“新视图样板”对话框，在“名称”栏中输入“给排水”，单击“确定”按钮。然后选择“给排水”视图样板，在“给排水”视图样板的“子规程”栏中输入“给排水”，在“二级子规程”栏中也输入“给排水”，单击“确定”按钮完成操作，如图 1.59 所示。

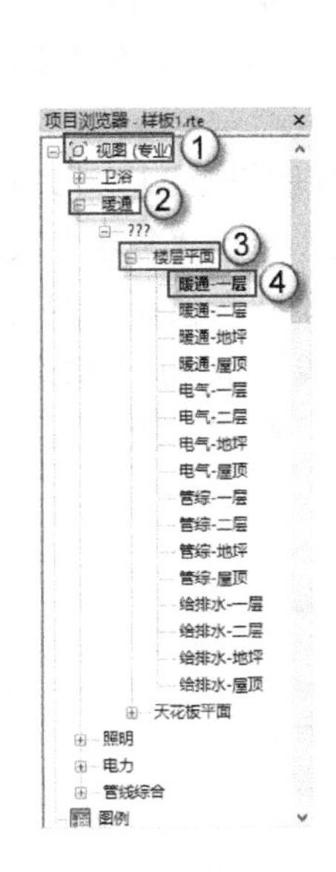


图 1.57　打开“暖通-一层”视图

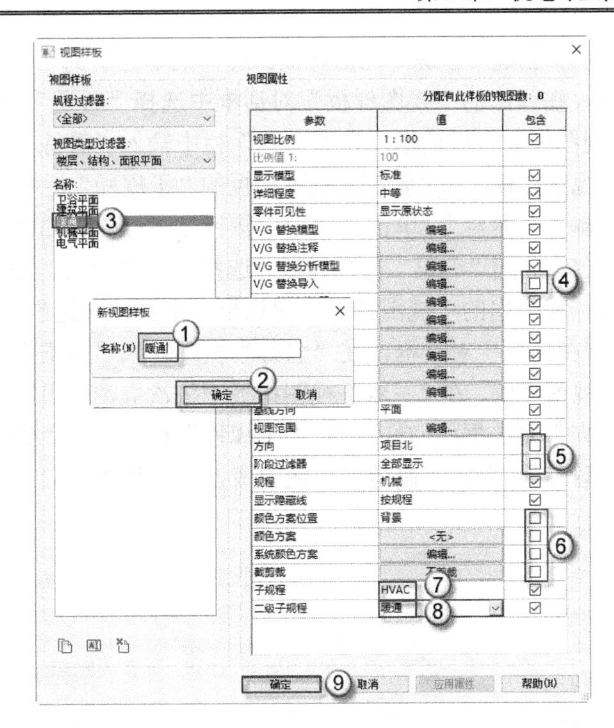


图 1.58　创建“暖通”视图样板

（4）创建“电气”视图样板。选择菜单栏中的“视图”|“视图样板”|“管理视图样板”命令，弹出“视图样板”对话框，选择“暖通”视图样板，单击“复制”按钮，弹出“新视图样板”对话框，在“名称”栏中输入“电气”，单击“确定”按钮。然后选择“电气”视图样板，在“电气”视图样板的“子规程”栏中输入“电气”，在“二级子规程”栏中也输入“电气”，单击“确定”按钮完成操作，如图 1.60 所示。

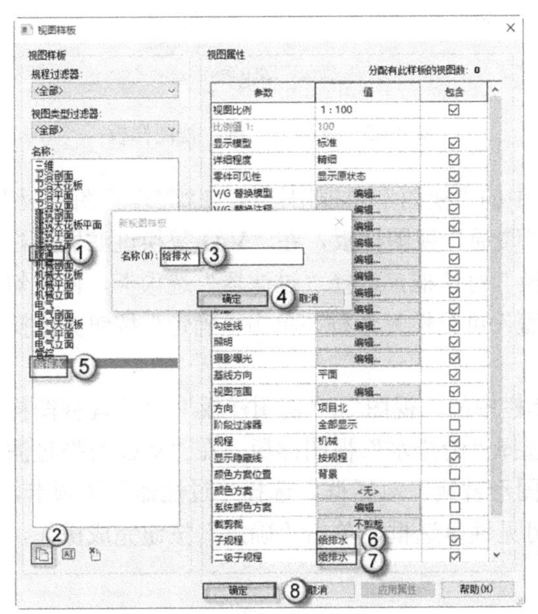


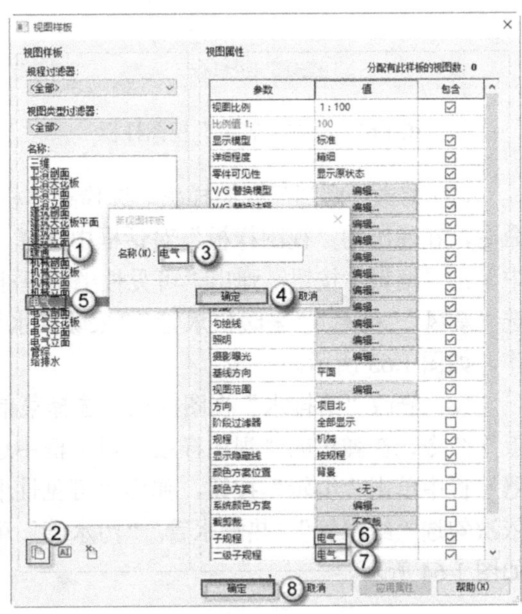


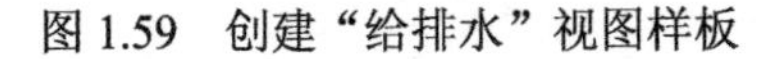
图 1.59　创建“给排水”视图样板

图 1.60　创建“电气”视图样板

（5）创建“管综”视图样板。选择菜单栏中的“视图”|“视图样板”|“管理视图样板”命令，在弹出的“视图样板”对话框中选择“暖通”视图样板，单击“复制”按钮，弹出“新视图样板”对话框，在“名称”栏中输入“管综”，单击“确定”按钮。然后选择“管综”视图样板，在“管综”视图样板的“子规程”栏中输入“管线综合”，在“二级子规程”栏中输入“管综”，单击“确定”按钮完成操作，如图 1.61 所示。

（6）创建“三维”视图样板。选择菜单栏中的“视图”|“视图样板”|“管理视图样板”命令，在弹出的“视图样板”对话框中选择“暖通”视图样板，单击“复制”按钮，弹出“新视图样板”对话框，在“名称”栏中输入“三维”，单击“确定”按钮。然后选择“三维”视图样板，在“三维”视图样板中依次取消“阴影”“勾绘线”“照明”“摄影曝光”“基线方向”复选框的勾选，在 “子规程”栏中输入“管线综合”，在“二级子规程”栏中输入“管综”，单击“确定”按钮完成操作，如图 1.62 所示。

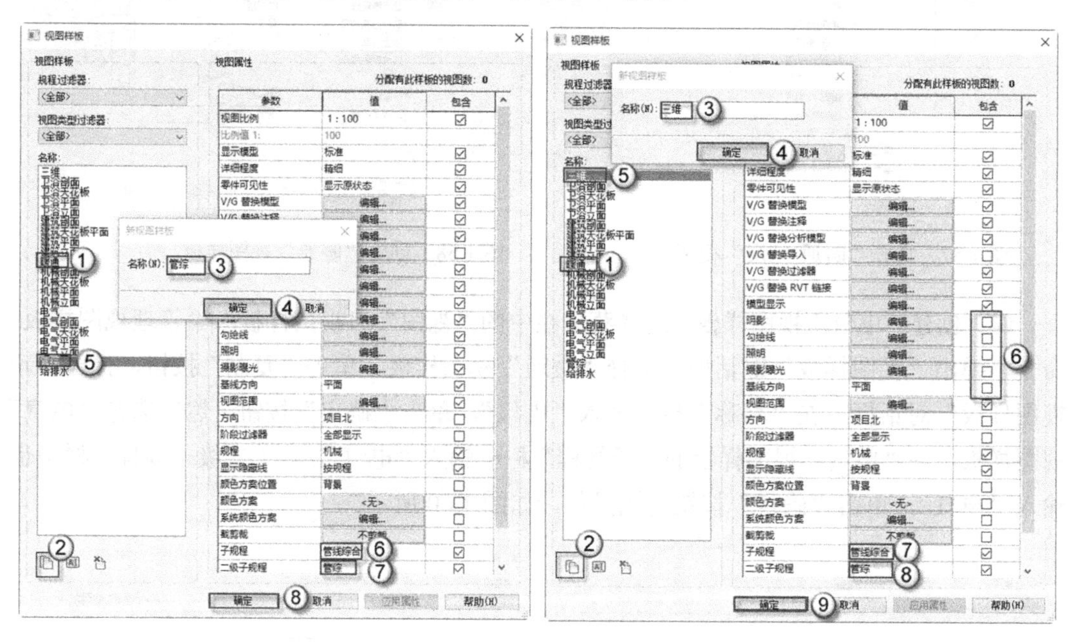


图 1.61　创建“管综”视图样板　　　　图 1.62　创建“三维”视图样板

（7）修改“暖通”视图样板。选择菜单栏中的“视图”|“视图样板”|“管理视图样板”命令，在弹出的“视图样板”对话框中选择“暖通”视图样板，在“V/G 替换过滤器”栏中单击“编辑”按钮，弹出“可见性/图形替换”对话框，选择“过滤器”选项卡，依次勾选“新风”“排风”“采暖供水管”“采暖回水管”可见性复选框，单击“确定”按钮完成操作，如图 1.63 所示。

（8）修改“给排水”视图样板。选择菜单栏中的“视图”|“视图样板”|“管理视图样板”命令，在弹出的“视图样板”对话框中选择“给排水”视图样板，在“V/G 替换过滤器”栏中单击“编辑”按钮，弹出“可见性/图形替换”对话框。选择“过滤器”选项卡，依次勾选“给水管”“热给水管”“污水管”可见性复选框，单击“确定”按钮完成操作，如图 1.64 所示。

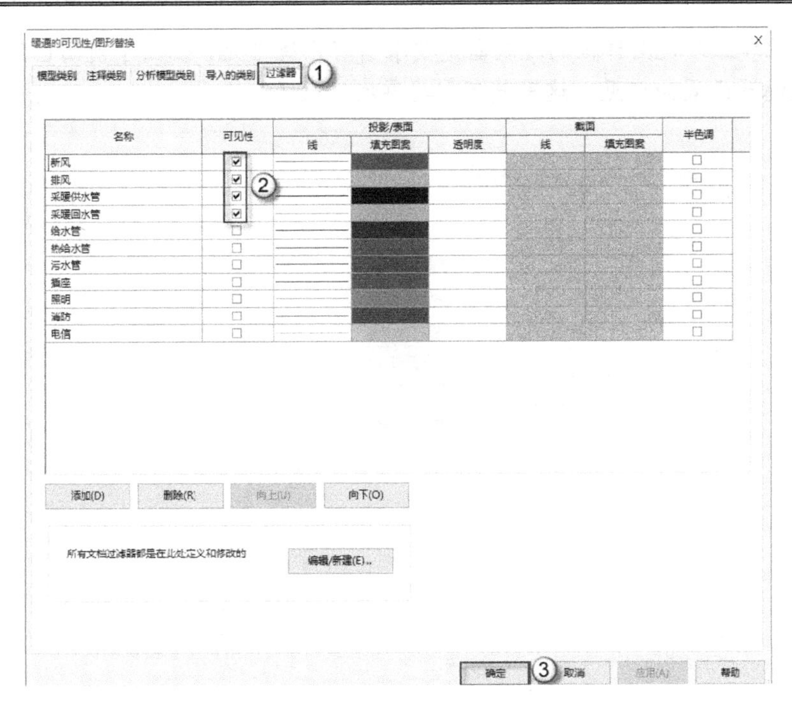


图 1.63　修改“暖通”视图样板的过滤器

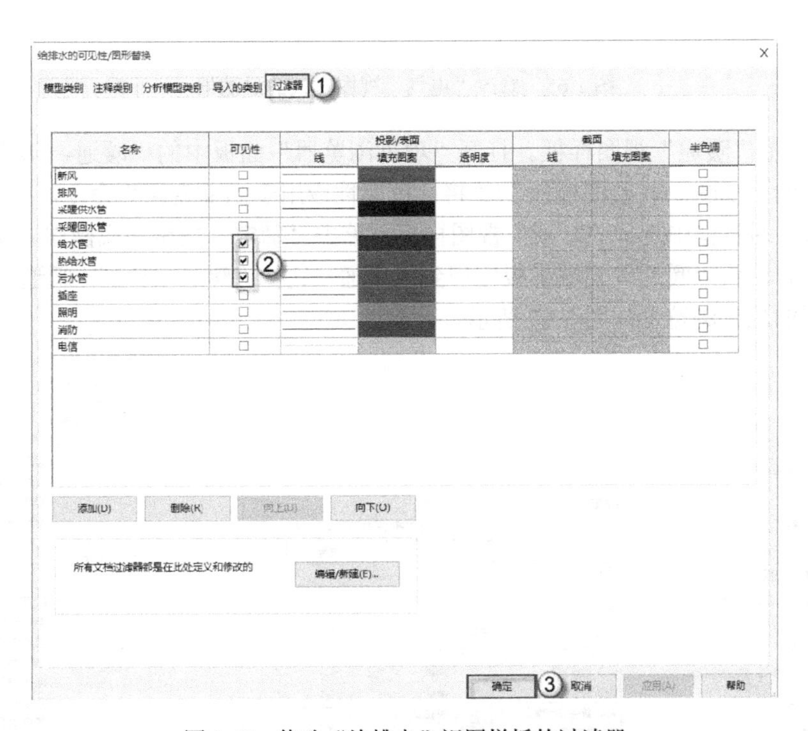


图 1.64　修改“给排水”视图样板的过滤器

（9）修改“电气”视图样板。选择菜单栏中的“视图”|“视图样板”|“管理视图样板”命令，弹出“视图样板”对话框，选择“电气”视图样板，在“V/G 替换过滤器”栏中单击“编辑”按钮，在弹出的“可见性/图形替换”对话框中选择“过滤器”选项卡，依次勾选“插座”“照明”“消防”“电信”可见性复选框，单击“确定”按钮完成操作，如图 1.65 所示。

注意：管综和三维视图样板的过滤器是要求所有系统可见，但由于前面已经将所有系统过滤器设置为可见，这里就不需要再次修改了。

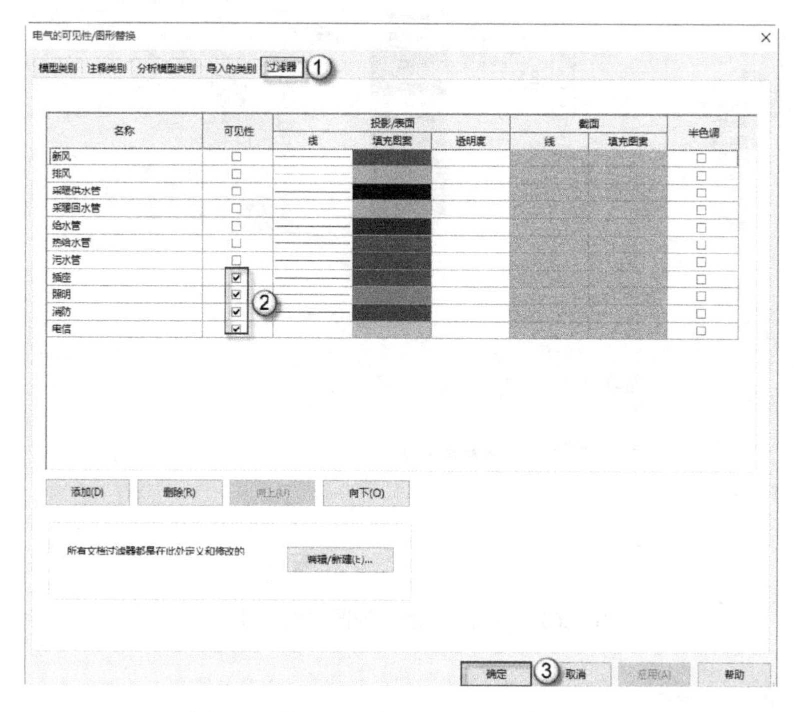

图 1.65　修改“电气”视图样板的过滤器

（10）应用“暖通”视图样板。打开“项目浏览器”面板中的“暖通-一层”视图，选择菜单栏中的“视图”|“视图样板”|“将样板属性应用于当前视图”命令，在弹出的“应用视图样板”对话框中选择“暖通”视图样板，单击“确定”按钮完成操作，如图 1.66 所示。按照此方法将“暖通”视图样板应用到“暖通-二层”“暖通-地坪”“暖通-屋顶”等视图。应用后的项目浏览器如图 1.67 所示。

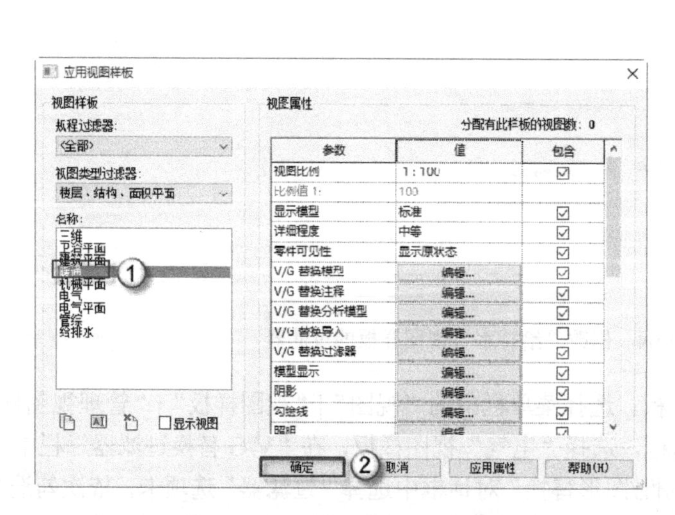

图 1.66　应用“暖通”视图样板

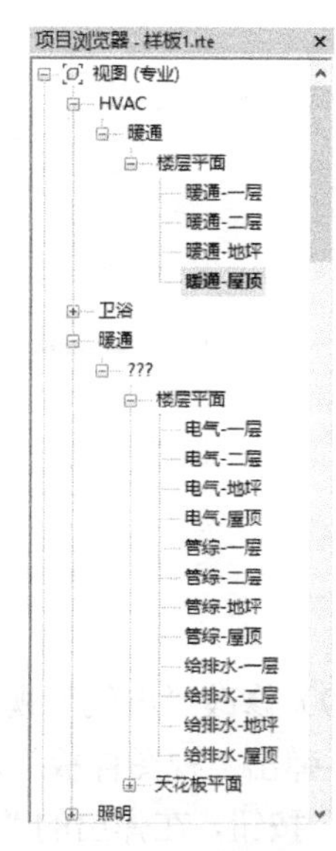

图 1.67　项目浏览器

（11）应用“给排水”视图样板。打开“项目浏览器”面板的“给排水-一层”视图，选择菜单栏中的“视图”|“视图样板”|“将样板属性应用于当前视图”命令，在弹出的“应用视图样板”对话框中选择“给排水”视图样板，单击“确定”按钮完成操作，如图 1.68 所示。按照此方法将“给排水”视图样板应用到“给排水-二层”“给排水-地坪”“给排水-屋顶”等视图。应用后的项目浏览器如图 1.69 所示。

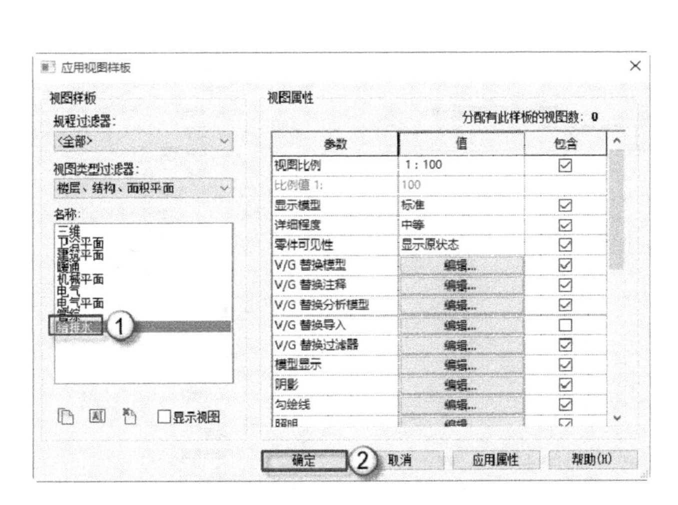


图 1.68　应用“给排水”视图样板

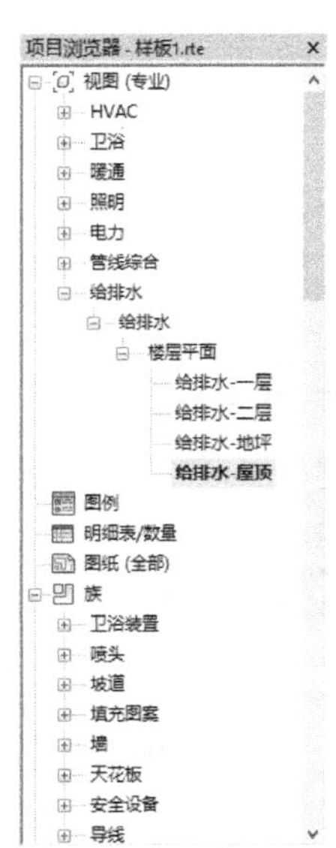


图 1.69　项目浏览器

（12）应用“电气”视图样板。打开“项目浏览器”面板的“电气-一层”视图，选择菜单栏中的“视图”|“视图样板”|“将样板属性应用于当前视图”命令，在弹出的“应用视图样板”对话框中选择“电气”视图样板，单击“确定”按钮完成操作，如图 1.70 所示。按照此方法将“电气”视图样板应用到“电气-二层”“电气-地坪”“电气-屋顶”等视图，应用后的项目浏览器如图 1.71 所示。

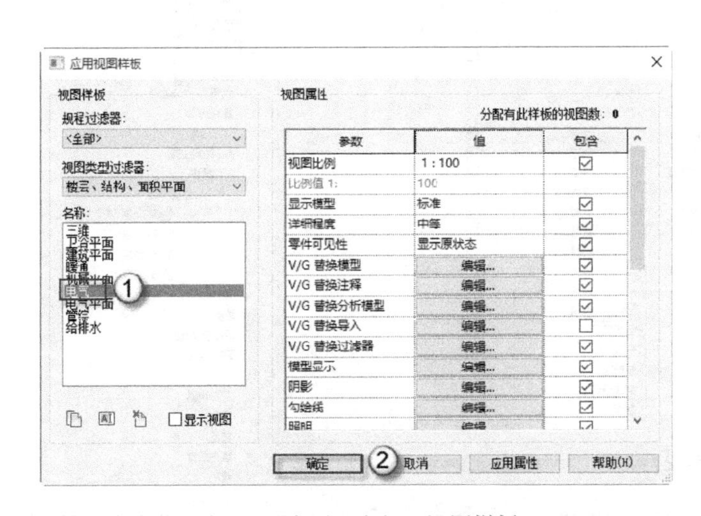


图 1.70　应用“电气”视图样板

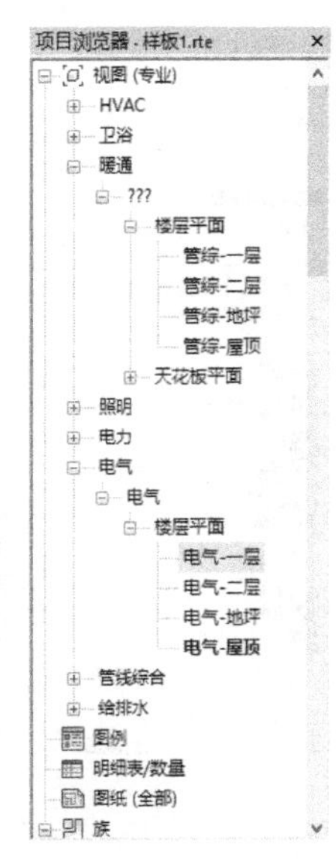


图 1.71　项目浏览器

（13）应用“管综”视图样板。打开“项目浏览器”面板中的“管综-一层”视图，选择菜单栏中的“视图”|“视图样板”|“将样板属性应用于当前视图”命令，在弹出的“应用视图样板”对话框中选择“管综”视图样板，单击“确定”按钮完成操作，如图 1.72 所示。按照此方法将“管综”视图样板应用到“管综-二层”“管综-地坪”“管综-屋顶”等视图。应用后的项目浏览器如图 1.73 所示。

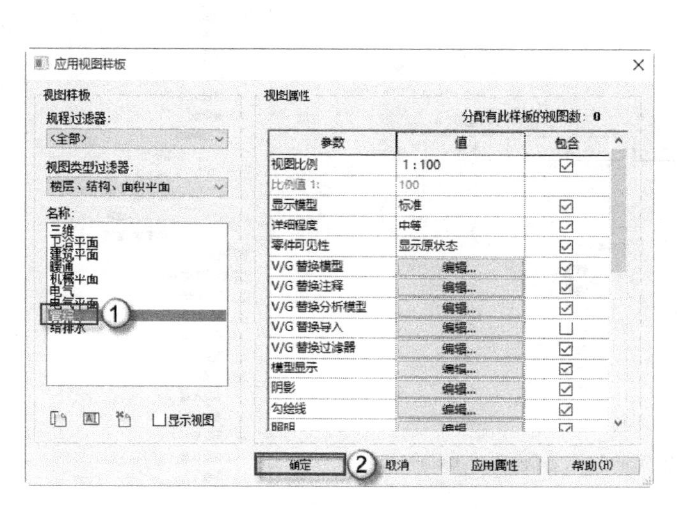


图 1.72　应用“管综”视图样板

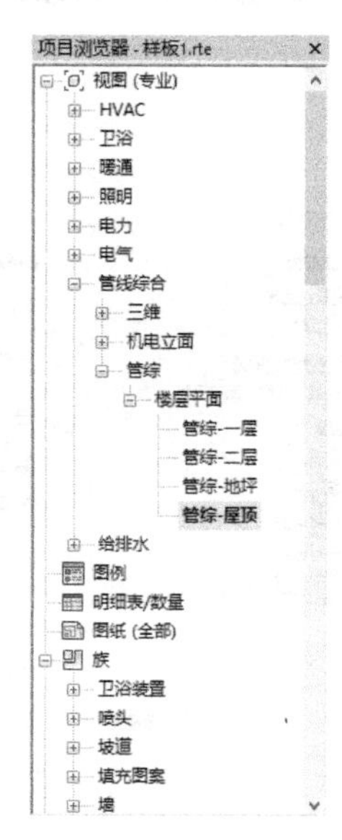


图 1.73　项目浏览器

（14）应用“三维”视图样板。打开项目浏览器中的“三维”视图，选择菜单栏中的“视图”|“视图样板”|“将样板属性应用于当前视图”命令，在弹出的“应用视图样板”对话框中选择“三维”视图样板，单击“确定”按钮完成操作，如图 1.74 所示。

（15）删除多余视图。依次将“卫浴”“暖通”“照明”“电力”视图删除，如图 1.75 所示。

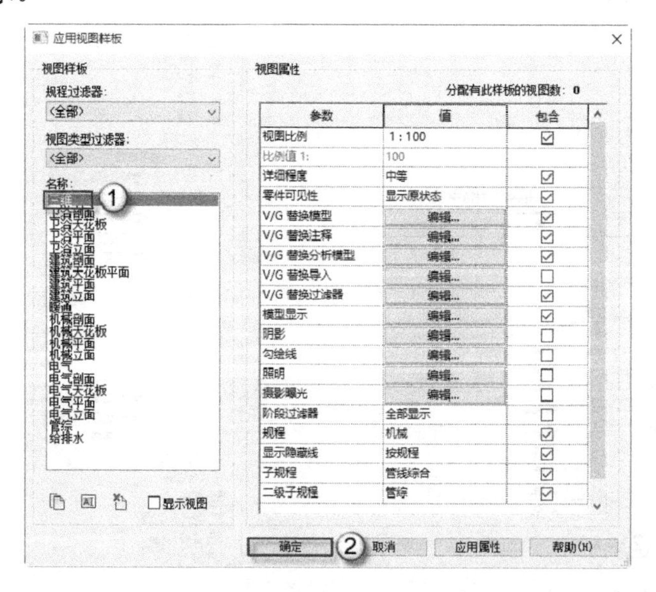


图 1.74　应用“三维”视图样板

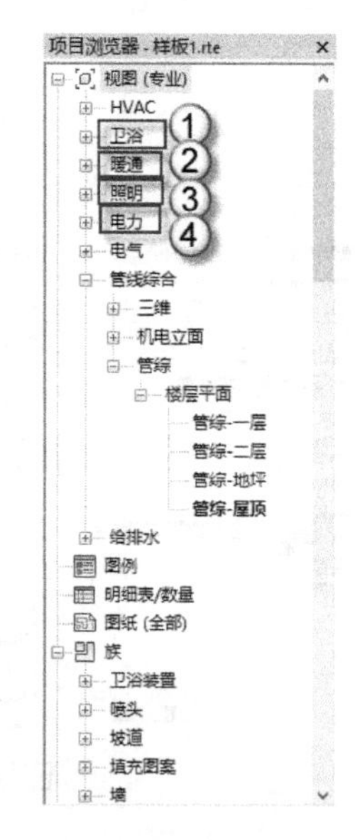


图 1.75　删除多余视图

（16）链接“建筑模型”RVT 文件。选择“插入”|“链接 Revit”命令，找到“建筑模型”RVT 文件，单击“打开”按钮，将文件链接到项目中，如图 1.76 所示。

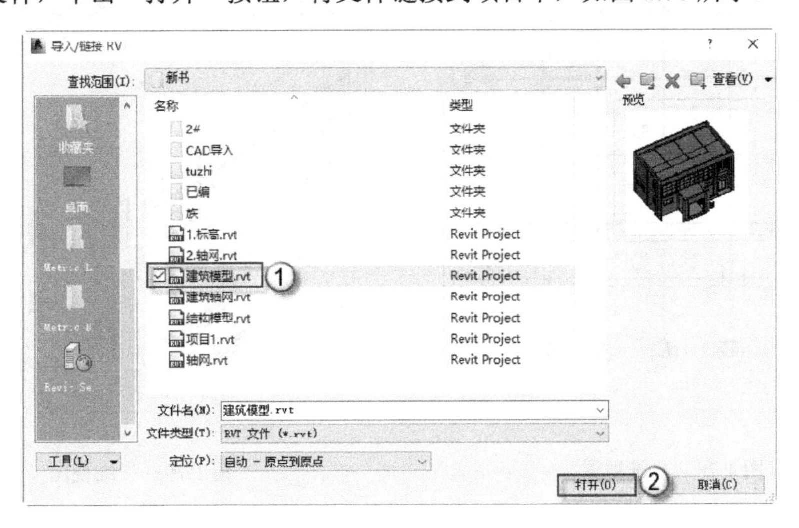


图 1.76　链接“建筑模型”RVT 文件

（17）链接“结构模型”RVT 文件。选择“插入”|“链接 Revit”命令，找到“结构模型”RVT 文件，单击“打开”按钮，将文件链接到项目中，如图 1.77 所示。

**注意**：如果链接模型的基点与样板基点未对齐，可选择链接模型，按 MV 快捷键发出“移动”命令，移动链接直至对齐。

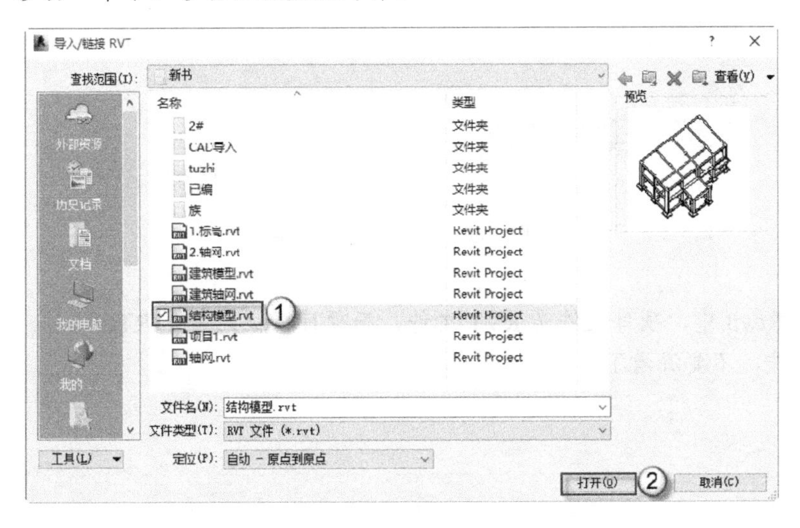


图 1.77　链接“结构模型”RVT 文件

链接完成的二维视图如图 1.78 所示，三维视图如图 1.79 所示。

（18）另存为样板文件。选择“程序”|“另存为”|“样板”命令，在弹出的“另存为”对话框中的“文件名”栏中输入“机电样板”，单击“保存”按钮保存样板文件，如图 1.80 所示。

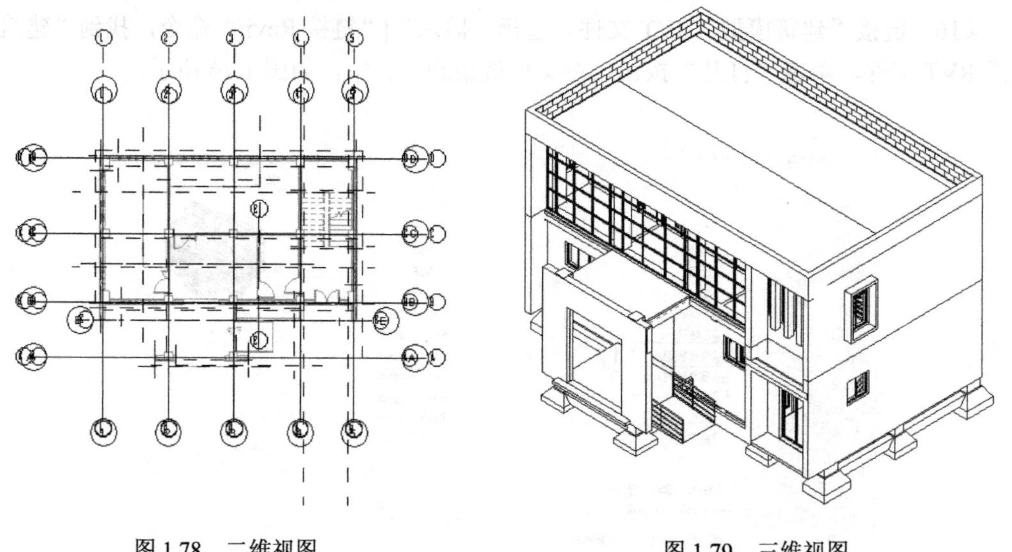

图 1.78　二维视图　　　　图 1.79　三维视图

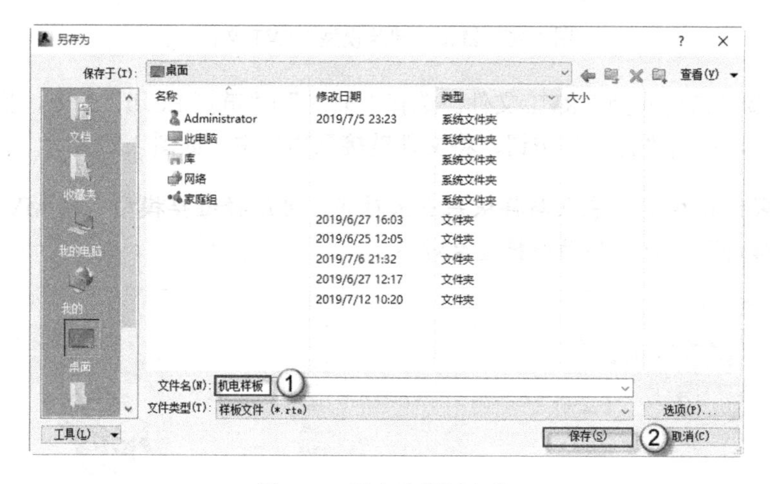


图 1.80　另存为样板文件

注意：在 Revit 中，项目文件是 RVT 文件，而项目样板文件是 RTE 文件。此处是 RTE 文件，不要混淆了。

# 第 2 章　族

Revit 中的所有图元都是基于族的。“族”是 Revit 中使用的一个功能强大的概念，有助于设计师更轻松地管理数据和进行修改。每个族能够在其内定义多种类型，根据族创建者的设计，每种类型可以具有不同的尺寸、形状、材质设置或其他参数变量。使用 Revit 的一个优点是不必学习复杂的编程语言，便能够创建自己的构件族。使用族编辑器，整个族创建过程在预定义的样板中执行，可以根据用户的需要在族中加入各种参数，如距离、材质和可见性等。可以使用族编辑器创建实际工程所需的建筑构件、图形和注释等。

## 2.1　二维注释族

注释族是用来表示二维注释的族文件。注释族载入项目后，显示会随视图比例变化而自动调整，注释图元始终以同一图纸大小显示。

注释族通俗地说就是施工图中的各类标注符号，只不过 Revit 中的这些“标注符号”拥有一定的信息量，可以自动读取构件信息，这是软件偏向 BIM 技术的一种表现。但是软件自带的这些注释族基本不符合中国的标准，不能直接使用，因此本节将介绍如何定义符合中国制图规范的注释族。

### 2.1.1　风管标记

风管是用于空气输送和分布的管道系统。本节将介绍可以自动读取风管信息并标注风管族的制作方法，具体步骤如下：

（1）选择“公制常规标记”族样板，选择“族”|“新建”命令，在弹出的“新族-选择样板文件”对话框中选择“注释”|“公制常规标记”RFT 族样板文件，单击“打开”按钮，如图 2.1 所示。

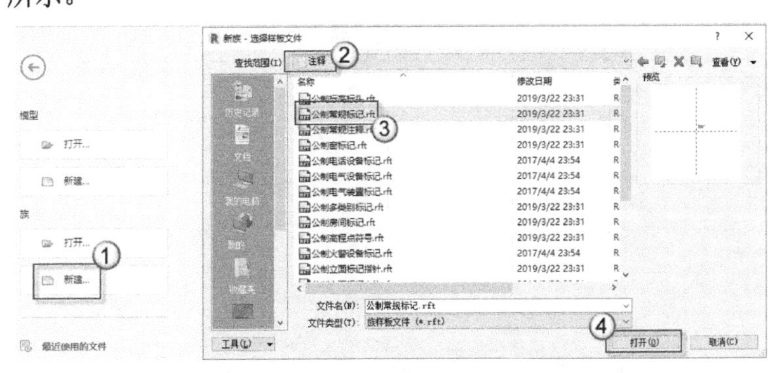


图 2.1　选择“公制常规标记”族样板

（2）删除提示文字。进入族编辑模式后，选择屏幕中以“注意” 开头的一段文字，按 Delete 键将其删除，如图 2.2 所示。

注意：在有些版本的 Revit 中，这一段文字为英文，是以 Note 开头的，同样需要将这些文字删除。

（3）设置“族类别和族参数”。选择“创建”|“族类别和族参数”命令，在弹出的“族类别和族参数”对话框中的“族类别”栏中选择“风管标记”选项，并在“族参数”栏中勾选“随构件旋转”复选框，如图 2.3 所示。

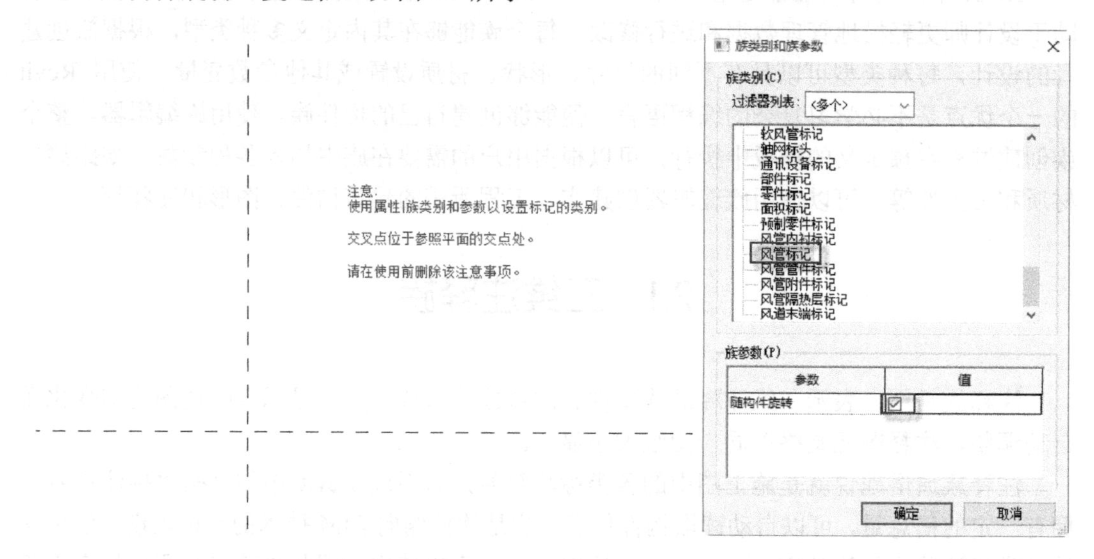


图 2.2　删除提示文字　　　　图 2.3　设置“族类别和族参数”

（4）创建“标签”。选择“创建”|“标签”命令，再单击屏幕中两条虚线的交点，如图 2.4 所示。这个交点就是标记族的几何中心，插入标记族后，也是以这个点为中心点插入的。

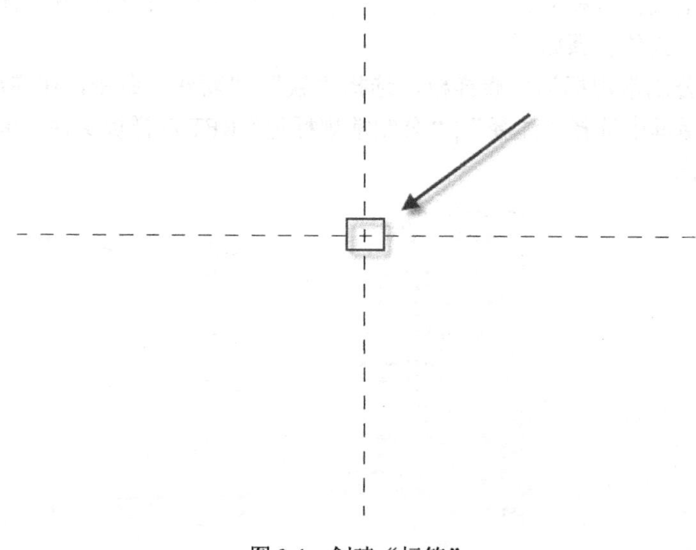

图 2.4　创建“标签”

（5）添加“系统类型”标签参数。在弹出的“编辑标签”对话框中选择“系统类型”选项，再单击“将参数添加到标签”按钮，将“系统类型”添加到“标签参数”列表中，如图2.5所示。

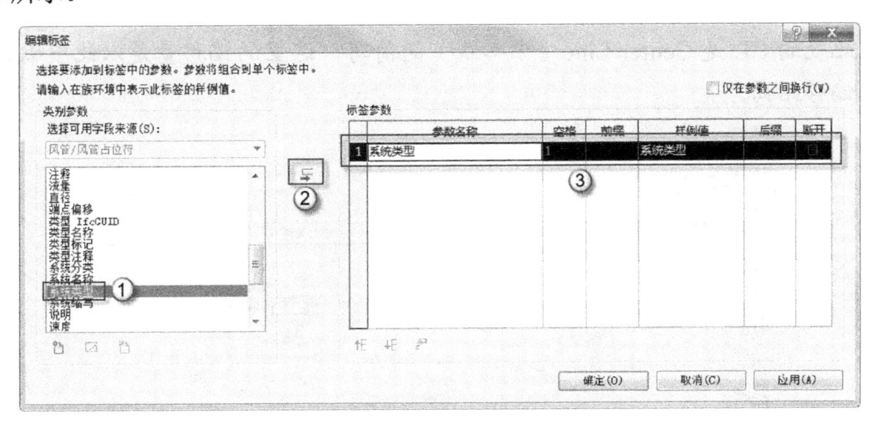

图2.5　添加“系统类型”标签参数

（6）添加“长度”标签参数。在“编辑标签”对话框中选择“长度”选项，再单击“将参数添加到标签”按钮，将“长度”添加到“标签参数”列表中，如图2.6所示。

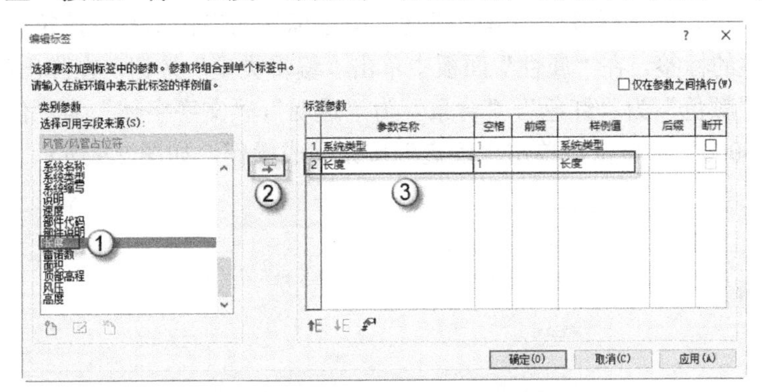

图2.6　添加“长度”标签参数

（7）添加“宽度”标签参数。在“编辑标签”对话框中选择“宽度”选项，再单击“将参数添加到标签”按钮，将“宽度”添加到“标签参数”列表中，在“空格”栏中输入“0”，并在“前缀”栏中输入x，如图2.7所示。

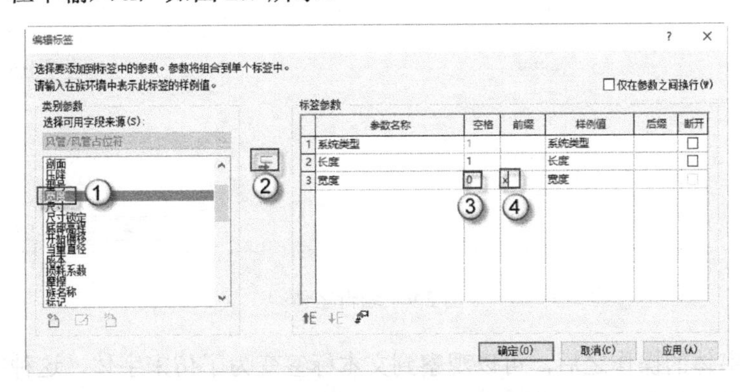

图2.7　添加“宽度”标签参数

（8）编辑标签。在“编辑标签”对话框中选择“开始偏移”选项，再单击“将参数添加到标签”按钮，将“开始偏移”添加到“标签参数”列表中，并在“前缀”栏中输入“CL”，单击“确定”按钮完成操作，如图 2.8 所示。

注意：此处的 CL 是 Center Line（中心线）的简写，这里的偏移量是以此中心为基准的偏移距离。

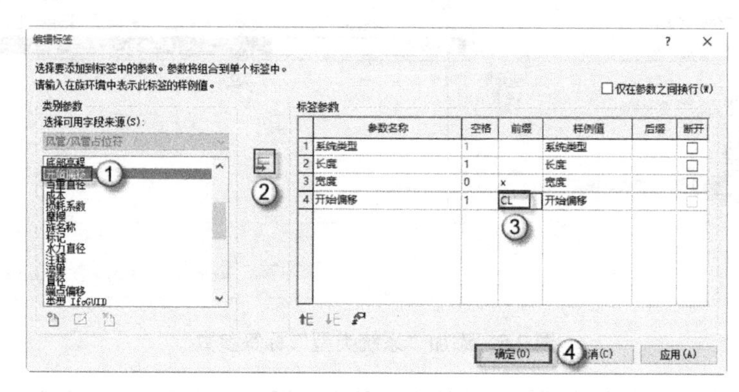


图 2.8　添加“开始偏移”标签参数

（9）编辑字体。虽然标签已经编辑成功，但是标签的字体不符合建筑施工图出图的要求。选择已创建的标签，在“属性”面板中单击“编辑类型”按钮，在弹出的“类型属性”对话框中设置“颜色”为“红色”，“背景”为“透明”，“文字字体”为“仿宋”，“宽度系数”为“0.7000000”个单位，单击“确定”按钮完成操作，如图 2.9 所示。

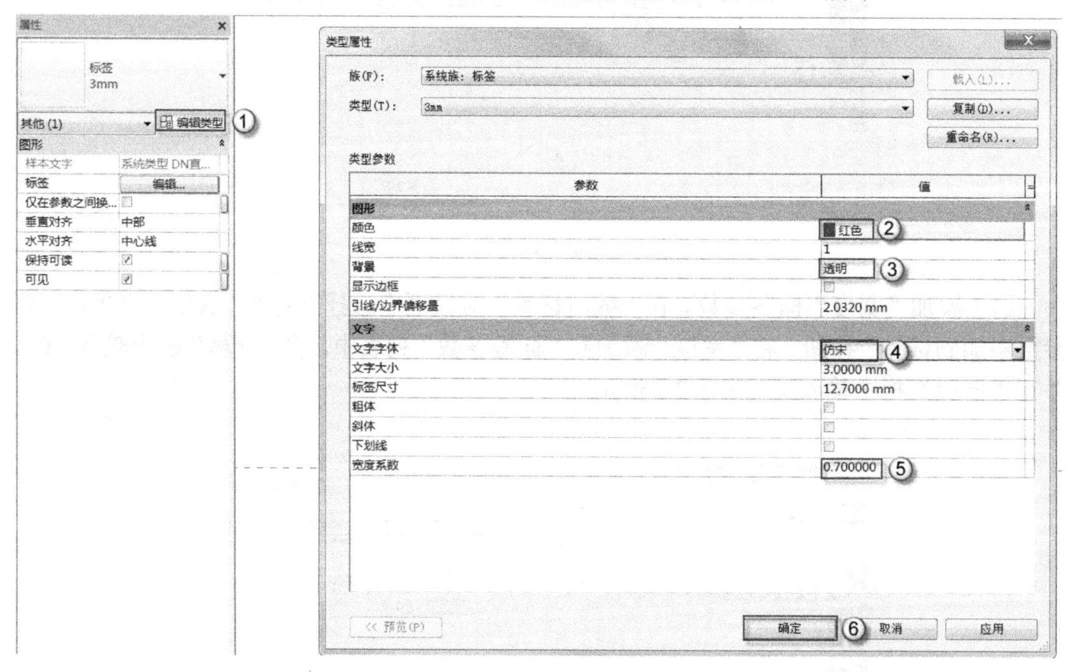


图 2.9　编辑字体

完成编辑字体的操作之后，可以观察到文本标签变为了仿宋字体，这种字体符合建筑制图规范的要求，如图 2.10 所示。

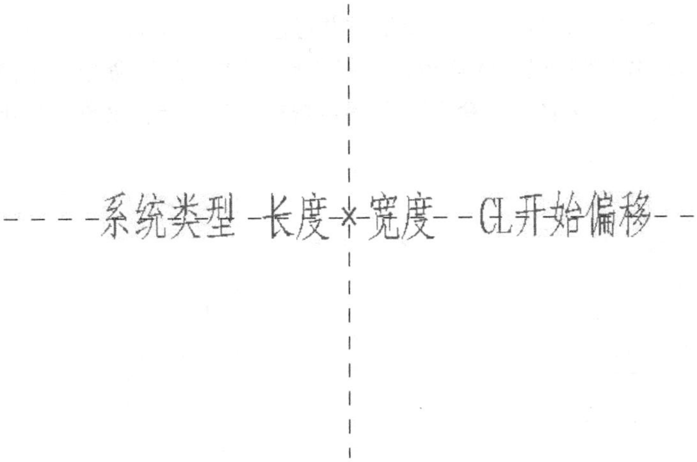

----系统类型 -长度-×-宽度- -CL开始偏移- -

图 2.10　检查字体

注意：“系统类型”指的是“风管系统”，“长度”和“宽度”指“风管的长度和宽度”，“开始偏移”指“风管偏移量”。例如，“新风管 320 × 320 CL3000”就是新风管的长度为 320mm，高度为 320mm，偏移量为 3000mm。

（10）另存为族文件。选择“文件”|“另存为”|“族”命令，在弹出的“另存为”对话框中的“文件名”栏中输入“风管标记”，单击“保存”按钮，保存新族文件，如图 2.11 所示。

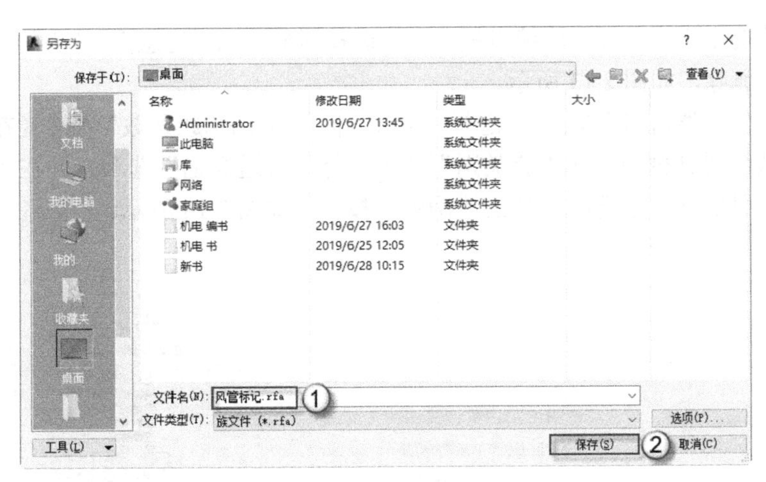


图 2.11　另存为族文件

注意：在 Revit 中有 4 种常用的文件后缀名，RVT 是项目文件，RTE 是项目样板文件，RFA 是族文件，RFT 是族样板文件。

## 2.1.2　管道标记

在机电专业中有很多类别的管道，如给水管、热给水管、污水管、采暖供水管和采暖回水管等，本节将介绍可以自动读取管道信息并标注管道的族的制作方法，具体步骤如下：

（1）选择“公制常规标记”族样板，选择“族”|“打开”命令，在弹出的“新族-选择样板文件”对话框中，选择“注释”|“公制常规标记”族样板文件，单击“打开”按钮，如图 2.12 所示。

图 2.12　选择“公制常规标记”族样板

（2）删除提示文字。进入族编辑模式后，选择屏幕中以“注意” 开头的一段文字，按 Delete 键将其删除，如图 2.13 所示。

（3）设置“族类别和族参数”。选择“创建”|“族类别和族参数”命令，在弹出的“族类别和族参数”对话框中，在“族类别”栏中选择“管道标记”选项，并在“族参数”栏中勾选“随构件旋转”复选框，单击“确定”按钮，如图 2.14 所示。

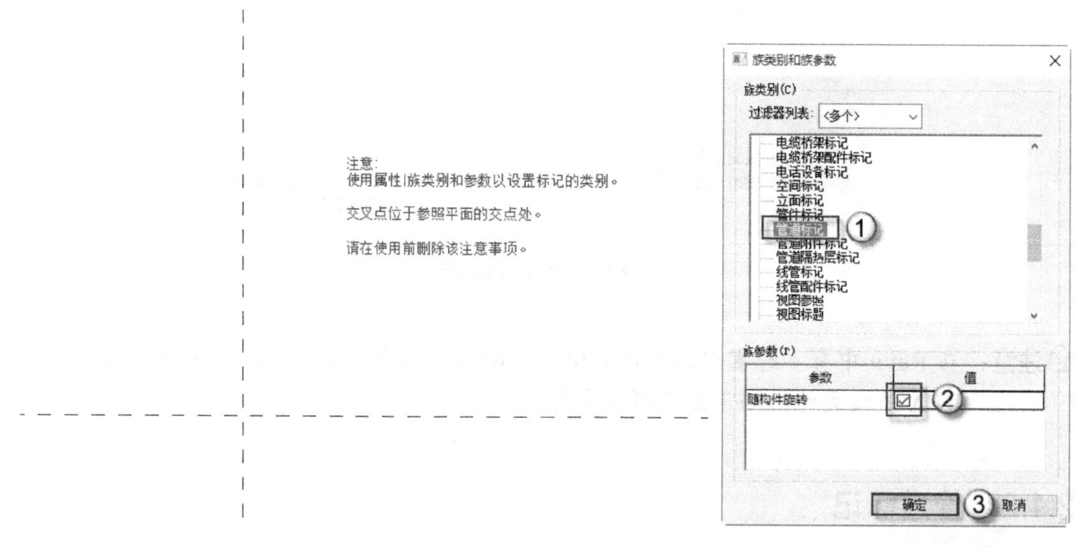


图 2.13　删除提示文字　　　　图 2.14　设置“族类别和族参数”

（4）创建“标签”。选择“创建”|“标签”命令，再单击屏幕中两条虚线的交点，如图 2.15 所示。这个交点就是标记族的几何中心，插入标记族后，也是以这个点为中心点插入的。

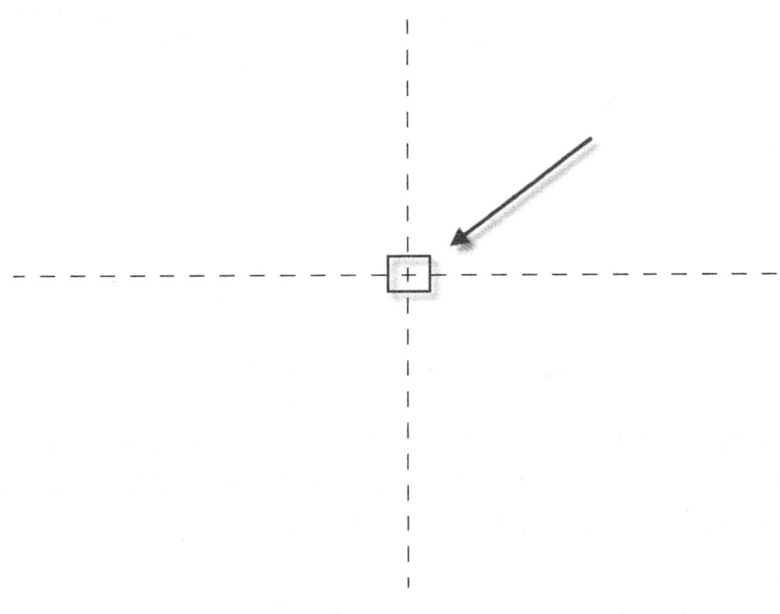

图 2.15　创建“标签”

（5）编辑标签。在弹出的“编辑标签”对话框中，选择“系统类型”选项，再单击“将参数添加到标签”按钮，将“系统类型”添加到“标签参数”列表中，如图 2.16 所示。

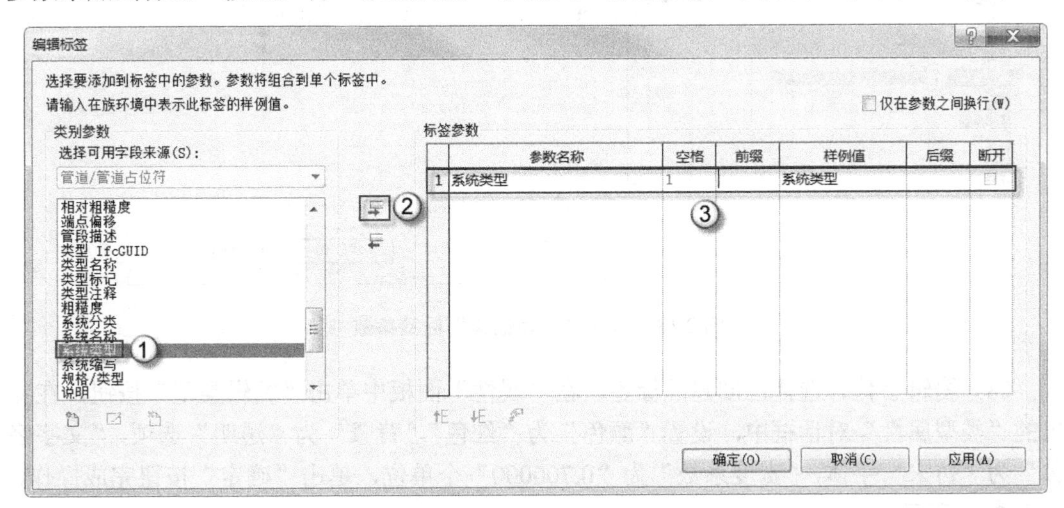


图 2.16　添加“系统类型”标签参数

（6）编辑标签。在弹出的“编辑标签”对话框中，选择“直径”选项，再单击“将参数添加到标签”按钮，将“直径”添加到“标签参数”列表中，并在“前缀”栏中输入 DN，如图 2.17 所示。

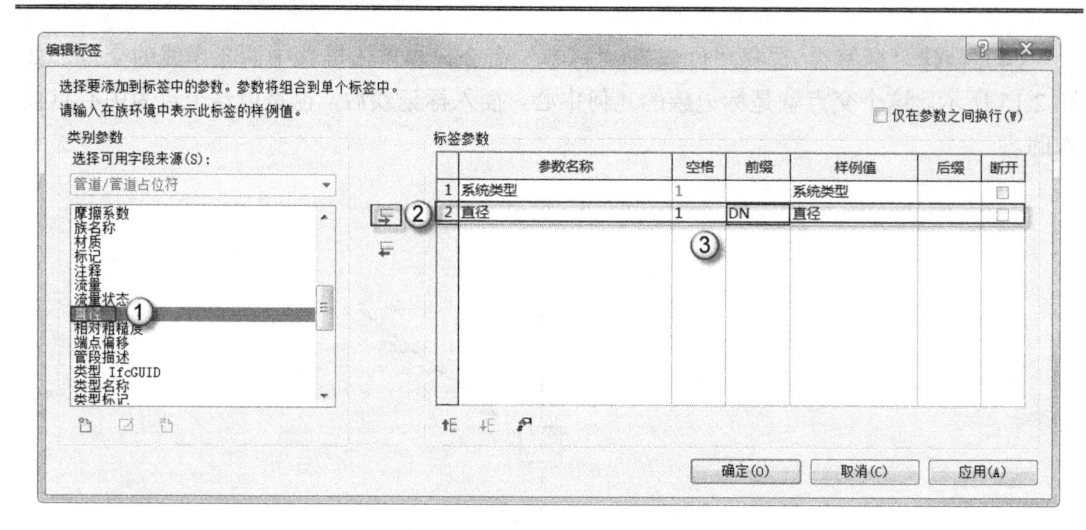


图 2.17　添加“直径”标签参数

（7）编辑标签。在弹出的“编辑标签”对话框中，选择“开始偏移”选项，再单击“将参数添加到标签”按钮，将“开始偏移”添加到“标签参数”列表中，并在“前缀”栏中输入 CL，单击“确定”按钮完成操作，如图 2.18 所示。

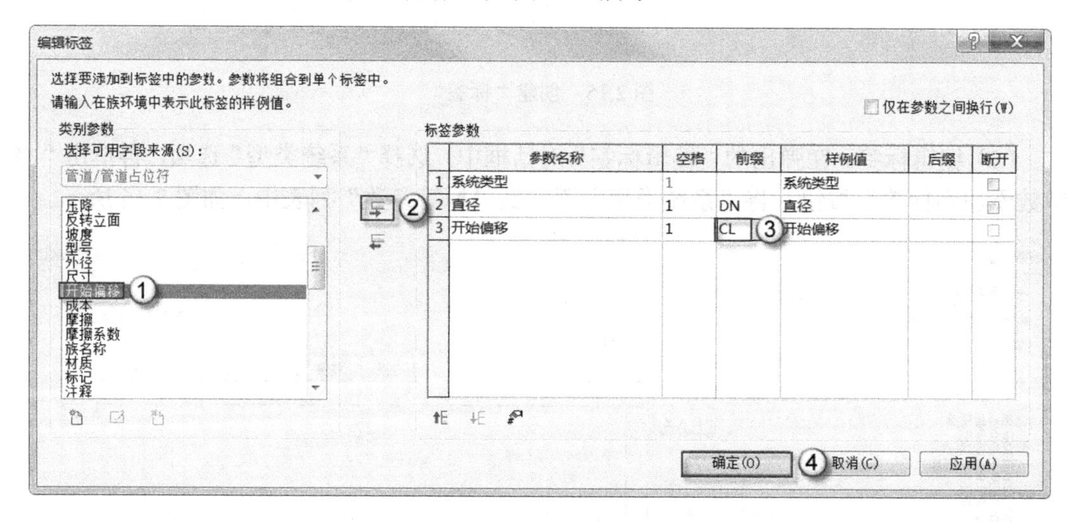


图 2.18　添加“开始偏移”标签参数

（8）编辑字体。选择已创建的标签，在“属性”面板中单击“编辑类型”按钮，在弹出的“类型属性”对话框中，设置“颜色”为“红色”“背景”为“透明”选项，“文字字体”为“仿宋”字体，“宽度系数”为“0.700000”个单位，单击“确定”按钮完成操作，如图 2.19 所示。

完成编辑字体的操作之后，可以观察到文本标签变为仿宋字，这种字体符合建筑制图规范的要求，如图 2.20 所示。

注意：“系统类型”指的是“管道系统”，“直径”指“管道直径”，“开始偏移”指“管道偏移量”，例如，“采暖供水管 DN25 CL-70”。

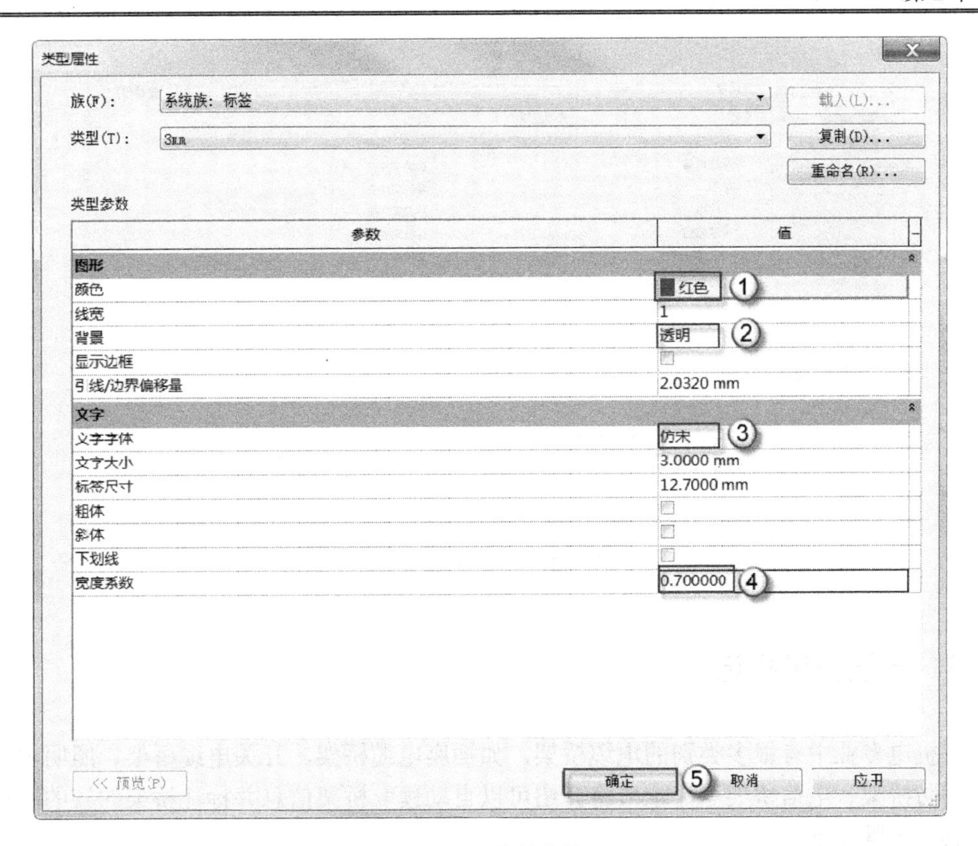


图 2.19　编辑字体

图 2.20　检查字体

（9）另存为族文件。选择“文件”|“另存为”|“族”命令，在弹出的“另存为”对话框的“文件名”栏中输入“管道标记”，单击“保存”按钮，保存新族文件，如图 2.21 所示。

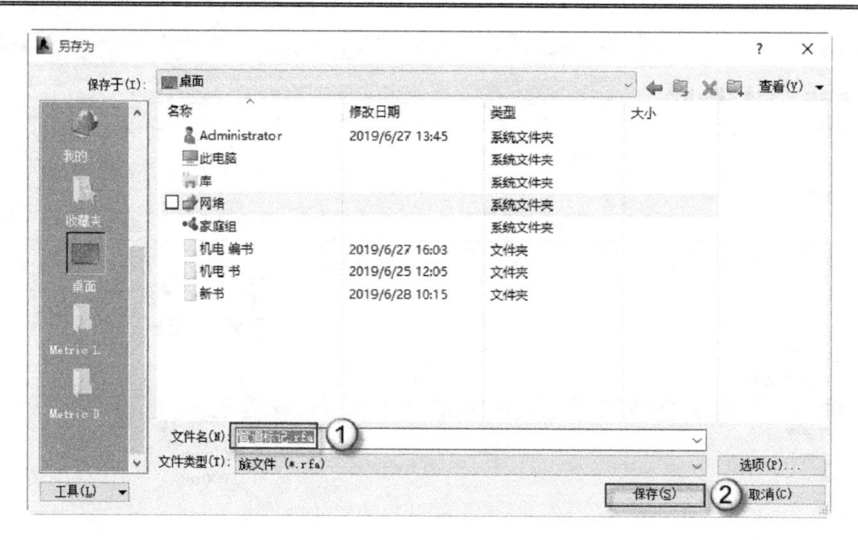


图 2.21　另存为族文件

## 2.1.3　电缆桥架标记

在机电专业中有很多类别的电缆桥架，如插座电缆桥架、开关电缆桥架、照明电缆桥架、消防桥架、电信桥架等，本节将介绍可以自动读取桥架信息并标注桥架的族的制作方法，具体步骤如下：

（1）选择“公制常规标记”族样板，选择“族”|“打开”命令，在弹出的“新族-选择样板文件”对话框中，选择“注释”|“公制常规标记”族样板文件，单击“打开”按钮，如图 2.22 所示。

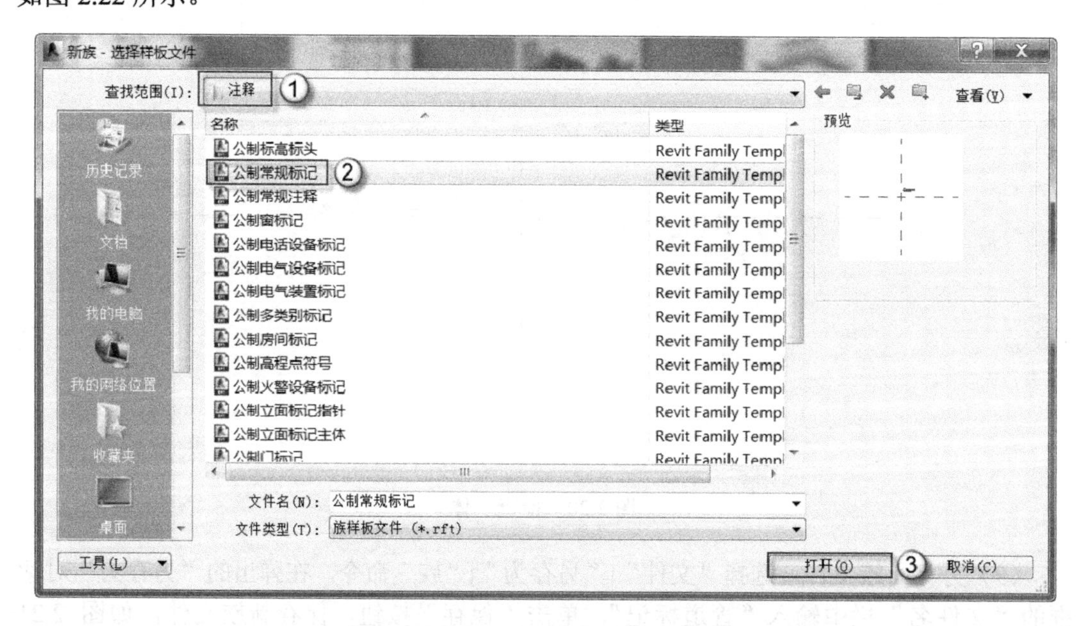


图 2.22　选择“公制常规标记”族样板

（2）删除提示文字。进入族编辑模式后，选择屏幕中以“注意” 开头的一段文字，按

Delete 键将其删除，如图 2.23 所示。

（3）设置“族类别和族参数”。选择“创建”|“族类别和族参数”命令，弹出“族类别和族参数”对话框，在“过滤器列表”栏中选择“电气”选项，在“族类别”栏中选择“电缆桥架标记”选项，并在“族参数”栏中勾选“随构件旋转”复选框，单击“确定”按钮，如图 2.24 所示。

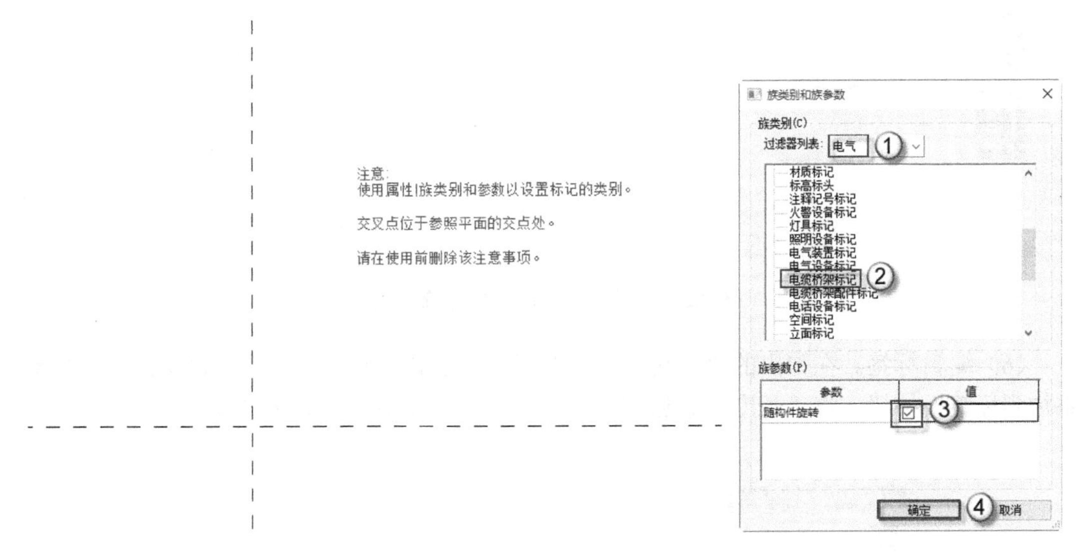


图 2.23　删除提示文字　　　　图 2.24　设置“族类别和族参数”

（4）创建“标签”。单击“创建”|“标签”命令，再单击屏幕中两条虚线的交点，如图 2.25 所示。这个交点就是标记族的几何中心，插入标记族后，也是以这个点为中心点插入的。

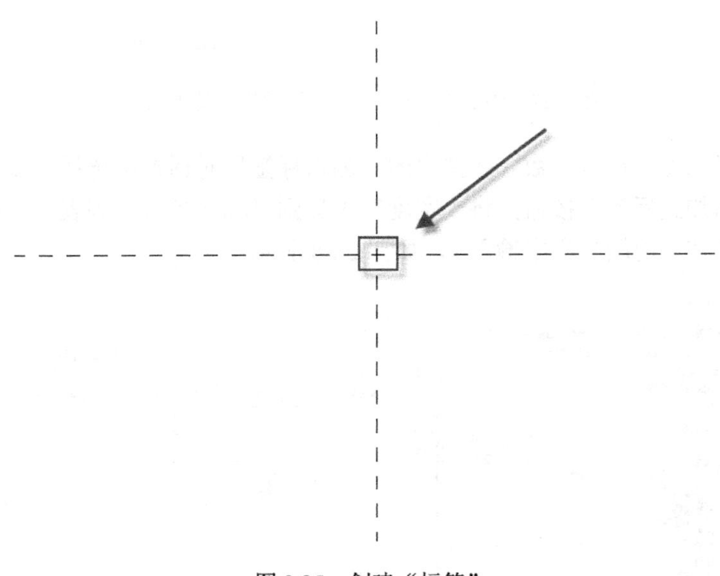

图 2.25　创建“标签”

（5）编辑标签。在弹出的“编辑标签”对话框中选择“类型名称”选项，再单击“将参数添加到标签”按钮，将“类型名称”添加到“标签参数”列表中，如图 2.26 所示。

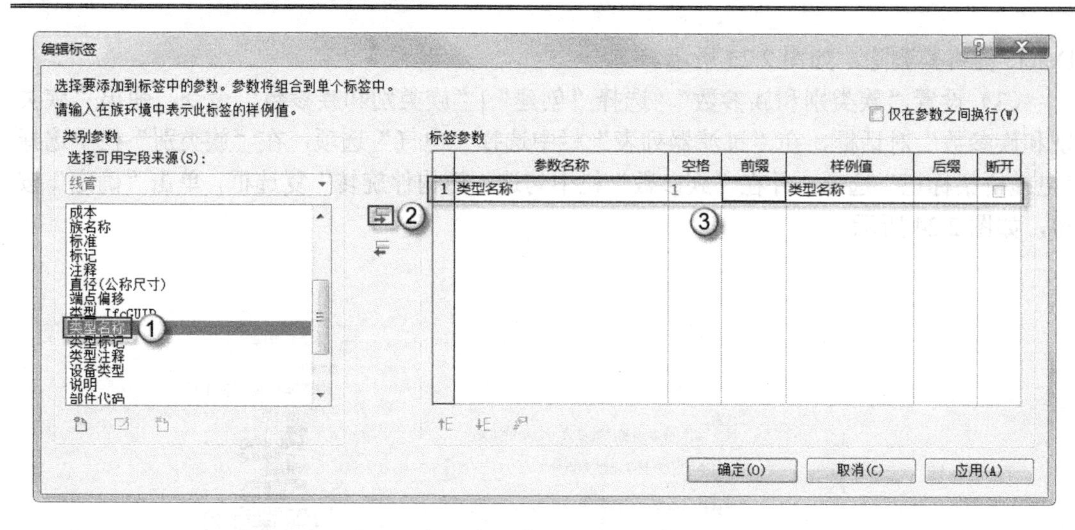


图 2.26 添加“类型名称”标签参数

（6）编辑标签。在弹出的“编辑标签”对话框中选择“长度”选项，再单击“将参数添加到标签”按钮，将“长度”添加到“标签参数”列表中，如图 2.27 所示。

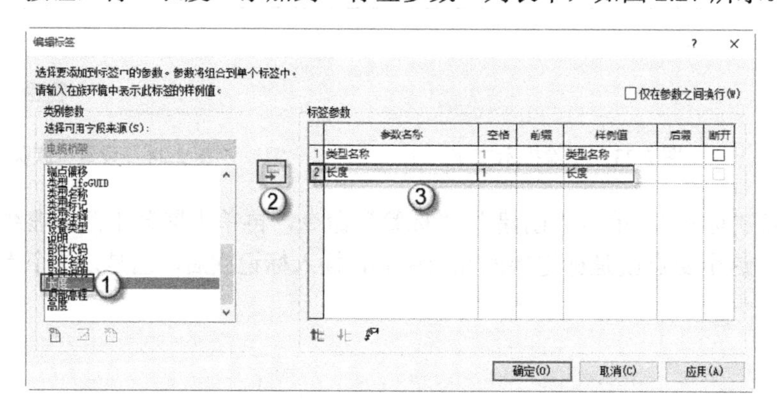

图 2.27 添加“直径（公称尺寸)”标签参数

（7）添加“宽度”标签参数。在弹出的“编辑标签”对话框中选择“宽度”选项，再单击“将参数添加到标签”按钮，将“宽度”添加到“标签参数”列表中，在“空格”栏中输入“0”，并在“前缀”栏中输入 x，如图 2.28 所示。

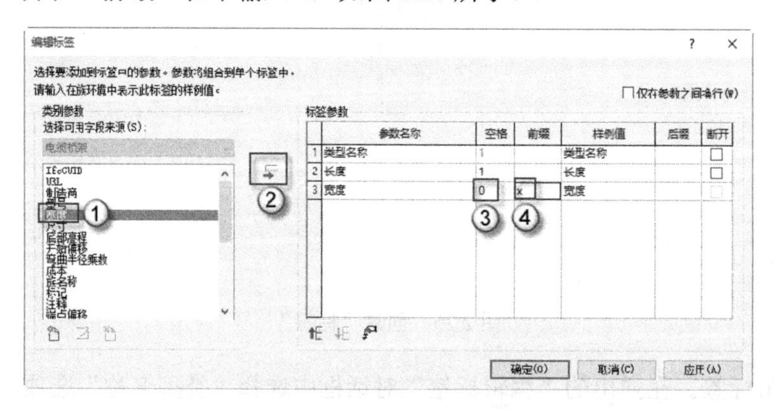

图 2.28 添加“宽度”标签参数

（8）编辑标签。在弹出的“编辑标签”对话框中选择“开始偏移”选项，再单击“将参数添加到标签”按钮，将“开始偏移”添加到“标签参数”列表中，并在“前缀”栏中输入CL，如图2.29所示。

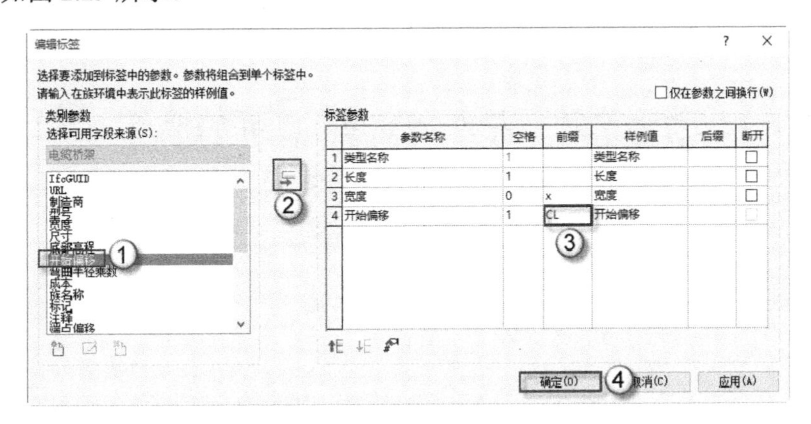


图2.29 添加“开始偏移”标签参数

（9）编辑字体。选择已创建的标签，在“属性”面板中单击“编辑类型”按钮，在弹出的“类型属性”对话框中，设置“颜色”为“红色”，“背景”为“透明”，“文字字体”为“仿宋”字体，“宽度系数”为“0.700000”个单位，单击“确定”按钮完成操作，如图2.30所示。

类型属性

族(F)：系统族：标签　　载入(L)...

类型(T)：3mm　　复制(D)...

重命名(R)...

类型参数

| 参数 | 值 |
| --- | --- |
| **图形** | |
| 颜色 | 红色 |
| 线宽 | 1 |
| 背景 | 透明 |
| 显示边框 | ☐ |
| 引线/边界偏移量 | 2.0320 mm |
| **文字** | |
| 文字字体 | 仿宋 |
| 文字大小 | 3.0000 mm |
| 标签尺寸 | 12.7000 mm |
| 粗体 | ☐ |
| 斜体 | ☐ |
| 下划线 | ☐ |
| 宽度系数 | 0.700000 |

<< 预览(P)　　确定　取消　应用

图2.30 编辑字体

完成编辑字体的操作之后，可以观察到文本标签变为了仿宋字，这种字体符合建筑制图规范的要求，如图2.31所示。

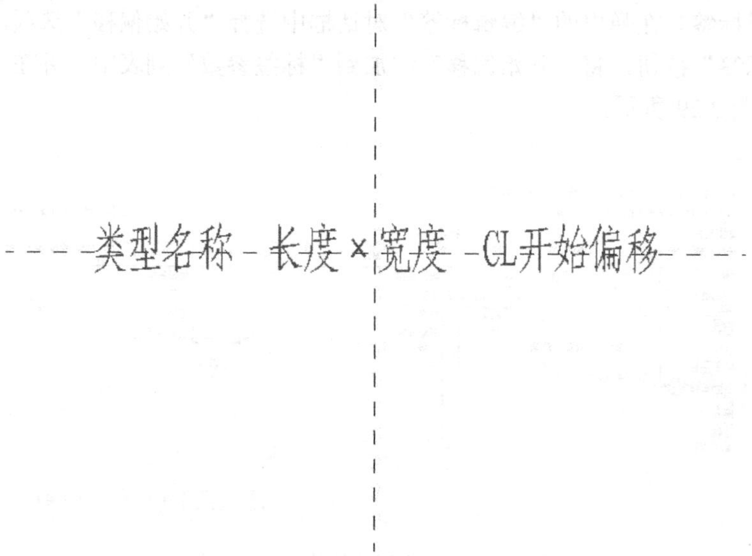

类型名称 - 长度 × 宽度 -CL开始偏移

图 2.31　检查字体

注意：“类型名称”指的是“电缆桥架类型”，“长度”和“宽度”指“电缆桥架的长度和宽度”，“开始偏移”指“电缆桥架偏移量”，例如：“照明 320 × 320 CL3000”。

（10）另存为族文件。选择“文件”|“另存为”|“族”按钮，在弹出的“另存为”对话框的“文件名”栏中输入“桥架标记”，单击“保存”按钮，保存新族文件，如图 2.32 所示。

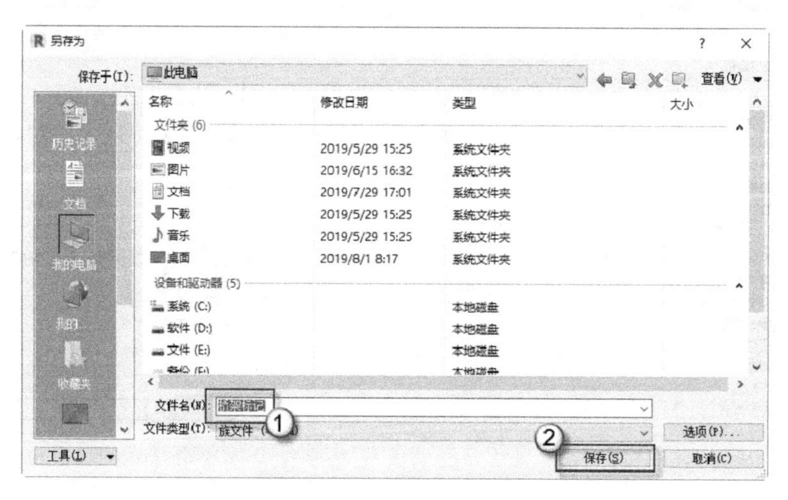


图 2.32　另存为族文件

## 2.2　三　维　族

前面一节介绍的是注释族（二维族）的制作，是没有三维信息的族。本节中将介绍机电专业中一些三维设备构件族的制作。

## 2.2.1　风机族（框架部分）

风机在机电专业设计中较常见，由于其连接口（新风口与回风口）位置不同，故一般都需要制作风机族，具体操作如下：

（1）选择“公制机械设备”族样板。选择“族”|“新建”命令，在弹出的“新族-选择样板文件”对话框中，选择“公制机械设备”RFT 族样板文件，单击“打开”按钮，如图 2.33 所示。

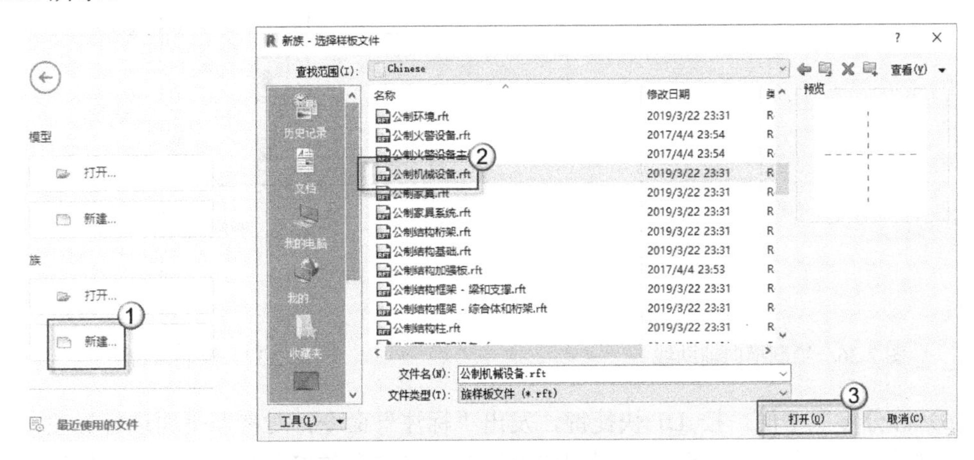


图 2.33　选择“公制机械设备”族样板

（2）新建族类型。单击“族类型”按钮，在弹出的“族类型”对话框中单击“新建”按钮，弹出“名称”对话框，在“名称”一栏输入“热回收新风机”，单击“确定”按钮，如图 2.34 所示。

（3）绘制纵向辅助线。按 RP 快捷键发出“参照平面”命令，在“偏移量”一栏输入“400”个单位，从上至下绘制一条纵辅助线，如图 2.35 所示，再按 MM 快捷键发出“镜像”命令，将绘制的参照平面镜像到左边。

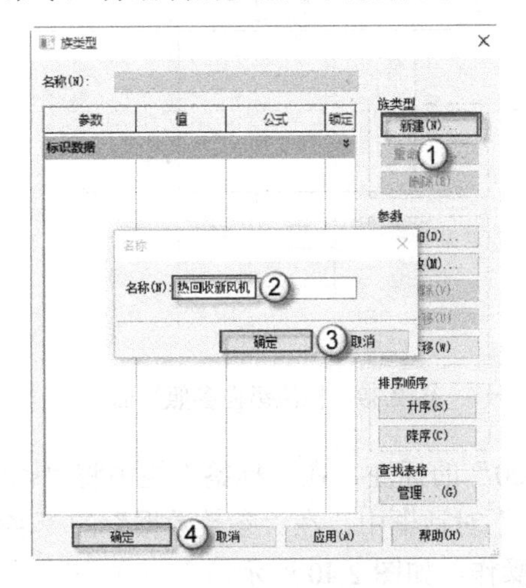


图 2.34　新建族类型

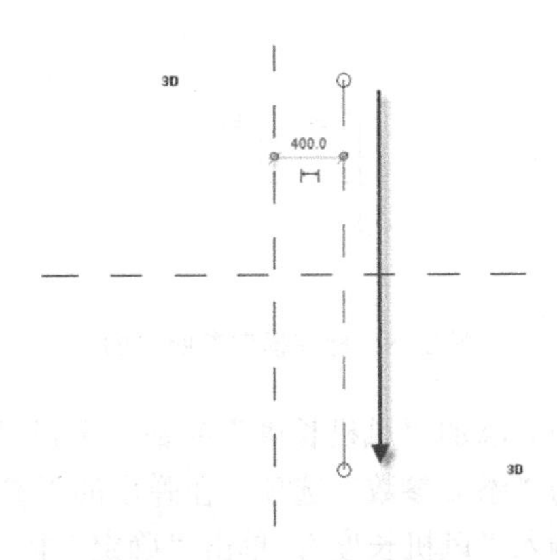


图 2.35　绘制纵向辅助线

（4）绘制横向辅助线。按RP快捷键发出“参照平面”命令，在“偏移量”一栏输入“400”个单位，从左至右绘制一条横向辅助线，如图2.36所示，再按MM快捷键发出“镜像”命令，将绘制的参照平面镜像到下边。

（5）绘制风机。选择菜单“创建”|“拉伸”命令，进入“修改丨编辑拉伸”界面，使用矩形绘制工具将风机水平轮廓线绘制完成，并将其锁定到参照平面上，如图2.37所示。绘制完成后，单击“√”按钮完成绘制。

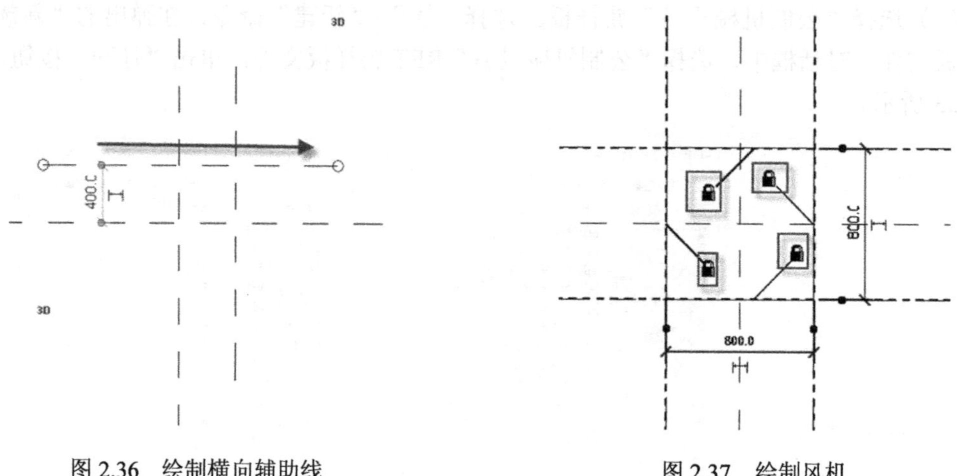


图2.36　绘制横向辅助线　　　　图2.37　绘制风机

（6）等分参照平面。按DI快捷键，发出“标注”命令，对参照平面进行标注，并且单击EQ按钮，如图2.38所示。使用同样方法对水平方向的参照平面进行等分标注，完成后，如图2.39所示。

注意：在Revit建族的过程中，EQ是等分的意思。此处使用EQ，可以让两条参照平面在后面的操作中以中轴线为中点，沿两侧等距平分展开。

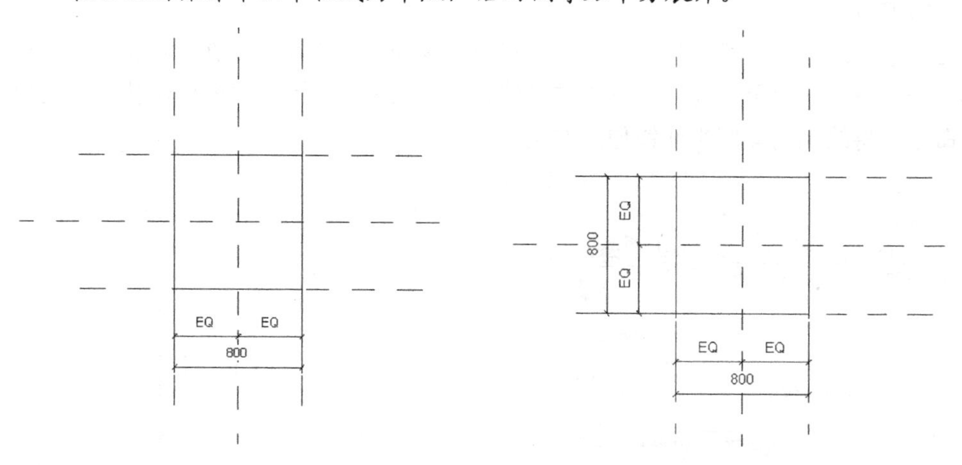


图2.38　标注横向参照平面　　　　图2.39　标注纵向参照平面

（7）添加“风机长度”参数。选择横向“800”的标注，在“标签”栏中将“<无>”切换为“添加参数”选项，在弹出的“参数属性”对话框中，在“参数数据”的“名称”栏中输入“风机长度”，单击“确定”按钮完成操作，如图2.40所示。

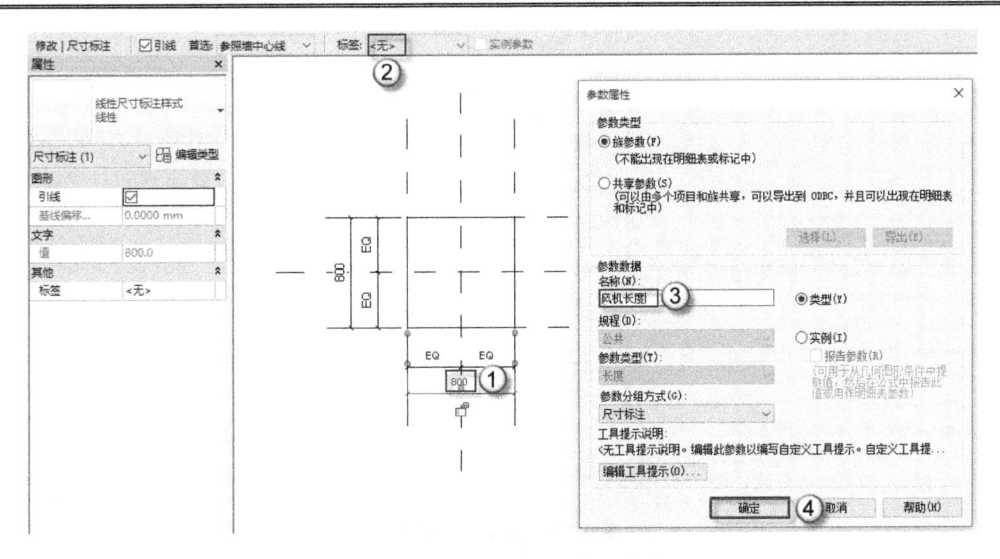


图 2.40　添加“风机长度”参数

（8）添加“风机宽度”参数。选择纵向“800”的标注，在“标签”栏中将“<无>”切换为“添加参数”选项，在弹出的“参数属性”对话框中，在“参数数据”的“名称”栏中输入“风机宽度”，单击“确定”按钮完成操作，如图 2.41 所示。

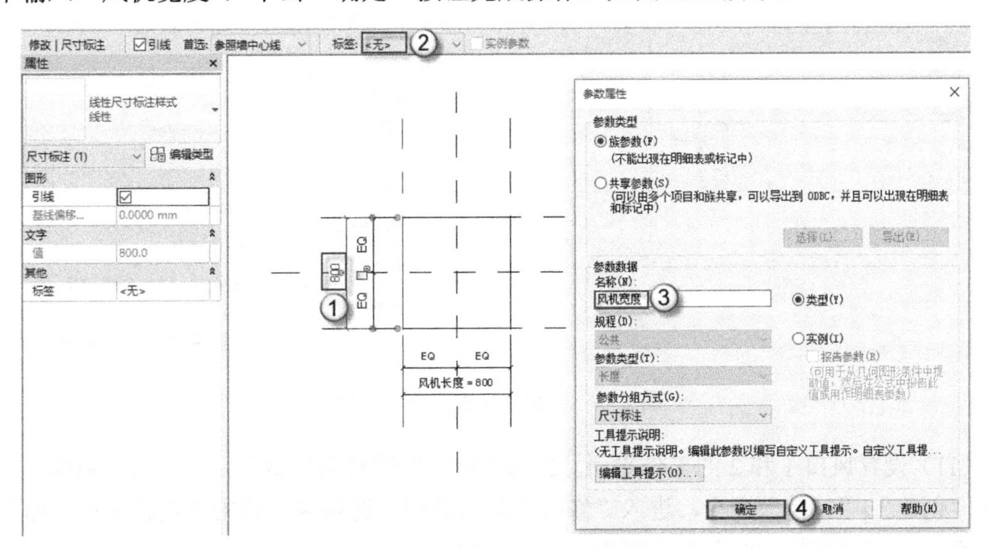


图 2.41　添加“风机宽度”参数

（9）修改风机高度。选择“项目浏览器”面板中的“立面（立面 1）”|“前”命令，进入前立面视图，按 RP 快捷键发出“参照平面”命令，在“偏移量”一栏输入“600”个单位，绘制一条辅助线，选择已绘制完成的风机，拖动“拉伸：造型操纵柄”至参照平面（图中①处），并将其锁定至参照平面（图中②处），如图 2.42 所示。

（10）添加“风机高度”参数。按 DI 快捷键发出“标注”命令，对参照平面进行标注，选择竖直方向的“600”的标注，在“标签”栏中将“<无>”切换为“添加参数”选项，在弹出的“参数属性”对话框中，在“参数数据”的“名称”栏中输入“风机高度”，单击“确定”按钮完成操作，如图 2.43 所示。

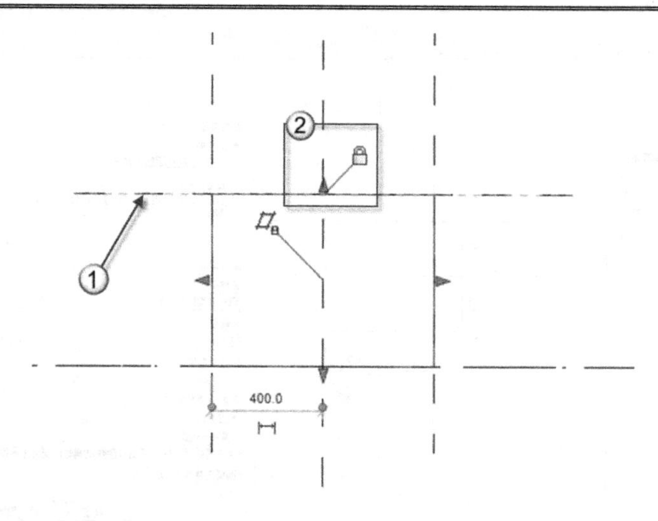


图 2.42　修改风机高度

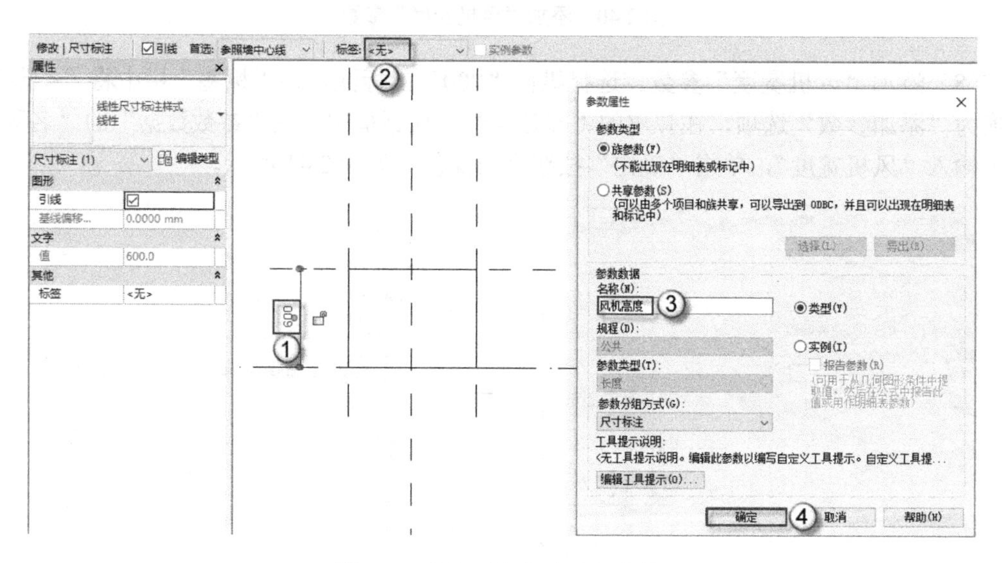


图 2.43　添加“风机高度”参数

（11）设置风口 1 和 2 的工作平面。选择“默认三维视图”命令，进入三维视图，选择菜单“创建”|“拉伸”命令，进入“修改 | 编辑拉伸”选项卡，单击“设置工作平面”按钮，在弹出的“工作平面”对话框中，选择“拾取一个工作平面”单选按钮，单击“确定”按钮，进入下一步操作，如图 2.44 所示。

（12）拾取风口 1 和 2 的工作平面。继续上一步操作，在三维视图中，单击风机右立面，在右立面绘制两个矩形（图中①②处），这两个矩形就是风口 1 和风口 2 轮廓的大致位置，其具体尺寸与位置后面再设置。选择“项目浏览器”面板中的“立面（立面 1）”|“右”命令，进入右立面视图，如图 2.45 所示。

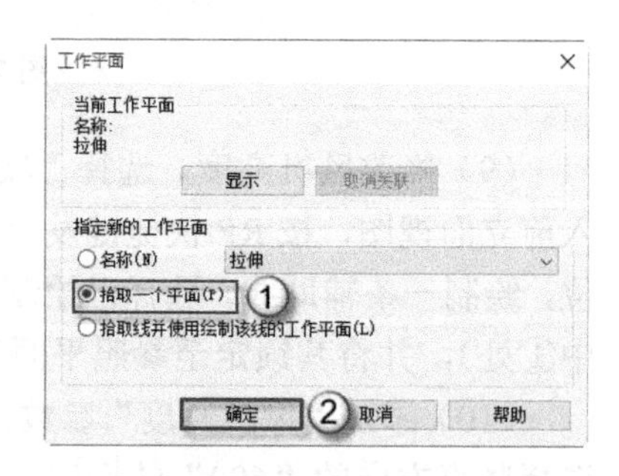


图 2.44　设置工作平面

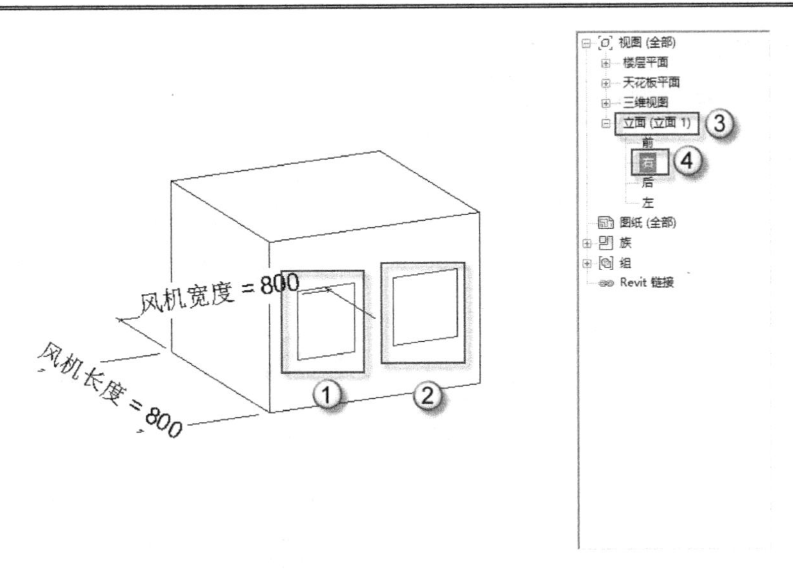


图 2.45　拾取风口 1 和 2 的工作平面

（13）绘制辅助线。按 RP 快捷键发出“参照平面”命令，从左至右绘制一个水平（①处）线，从上至下绘制两个垂直线（②③处）共 3 个参照平面，如图 2.46 所示。

（14）等分参照平面。按 DI 快捷键发出“标注”命令，对参照平面进行标注，并且单击EQ按钮，如图 2.47 所示。

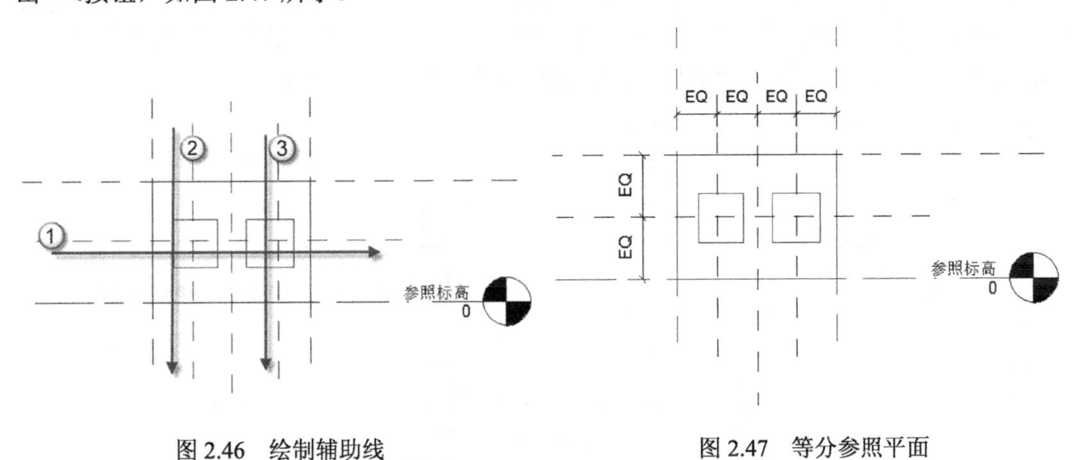


图 2.46　绘制辅助线

图 2.47　等分参照平面

（15）调整风口位置。按 DI 快捷键发出“标注”命令，对风口水平与垂直边界线和参照平面进行标注，并且单击EQ按钮。绘制完成后，单击“√”按钮完成绘制，如图 2.48 所示。

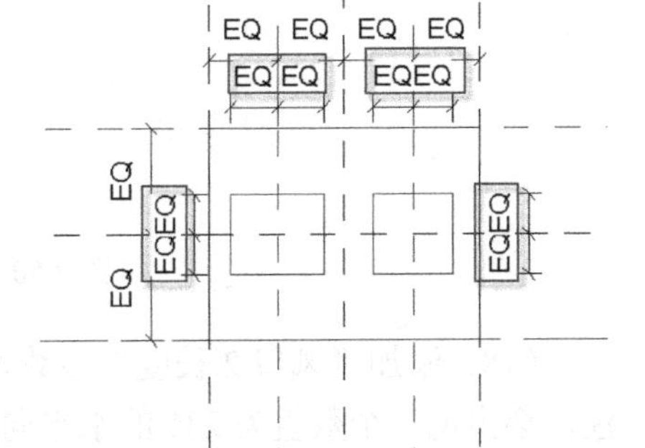


图 2.48　调整风口位置

（16）添加“风口 1 长度”参数。按 DI 快捷键发出“标注”命令，对参照平面进行标注，会出现一个数值为 276 的水平向标注，选择这个标注，在“标签”栏中将“<无>”切换为“添加参数”选项，在弹出的“参数属性”对话框中，在“参数数据”的“名称”栏中输入“风口 1 长度”，单击“确定”按钮完成操作，如图 2.49 所示。

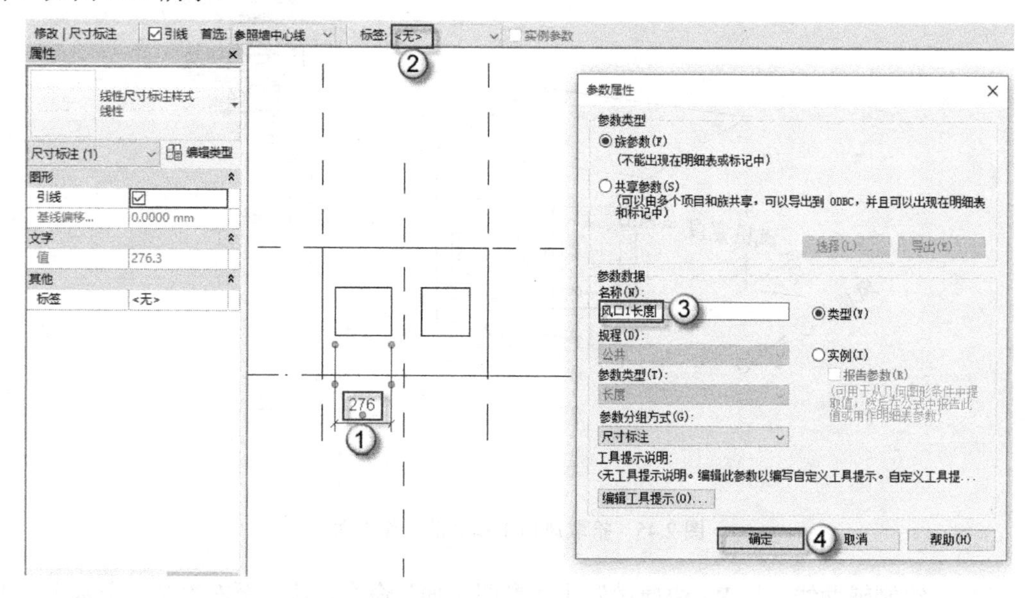


图 2.49　添加“风口 1 长度”参数

（17）添加“风口 1 宽度”参数。按 DI 快捷键发出“标注”命令，对参照平面进行标注，会出现一个数值为 227 的垂直向标注，选择这个标注，在“标签”栏中将“<无>”切换为“添加参数”选项，在弹出的“参数属性”对话框中，在“参数数据”的“名称”栏中输入“风口 1 宽度”，单击“确定”按钮完成操作，如图 2.50 所示。

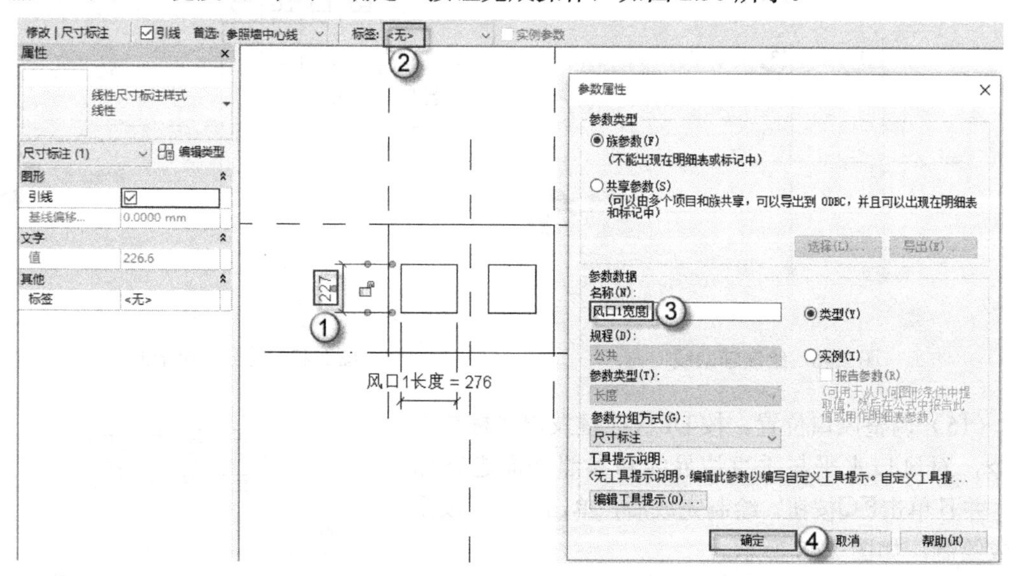


图 2.50　添加“风口 1 宽度”参数

（18）添加“风口 2 长度”参数。按 DI 快捷键发出“标注”命令，对参照平面进行标注，会出现一个数值为 231 的水平向标注，选择这个标注，在“标签”栏中将“<无>”切换为“添加参数”选项，在弹出的“参数属性”对话框中，在“参数数据”的“名称”栏中输入“风口 2 长度”，单击“确定”按钮完成操作，如图 2.51 所示。

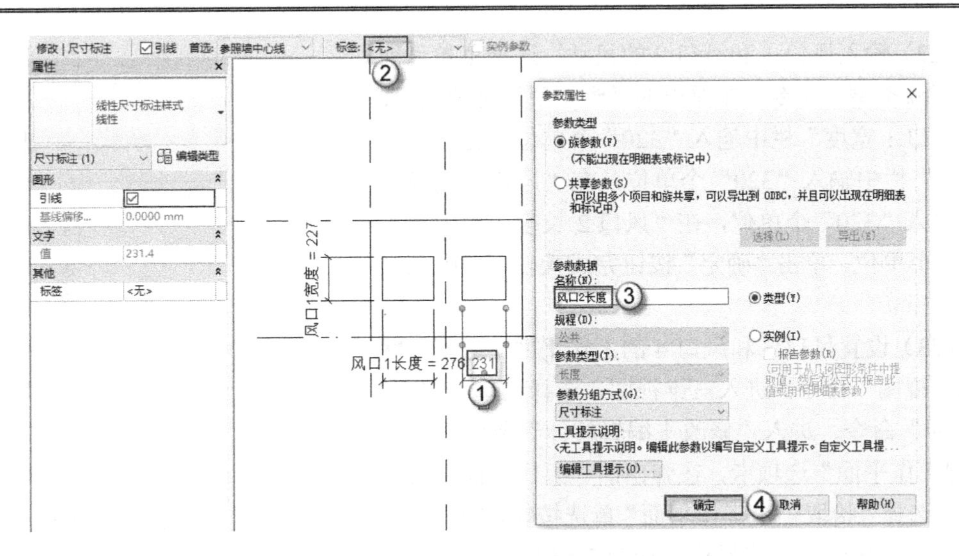

图 2.51　添加“风口 2 长度”参数

（19）添加“风口 2 宽度”参数。按 DI 快捷键发出“标注”命令，对参照平面进行标注，会出现一个数值为 227 的垂直向标注，选择这个标注，在“标签”栏中将“<无>”切换为“添加参数”选项，在弹出的“参数属性”对话框中，在“参数数据”的“名称”栏中输入“风口 2 宽度”，单击“确定”按钮完成操作，如图 2.52 所示。

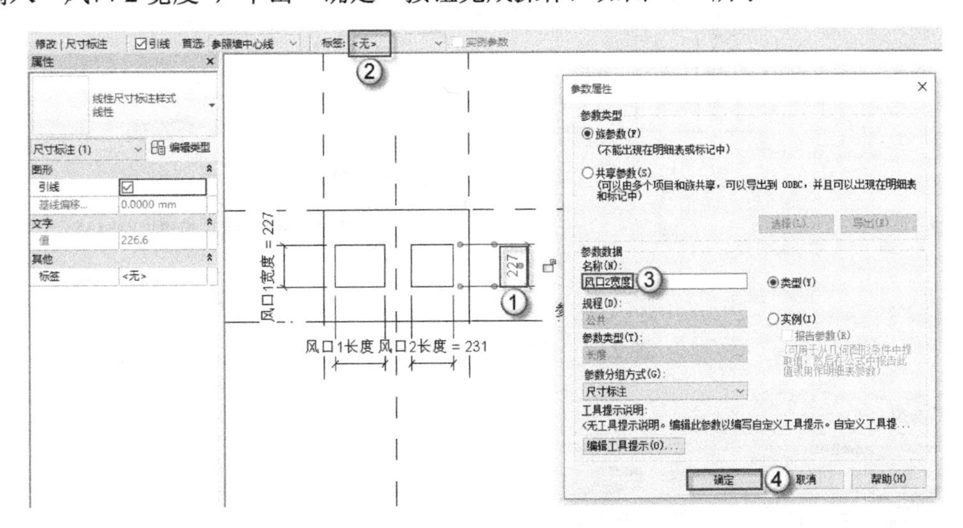

图 2.52　添加“风口 2 宽度”参数

（20）修改风口厚度。选择“项目浏览器”面板中的“立面（立面 1）”|“前”选项，进入前立面视图，按 RP 快捷键发出“参照平面”命令，在“偏移量”一栏输入“100”个单位，从上至下绘制一条辅助线，选择已绘制完成的风机，拖动“拉伸：造型操纵柄”至参照平面处并将其锁定，如图 2.53 所示。

（21）添加“风口厚度”参数。按 DI 快捷键发出“标注”命令，对参照平面进行标注，会出现一个数值为 100 的水平向标注，选择这个标注，在“标签”栏中将“<无>”切换为“添加参数”选项，在弹出的“参数属性”对话框中，在“参数数据”的“名称”栏中输入“风口厚度”，单击“确定”按钮完成操作，如图 2.54 所示。

（22）输入风口 1 和风口 2 的尺寸。选择菜单“创建”|“族类型”命令，在弹出的“族类型”对话框中，在“风口 1 宽度”栏中输入“320”个单位，在“风口 1 长度”栏中输入“320”个单位，在“风口 2 宽度”栏中输入“320”个单位，在“风口 2 长度”栏中输入“320”个单位，单击“确定”按钮完成操作，如图 2.55 所示。

（23）设置风口 3 和风口 4 的工作平面。选择“默认三维视图”命令，进入三维视图，选择菜单“创建”|“拉伸”命令，进入“修改 | 编辑拉伸”界面，单击“设置工作平面”选项卡，在弹出的“工作平面”对话话框中，选择“拾取一个工作平面”单选按钮，单击“确定”按钮，进入下一步操作，如图 2.56 所示。

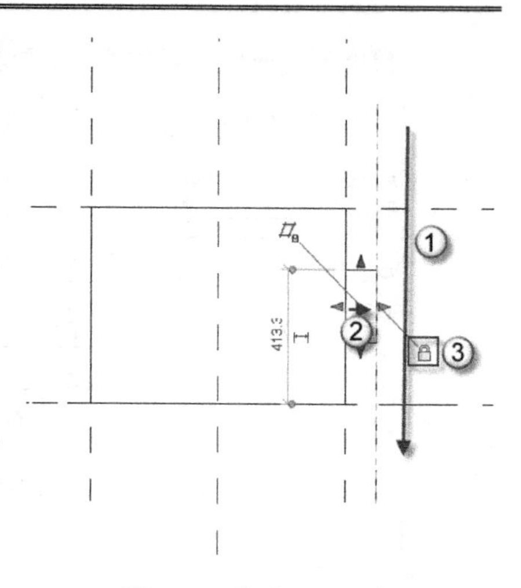

图 2.53　修改风口厚度

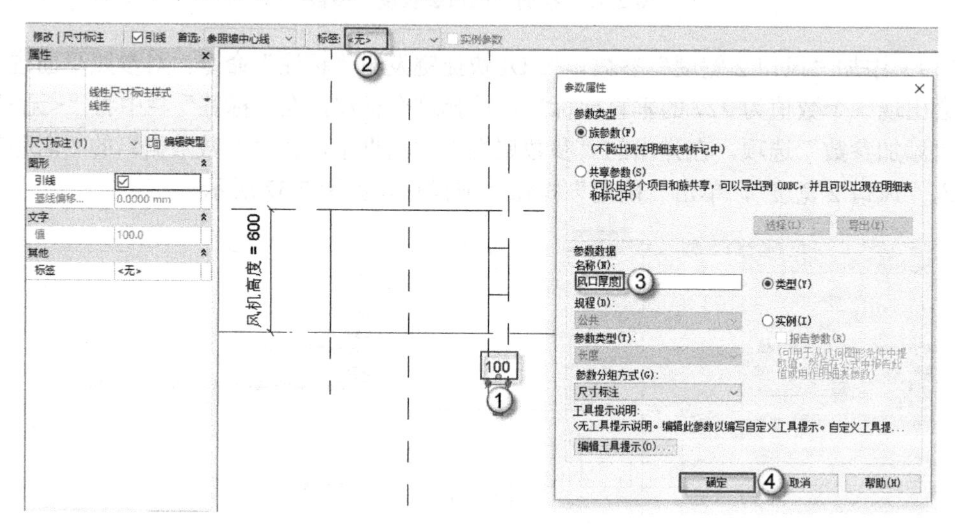


图 2.54　添加“风口厚度”参数

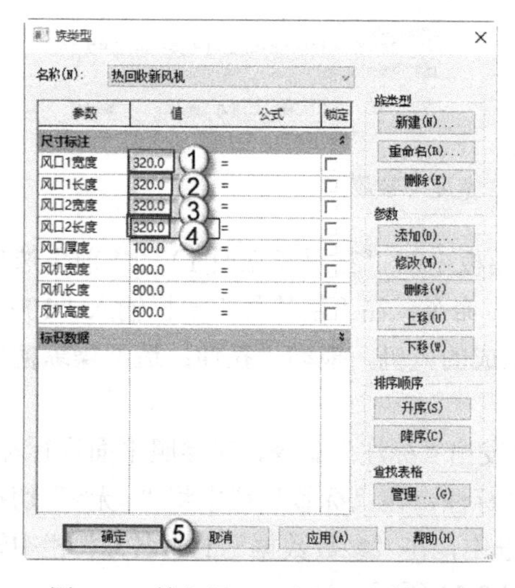


图 2.55　输入风口 1 和风口 2 的尺寸

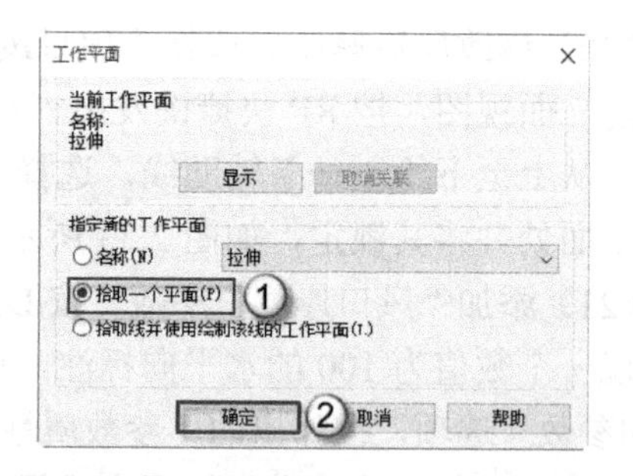


图 2.56　设置风口 3 和风口 4 的工作平面

（24）拾取风口3和风口4的工作平面。继续上一步操作，在三维视图中，单击风机左立面，在左立面绘制两个矩形（图中①②处），这两个矩形就是风口3和风口4轮廓的大致位置，其具体尺寸与位置后面再设置。选择“项目浏览器”面板中的“立面（立面 1）”|“左”命令，进入左立面视图，如图2.57所示。

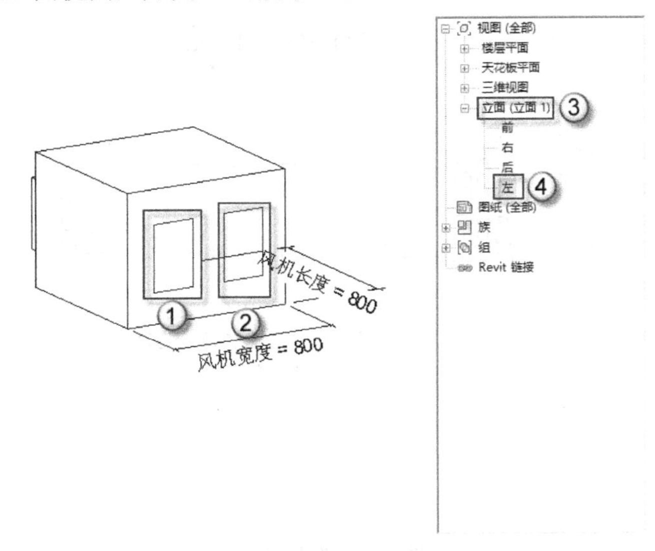


图2.57　拾取风口3和风口4的工作平面

至此，风机族的框架部分都绘制完成了，下面将设置其细节部分。

## 2.2.2　风机族（细节部分）

上一节中介绍了风机族大体框架的制作，本节中将介绍风机族细部的制作，如风口、电口、连接件等，具体操作如下：

（1）绘制辅助线。按RP快捷键发出“参照平面”命令，从左至右绘制一个水平（①处）线，从上至下绘制两个垂直线（②③处）共3个参照平面，如图2.58所示。

（2）等分参照平面。按DI快捷键发出“标注”命令，对参照平面进行标注，并且单击EQ按钮，如图2.59所示。

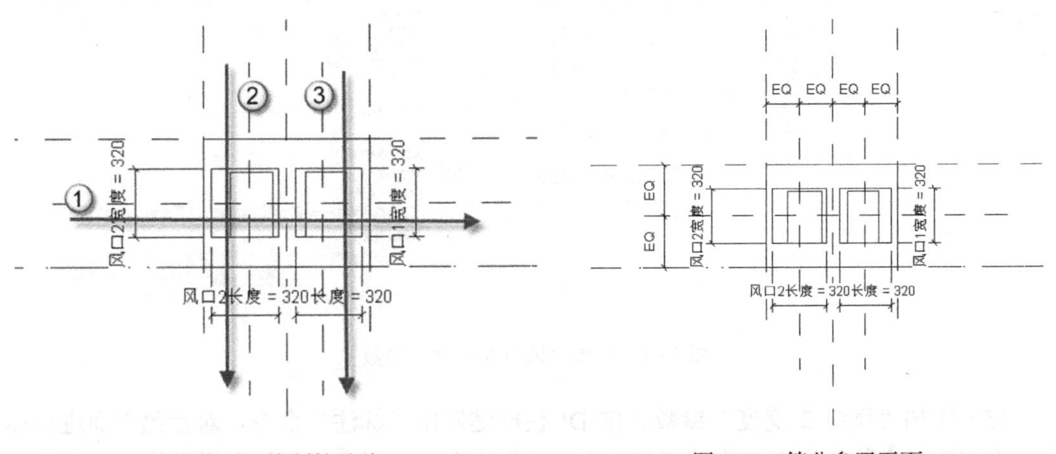


图2.58　绘制辅助线　　图2.59　等分参照平面

（3）调整风口位置。按 DI 快捷键发出“标注”命令，对风口两边和参照平面进行标注，并且单击EQ按钮。绘制完成后，单击“√”按钮完成绘制，如图 2.60 所示。

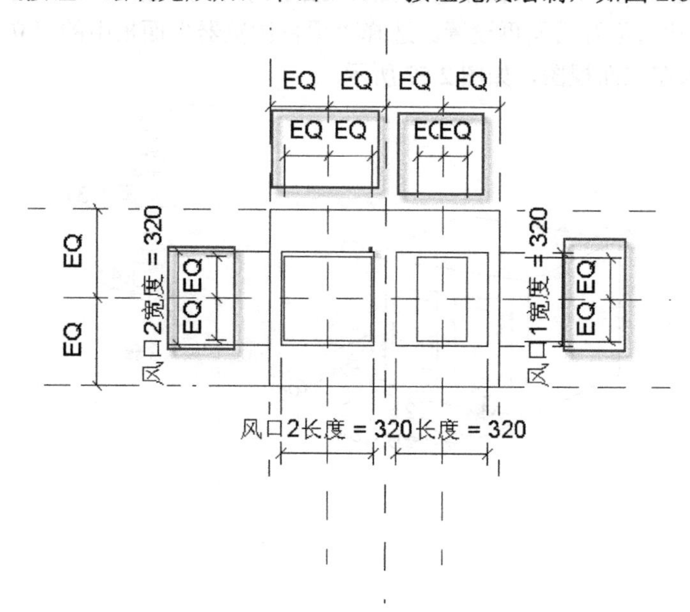


图 2.60　调整风口位置

（4）添加“风口 3 长度”参数。按 DI 快捷键发出“标注”命令，对参照平面进行标注，会出现一个数值为 240 的水平向标注，选择这个标注，在“标签”栏中将“<无>”切换为“添加参数”选项，在弹出的“参数属性”对话框中，在“参数数据”的“名称”栏中输入“风口 3 长度”，单击“确定”按钮完成操作，如图 2.61 所示。

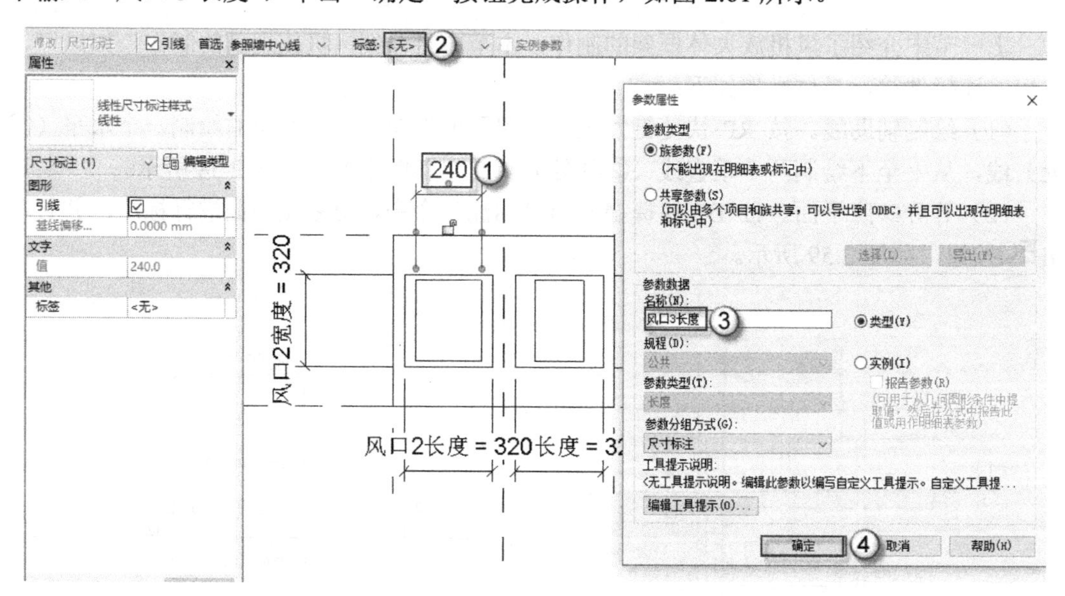


图 2.61　添加“风口 3 长度”参数

（5）添加“风口 3 宽度”参数。按 DI 快捷键发出“标注”命令，对参照平面进行标注，会出现一个数值为 283 的垂直向标注，选择这个标注，在“标签”栏中将“<无>”切换为“添加参数”选项，在弹出的“参数属性”对话框中，在“参数数据”的“名称”栏中输入“风口 3 宽度”，单击“确定”按钮完成操作，如图 2.62 所示。

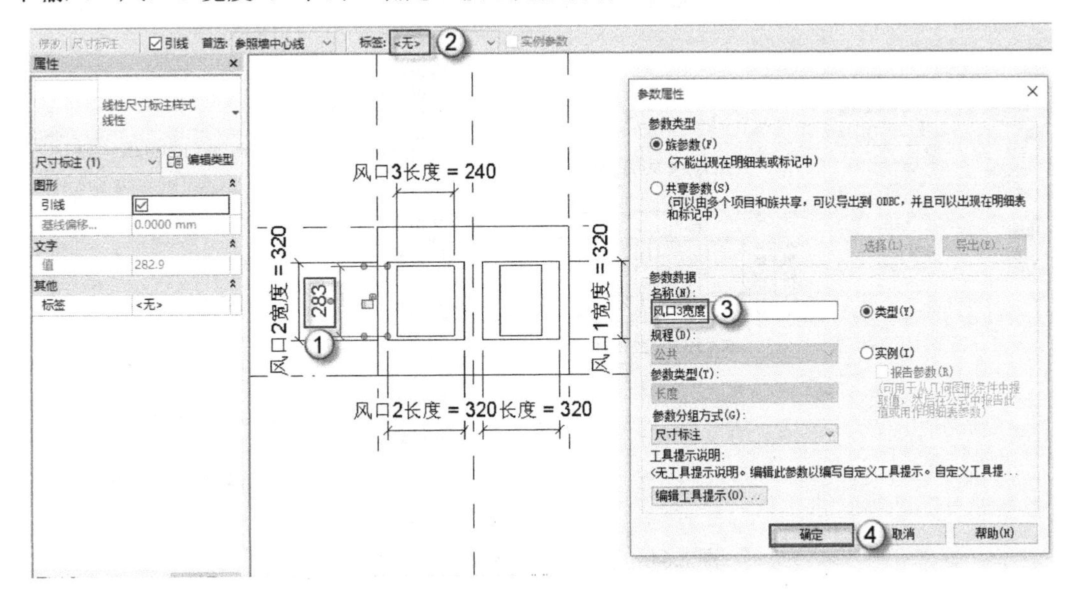

图 2.62　添加“风口 3 宽度”参数

（6）添加“风口 4 长度”参数。按 DI 快捷键发出“标注”命令，对参照平面进行标注，会出现一个数值为 175 的水平向标注，选择这个标注，在“标签”栏中将“<无>”切换为“添加参数”选项，在弹出的“参数属性”对话框中，在“参数数据”的“名称”栏中输入“风口 4 长度”，单击“确定”按钮完成操作，如图 2.63 所示。

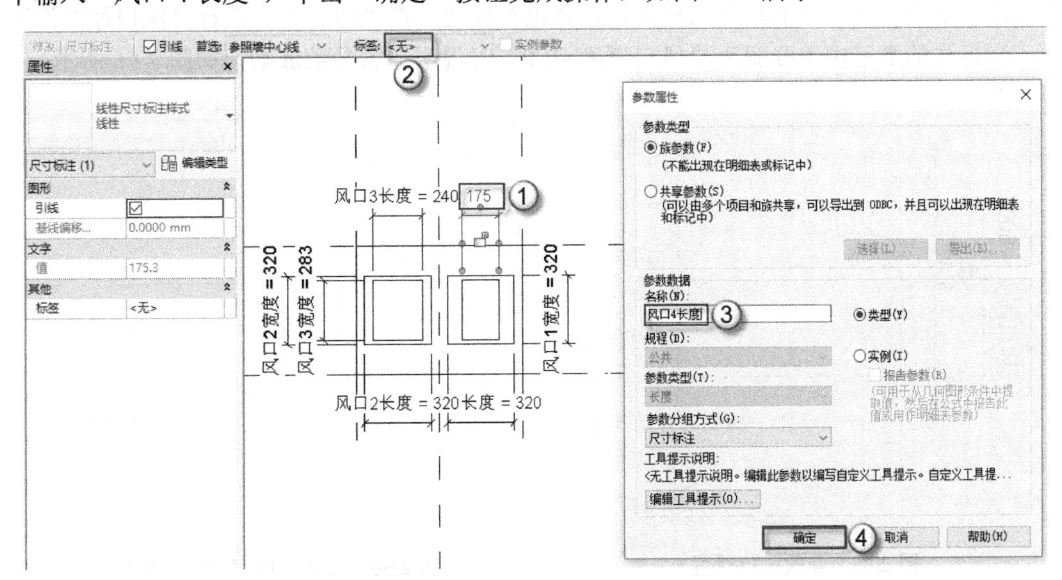

图 2.63　添加“风口 4 长度”参数

（7）添加“风口 4 宽度”参数。按 DI 快捷键发出“标注”命令，对参照平面进行标注，会出现一个数值为 283 的垂直向标注，选择这个标注，在“标签”栏中将“<无>”切换为“添加参数”选项，在弹出的“参数属性”对话框中，在“参数数据”的“名称”栏中输入“风口 4 宽度”，单击“确定”按钮完成操作，如图 2.64 所示。

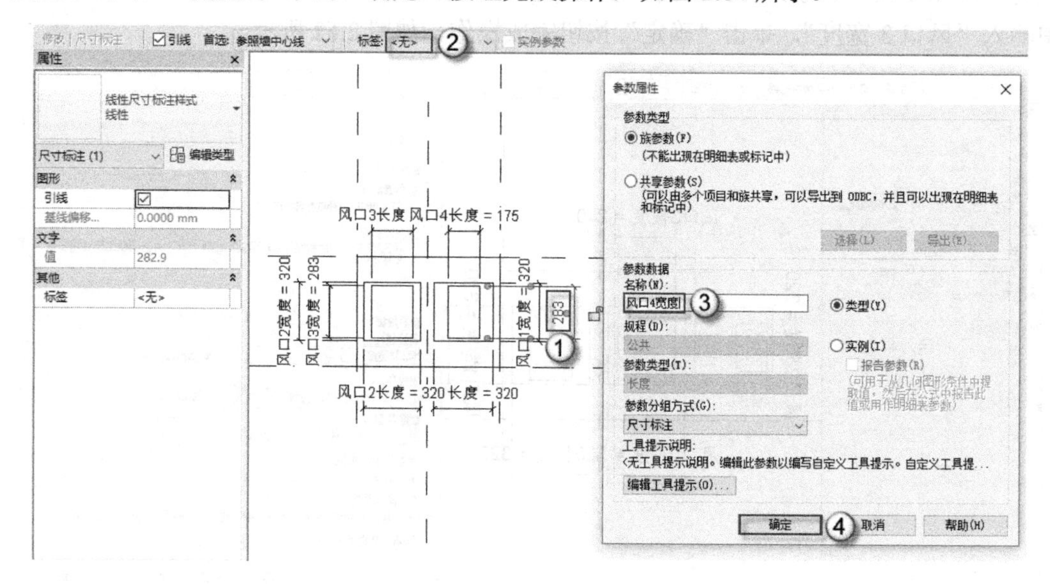


图 2.64　添加“风口 4 宽度”参数

（8）修改风口厚度。选择“项目浏览器”面板中的“立面（立面 1）”|“前”选项，进入前立面视图，按 RP 快捷键发出“参照平面”命令，在“偏移量”一栏输入“100”个单位，从下至上绘制一条辅助线，选择已绘制完成的风机，拖动“拉伸：造型操纵柄”至参照平面处并将其锁定，如图 2.65 所示。

（9）添加“风口厚度”参数。按 DI 快捷键发出“标注”命令，对参照平面进行标注，会出现一个数值为 100 的水平向标注，选择这个标注，在“标签”中选择“风口厚度”选项，当标注的数字由 100 变为“风口厚度=100”时说明关联参数成功，如图 2.66 所示。

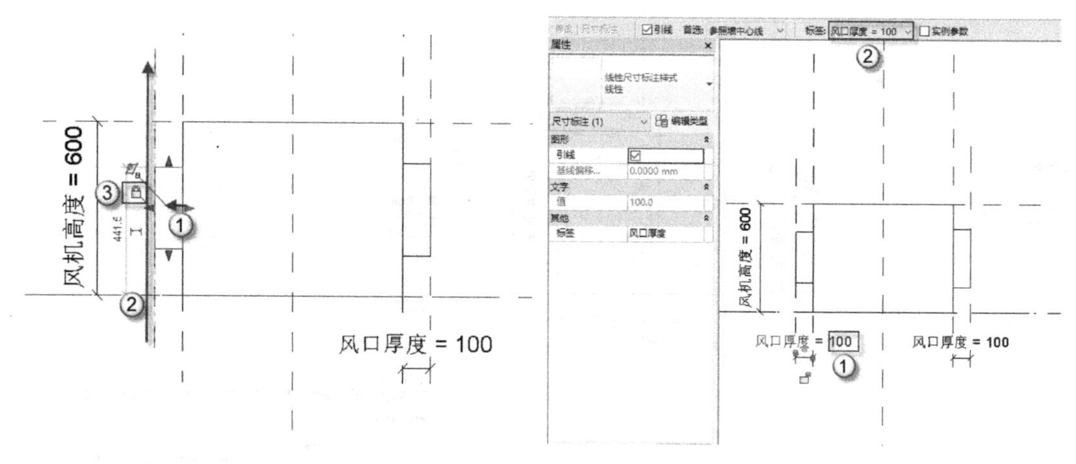


图 2.65　修改风口厚度

图 2.66　添加“风口厚度”参数

（10）输入风口 3 和风口 4 的尺寸。选择菜单“创建”|“族类型”命令，在弹出的“族类型”对话框中，在“风口 3 宽度”栏中输入“320”个单位，在“风口 3 长度”栏中输入“320”个单位，在“风口 4 宽度”栏中输入“320”个单位，在“风口 4 长度”栏中输入“320”个单位，单击“确定”按钮完成操作，如图 2.67 所示。

（11）设置电口 1 的工作平面。选择“默认三维视图”命令，进入三维视图，选择菜单“创建”|“拉伸”命令，进入“修改 | 编辑拉伸”界面，选择“设置工作平面”选项卡，在弹出的“工作平面”对话框中，选择“拾取一个工作平面”单选按钮，单击“确定”按钮，进入下一步操作，如图 2.68 所示。

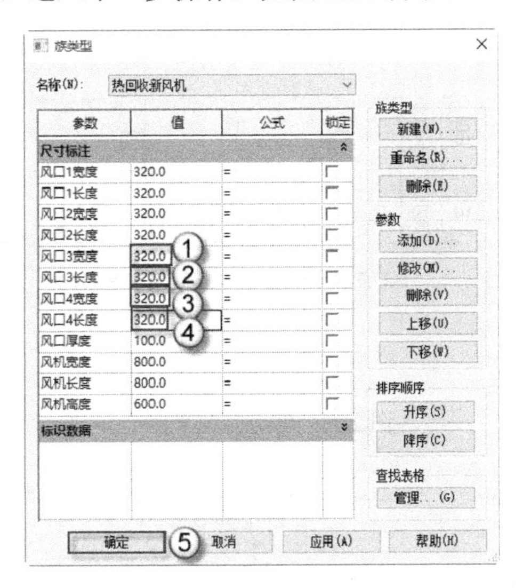


图 2.67　输入风口 3 和风口 4 的尺寸

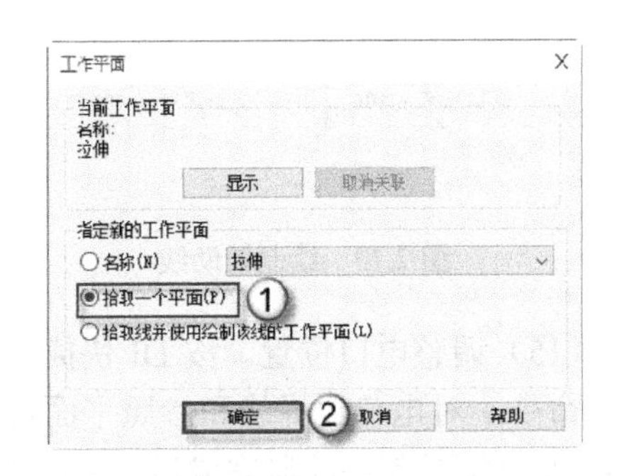


图 2.68　设置电口 1 的工作平面

（12）拾取电口 1 的工作平面。继续上一步操作，在三维视图中，单击风机前立面，在前立面绘制一个矩形（图中①处），这个矩形就是电口 1 轮廓的大致位置，其具体尺寸与位置后面再设置。选择“项目浏览器”面板中的“立面（立面 1）”|“前”命令，进入前立面视图，如图 2.69 所示。

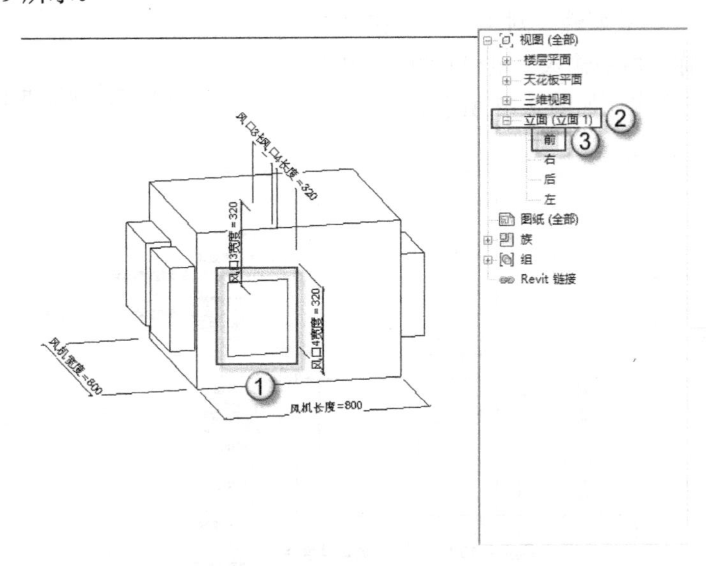


图 2.69　拾取电口 1 的工作平面

（13）绘制辅助线。按 RP 快捷键发出“参照平面”命令，在“偏移量”一栏输入“200”个单位，从左至右绘制一条水平辅助线（①处），从上至下绘制一条竖向辅助线（②处），如图 2.70 所示。

（14）等分参照平面。按 DI 快捷键发出“标注”命令，对参照平面进行标注，并且单击EQ按钮，如图 2.71 所示。

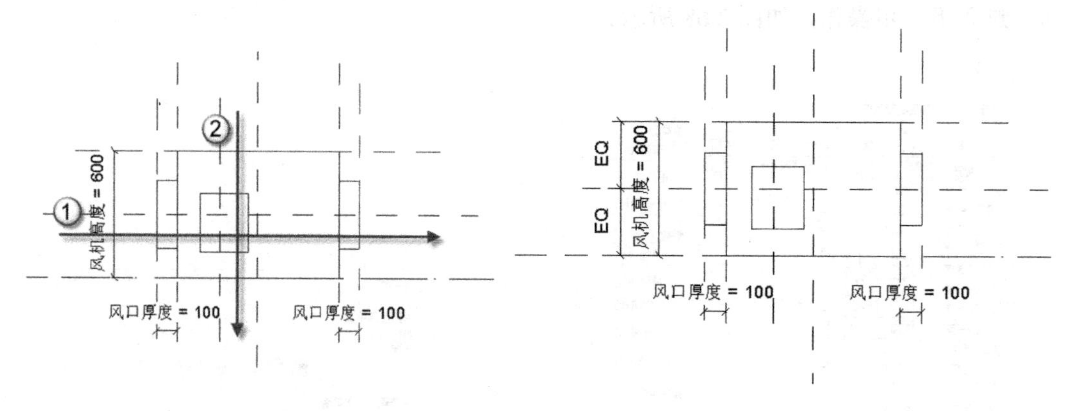


图 2.70　绘制辅助线

图 2.71　等分参照平面

（15）调整电口位置。按 DI 快捷键发出“标注”命令，对电口边界线和参照平面进行标注，并且单击EQ按钮，绘制完成后，单击“√”按钮完成绘制，如图 2.72 所示。

（16）添加“电口长度”参数。按 DI 快捷键发出“标注”命令，对参照平面进行标注，会出现一个数值为 280 的水平向标注，选择这个标注，在“标签”栏中将“<无>”切换为“添加参数”选项，在弹出的“参数属性”对话框中，在“参数数据”的“名称”栏中输入“电口长度”，单击“确定”按钮完成操作，如图 2.73 所示。

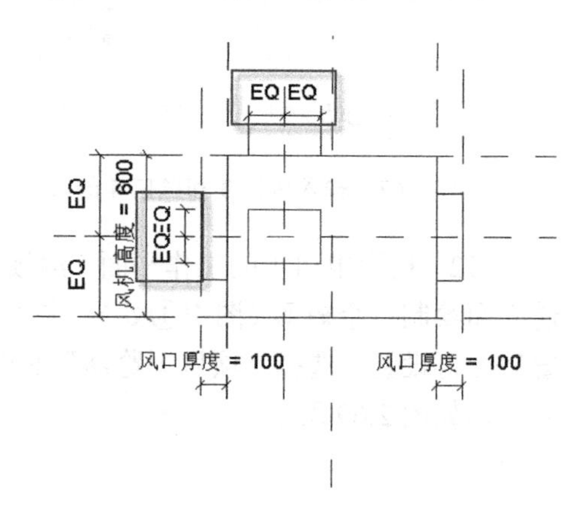


图 2.72　调整电口位置

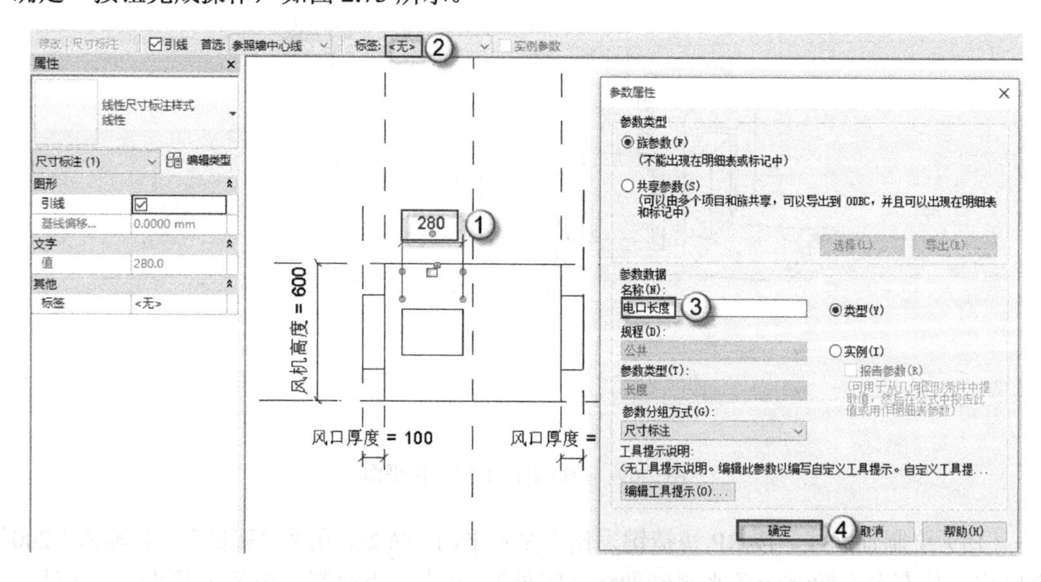


图 2.73　添加“电口长度”参数

（17）添加“电口宽度”参数。按 DI 快捷键发出“标注”命令，对参照平面进行标注，会出现一个数值为 201 的垂直向标注，选择这个标注，在“标签”栏中将“<无>”切换为“添加参数”选项，在弹出的“参数属性”对话框中，在“参数数据”的“名称”栏中输入“电口宽度”，单击“确定”按钮完成操作，如图 2.74 所示。

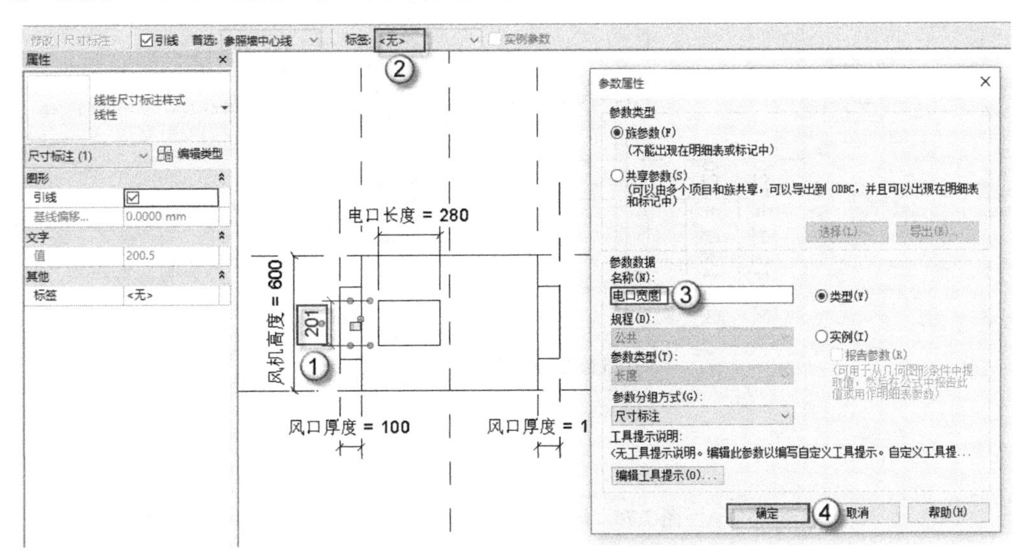


图 2.74　添加“电口宽度”参数

（18）修改电口厚度。选择“项目浏览器”面板中的“立面（立面 1）”|“右”命令，进入右立面视图，按 RP 快捷键发出“参照平面”命令，在“偏移量”一栏输入“80”个单位，从下至上绘制一条辅助线，单击已绘制完成的电口，拖动“拉伸：造型操纵柄”至参照平面处并将其锁定，如图 2.75 所示。

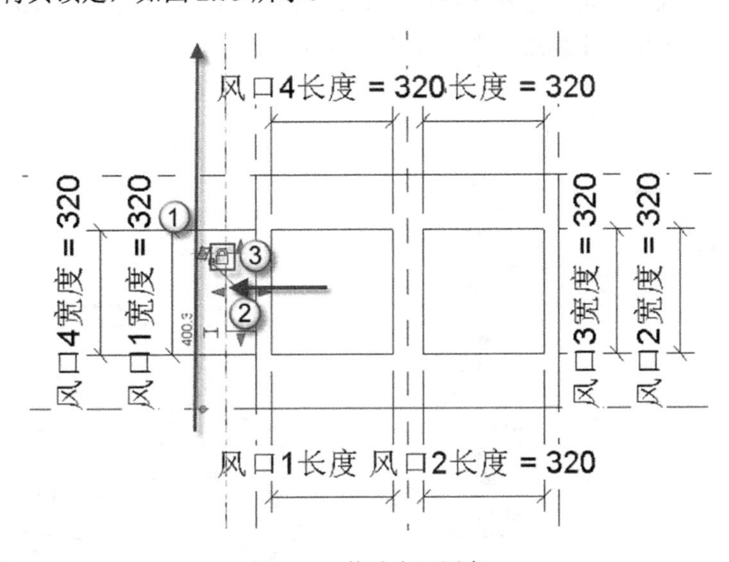


图 2.75　修改电口厚度

（19）添加“电口厚度”参数。按 DI 快捷键发出“标注”命令，对参照平面进行标注，会出现一个数值为 80 的水平向标注，选择这个标注，在“标签”栏中将“<无>”切换为

“添加参数”选项，在弹出的“参数属性”对话框中，在“参数数据”的“名称”栏中输入“电口厚度”，单击“确定”按钮完成操作，如图 2.76 所示。

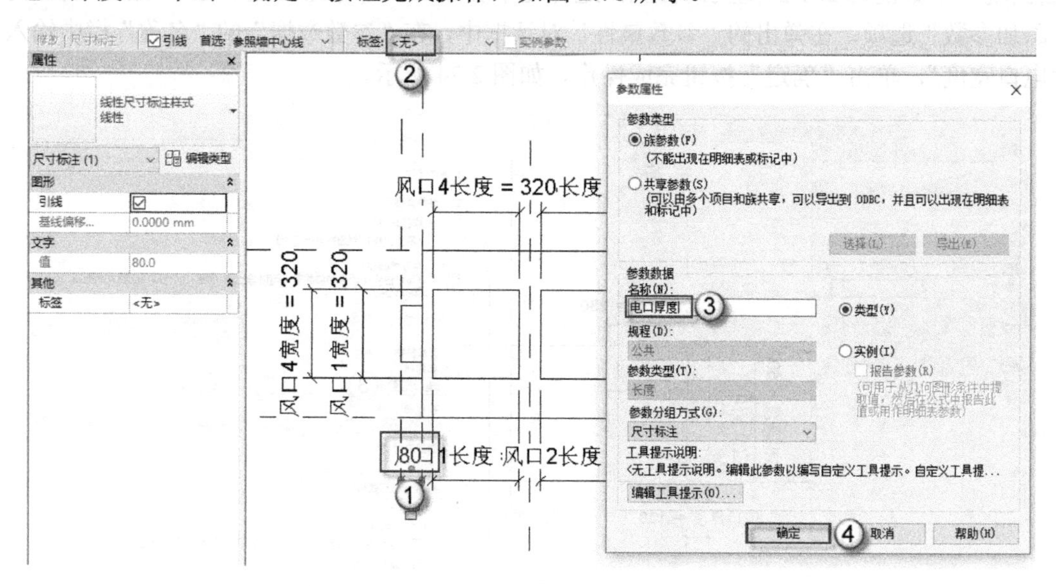

图 2.76 添加“电口厚度”参数

（20）输入电口尺寸。选择菜单“创建”|“族类型”命令，在弹出的“族类型”对话框中，在“电口厚度”栏中输入“150”个单位，在“电口宽度”栏中输入“200”个单位，单击“确定”按钮完成操作，如图 2.77 所示。

（21）添加风管连接件。选择“默认三维视图”命令，进入三维视图，选择菜单“创建”|“风管连接件”命令，进入“修改 | 放置风管连接件”界面，在“修改 | 放置风管连接件”一栏中切换到“全局”选项，依次选择风口 1（(图中①处)）和风口 2（图中②处），这样会分别给风口 1 和风口 2 添加连接件，如图 2.78 所示。

图 2.77 输入电口尺寸

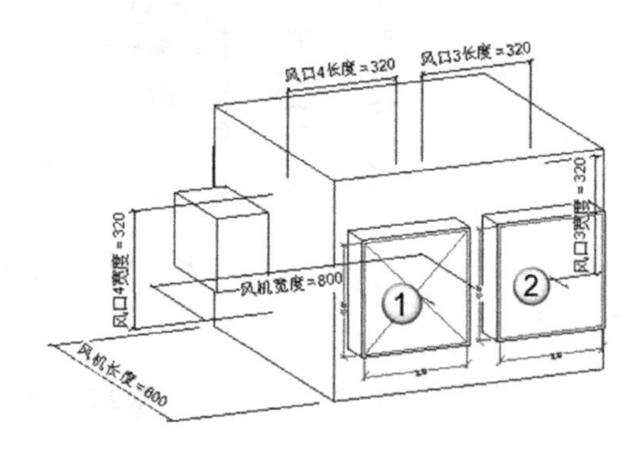

图 2.78 添加风管连接件

（22）修改风口 1 连接件高度。选择已放置的“风管连接件”，在“属性”面板中，单击“高度”栏中的“▯”按钮，在弹出的“关联参数”对话框中选择“风口 1 宽度”选项，单击“确定”按钮完成操作，如图 2.79 所示。

注意：在软件中的尺寸标注为“高度”与“宽度”两栏，但是在图纸中的参数为“风口宽度”与“风口长度”，读者注意两两对应即可。

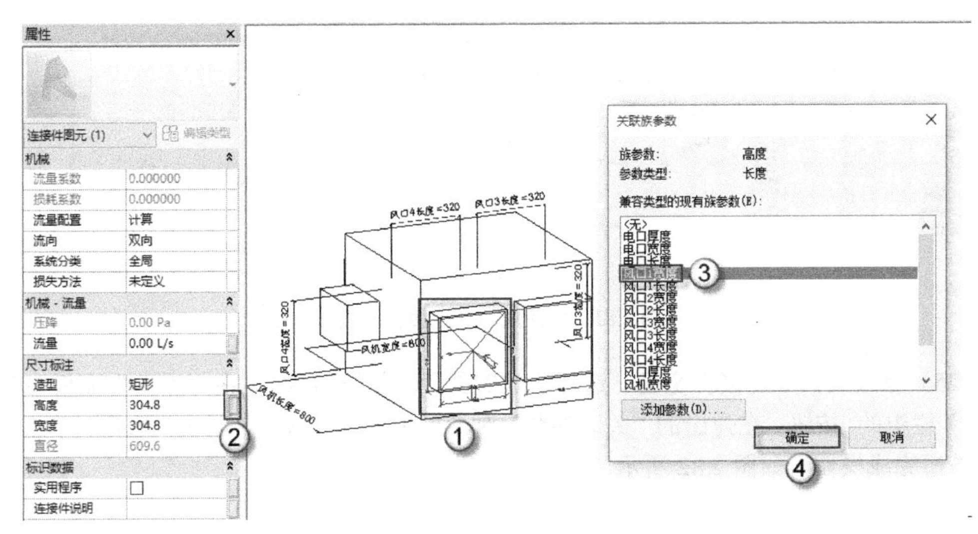


图 2.79　修改风口 1 连接件的高度

（23）修改风口 1 连接件宽度。选择已放置的“风管连接件”，在“属性”面板中，单击“宽度”栏中的▯按钮，在弹出的“关联参数”对话框中选择“风口 1 长度”选项，单击“确定”按钮完成操作，如图 2.80 所示。

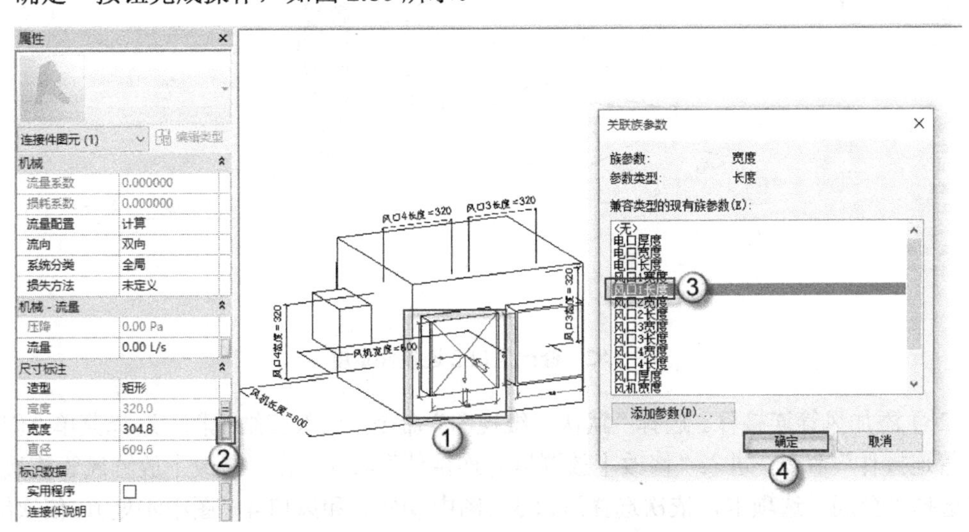


图 2.80　修改风口 1 连接件宽度

（24）修改风口 2 连接件高度。选择已放置的“风管连接件”，在“属性”面板中单击“高度”栏中的▯按钮，在弹出的“关联参数”对话框中选择“风口 2 宽度”选项，单击“确定”按钮完成操作，如图 2.81 所示。

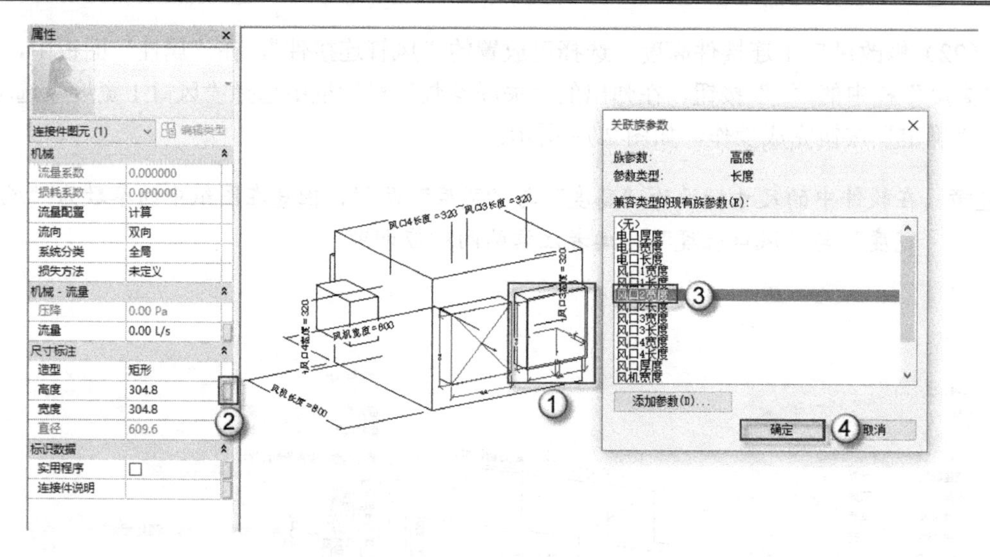


图 2.81 修改风口 2 连接件高度

（25）修改风口 2 连接件宽度。选择已放置的“风管连接件”，在“属性”面板中单击“宽度”栏中的▯按钮，在弹出的“关联参数”对话框中选择“风口 2 长度”选项，单击“确定”按钮完成操作，如图 2.82 所示。

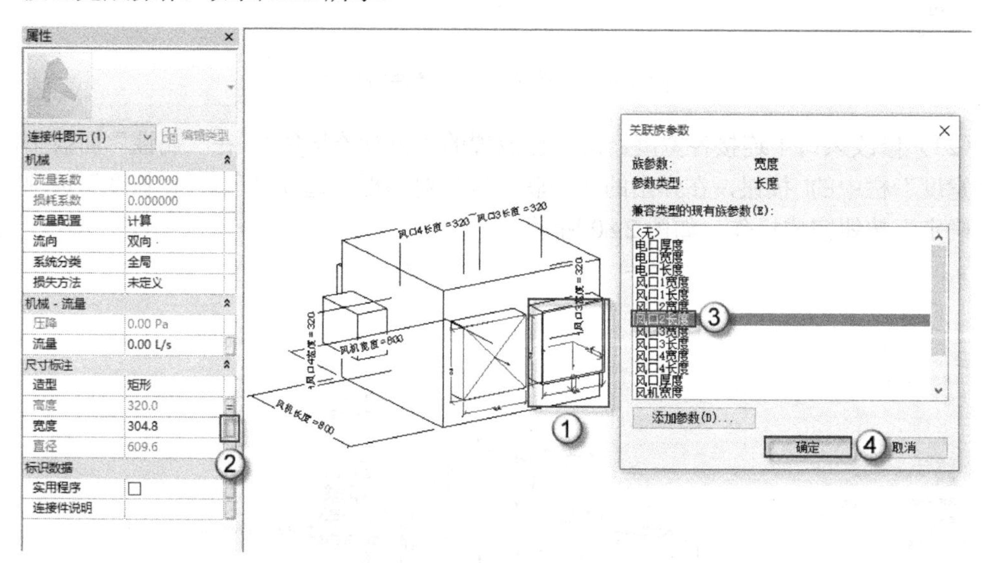


图 2.82 修改风口 2 连接件宽度

（26）添加风管连接件。选择“默认三维视图”命令，进入三维视图，选择菜单“创建”|“风管连接件”命令，进入“修改 | 放置风管连接件”界面，在“修改 | 放置风管连接件”一栏选择“全局”选项卡，依次选择风口 3（图中③处）和风口 4（图中④处），依次给风口 3 和 4 添加连接件，如图 2.83 所示。

（27）修改风口 3 连接件高度。选择已放置的“风管连接件”，在“属性”面板中单击“高度”栏中的▯按钮，在弹出的“关联族参数”对话框中选择“风口 3 宽度”选项，单击“确定”按钮完成操作，如图 2.84 所示。

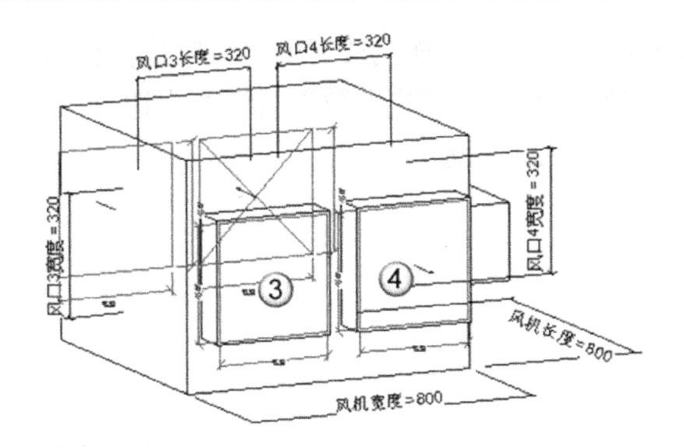


图 2.83　添加风管连接件

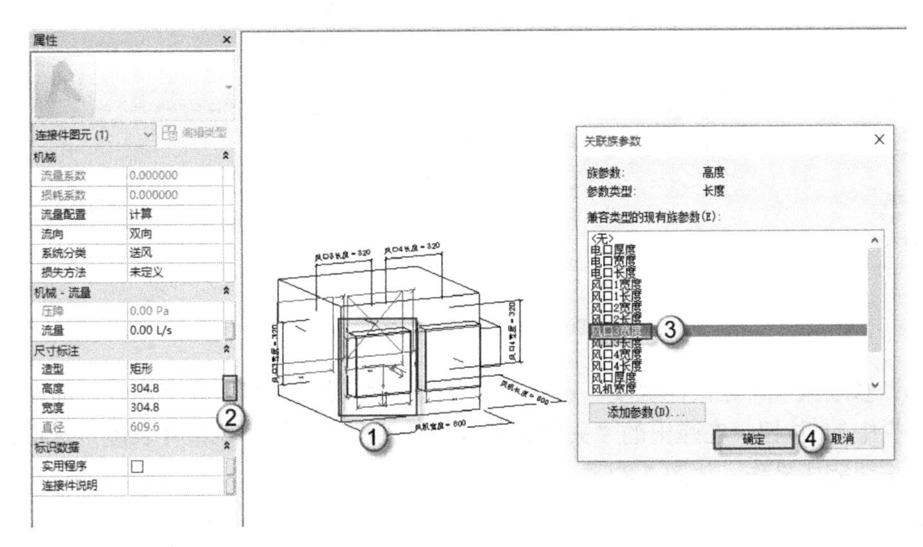


图 2.84　修改风口 3 连接件高度

（28）修改风口 3 连接件宽度。选择已放置的“风管连接件”，在“属性”面板中单击“宽度”栏中的▯按钮，在弹出的“关联族参数”对话框中选择“风口 3 长度”选项，单击“确定”按钮完成操作，如图 2.85 所示。

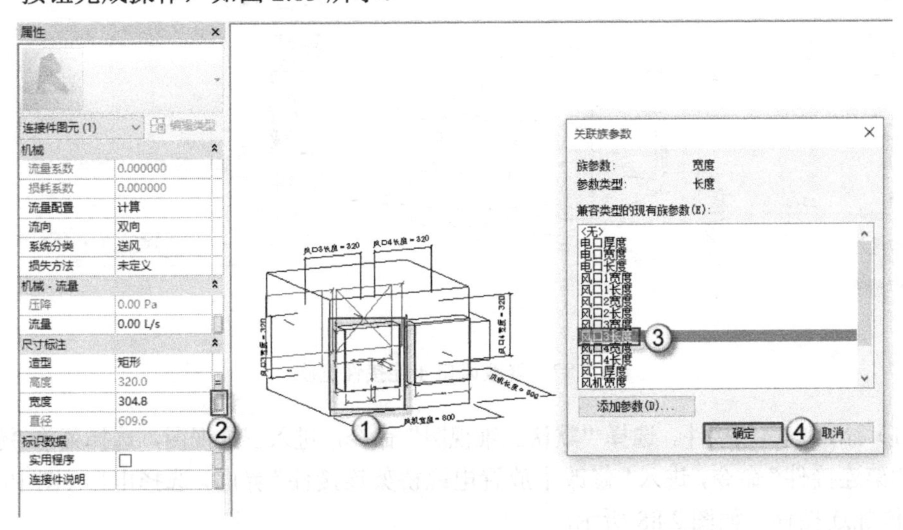


图 2.85　修改风口 3 连接件宽度

（29）修改风口 4 连接件高度。选择已放置的“风管连接件”，在“属性”面板中单击“高度”栏中的▯按钮，在弹出的“关联族参数”对话框中选择“风口 4 宽度”选项，单击“确定”按钮完成操作，如图 2.86 所示。

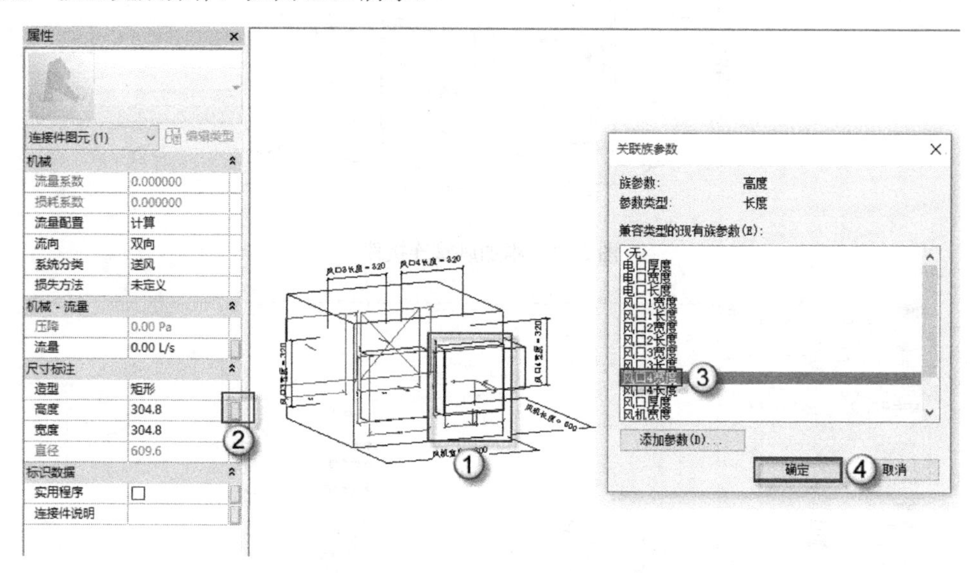


图 2.86　修改风口 4 连接件高度

（30）修改风口 4 连接件宽度。选择已放置的“风管连接件”，在“属性”面板中单击“宽度”栏中的▯按钮，在弹出的“关联族参数”对话框中选择“风口 4 长度”选项，单击“确定”按钮完成操作，如图 2.87 所示。

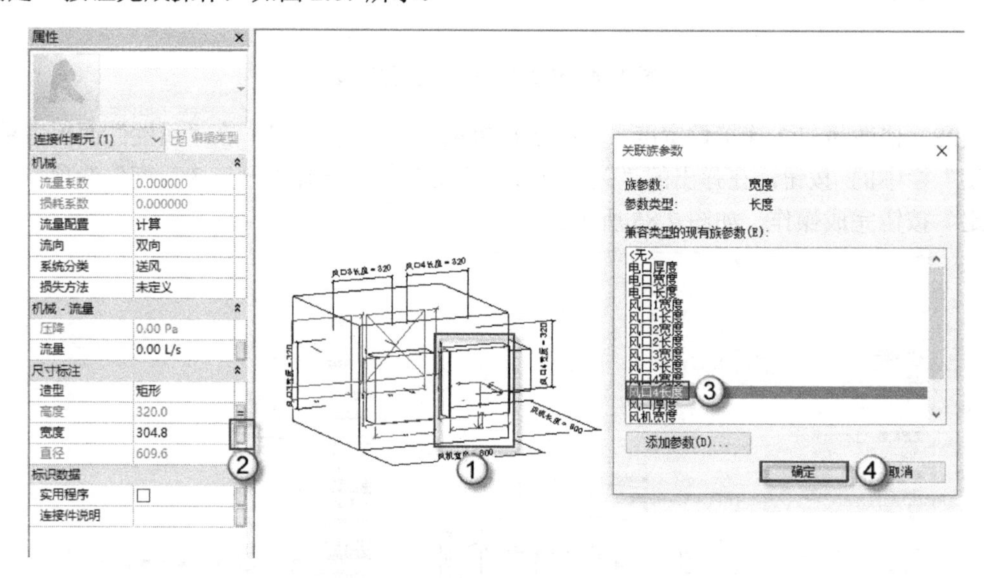


图 2.87　修改风口 4 连接件宽度

（31）添加电口连接件。选择“默认三维视图”命令，进入三维视图，选择菜单“创建”|“电缆桥架连接件”命令，进入“修改 | 放置电缆桥架连接件”界面，选择电口（图中①处），给电口添加连接件，如图 2.88 所示。

（32）添加电口连接件高度。选择已放置的“电缆桥架连接件”，在“属性”面板中单击“高度”栏中的按钮，在弹出的“关联族参数”对话框中选择“电口宽度”选项，单击“确定”按钮完成操作，如图 2.89 所示。

（33）添加电口连接件宽度。选择已放置的“电缆桥架连接件”，在“属性”面板中，单击“高度”栏中的按钮，在弹出的“关联族参数”对话框中选择“电口长度”选项，单击“确定”按钮完成操作，如图 2.90 所示。

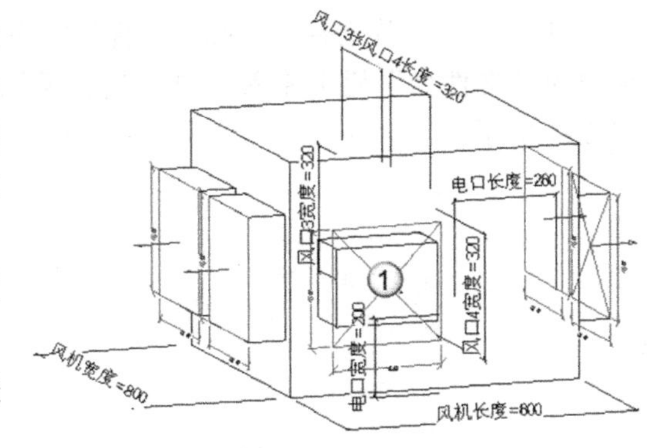


图 2.88　添加电口连接件

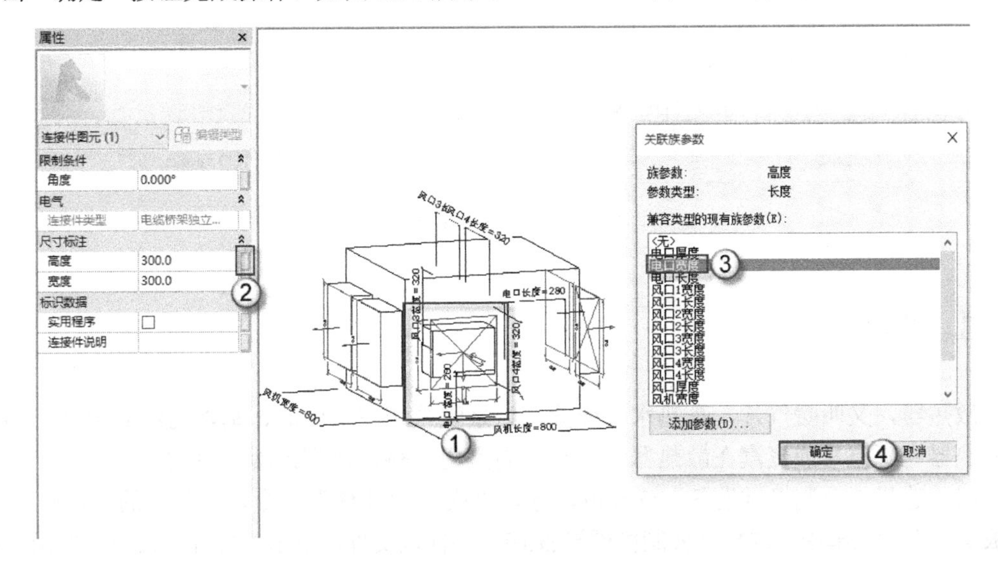


图 2.89　添加电口连接件高度

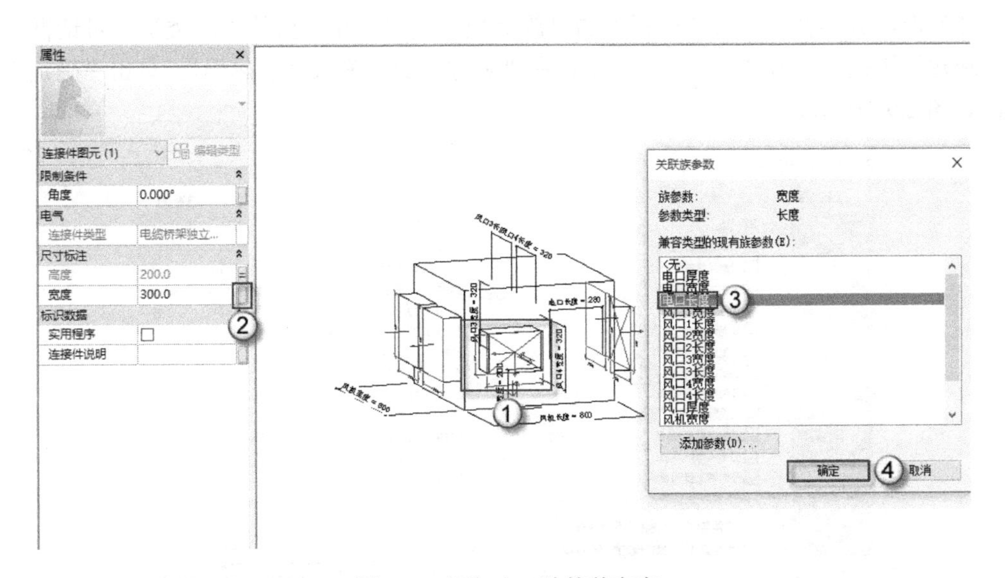


图 2.90　添加电口连接件宽度

（34）另存为族文件。选择“文件”|“另存为”|“族”命令，在弹出的“另存为”对话框的“文件名”栏中输入“热回收新风机”，单击“保存”按钮，保存新族文件，如图 2.91 所示。

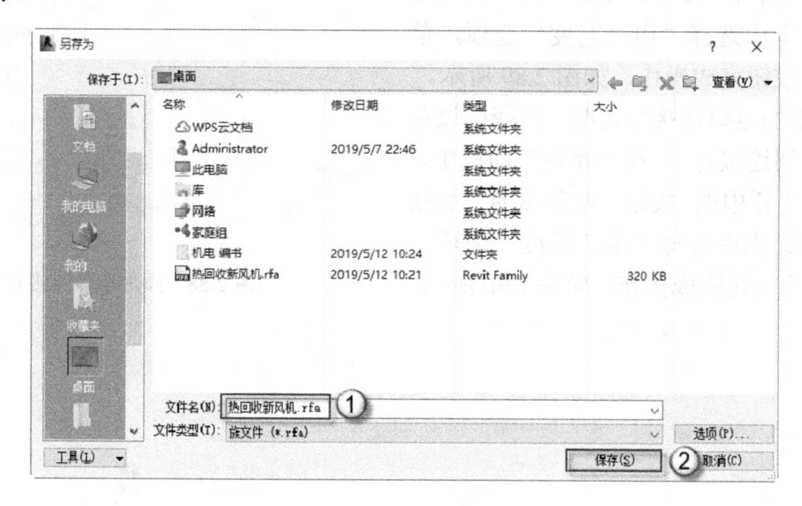


图 2.91　另存为族文件

## 2.2.3　散热器

散热器，又叫暖气片，是热水（或蒸汽）采暖系统中重要的、基本的组成部件。热水在散热器内降温（或蒸汽在散热器内凝结）向室内供热，达到采暖的目的。

（1）选择“公制机械设备”族样板，选择“族”|“新建”命令，在弹出的“新族-选择样板文件”对话框中，选择“公制机械设备.rft”族样板文件，单击“打开”按钮，如图 2.92 所示。

（2）新建族类型。单击菜单栏中的“族类型”按钮，在弹出的“族类型”对话框中单击“新建”按钮，弹出“名称”对话框，在“名称”一栏输入“散热器”，单击“确定”按钮，如图 2.93 所示。

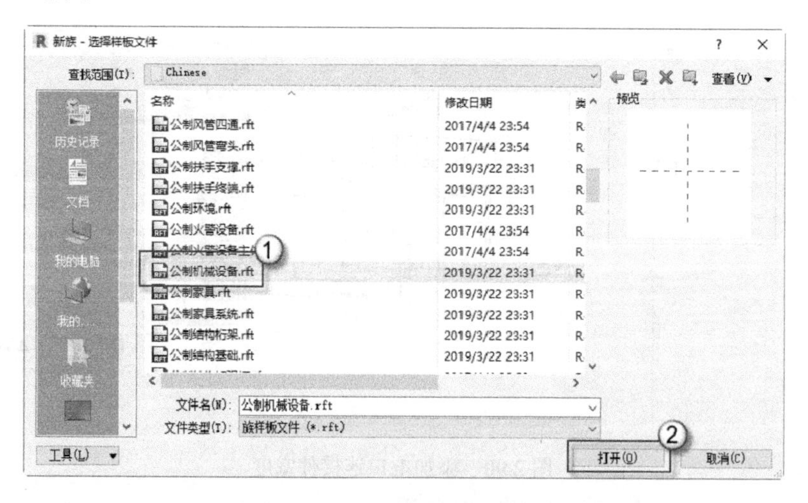


图 2.92　选择“公制机械设备”族样板

（3）打开前视图。选择“项目浏览器”面板中的“视图（全部）”|“立面（立面 1）”|“前”选项，将进入前视图绘制界面，如图 2.94 所示。

（4）绘制辅助线。按 RP 快捷键发出“参照平面”命令，在“修改|放置 参照平面”栏中的“偏移量”栏中分别输入“300”和“26”个单位。然后绘制两条辅助线（图中①与②），再选择这两条辅助线（图中①与②），按 MM 快捷键发出“镜像”命令，以③为镜像轴，在下方镜像生成另两条辅助线（图中④与⑤），按 DI 快捷键发出“标注”命令，依次将辅助线进行标注，如图 2.95 所示。

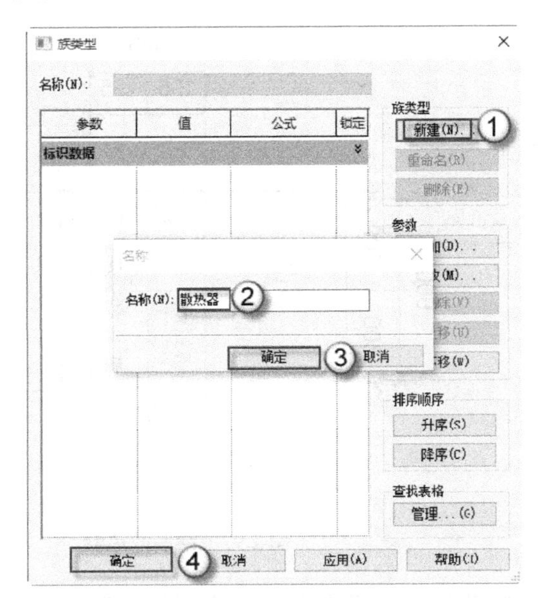


图 2.93　新建族类型

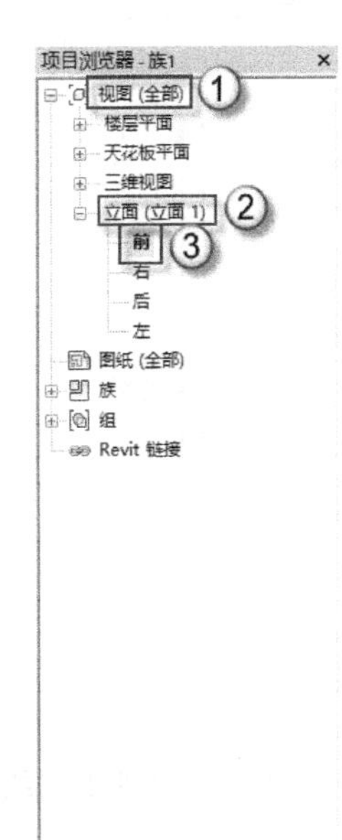


图 2.94　进入前视图

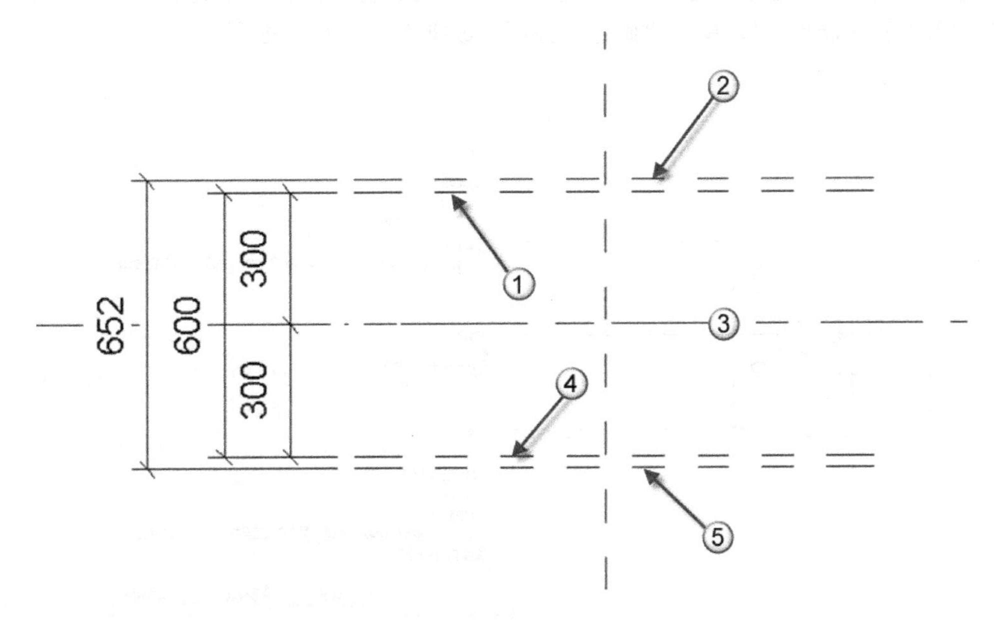


图 2.95　绘制辅助线

（5）继续绘制辅助线，按 RP 快捷键发出“参照平面”命令，依次在“修改|放置 参照

平面”栏中的“偏移量”栏中输入“195”个单位，从下至上绘制一条辅助线，如图 2.96 所示。按 MM 快捷键发出“镜像”命令，将已绘制的辅助线镜像到右侧，按 DI 快捷键发出“标注”命令，依次进行标注。

（6）绘制散热器。选择“创建”|“拉伸”命令，在“修改|创建拉伸”菜单栏中选择“矩形”命令，绘制一个矩形，将这个矩形的四条边（图中①、②、③、④处）与参照平面锁定，单击“√”按钮完成绘制，如图 2.97 所示。

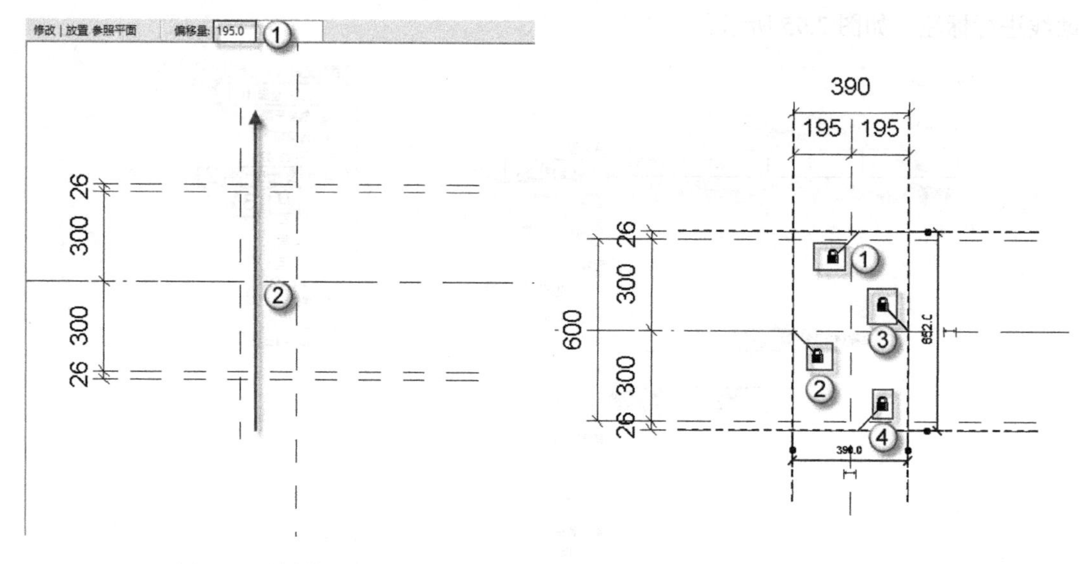


图 2.96　绘制辅助线　　　　图 2.97　绘制散热器

（7）添加“散热器高度”参数。选择纵向“652”的标注，在“标签”中将“<无>”切换至“添加参数”选项，在弹出的“参数属性”对话框中，在“参数数据”的“名称”栏中输入“散热器高度”，单击“确定”按钮完成操作，如图 2.98 所示。

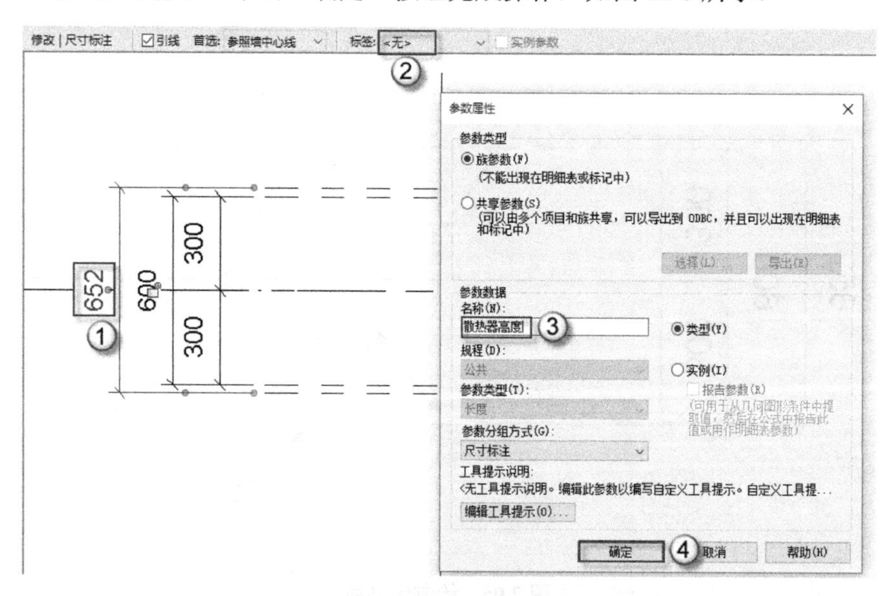


图 2.98　添加“散热器高度”参数

（8）添加“中心距”参数。选择纵向“600”的标注，在“标签”中将“<无>”切换至“添加参数”选项，在弹出的“参数属性”对话框中，在“参数数据”的“名称”栏中输入“中心距”，单击“确定”按钮完成操作，如图 2.99 所示。

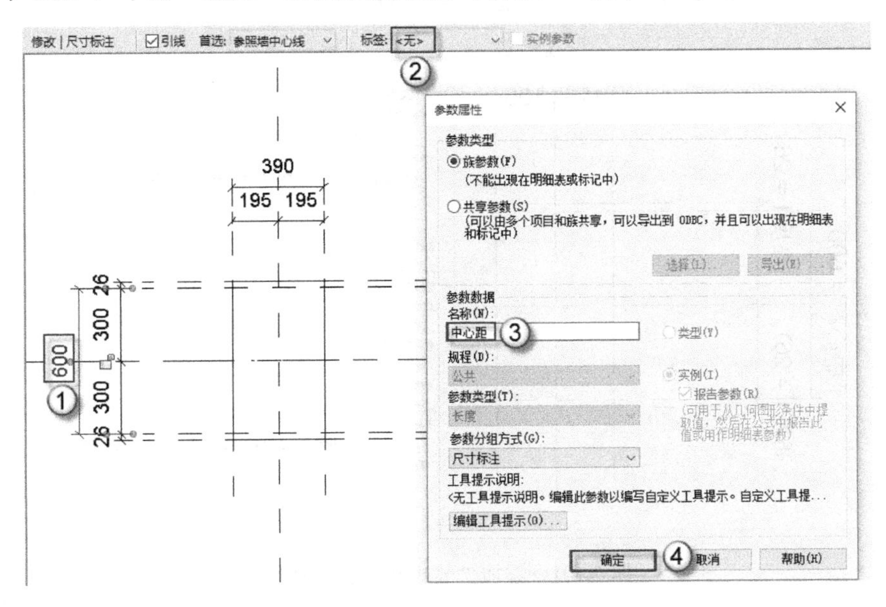


图 2.99　添加“中心距”参数

（9）添加“高度 1”参数。选择上方的“26”的标注，在“标签”栏中将“<无>”切换为“添加参数”选项，在弹出的“参数属性”对话框中，在“参数数据”的“名称”栏中输入“高度 1”，单击“确定”完成操作，如图 2.100 所示，并将下方的“26”标注也添加上“高度 1”参数。

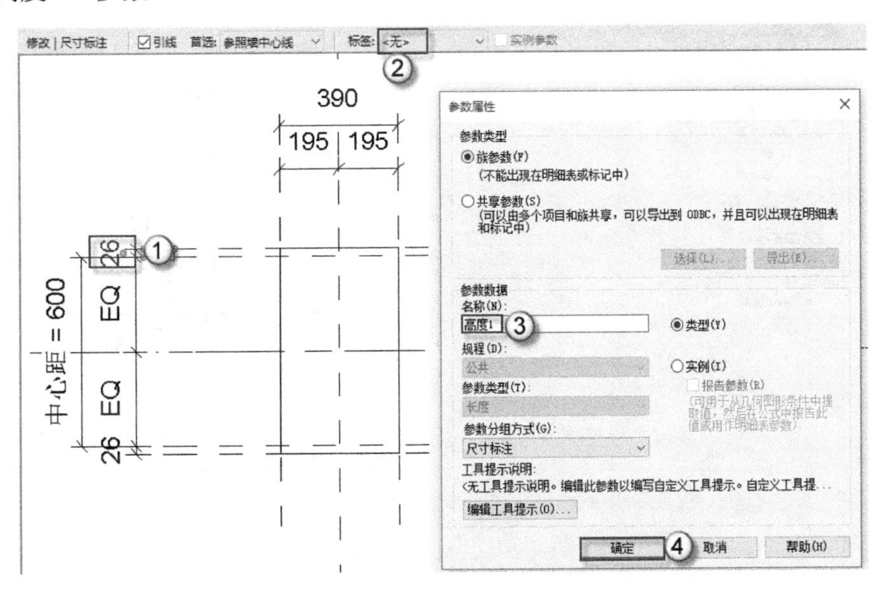


图 2.100　添加“高度 1”参数

（10）添加“散热器长度”参数。选择横向“390”的标注，在“标签”中将“<无>”

切换至“添加参数”选项，在弹出的“参数属性”对话框中，在“参数数据”的“名称”栏中输入“散热器长度”，单击“确定”按钮完成操作，如图 2.101 所示。

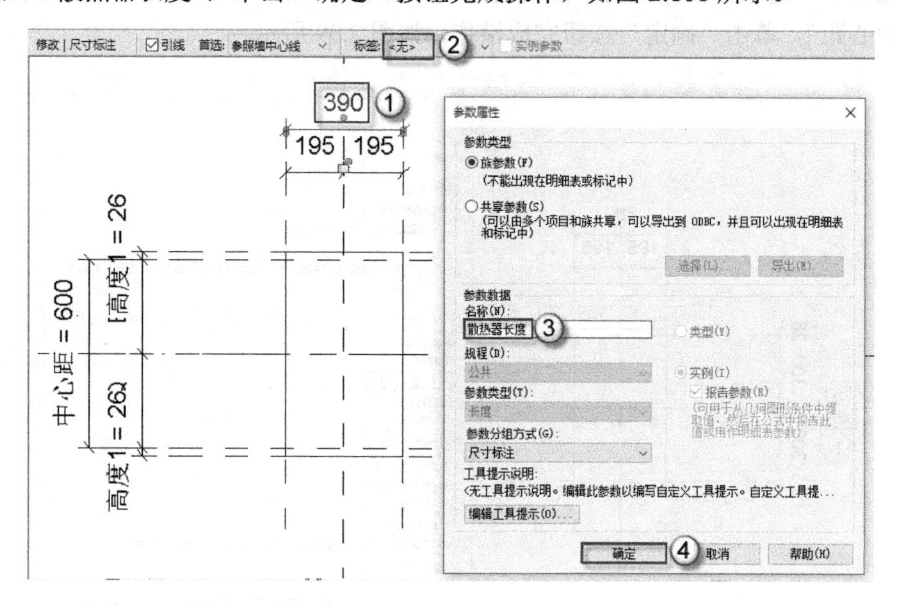


图 2.101　添加“散热器长度”参数

（11）打开左视图。选择“项目浏览器”面板中的“视图（全部）”|“立面（立面 1）”|“左”选项，进入左视图绘制界面，如图 2.102 所示。

（12）修改散热器宽度。按 RP 快捷键发出“参照平面”命令，在“修改|放置 参照平面”栏中的“偏移量”栏中输入“50”个单位，从上至下绘制一条辅助线，单击已绘制完成的散热器，拖动“拉伸：造型操纵柄”至参照平面处并将其锁定，如图 2.103 所示。

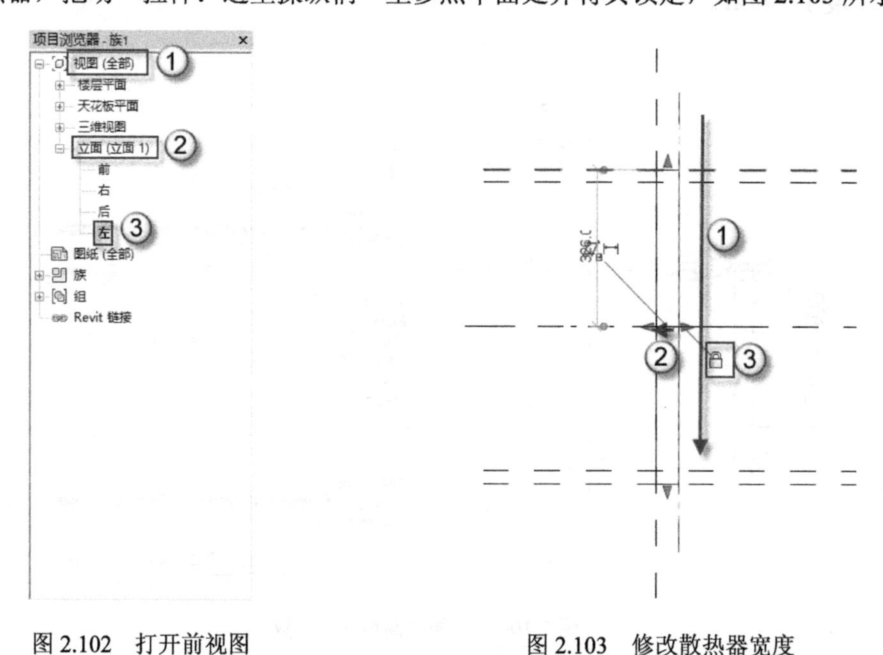


图 2.102　打开前视图

图 2.103　修改散热器宽度

（13）添加“散热器宽度”参数。按 DI 快捷键发出“标注”命令，对参照平面进行标注，会出现一个数值为 50 的水平向标注，选择这个标注，在“标签”栏中将“<无>”切换为“添加参数”选项，在弹出的“参数属性”对话框中，在“参数数据”的“名称”栏中输入“散热器宽度”，单击“确定”按钮完成操作，如图 2.104 所示。

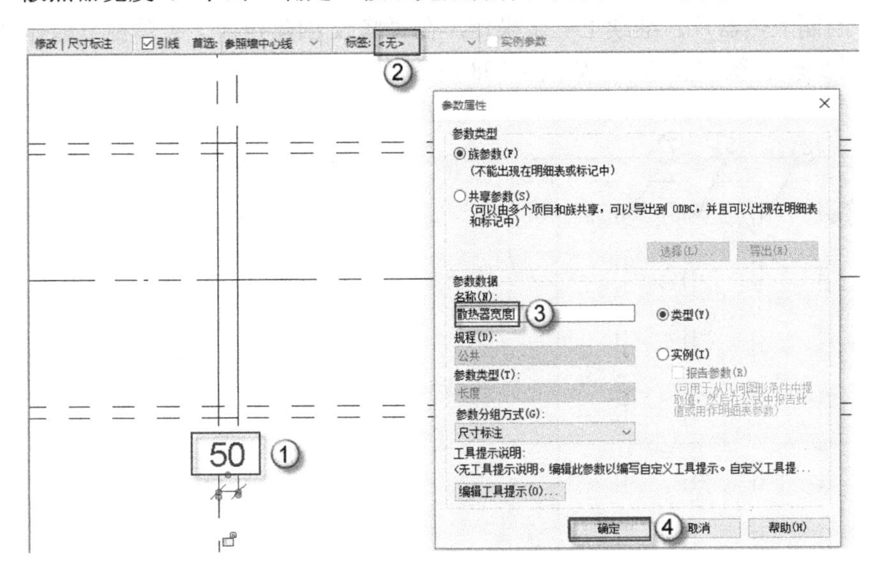


图 2.104　添加“散热器宽度”参数

（14）打开前视图。选择“项目浏览器”面板中的“视图（全部）”|“立面（立面 1）”|“前”选项，进入前视图绘制界面，如图 2.105 所示。

（15）绘制辅助线，按 RP 快捷键发出“参照平面”命令，在“修改|放置 参照平面”栏中的“偏移量”栏中输入“274”个单位，从左至右绘制一条辅助线（图中①处）。按 MM 快捷键发出“镜像”命令，以图中②处为镜像轴，在下方镜像生成另一条辅助线（图中③处），如图 2.106 所示。

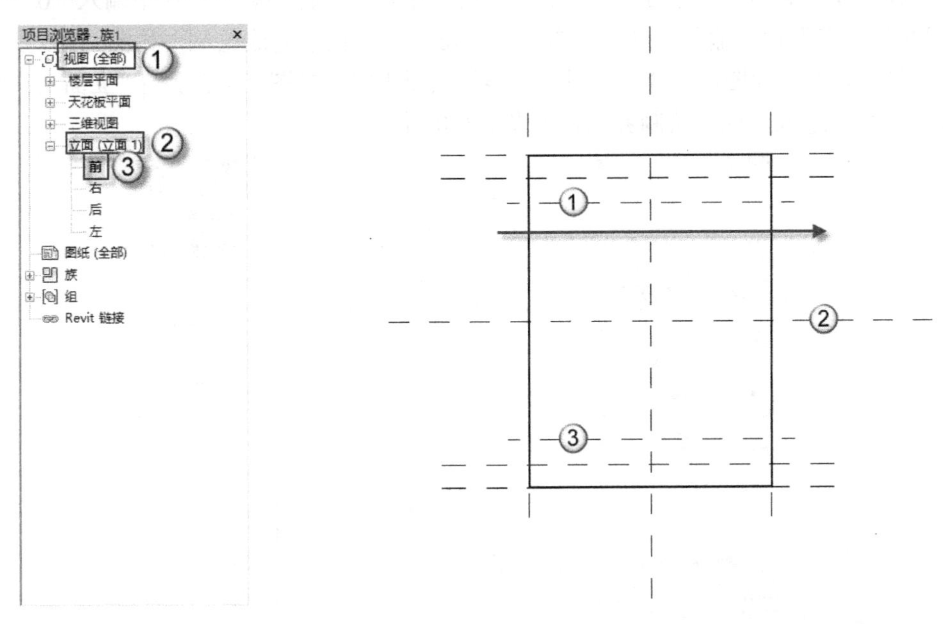


图 2.105　打开前视图　　　　图 2.106　绘制辅助线

（16）绘制辅助线。选择菜单“创建”|“拉伸”命令，按 RP 快捷键发出“参照平面”命令，在“修改|放置 参照平面”栏中的“偏移量”栏中依次输入“70、10、70、10、70、10、70、10”个单位，绘制 8 条辅助线（①~⑧），如图 2.107 所示。

（17）绘制散热器片。继续上一步操作，在“修改|创建拉伸”菜单栏下选择“矩形”命令，绘制 5 条矩形（①~⑤），如图 2.108 所示。

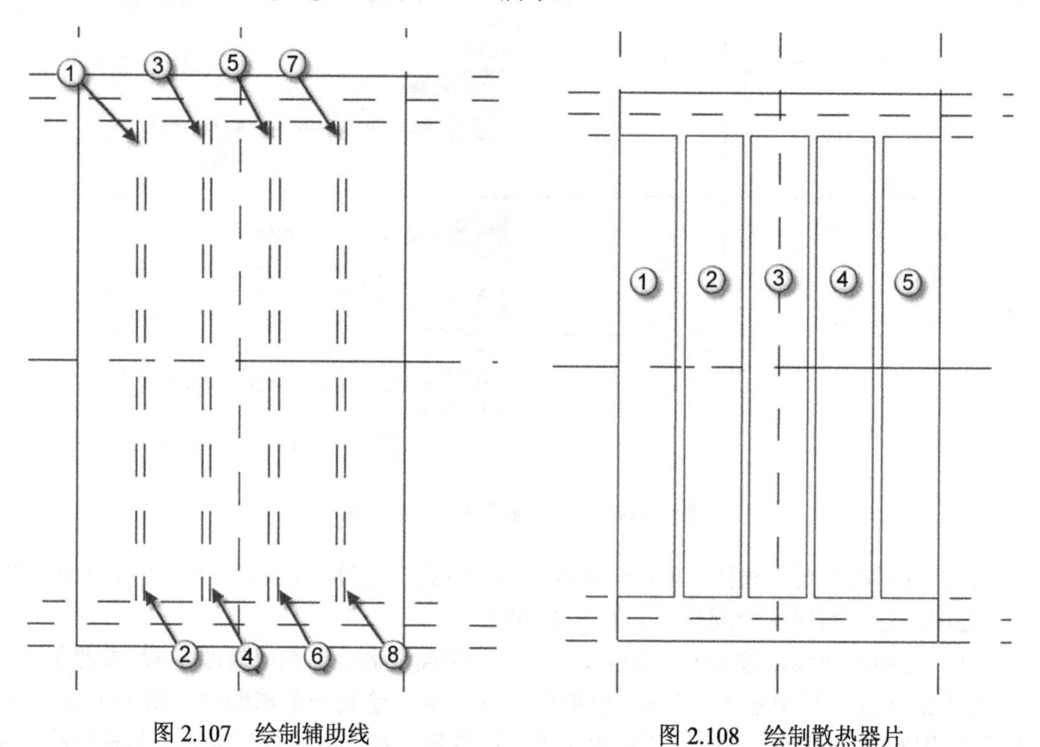

图 2.107　绘制辅助线　　　　图 2.108　绘制散热器片

（18）设置散热器片厚度。在“属性”面板中，在“拉伸起点”栏中输入“0”个单位，在“拉伸终点”栏中输入“50”个单位，单击“√”按钮完成绘制，如图 2.109 所示。

（19）打开左视图。选择“项目浏览器”面板中的“视图（全部）”|“立面（立面 1）”|“左”命令，进入左视图绘制界面，如图 2.110 所示。

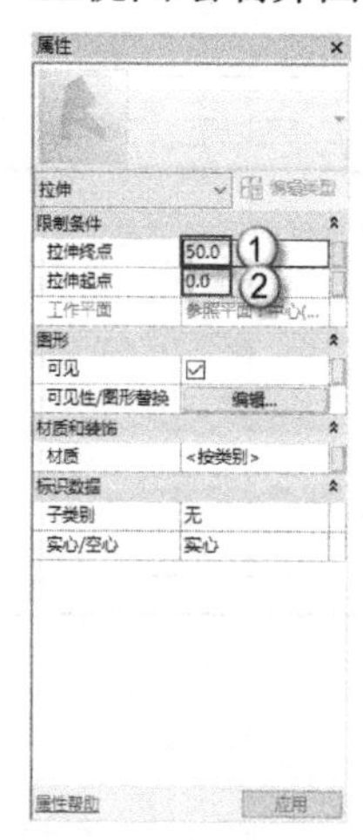


图 2.109　设置散热器片厚度

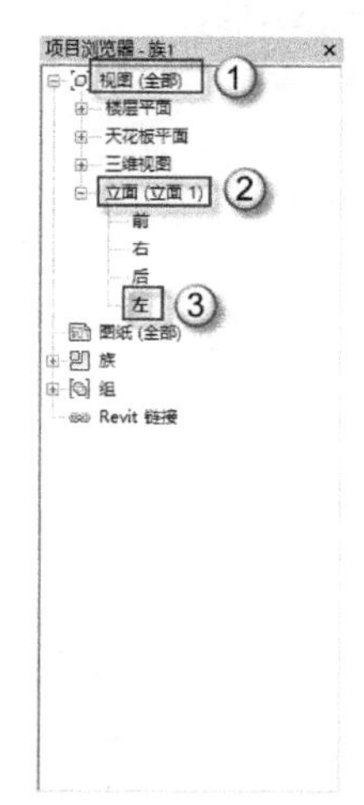


图 2.110　打开左视图

（20）绘制辅助线。按RP快捷键发出“参照平面”命令，在“修改|放置 参照平面”栏中的“偏移量”栏中依次输入“25”个单位，从下至上绘制一条辅助线，如图2.111所示。

（21）绘制水管。选择“创建”|“拉伸”命令，在“修改|创建拉伸”菜单栏下选择“圆形”命令，绘制一个半径为10mm的圆，进入下一步操作，如图2.112所示。

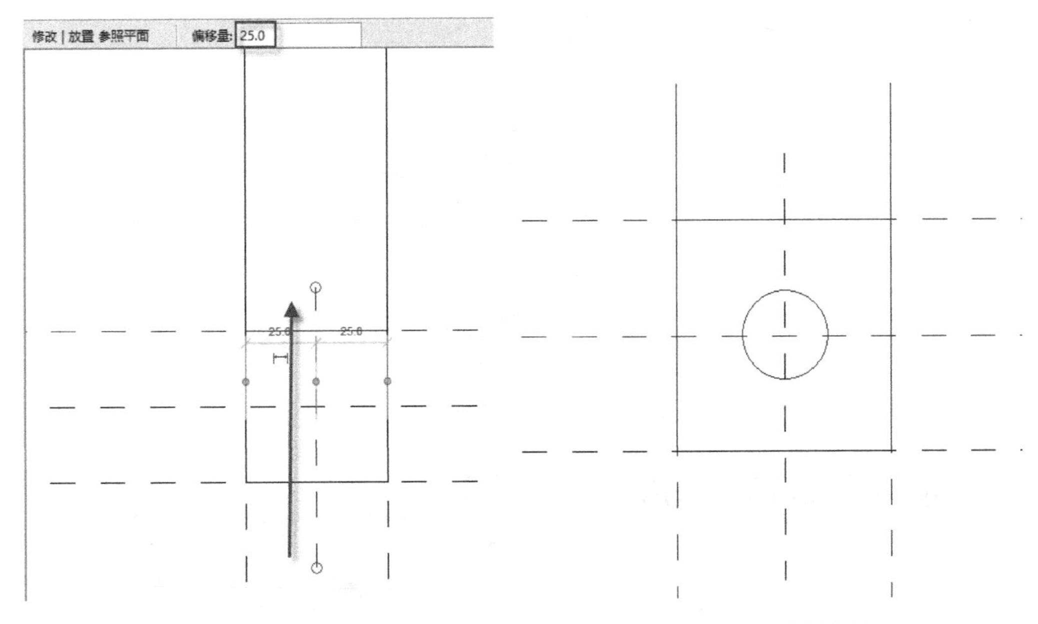


图2.111 绘制辅助线

图2.112 绘制水管

（22）设置水管长度。在“属性”面板中，在“拉伸起点”栏中输入“-220”个单位，在“拉伸终点”栏中输入“220”个单位，单击“√”按钮完成绘制，如图2.113所示。

（23）标注水管。选择水管，选择“注释”|“直径尺寸标注”命令，对水管进行直径标注，如图2.114所示，完成操作之后将另外一个管端也进行标注。

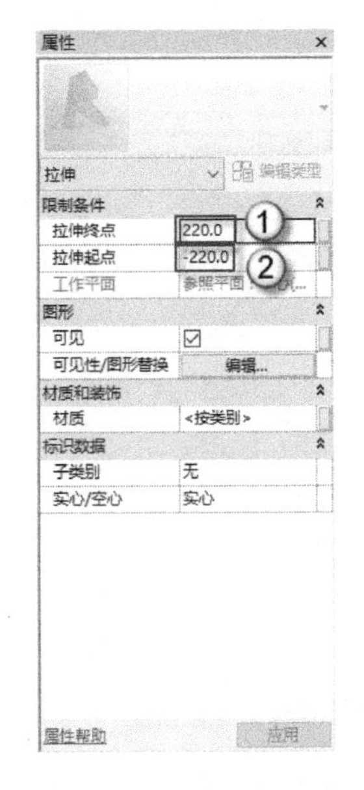


图2.113 设置水管长度

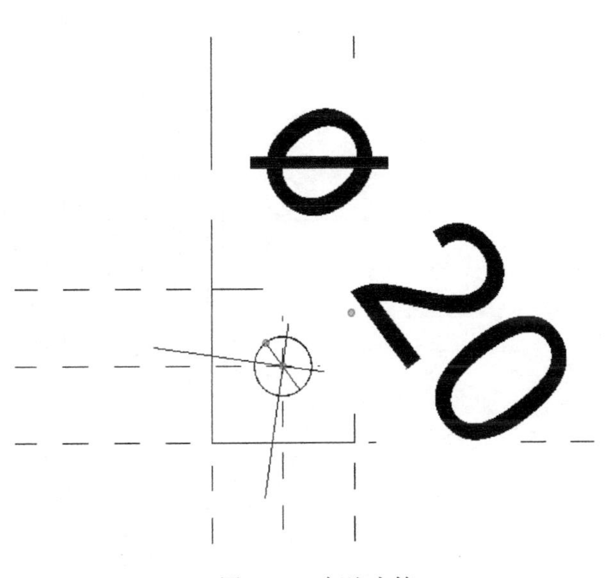


图2.114 标注水管

（24）添加“连接件直径”参数。选择直径标注，在“标签”栏中将“<无>”切换为“添加参数”选项，在弹出的“参数属性”对话框中，在“参数数据”的“名称”栏中输入“连接件直径”，单击“确定”按钮完成操作，并将另一个水管也添加上参数，如图 2.115 所示。

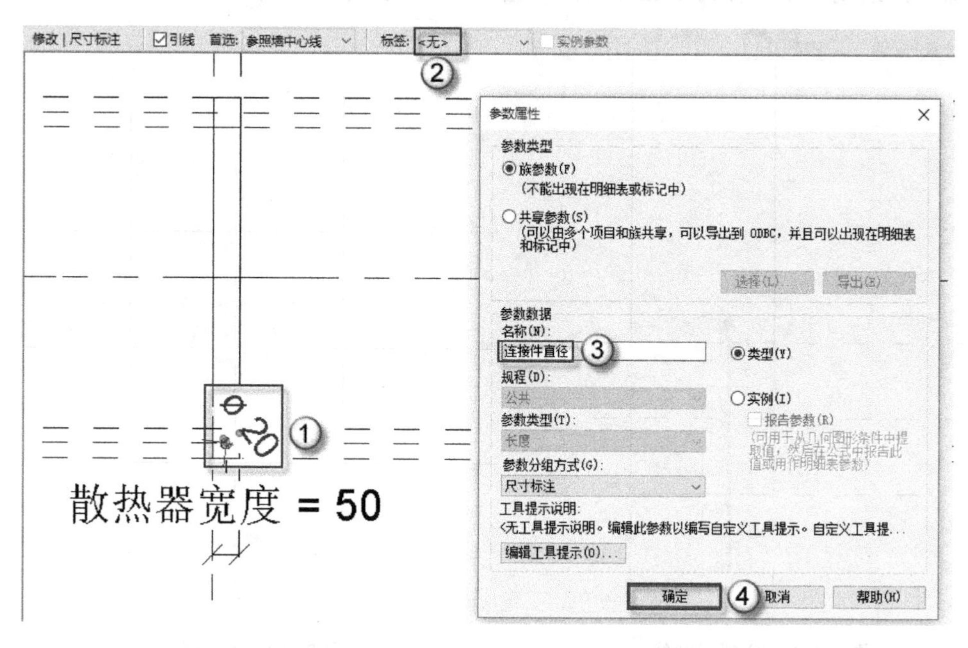


图 2.115　添加“连接件直径”参数

（25）添加连接件。选择“默认三维视图”命令，进入三维视图，单击菜单“创建”|“管道连接件”命令，进入“修改|放置 管道连接件”界面，在“修改|放置 管道连接件”栏中选择“全局”选项，依次选择两根水管（图中①、②处），给水管添加连接件，如图 2.116 所示。

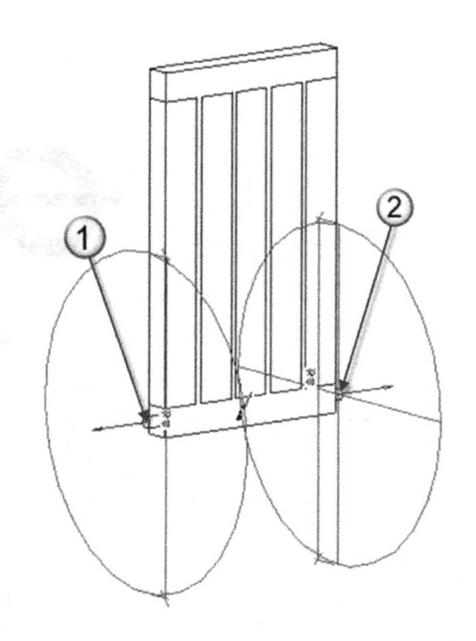

图 2.116　添加连接件

（26）修改连接件直径。选择已放置的“管道连接件”，在“属性”面板中单击“直径”栏中旁边的▯按钮，在弹出的“关联族参数”对话框中选择“连接件直径”选项，单击“确定”按钮完成操作，如图 2.117 所示。按照同样的方法修改另外的连接件直径。

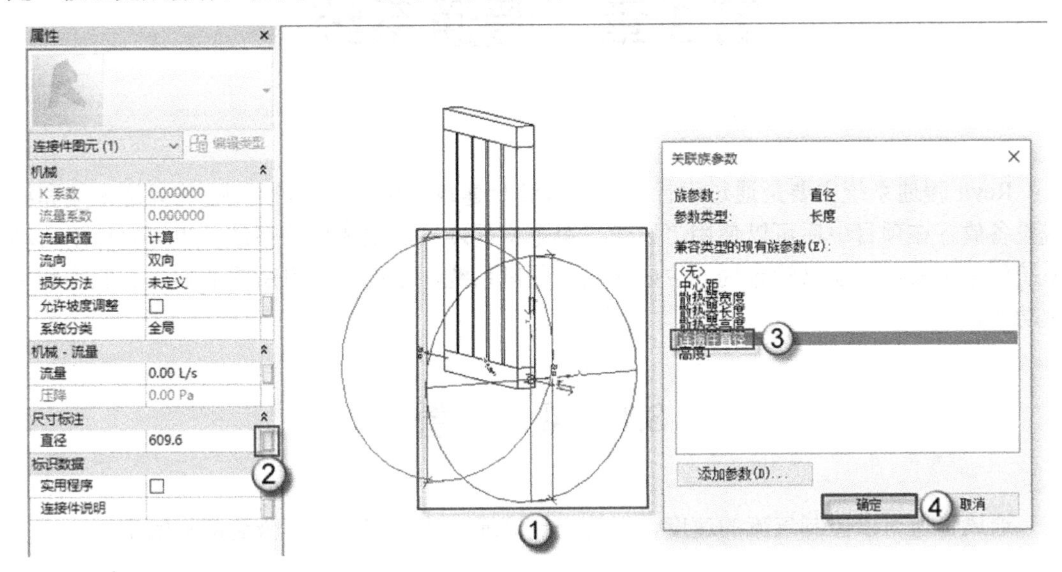


图 2.117　修改连接件直径

（27）另存为族文件。单击“文件”|“另存为”|“族”按钮，在弹出的“另存为”对话框中的名称栏中输入“散热器”，单击“保存”按钮，保存新族文件，如图 2.118 所示。

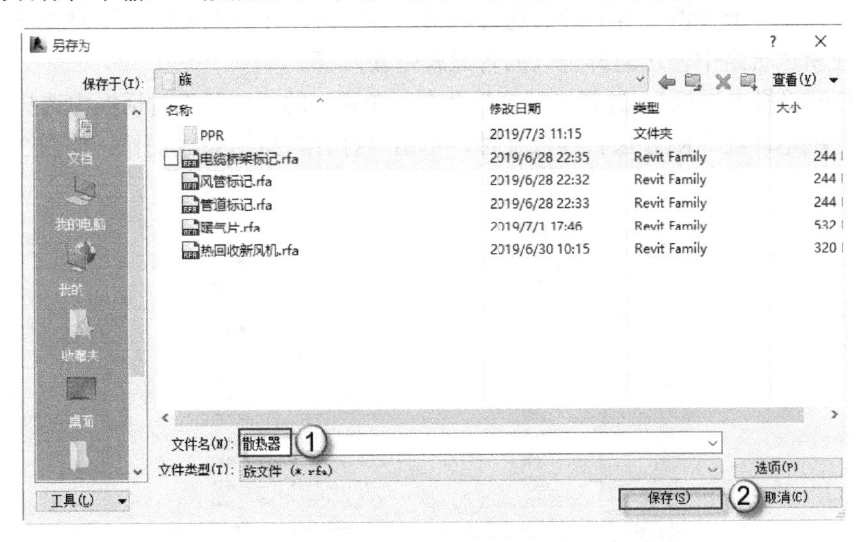


图 2.118　另存为族文件

# 第 3 章　暖通系统

Revit 暖通系统主要是通过设计风管系统满足建筑的供热和制冷需求。将风道末端和机械设备放置在项目中后可以使用“风管”命令将其连接，生成风管系统。也可以使用自动系统创建工具，创建风管布局，生成送风和回风系统，以提供项目所需的加热、制冷和新风功能。

## 3.1 风　　管

通风管道可以控制气流的速度，保持空气流通，让人们能够呼吸到新鲜的空气。

### 3.1.1 绘制新风管

新风机组是提供新鲜空气的一种空气调节设备。其工作原理是将空气经过除尘、除湿（或加湿）、降温（或升温）等处理后通过风机送到室内，在进入室内空间时替换室内原有的空气。在新风机组中输送新鲜空气的管道就是新风管。

（1）打开“机电样板”。选择“打开”命令，在弹出的“打开”对话框中选择之前已经创建好的“机电样板”RTE 项目样板文件，单击“打开”按钮完成操作，如图 3.1 所示。

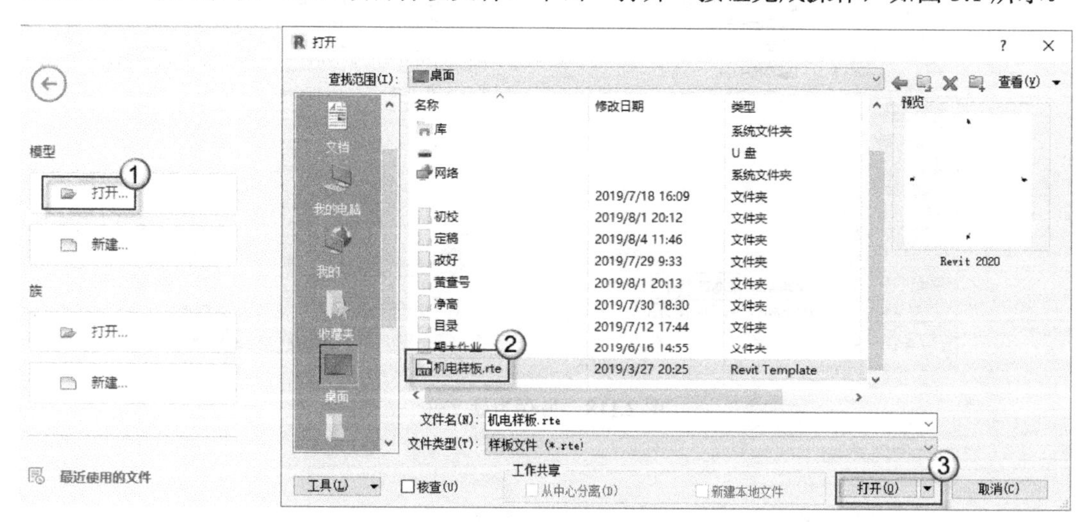


图 3.1　打开“机电样板”

（2）打开“暖通-一层”视图。选择“项目浏览器”面板中的“HVAC”|“暖通”|“楼层平面”|“暖通-一层”选项，如图 3.2 所示。

（3）载入风机族。选择“插入”|“载入族”命令，弹出“载入族”对话框，找到已建好的“热回收新风机”族，单击“打开”按钮将其载入到项目中，如图 3.3 所示。

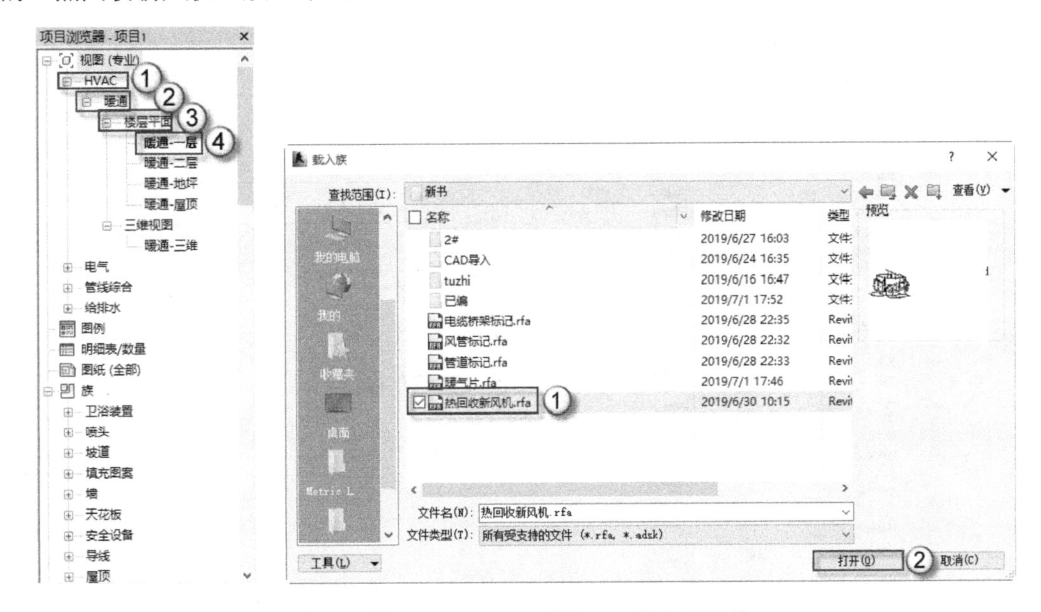


图 3.2　打开“暖通-一层”视图　　　　图 3.3　载入风机族

（4）放置“热回收新风机”族。选择“系统”|“机械设备”命令，在“属性”面板的“标高”栏中选择“一层”，在“偏移量”栏中输入“2700”个单位，并调整风机至合适位置，如图 3.4 所示。

注意：由于此款风机风口的“偏移量”是“3000”个单位，风口与风机相差“300”个单位，故风机的“偏移量”为“2700”个单位与风管的“偏移量”相对应。

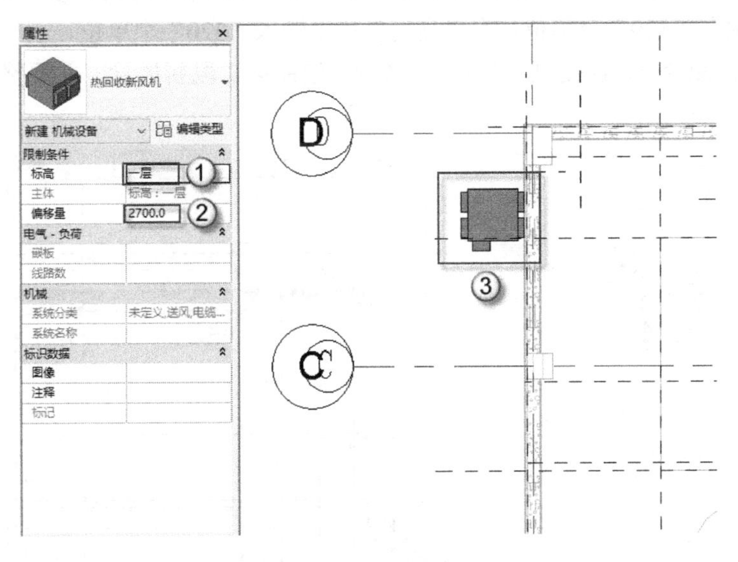


图 3.4　放置“热回收新风机”族

（5）新建“新风”风管，选择“系统”|“风管”命令，在“属性”面板中选择“矩形

风管”类型，单击“编辑类型”按钮，弹出“类型属性”对话框。在其中单击“复制”按钮，在弹出的“名称”对话框中输入“新风”，单击“确定”按钮完成操作，如图 3.5 所示。

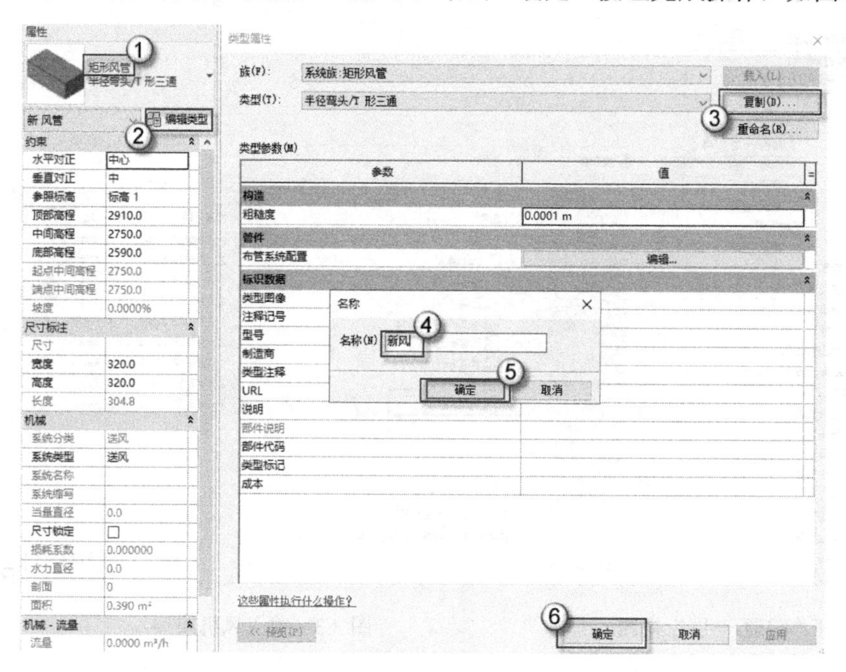

图 3.5　新建“新风”风管

（6）编辑“新风”风管属性。在“属性”面板中选择“矩形风管 新风”类型，依次在“水平对正”栏中选择“中心”选项，在“垂直对正”栏中选择“中”选项，在“参照标高”栏中选择“一层”选项，在“系统类型”栏中选择“新风”选项，如图 3.6 所示。

（7）绘制第 1 段新风管。按 DT 快捷键发出“风管”命令，在“修改|放置 风管”的“宽度”栏中输入“320”个单位，在“高度”栏中输入“320”个单位，在“偏移量”栏中输入 3000mm，配合 AL 快捷键（“对齐”命令）绘制第 1 段新风管，并调整风管位置与风机相连接，如图 3.7 所示。

图 3.6　编辑“新风”风管属性

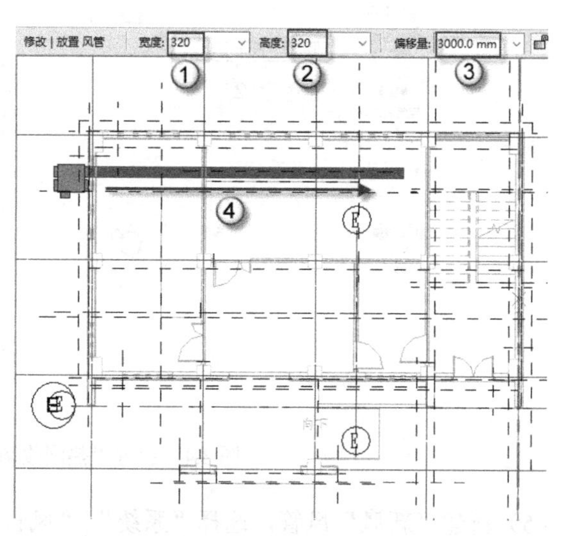

图 3.7　绘制第 1 段新风管

（8）绘制第 2 段新风管。按 DT 快捷键发出“风管”命令，在“修改|放置 风管”的“宽度”栏中输入“320”个单位，在“高度”栏中输入“320”个单位，在“偏移量”栏中输入 3000mm，配合 AL 快捷键（“对齐”命令）绘制第 2 段新风管，并与已绘制的风管连接，如图 3.8 所示。

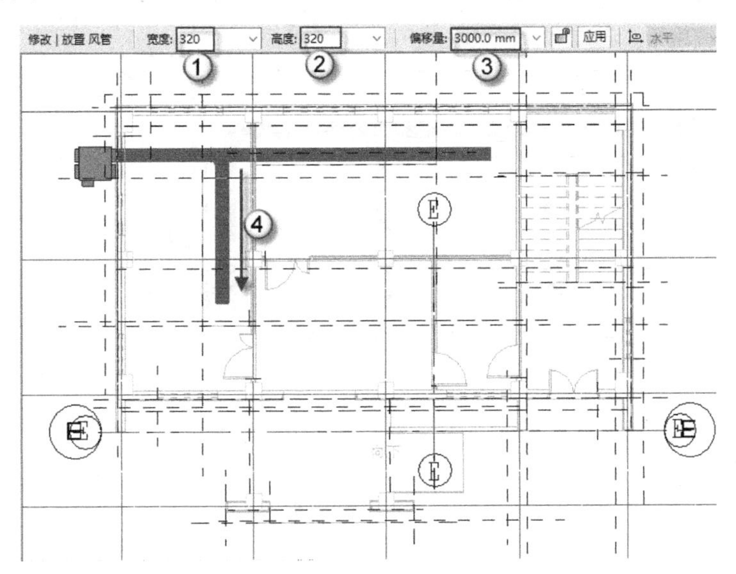


图 3.8　绘制第 2 段新风管

（9）绘制第 3 段新风管。按 DT 快捷键发出“风管”命令，在“修改|放置 风管”的“宽度”栏中输入“320”个单位，在“高度”栏中输入“320”个单位，在“偏移量”栏中输入 3000mm，配合 AL 快捷键（“对齐”命令）绘制第 3 段新风管，并与已绘制的风管连接，如图 3.9 所示。

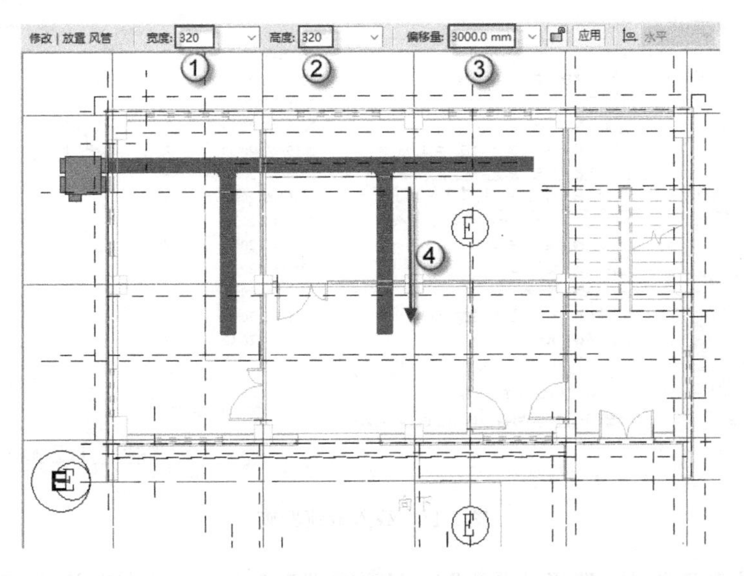


图 3.9　绘制第 3 段新风管

（10）绘制第 4 段新风管。按 DT 快捷键发出“风管”命令，在“修改|放置 风管”的

“宽度”栏中输入“320”个单位，在“高度”栏中输入“320”个单位，在“偏移量”栏中输入 3000mm，配合 AL 快捷键（“对齐”命令）绘制第 4 段新风管，并与已绘制的风管连接，如图 3.10 所示。

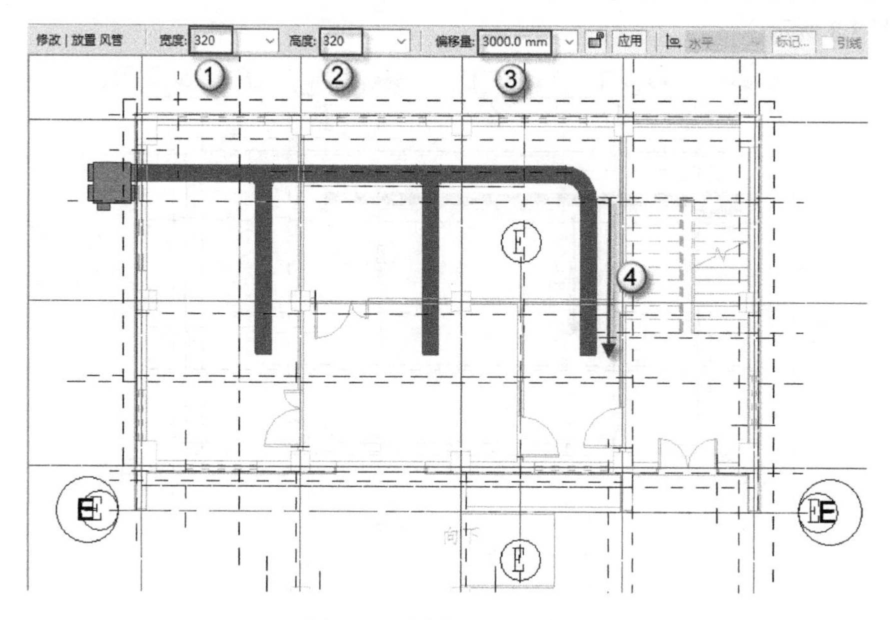


图 3.10　绘制第 4 段新风管

（11）载入散流器族。选择“插入”|“载入族”命令，弹出“载入族”对话框，在“机电”|“风管附件”|“风口”目录下选择“散流器-方形.rfa”族文件，单击“打开”按钮，将族文件载入到项目中，如图 3.11 所示。

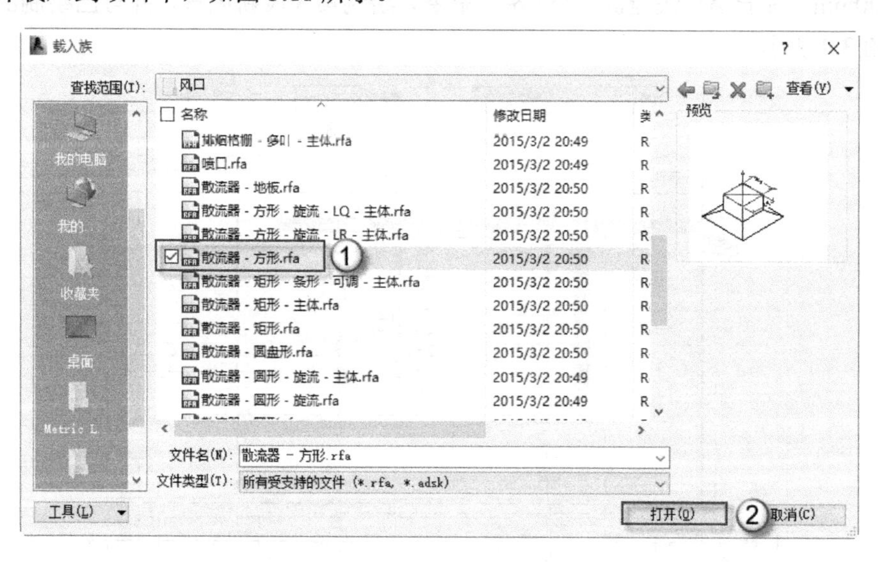


图 3.11　载入散流器族

（12）放置散流器族。选择“系统”|“风道末端”命令，在“修改|放置 风道末端装置”栏中选择“风道末端安装到风管上”选项，在“属性”面板中选择“散流器-方形 240×240”类型，并调整散流器至合适位置，如图 3.12 所示。

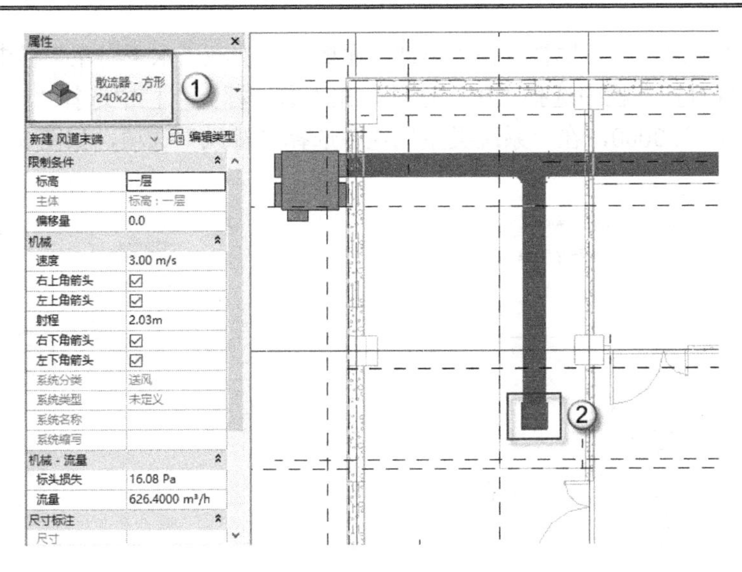


图 3.12　放置散流器族

（13）放置其他散流器。选择“系统”|“风道末端”命令，在“修改|放置 风道末端装置”栏中选择“风道末端安装到风管上”选项，在“属性”面板中选择“散流器-方形 240×240”类型，将其他散流器安装到风管上，并调整散流器至合适的位置，如图 3.13 所示。

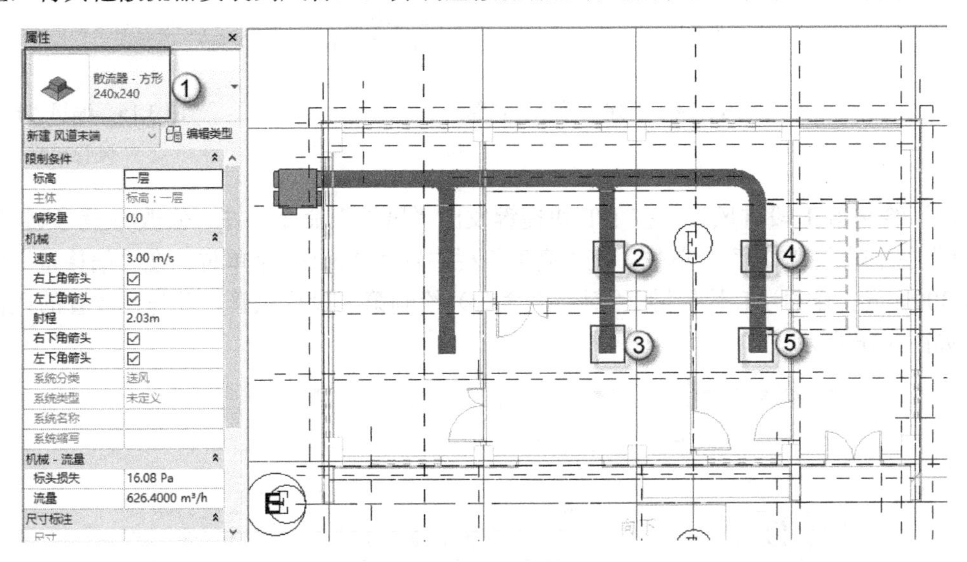


图 3.13　放置其他散流器

## 3.1.2　绘制排风管

排风管的布置与新风管类似，两者标高一致。排风管也是要经过热回收新风机，只不过其与新风管在平面图“交叉”时要做翻弯处理，具体操作如下：

（1）新建“排风”风管。选择“系统”|“风管”命令，在“属性”面板中选择“矩形风管”类型，单击“编辑类型”按钮，弹出“类型属性”对话框，单击“复制”按钮，在弹出的“名称”对话框中输入“排风”，单击“确定”按钮完成操作，如图 3.14 所示。

（2）编辑“排风”风管属性。在“属性”面板中依次在“水平对正”栏中选择“中心”选项，在“垂直对正”栏中选择“中”选项，在“参照标高”栏中选择“一层”选项，在“偏移量”栏中输入 3000，在“系统类型”栏中选择“排风”选项，如图 3.15 所示。

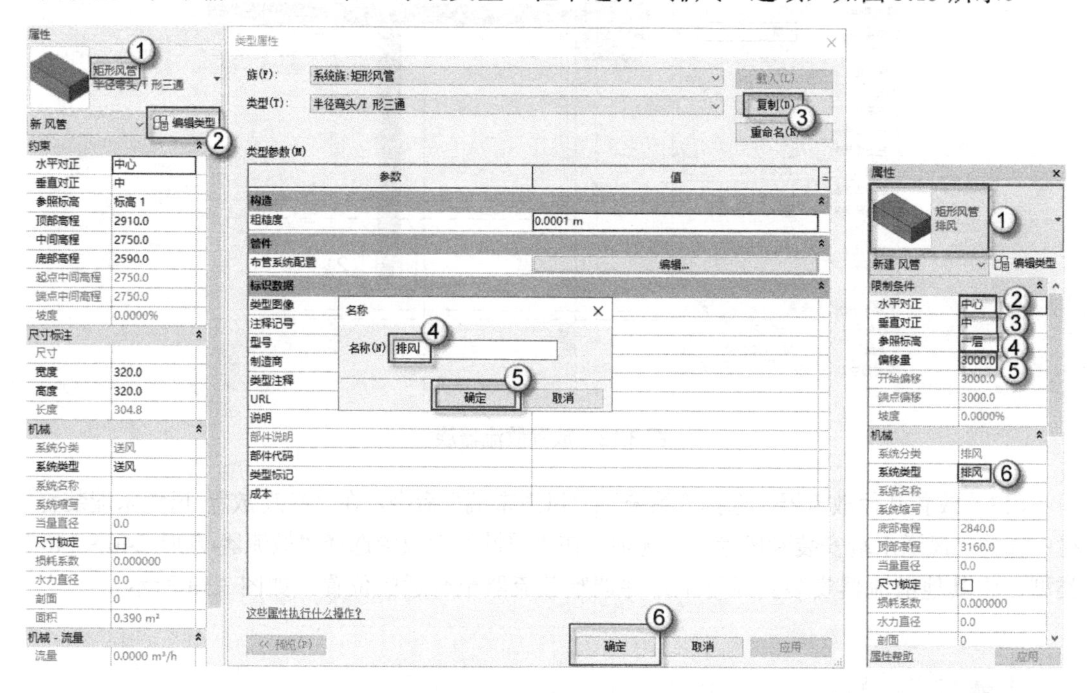


图 3.14　新建“排风”风管

图 3.15　编辑“排风”风管属性

（3）绘制第 1 段排风管。按 DT 快捷键发出“风管”命令，在“修改|放置 风管”的“宽度”栏中输入“320”个单位，在“高度”栏中输入“320”个单位，在“偏移量”栏中输入 3000mm，配合 AL 快捷键（“对齐”命令）绘制第 1 段排风管，并与已放置的风机连接，如图 3.16 所示。

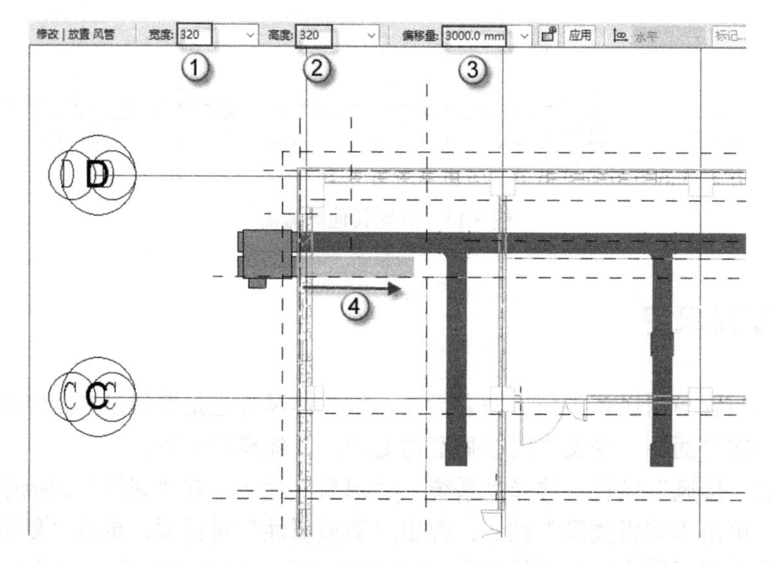


图 3.16　绘制第 1 段排风管

（4）绘制第 2 段排风管。右击管端点，选择“绘制风管”命令，在“修改|放置 风管”的“宽度”栏中输入“320”个单位，在“高度”栏中输入“320”个单位，在“偏移量”栏中输入 2650mm，配合 AL 快捷键（“对齐”命令）绘制第 2 段排风管，如图 3.17 所示，三维视图如图 3.18 所示。

**注意：** 在这个位置由于新风管与排风管在平面位置上相交而出现管线碰撞，排风管需要避让，采用的方法是向下翻弯，翻弯段的排风管“偏移量”为 2650mm。

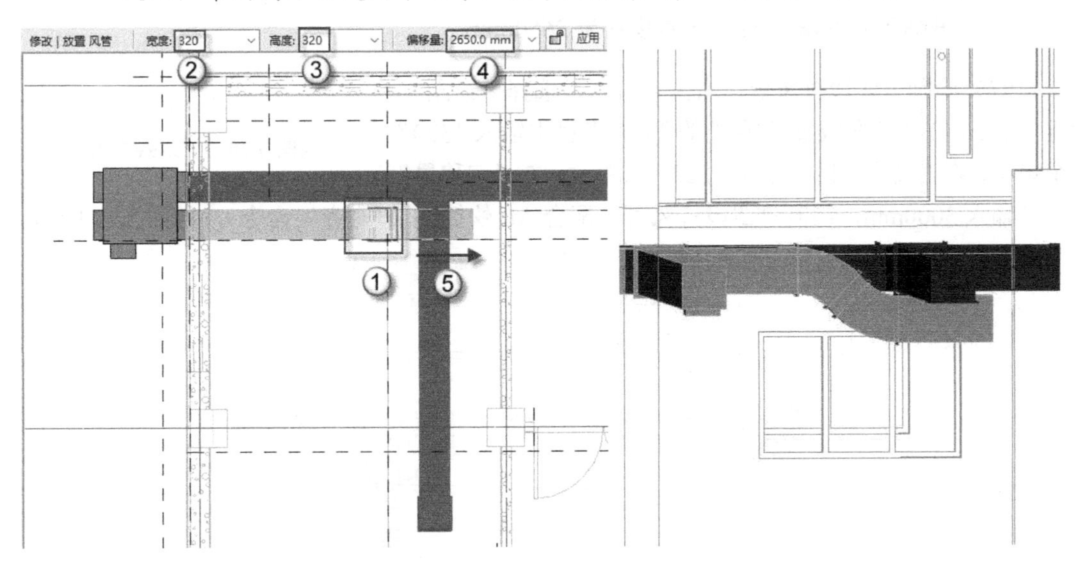


图 3.17　绘制第 2 段排风管　　　　图 3.18　三维效果图

（5）绘制第 3 段排风管。右击管端点，选择“绘制风管”命令，在“修改|放置 风管”的“宽度”栏中输入“320”个单位，在“高度”栏中输入“320”个单位，在“偏移量”栏中输入 3000mm，配合 AL 快捷键（“对齐”命令）绘制第 3 段排风管，如图 3.19 所示，三维视图如图 3.20 所示。

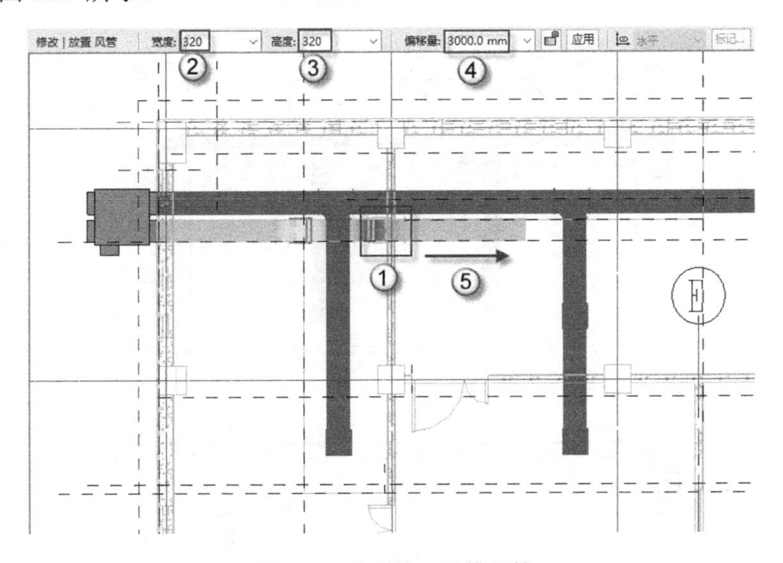


图 3.19　绘制第 3 段排风管

（6）绘制第 4 段排风管。右击管端点，选择“绘制风管”命令，在“修改|放置 风管”的“宽度”栏中输入“320”个单位，在“高度”栏中输入“320”个单位，在“偏移量”栏中输入 2650mm，配合 AL 快捷键（“对齐”命令）绘制第 4 段排风管，如图 3.21 所示。

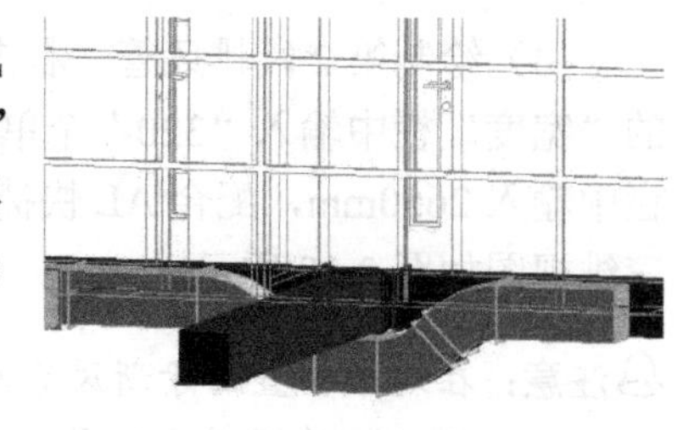

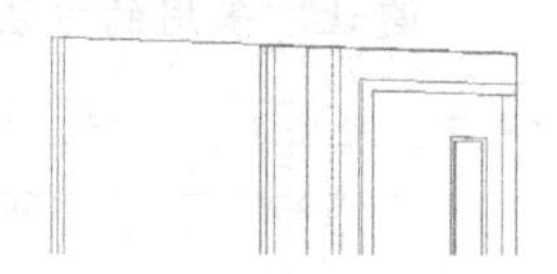

图 3.20　三维效果图

注意：此处同样出现管线碰撞，排风管需要避让，采用翻弯的方法，翻弯段偏移量为 2650mm。

（7）绘制第 4 段排风管。右击管端点，选择“绘制风管”命令，在“修改|放置 风管”的“宽度”栏中输入“320”个单位，在“高度”栏中输入“320”个单位，在“偏移量”栏中输入 3000mm，绘制第四段排风管，配合 AL 快捷键（“对齐”命令），如图 3.22 所示。

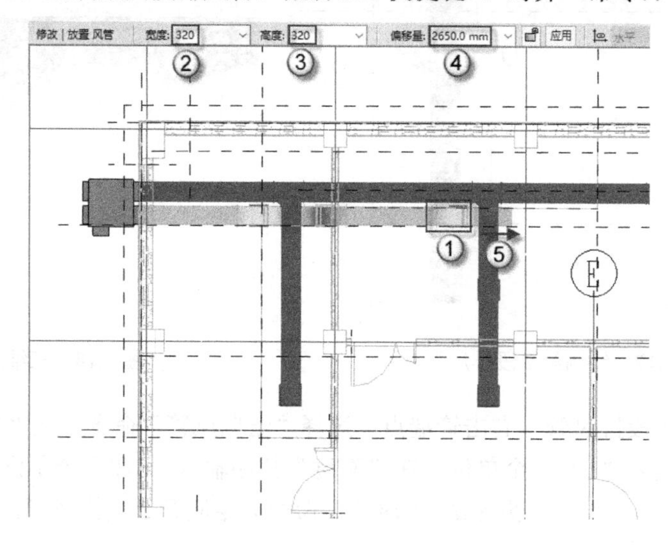


图 3.21　绘制第 4 段排风管

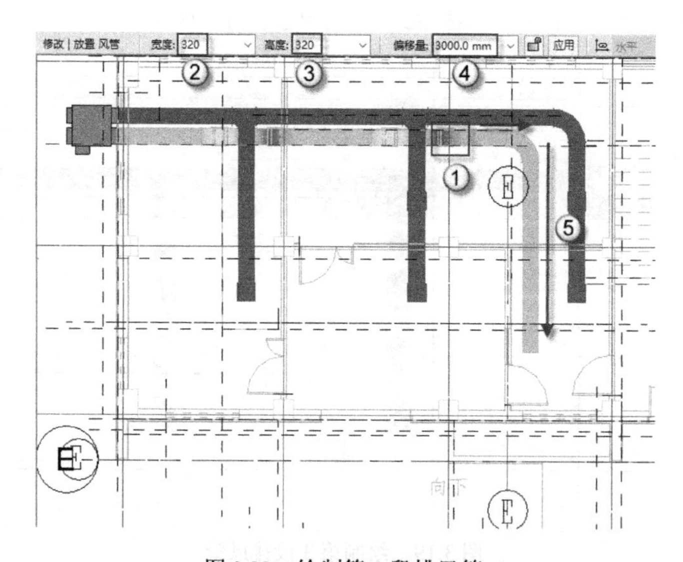


图 3.22　绘制第 4 段排风管

（8）绘制第 5 段排风管。按 DT 快捷键发出“风管”命令，在“修改|放置 风管”的“宽度”栏中输入“320”个单位，在“高度”栏中输入“320”个单位，在“偏移量”栏中输入 3000mm，配合 AL 快捷键（“对齐”命令）绘制第 5 段排风管，如图 3.23 所示。

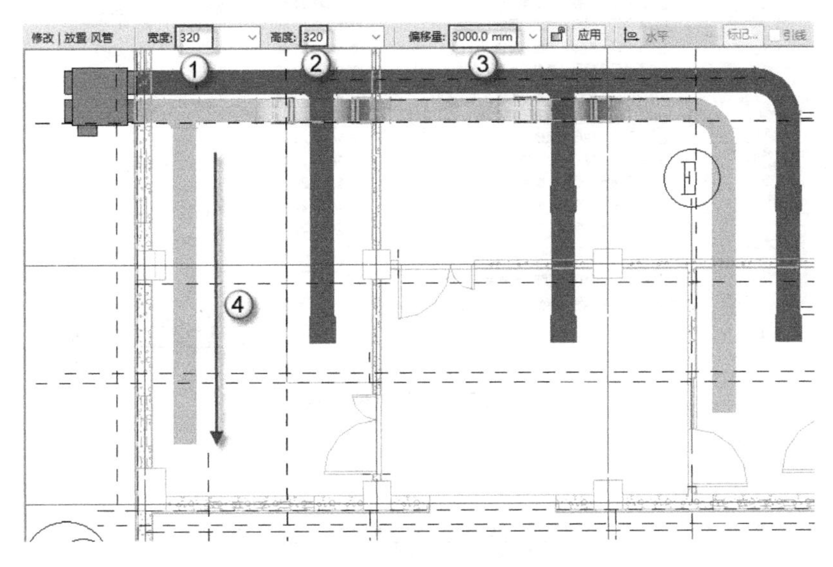


图 3.23　绘制第 5 段排风管

（9）绘制第 6 段排风管。按 DT 快捷键发出“风管”命令，在“修改|放置 风管”的“宽度”栏中输入“320”个单位，在“高度”栏中输入“320”个单位，在“偏移量”栏中输入 3000mm，配合 AL 快捷键（“对齐”命令）绘制第 6 段排风管，如图 3.24 所示。

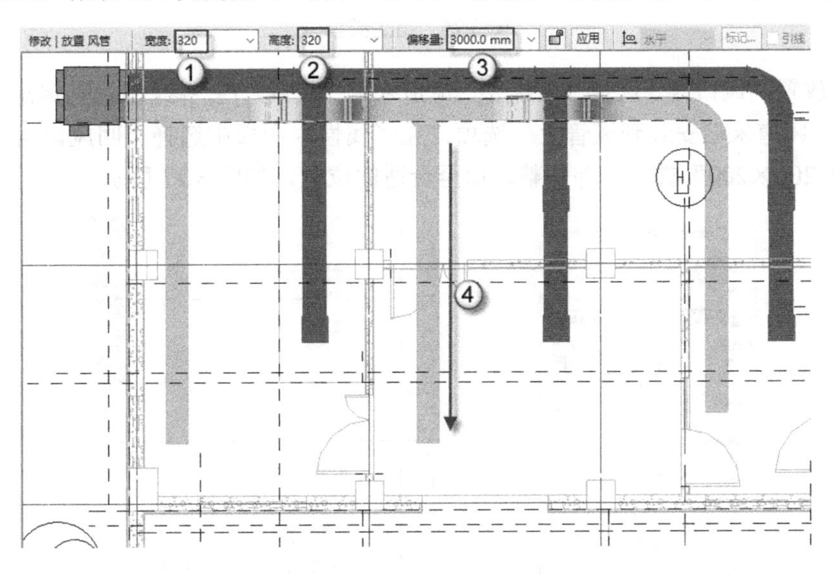


图 3.24　绘制第 6 段排风管

（10）载入回风口族。选择“插入”|“载入族”命令，在弹出的“载入族”对话框的“机电”|“风管附件”|“风口”目录下选择“回风口 - 矩形 - 单层 - 可调.rfa”族文件，单击“打开”按钮，将族文件载入到项目中，如图 3.25 所示。在弹出的“指定类型”对话框中选择“200×200”类型，如图 3.26 所示。

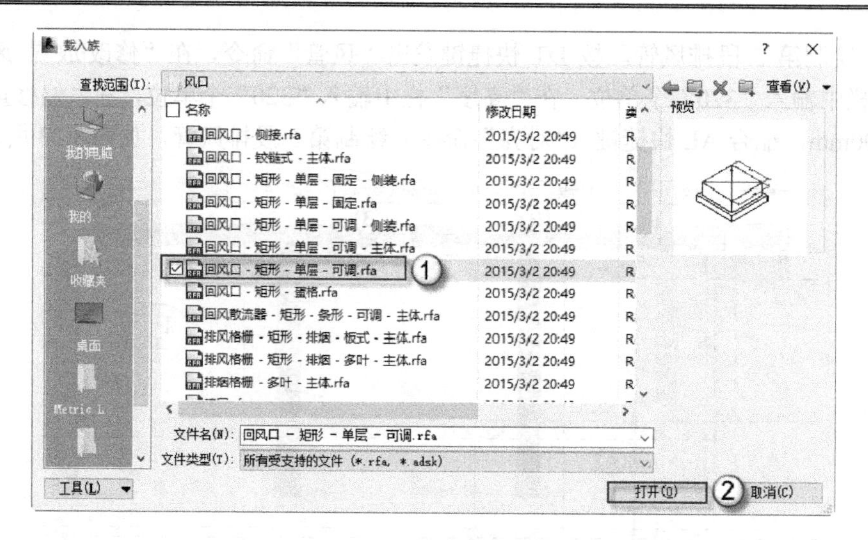


图 3.25　载入回风口族

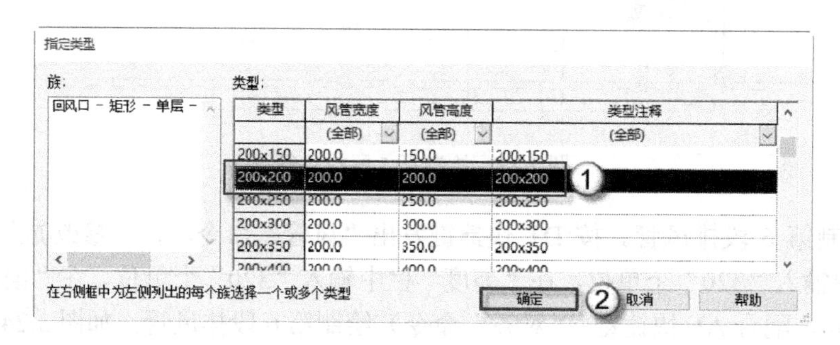


图 3.26　指定类型

（11）放置回风口族。选择“系统”|“风道末端”命令，在“修改|放置 风道末端装置”栏中选择“风道末端安装到风管上”选项，在“属性”面板中选择“回风口 - 矩形 - 单层 - 可调 200×200”类型，并调整风口至合适的位置，如图 3.27 所示。

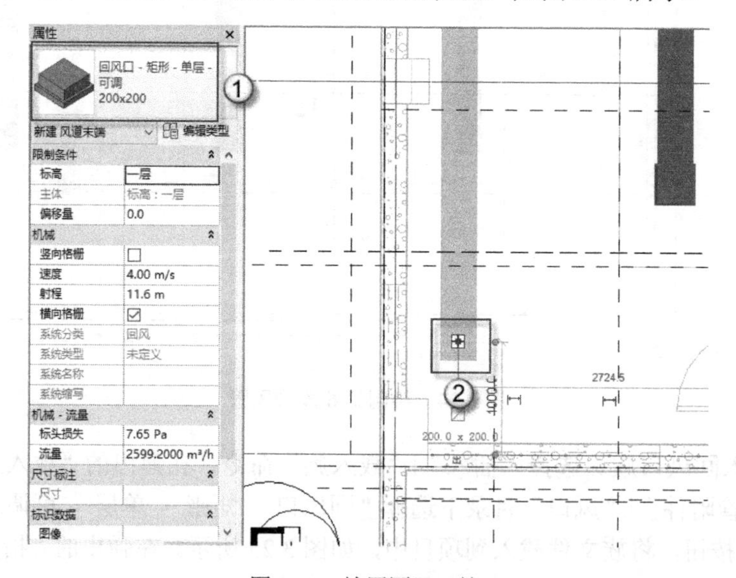


图 3.27　放置回风口族

（12）放置其他回风口族。选择“系统”|“风道末端”命令，在“修改|放置 风道末端装置”栏中选择“风道末端安装到风管上”选项，在“属性”面板中选择“回风口 - 矩形 - 单层 - 可调 200×200”类型，并调整风口至合适位置，如图 3.28 所示。

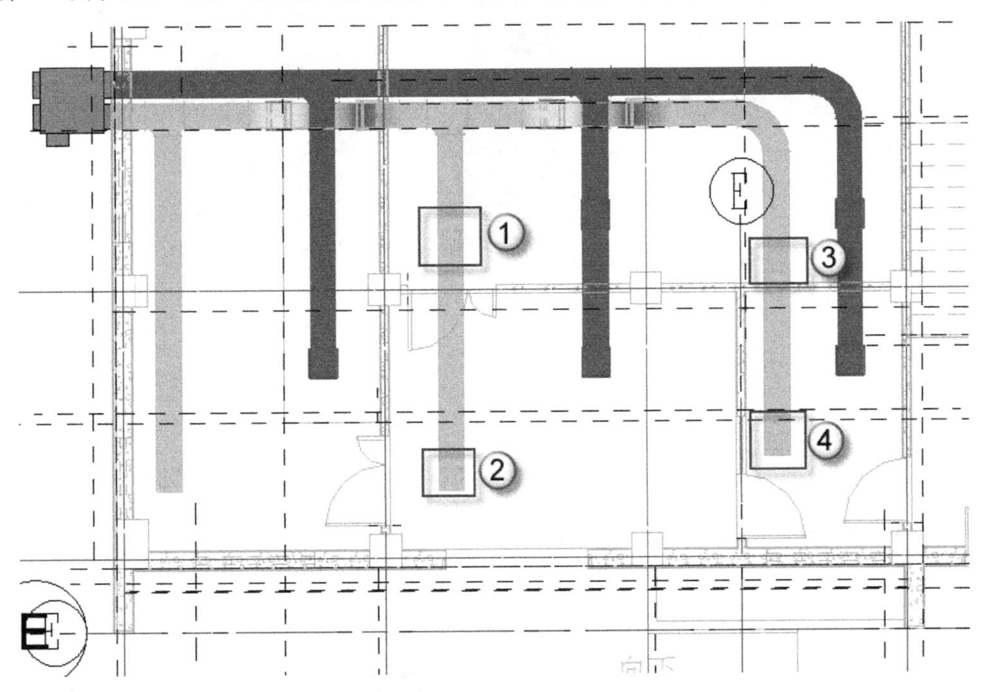


图 3.28　放置其他回风口族

## 3.2　一层采暖

一层中不仅要布置采暖供水管、采暖回水管、采暖立管、散热器，还要布置采暖炉。一层中仅需要采暖的房间就是管理用房。

### 3.2.1　布管系统配置

本节将介绍载入采暖相应的族文件，以及设置采暖的管线的方法，具体操作如下：

（1）设置过滤器。按 VV 快捷键发出“可见性”命令，在弹出的“楼层平面：可见性/图形替换”对话框中选择“过滤器”选项卡，依次勾选“采暖供水管”“采暖回水管”可见性复选框，最后单击“确定”按钮完成操作，如图 3.29 所示。

（2）载入散热器族。选择“插入”|“载入族”命令，弹出“载入族”对话框，找到已完成的“散热器”RFA 族文件，单击“打开”按钮将族载入项目中，如图 3.30 所示。

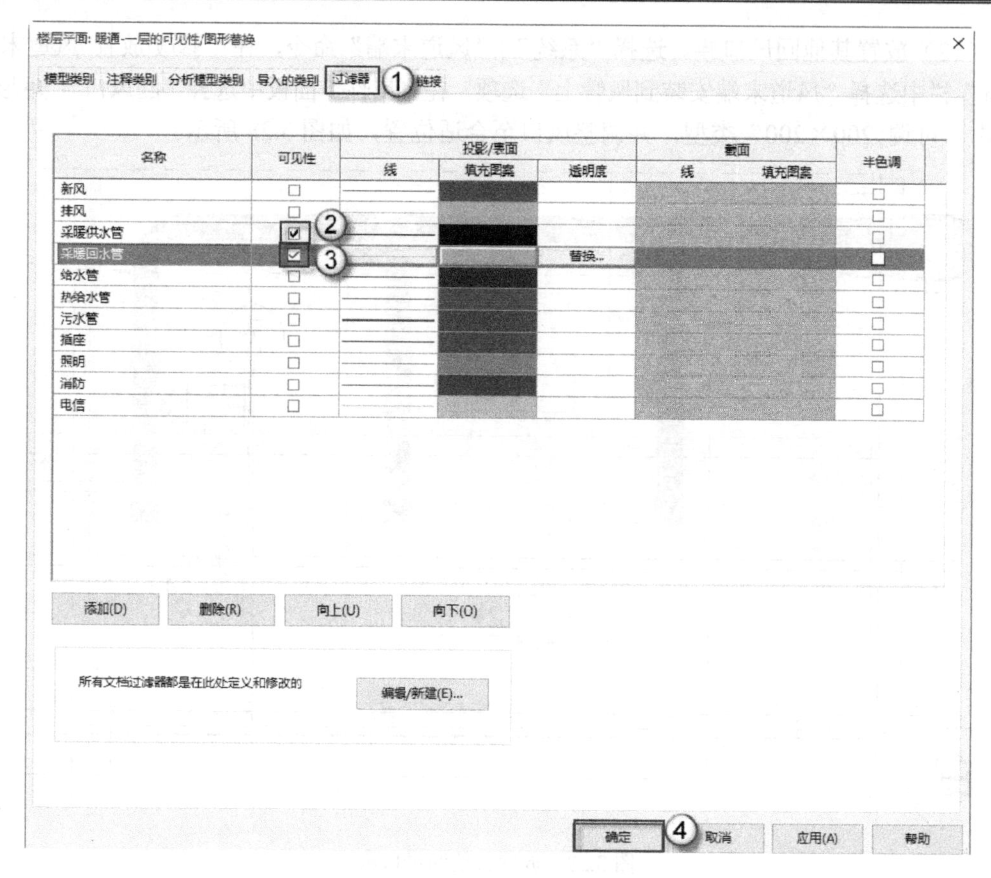


图 3.29　设置过滤器

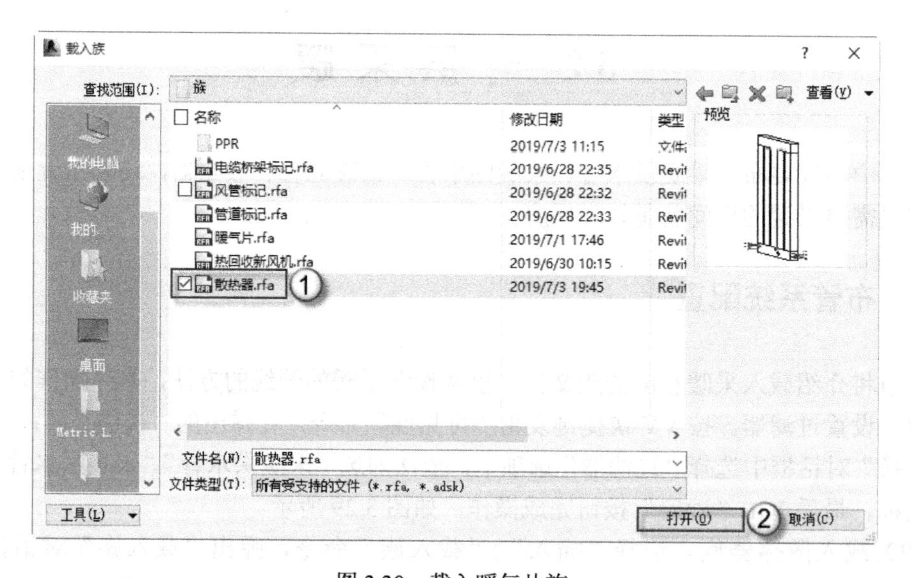


图 3.30　载入暖气片族

（3）放置一层散热器族。按 RP 快捷键发出“参照平面”命令，绘制一条距离墙 50mm 的辅助线，单击“系统”|“机械设备”命令，在“属性”面板中选择“散热器”类型，在“偏移量”栏中输入“506”个单位，并调整散热器至合适位置，如图 3.31 所示。

△注意：散热器不能紧贴墙面，需保持一定距离。一般情况下，散热器距离墙面 50mm，且散热器底面需离地面 180mm，散热器高度为 652mm。“偏移量”是建筑平面到散热器中心的高度，通过计算可得“偏移量”为“180+326”即“506”个单位。

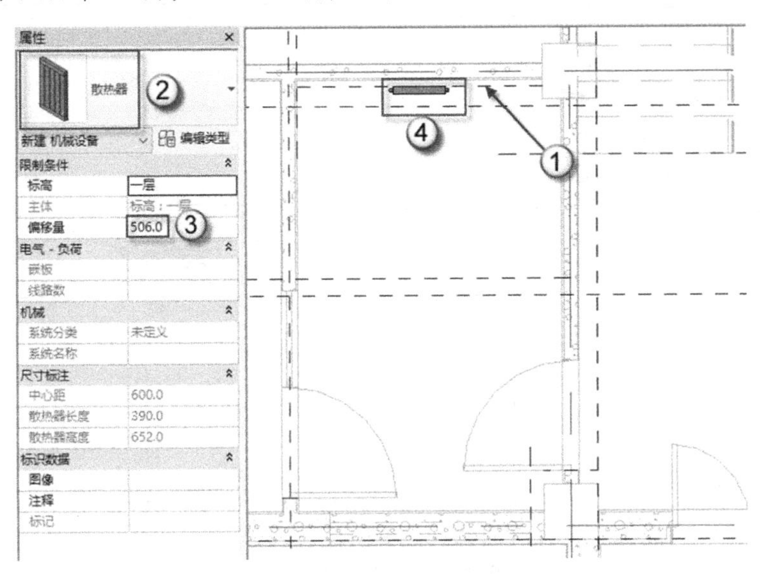


图 3.31　放置一层散热器族

（4）载入贝雷塔族。选择“插入”|“载入族”命令，弹出“载入族”对话框，选择配套下载资源提供的贝雷塔族，单击“打开”按钮，将族载入进项目中，如图 3.32 所示。

△注意：贝雷塔（Beretta）出自意大利利雅路股份有限公司。该公司成立于 1922 年，是意大利最大的供热设备生产企业，是意大利环境温度控制“专家”，欧洲供热领域的“巨人”。这里选用的是贝雷塔板换机壁挂式采暖炉。

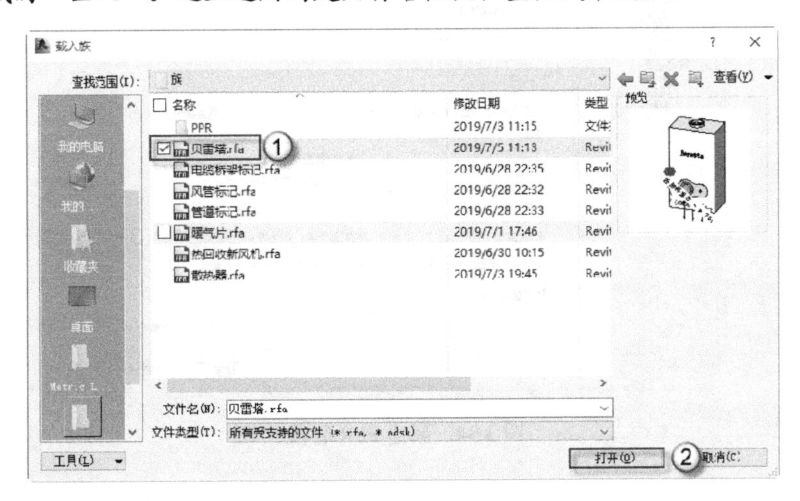


图 3.32　载入贝雷塔族

（5）放置贝雷塔族。选择“系统”|“机械设备”命令，在“属性”面板中选择“贝雷塔”类型，在“偏移量”栏中输入“1500”个单位，并调整贝雷塔至合适的位置，如图 3.33 所示。

注意：贝雷塔壁挂式采暖炉一般需离地面 1500mm，所以得“偏移量”为“1500”个单位”。

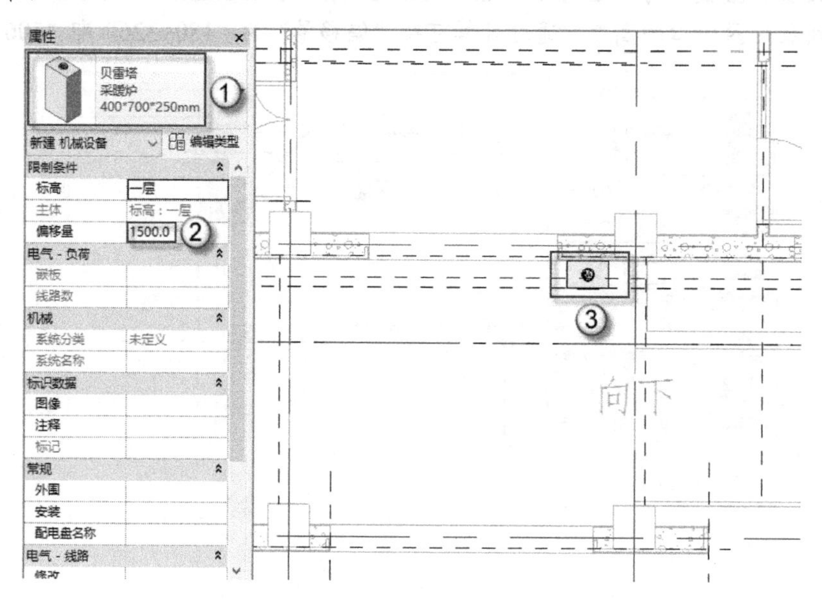


图 3.33　放置贝雷塔族

（6）新建 PPR 管段。按 MS 快捷键发出“机械设置”命令，在弹出的“机械设置”对话框中选择“管段和尺寸”选项，单击“新建管段”按钮，在弹出的“新建管段”对话框中单击⋯按钮进入下一步操作，如图 3.34 所示。

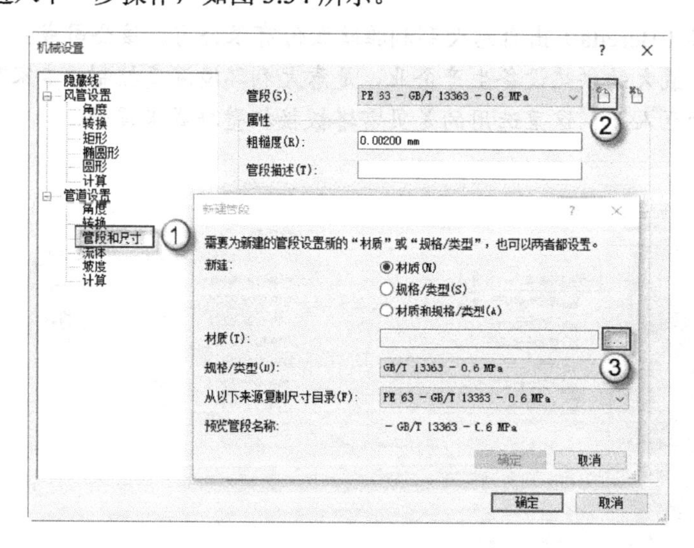


图 3.34　新建 PPR 管段

注意：PPR 管又叫三型聚丙烯管，是承压管，采用无规共聚聚丙烯经挤出成为管材，注塑成为管件，具有耐腐蚀、耐高温和寿命长等特点。

（7）创建 PPR 材质。继续上一步操作，在弹出的“材质浏览器”的“名称”栏中右击 PE100 材质，选择“复制”命令，会生成一个新材质，然后再右击这个新材质，选择“重命名”命令，将其命名为 PPR，单击“确定”按钮进入下一步操作，如图 3.35 所示。

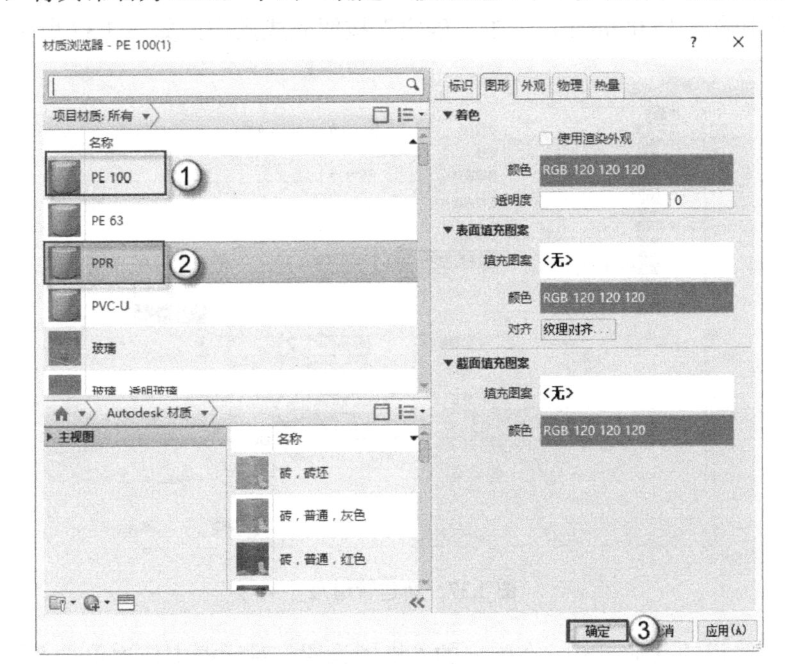


图 3.35　创建 PPR 材质

（8）设置 PPR 管段规格。在“新建管段”对话框中的“规格/类型”栏中选择 GB/T 13363 – 1.0MPa 规格，在“从以下来源复制尺寸目录”栏中选择 PE 63 – GB/T 13363 – 1.0MPa 选项，单击“确定”按钮完成操作，如图 3.36 所示。

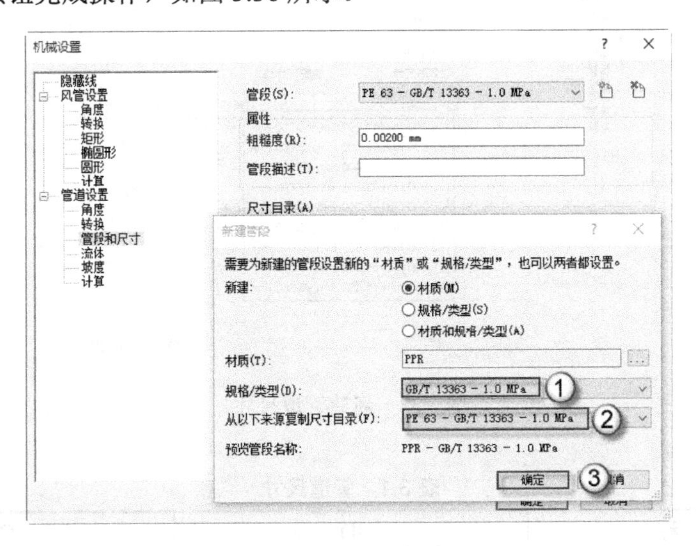


图 3.36　设置 PPR 管段规格

注意：PE 代表“聚乙烯”（一种新型环保管材），GB 表示“国标”，T 代表推荐执行，13363 表示“出厂编号”，1.0MPa 表示“压力”。

（9）新建管道尺寸。在弹出的“机械设置”对话框中单击“新建尺寸”按钮，弹出“添加管道尺寸”对话框，在“公称直径”栏中输入 15.000mm，在“内径”栏中输入 12.000mm，在“外径”栏中输入 15.000mm，单击“确定”按钮完成操作，如图 3.37 所示。

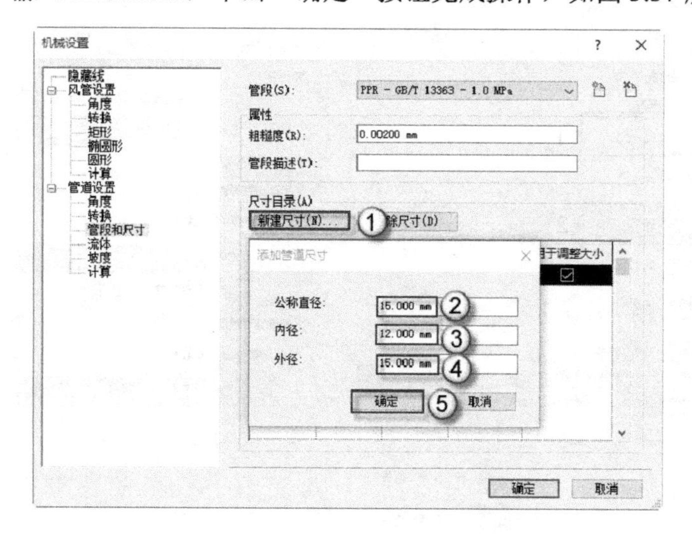


图 3.37　新建管道尺寸

（10）新建管道的其他尺寸。在弹出的“机械设置”对话框中依次单击“新建尺寸”按钮，输入如表 3.1 所示的管道尺寸，最后单击“确定”按钮完成操作，如图 3.38 所示。

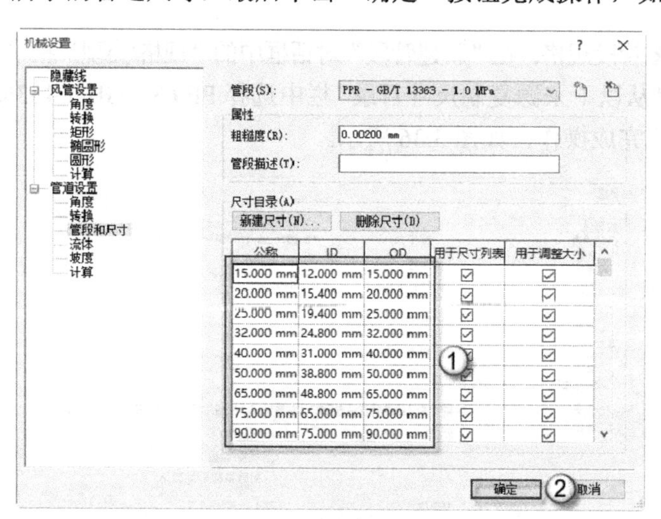


图 3.38　新建管道尺寸

**表 3.1　管道尺寸**

| 公　　称 | ID | OD |
|---|---|---|
| 15.000mm | 12.000mm | 15.000mm |
| 20.000mm | 15.400mm | 20.000mm |
| 25.000mm | 19.400mm | 25.000mm |
| 32.000mm | 24.800mm | 32.000mm |
| 40.000mm | 31.000mm | 40.000mm |
| 50.000mm | 38.800mm | 50.000mm |

（续）

| 公　　称 | ID | OD |
|---|---|---|
| 65.000mm | 48.800mm | 65.000mm |
| 75.000mm | 65.000mm | 75.000mm |
| 90.000mm | 75.000mm | 90.000mm |
| 110.000mm | 90.000mm | 110.000mm |

注意：表 3.1 中的 ID 表示“内径”，OD 表示“外径”。

（11）载入管件族。选择“插入”|“载入族”命令，弹出“载入族”对话框，找到配套下载资源提供的 PPR 管道附件族，配合 Ctrl 键将“变径_热熔.rfa”“变径三通_热熔.rfa”“管帽-热熔.rfa”“活接头-热熔.rfa”“四通_热熔.rfa”“弯头_热熔.rfa”族文件选中，单击“打开”按钮，将这些族文件载入到项目中，如图 3.39 所示。

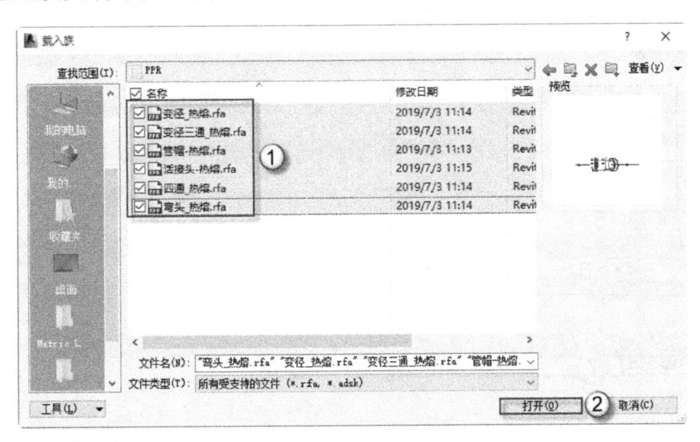


图 3.39　载入管件族

（12）新建“采暖供水管”管道。选择“系统”|“管道”命令，在“属性”面板中选择“标准”类型，单击“编辑类型”按钮，弹出“类型属性”对话框，单击“复制”按钮，在弹出的“名称”对话框中输入“采暖供水管”，单击“确定”按钮进入下一步操作，如图 3.40 所示。

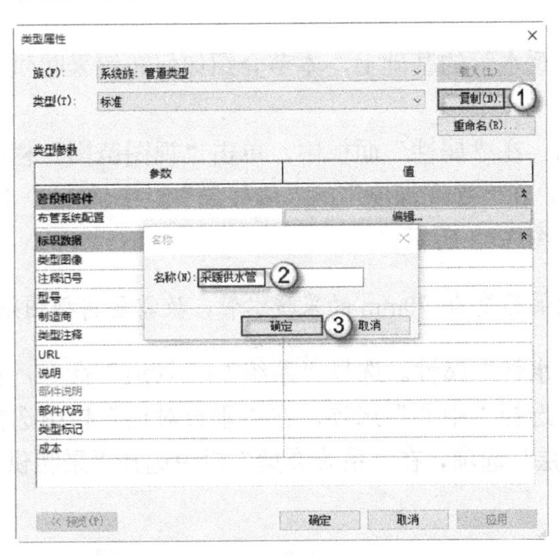


图 3.40　新建“采暖供水管”管道

（13）布管系统配置。继续上一步操作，在弹出的“布管系统配置”对话框中的“管段”栏中选择 PPR - GB/T 13363 - 1.0 MPa 选项，在“弯头”栏中选择“弯头_热熔: 标准”选项，在“连接”栏中选择“变径三通_热熔: 标准”选项，在“四通”栏中选择“四通_热熔: 四通_热熔”选项，在“过渡件”栏中选择“变径_热熔: 标准”选项，“活接头”栏中选择“活接头-热熔: 标准”选项，在“管帽”栏中选择“管帽-热熔: 标准”选项，单击“确定”按钮完成操作，如图 3.41 所示。

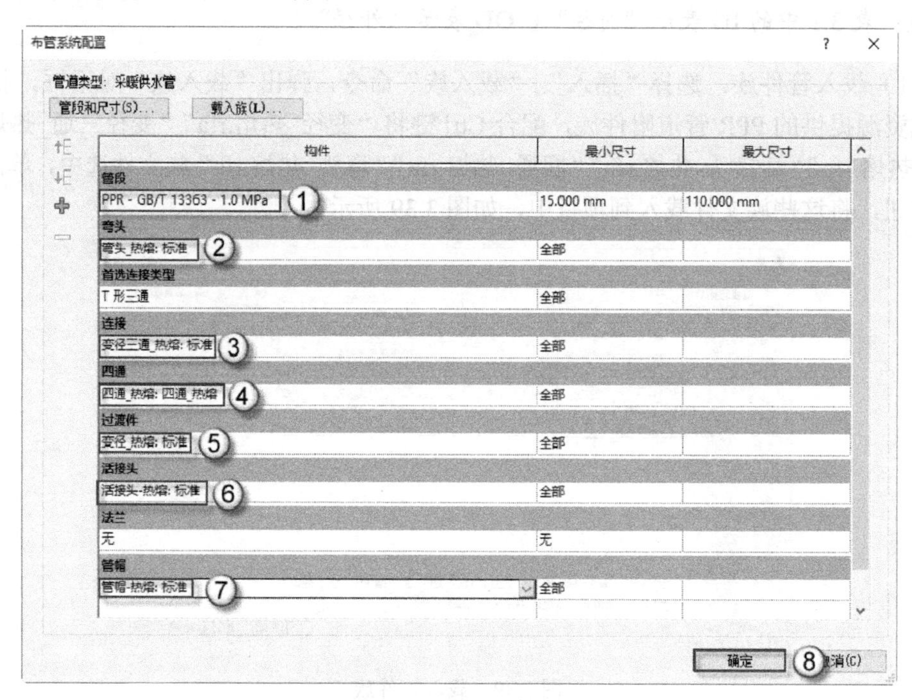


图 3.41　布管系统配置

## 3.2.2　采暖水管

在上一节设置好采暖水管的基础上，本节介绍如何布置采暖供水管和采暖回水管，具体操作如下。

（1）修改视图范围。在“属性”面板中，单击“视图范围”栏中的“编辑”按钮，弹出“视图范围”对话框，在“视图深度”的“偏移量”栏中输入“-100”个单位，单击“确定”按钮完成操作，如图 3.42 所示。

注意：由于需要绘制偏移量为-70mm 的采暖水管，故需要将视图范围修改为-70mm 以下。

（2）编辑“采暖供水管”属性。选择“系统”|“管道”命令，在“属性”面板中，依次在“水平对正”栏中选择“中心”选项，在“垂直对正”栏中选择“中”选项，在“参照标高”栏中选择“一层”选项，在“系统类型”栏中选择“采暖供水管”选项，如图 3.43 所示。

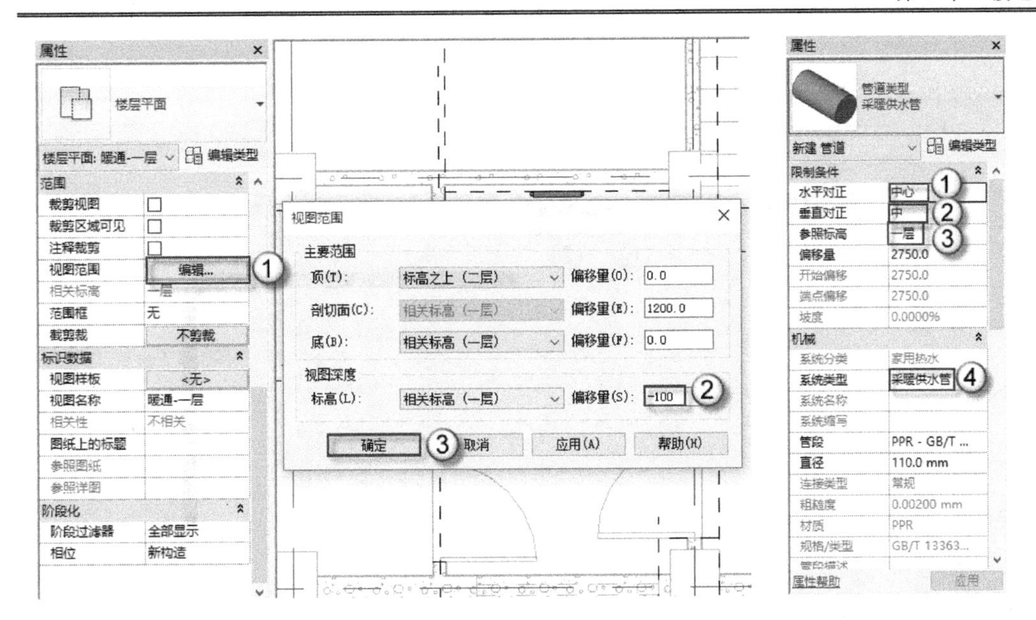


图 3.42　修改视图范围

图 3.43　编辑“采暖供水管”属性

（3）绘制第 1 段采暖供水管。按 PI 快捷键发出“管道”命令，在“修改|放置 管道”的“直径”栏中输入 32mm，在“偏移量”栏中输入-70mm，配合 AL 快捷键（“对齐”命令）绘制第 1 段采暖供水管，如图 3.44 所示。

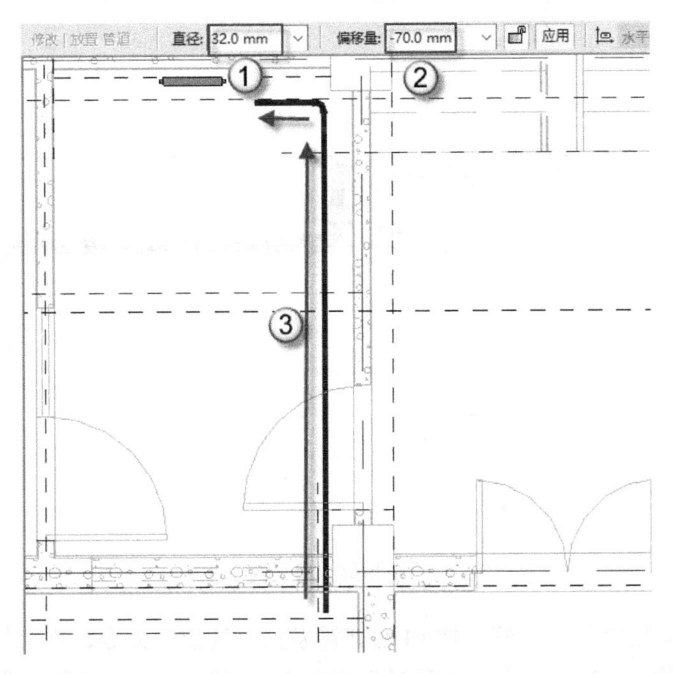


图 3.44　绘制第 1 段采暖供水管

（4）绘制第 2 段采暖供水管。右击散热器水管端点，选择“绘制管道”命令，绘制第 2 段采暖供水管，如图 3.45 所示。

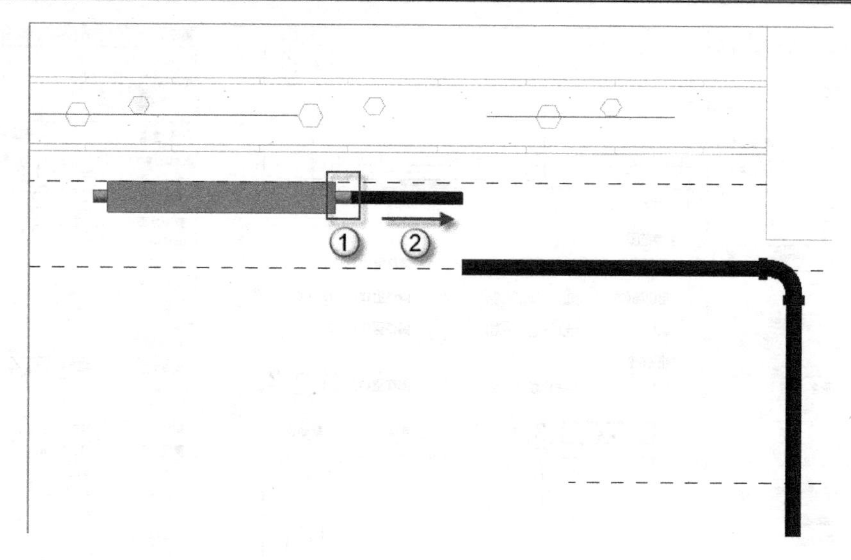


图 3.45　绘制第 2 段采暖供水管

（5）绘制第 3 段采暖供水管。右击管端点，选择“绘制管道”命令，在“修改|放置 管道”的“直径”栏中输入 20mm，在“偏移量”栏中输入-70mm，绘制第 3 段采暖供水管，与已绘制的水管相连，如图 3.46 所示。

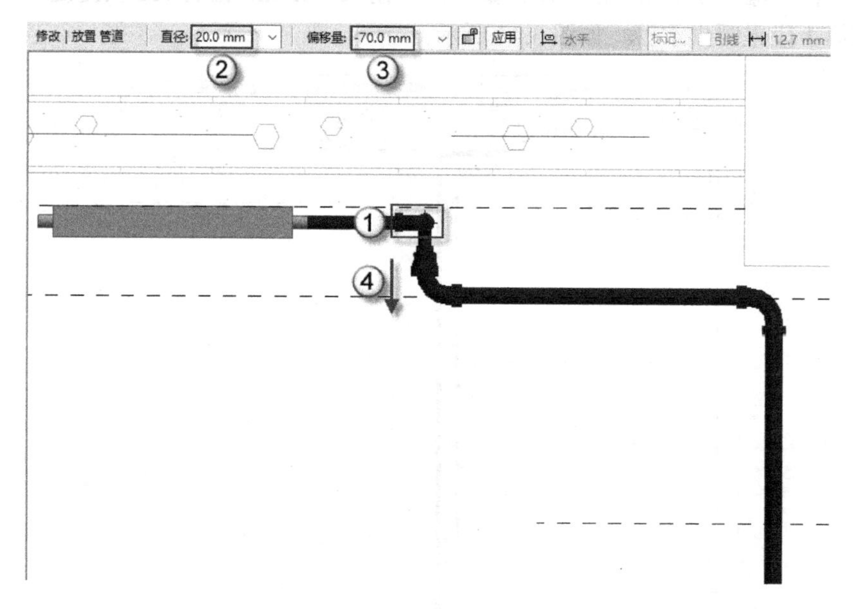


图 3.46　绘制第 3 段采暖供水管

（6）绘制第 4 段采暖供水管。按 PI 快捷键发出“管道”命令，在“修改|放置 管道”的“直径”栏中输入 32mm，在“偏移量”栏中输入-70mm，绘制第 4 段采暖供水管，并与已绘制的水管相连，如图 3.47 所示。

（7）绘制采暖供水管立管。右击管端点，选择“绘制管道”命令，在“修改|放置 管道”的“直径”栏中输入 32mm，在“偏移量”栏中输入 3530mm，双击“应用”按钮，如图 3.48 所示。

🔔**注意**：绘制管线的立管时，一定要双击“应用”按钮，而绘制管线的横管时是不需要这样操作的。

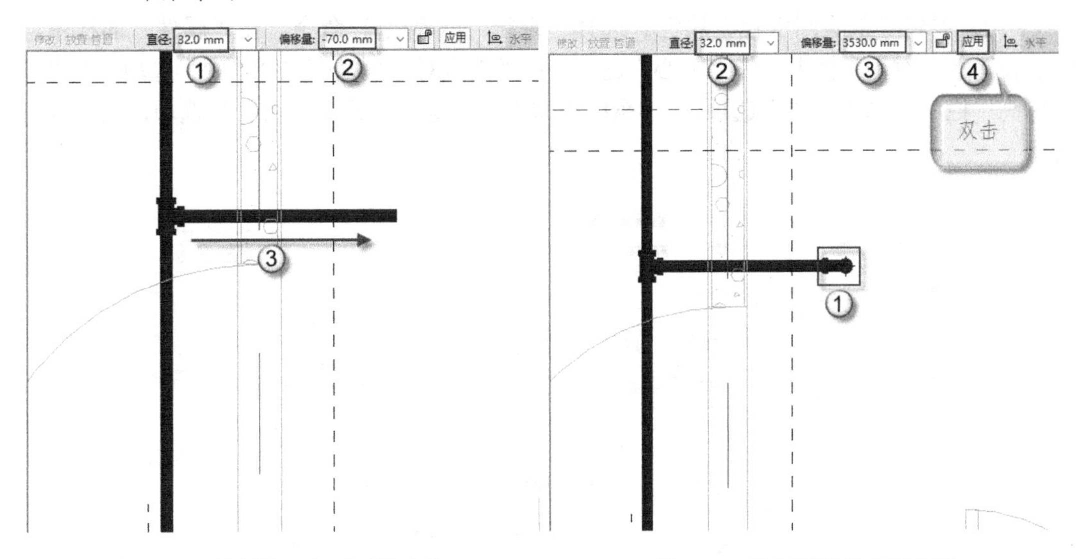


图 3.47　绘制第 4 段采暖供水管　　　　图 3.48　绘制采暖供水管立管

（8）绘制第 5 段采暖供水管。右击管端点，选择“绘制管道”命令，在“修改|放置 管道”的“直径”栏中输入 32mm，在“偏移量”栏中输入-70mm，绘制第 5 段采暖供水管，与已绘制的水管相连，如图 3.49 所示。

🔔**注意**：此处可将“视觉样式”改为“线框”模式。在这个模式下，方便将采暖供水管连接到贝雷塔的接头上。当水管连接到接头时，也会出现捕捉提示。

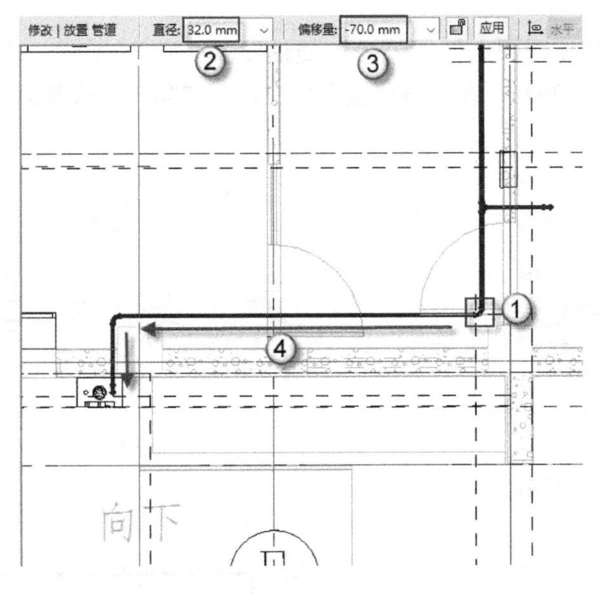


图 3.49　绘制第 5 段采暖供水管

（9）新建“采暖回水管”管道。选择“系统”|“管道”命令，在“属性”面板中选择“采暖供水管”类型，单击“编辑类型”按钮，在弹出的“类型属性”对话框中单击“复制”

按钮，弹出“名称”对话框。在其中输入“采暖回水管”字样，单击“确定”按钮进入下一步操作，如图 3.50 所示。

（10）编辑“采暖回水管”属性。选择“系统”|“管道”命令，在“属性”面板中，依次在“水平对正”栏中选择“中心”选项，在“垂直对正”栏中选择“中”选项，在“参照标高”栏中选择“一层”选项，“系统类型”栏中选择“采暖回水管”选项，如图 3.51 所示。

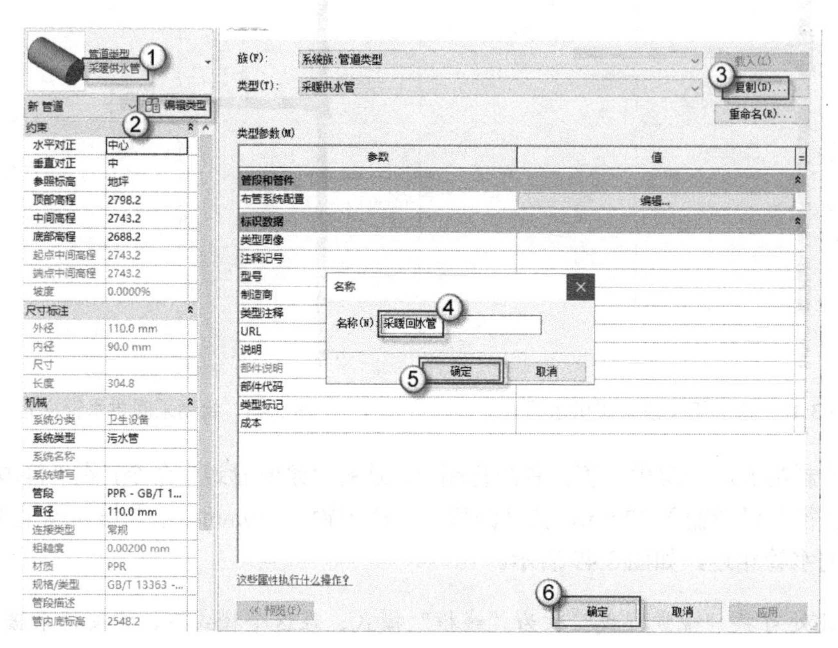

图 3.50　新建“采暖回水管”管道

（11）绘制第 1 段采暖回水管。按 PI 快捷键发出“管道”命令，在“修改|放置 管道”的“直径”栏中输入 32mm，在“偏移量”栏中输入-70mm，绘制第一段采暖回水管，如图 3.52 所示。

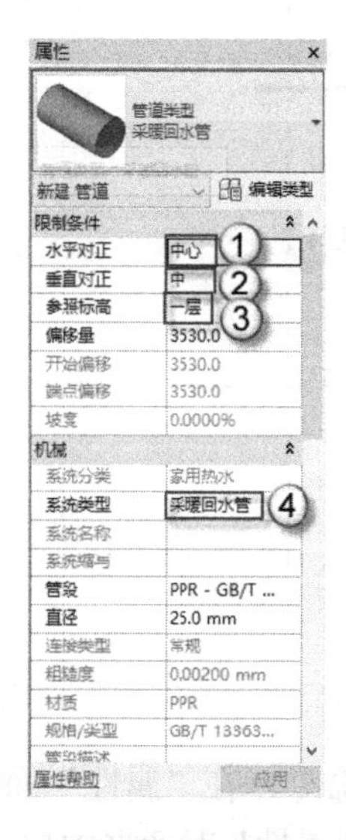

图 3.51　编辑“采暖回水管”属性

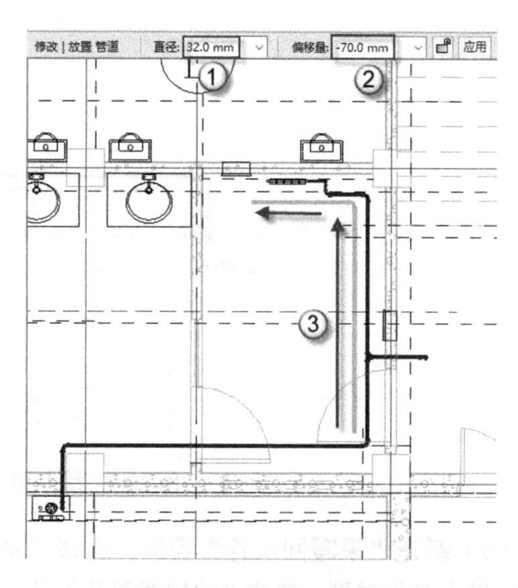

图 3.52　绘制第 1 段采暖回水管

（12）绘制第 2 段采暖回水管。右击散热器水管端点，选择“绘制管道”命令，绘制第 2 段采暖回水管，如图 3.53 所示。

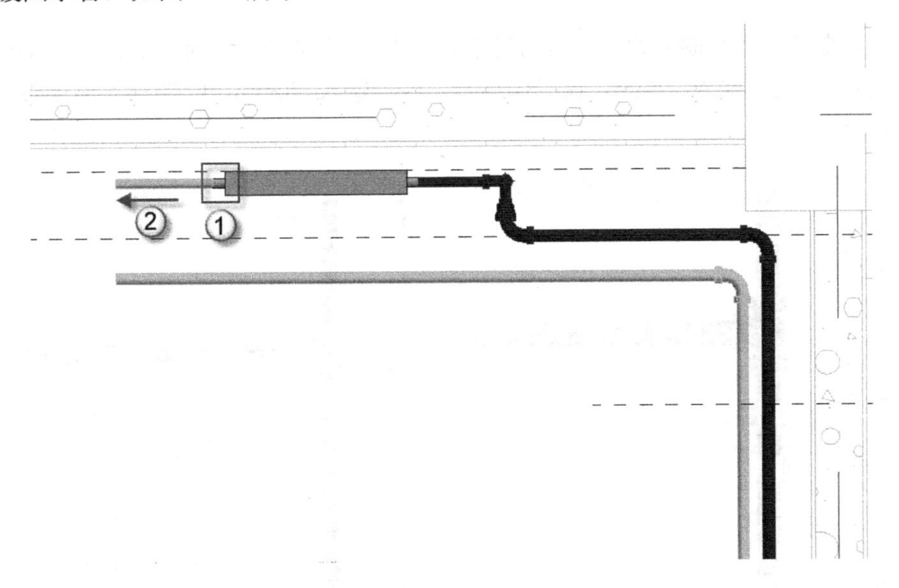


图 3.53　绘制第 2 段采暖回水管

（13）绘制第 3 段采暖回水管。右击管端点，选择“绘制管道”命令，在“修改|放置 管道”的“直径”栏中输入 20mm，在“偏移量”栏中输入-70mm，绘制第 3 段采暖回水管，与已绘制的水管相连，如图 3.54 所示。

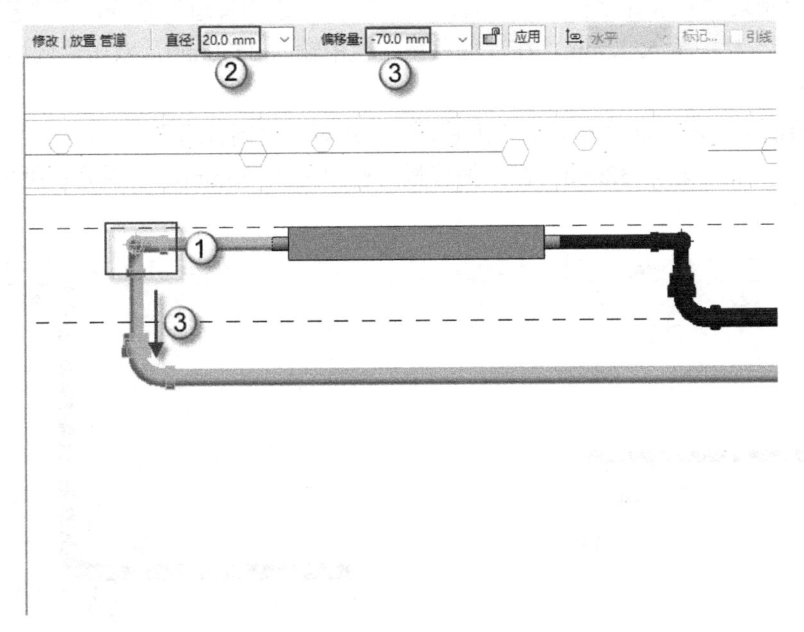


图 3.54　绘制第 3 段采暖回水管

（14）绘制第 4 段采暖回水管。按快捷键 PI 发出“管道”命令，选择采暖回水管，再在“修改|放置 管道”的“直径”栏中输入 32mm，在“偏移量”栏中输入-35mm，绘制第 4 段采暖回水管，如图 3.55 所示。

**注意：**在这个位置由于采暖回水管与采暖供水管在平面位置上相交而出现管线碰撞，采暖回水管需要避让，采用的方法是向上翻弯。

（15）绘制第 5 段采暖回水管。右击管端点，选择“绘制管道”命令，在“修改|放置 管道”的“直径”栏中输入 32mm，在“偏移量”栏中输入-70mm，绘制第 5 段采暖回水管，如图 3.56 所示。

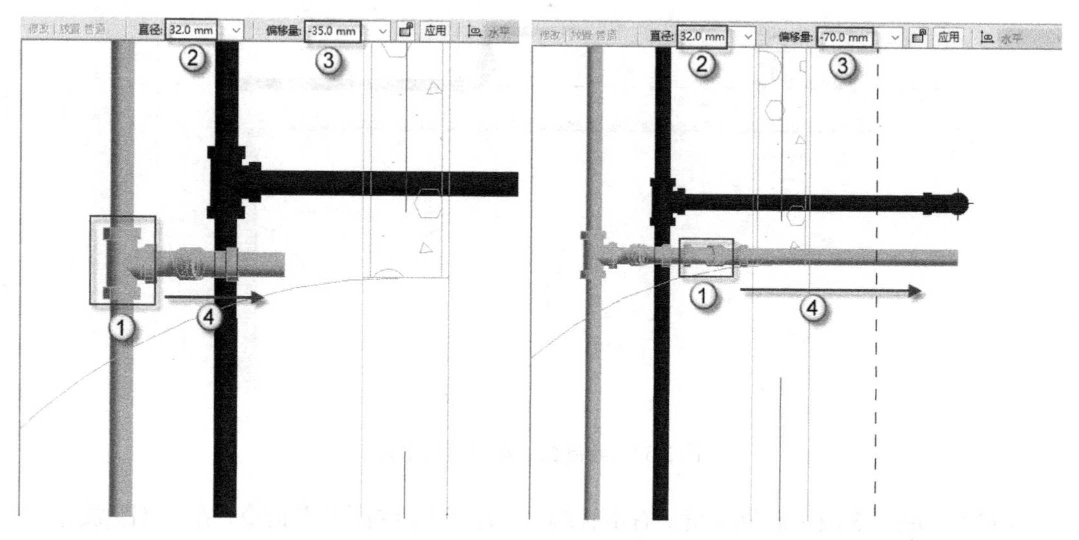


图 3.55　绘制第 4 段采暖回水管　　图 3.56　绘制第 5 段采暖回水管

（16）绘制采暖回水管立管。右击管端点，选择“绘制管道”命令，在“修改|放置 管道”的“直径”栏中输入 32mm，在“偏移量”栏中输入 3530mm，双击“应用”按钮，如图 3.57 所示。

（17）绘制第 6 段采暖回水管。右击管端点，选择“绘制管道”命令，在“修改|放置 管道”的“直径”栏中输入 32mm，在“偏移量”栏中输入-35mm，绘制第 6 段采暖回水管，如图 3.58 所示。

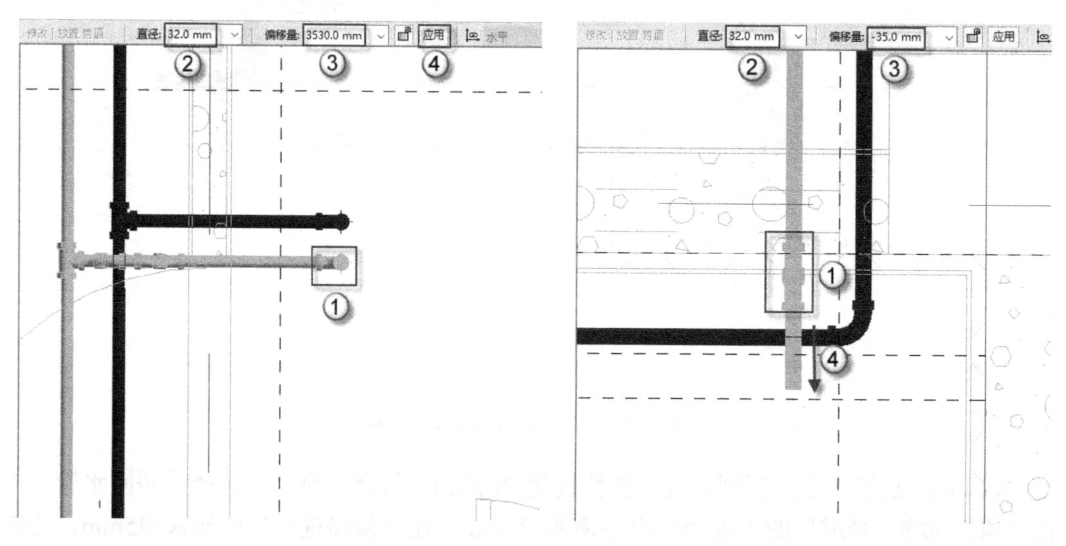


图 3.57　绘制采暖回水管立管　　图 3.58　绘制第 6 段采暖回水管

（18）绘制第 7 段采暖回水管。右击管端点，选择“绘制管道”命令，在“修改|放置 管道”的“直径”栏中输入 32mm，在“偏移量”栏中输入-70mm，绘制第 7 段采暖回水管，如图 3.59 所示。

**注意：** 此处可将“视觉样式”改为“线框”模式。在这个模式下，方便将采暖回水管连接到贝雷塔的接头上。当水管连接到接头时，也会出现捕捉提示。

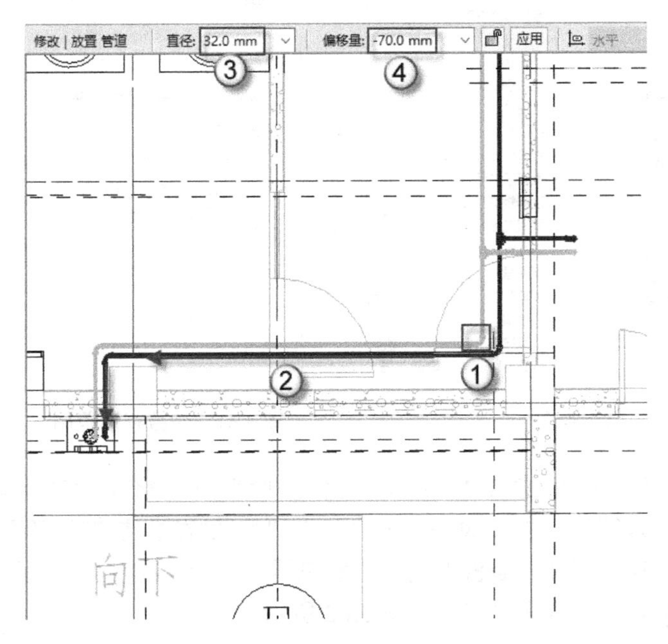


图 3.59　绘制第 7 段采暖回水管

# 3.3 二层采暖

相比一层而言，二层只需要布置采暖供水管、采暖回水管和散热器。二层中需要采暖的房间是 3 个办公用房。

## 3.3.1 采暖供水管

由于上一节中载入了相应的采暖设备的族，并且设置了采暖管线，因此在本节中直接绘制位于二层的采暖供水管就可以了，具体操作如下：

（1）打开“暖通-二层”视图。选择项目浏览器中的 HVAC|“暖通”|“楼层平面”|“暖通-二层”命令，如图 3.60 所示。

（2）修改视图范围。在“属性”面板中，单击“视图范围”栏中的“编辑”按钮，弹出“视图范围”对话框，在“标高”栏中的“偏移量”栏中输入“-100”个单位，单击“确定”按钮完成操作，如图 3.61 所示。

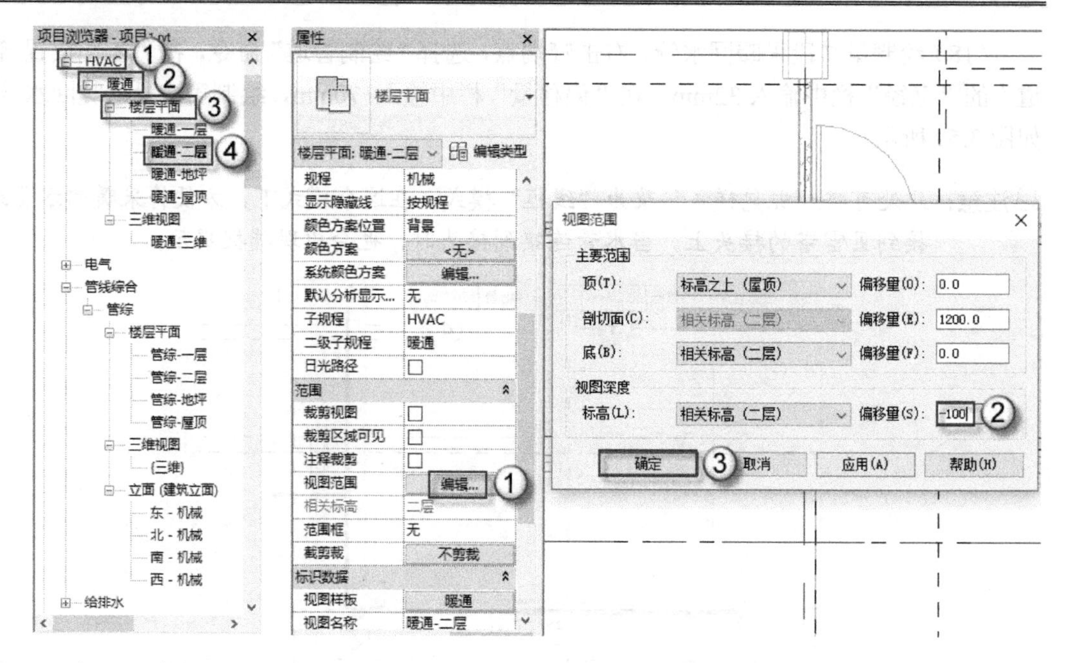

图 3.60 打开“暖通-二层”视图

图 3.61 修改视图范围

（3）放置二层散热器族。按 RP 快捷键发出“参照平面”命令，绘制一条距离墙为 50mm 的辅助线，单击“系统”|“机械设备”命令，在“修改|放置 机械设备”栏中勾选“放置后旋转”复选框，在“属性”面板中选择“散热器”类型，在“偏移量”栏中输入“506”个单位，并调整散热器至合适位置，如图 3.62 所示。

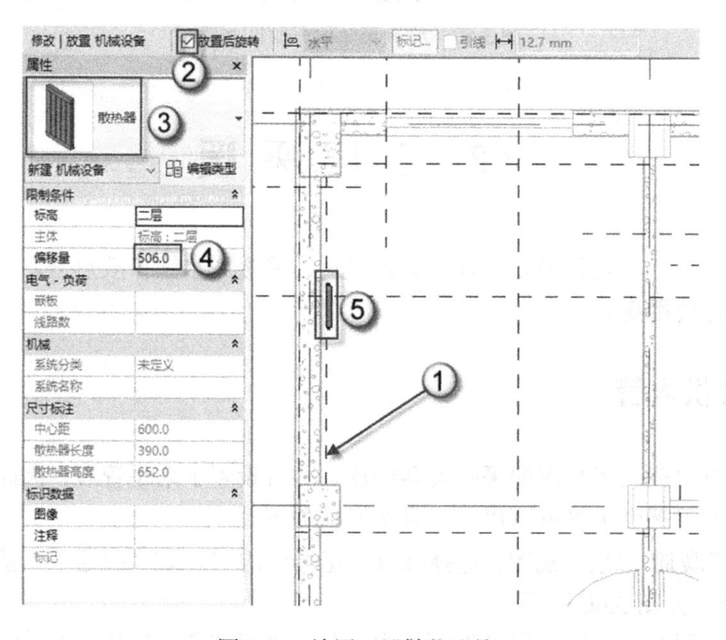

图 3.62 放置二层散热器族

（4）放置二层其他散热器族。选择上一步放置好的散热器，按 CO 快捷键发出“复制”命令，将其复制到另外两间办公室（①、②处）中，如图 3.63 所示。

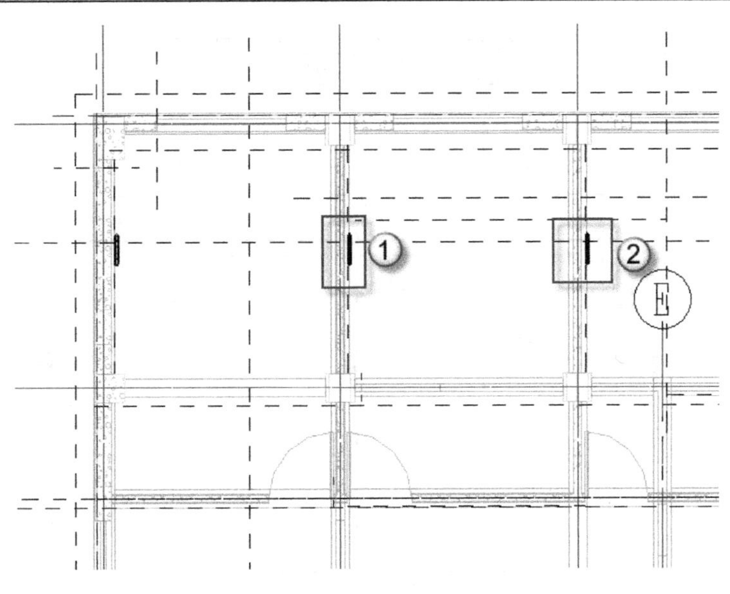


图 3.63　放置二层其他散热器族

（5）绘制第 1 段采暖供水管。右击由一层引上来的管端点，选择“绘制管道”命令，在“修改|放置 管道”的“直径”栏中输入 32mm，在“偏移量”栏中输入-70mm，绘制第 1 段采暖供水管，如图 3.64 所示。

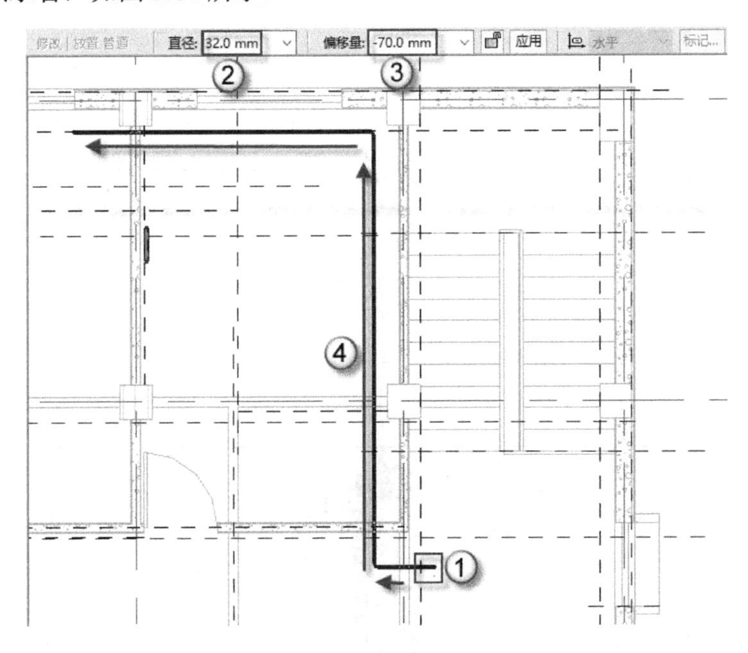


图 3.64　绘制第 1 段采暖供水管

（6）绘制第 2 段采暖供水管。右击管端点，选择“绘制管道”命令，在“修改|放置 管道”的“直径”栏中输入 32mm，在“偏移量”栏中输入-70mm，绘制第二段采暖供水管，如图 3.65 所示。

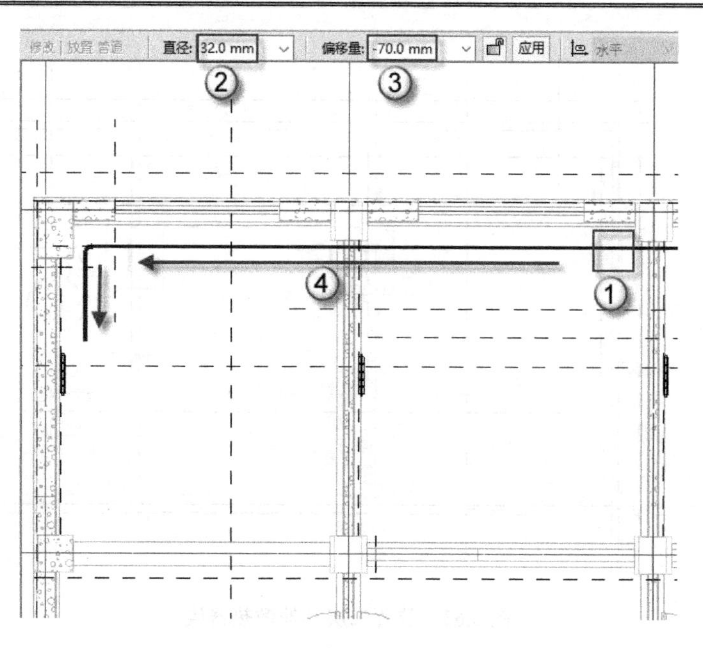


图 3.65　绘制第 2 段采暖供水管

（7）绘制第 3 段采暖供水管。右击散热器水管端点，选择“绘制管道”命令，绘制第 3 段采暖供水管，如图 3.66 所示。

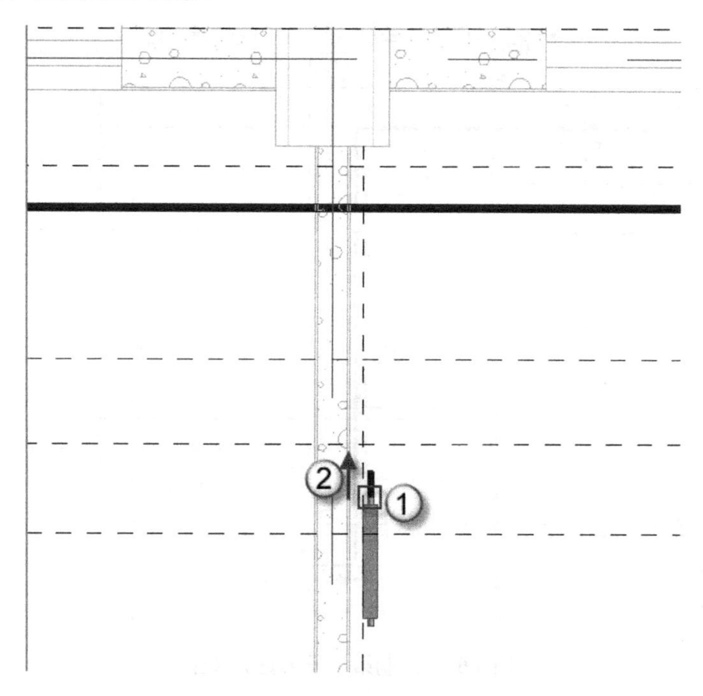

图 3.66　绘制第 3 段采暖供水管

（8）绘制第 4 段采暖供水管。右击管端点，选择“绘制管道”命令，在“修改|放置 管道”的“直径”栏中输入 20mm，在“偏移量”栏中输入-70mm，绘制第 4 段采暖供水管并与已绘制的管道相连，如图 3.67 所示。

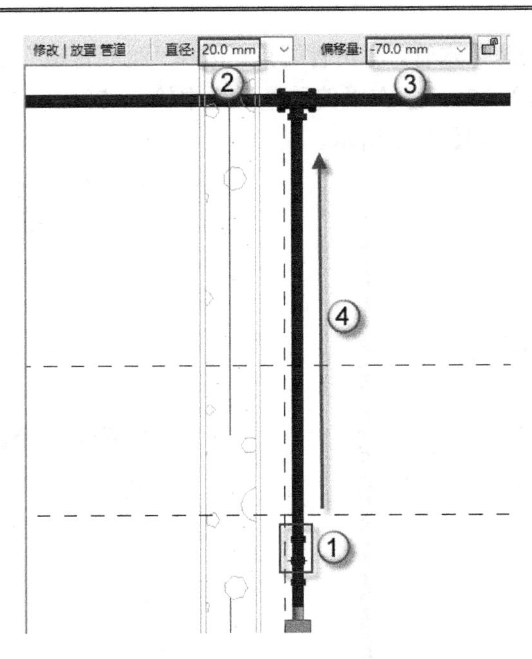


图 3.67　绘制第 4 段采暖供水管

（9）绘制第 5 段采暖供水管。右击散热器水管端点，选择“绘制管道”命令，绘制第 5 段采暖供水管，如图 3.68 所示。

（10）绘制第 6 段采暖供水管。右击管端点，选择“绘制管道”命令，在“修改|放置 管道”的“直径”栏中输入 20mm，在“偏移量”栏中输入-70mm，绘制第 6 段采暖供水管并与已绘制的管道相连，如图 3.69 所示。

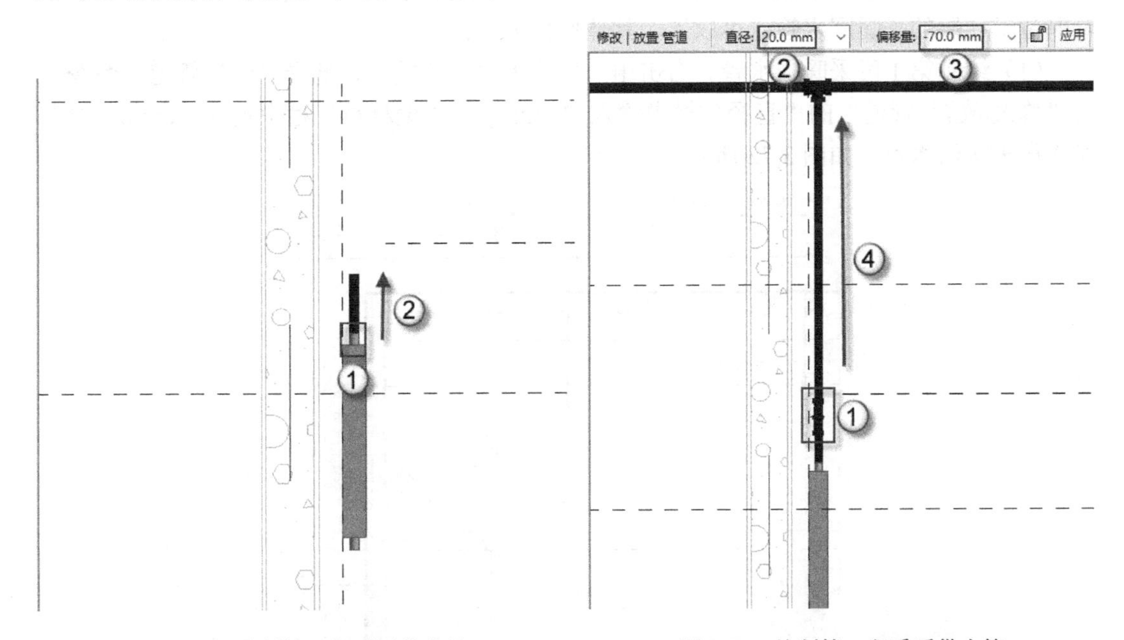


图 3.68　绘制第 5 段采暖供水管　　　　图 3.69　绘制第 6 段采暖供水管

（11）绘制第 7 段采暖供水管。右击散热器水管端点，选择“绘制管道”命令，绘制第 7 段采暖供水管，如图 3.70 所示。

（12）绘制第 8 段采暖供水管。右击管端点，选择“绘制管道”命令，在“修改|放置 管道”的“直径”栏中输入 20mm，在“偏移量”栏中输入-70mm，绘制第 8 段采暖供水管并与已绘制的管道相连，如图 3.71 所示。

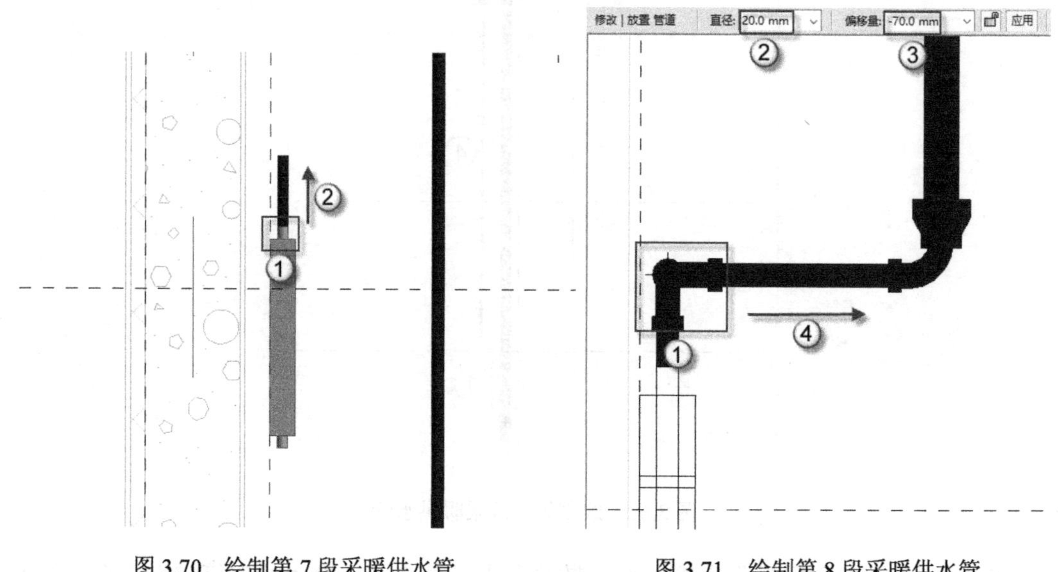


图 3.70　绘制第 7 段采暖供水管　　　　图 3.71　绘制第 8 段采暖供水管

## 3.3.2　采暖回水管

由于上一节中载入了相应的采暖设备的族，并且设置了采暖管线，因此在本节中直接绘制位于二层的采暖回水管就可以了，具体操作如下：

（1）绘制第 1 段采暖回水管。右击由一层引上来的管端点，选择“绘制管道”命令，在“修改|放置 管道”的“直径”栏中输入 32mm，在“偏移量”栏中输入-70mm，绘制第 1 段采暖供水管，如图 3.72 所示。

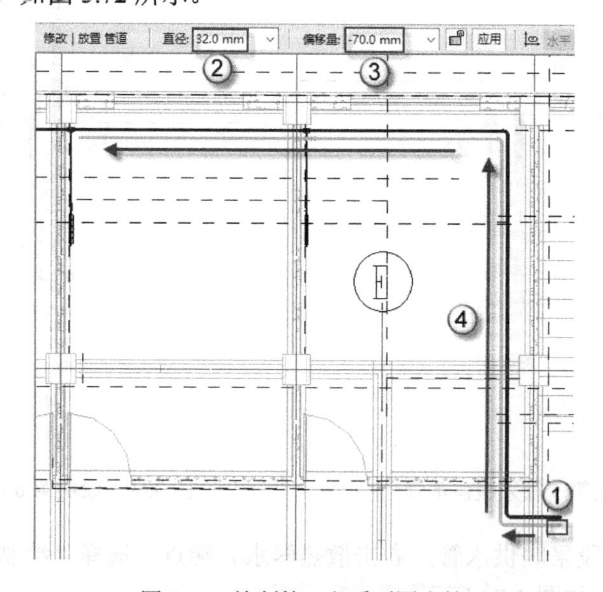


图 3.72　绘制第 1 段采暖回水管

（2）绘制第 2 段采暖回水管。右击管端点，选择“绘制管道”命令，在“修改|放置 管道”的“直径”栏中输入 32mm，在“偏移量”栏中输入-70mm，绘制第 2 段采暖供水管，如图 3.73 所示。

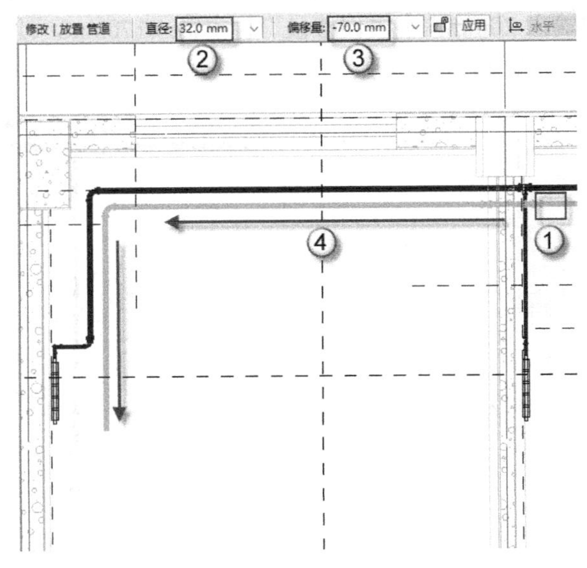


图 3.73　绘制第 2 段采暖回水管

注意：在这个位置由于采暖回水管与采暖供水管在平面位置上相交而出现管线碰撞，采暖回水管需要避让，采用的方法是向上翻弯。

（3）绘制第 3 段采暖回水管。右击散热器水管端点，选择“绘制管道”命令，绘制第 3 段采暖回水管，如图 3.74 所示。

（4）绘制第 4 段采暖回水管。右击管端点，选择“绘制管道”命令，在“修改|放置 管道”的“直径”栏中输入 20mm，在“偏移量”栏中输入-70mm，绘制第 4 段采暖回水管并与已绘制的管道相连，如图 3.75 所示。

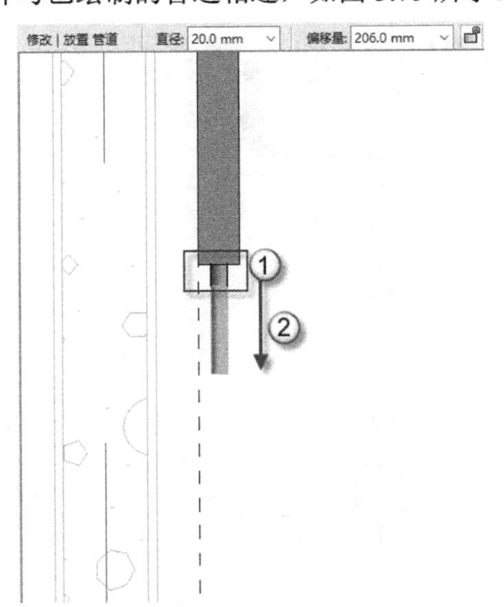


图 3.74　绘制第 3 段采暖回水管

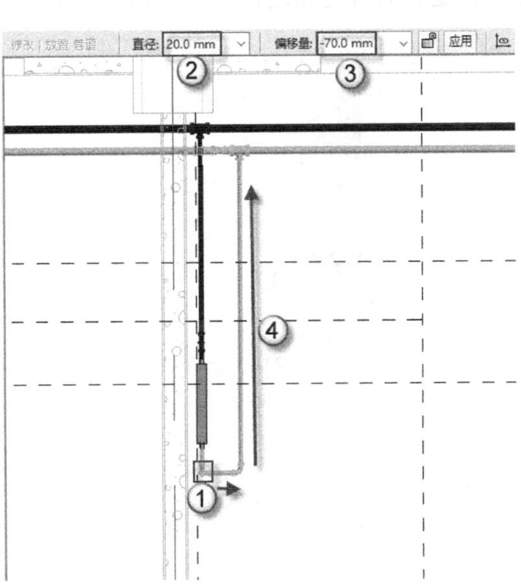


图 3.75　绘制第 4 段采暖回水管

（5）绘制第 5 段采暖回水管。右击散热器水管端点，选择“绘制管道”命令，绘制第 5 段采暖回水管，如图 3.76 所示。

（6）绘制第 6 段采暖回水管。右击管端点，选择“绘制管道”命令，在“修改|放置 管道”的“直径”栏中输入 20mm，在“偏移量”栏中输入-70mm，绘制第 6 段采暖回水管并与已绘制的管道相连，如图 3.77 所示。

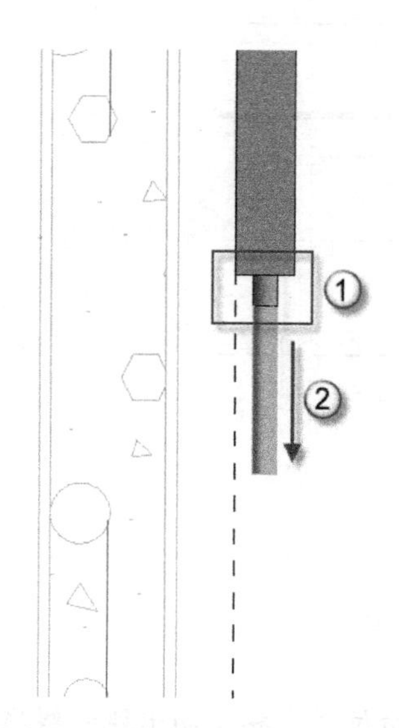


图 3.76　绘制第 5 段采暖回水管

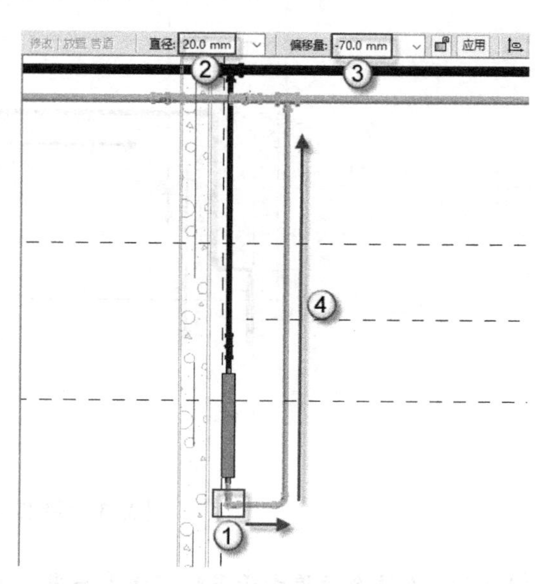


图 3.77　绘制第 6 段采暖回水管

（7）绘制第 7 段采暖回水管。右击散热器水管端点，选择“绘制管道”命令，绘制第 7 段采暖回水管，如图 3.78 所示。

（8）绘制第 8 段采暖回水管。右击管端点，选择“绘制管道”命令，在“修改|放置 管道”的“直径”栏中输入 20mm，在“偏移量”栏中输入-70mm，绘制第 8 段采暖回水管并与已绘制的管道相连，如图 3.79 所示。

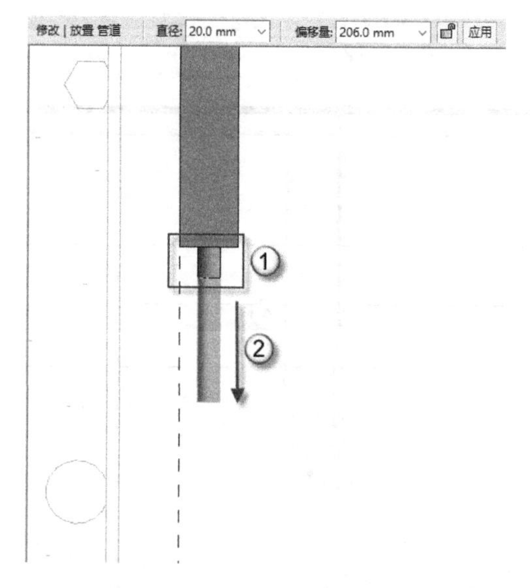


图 3.78　绘制第 7 段采暖回水管

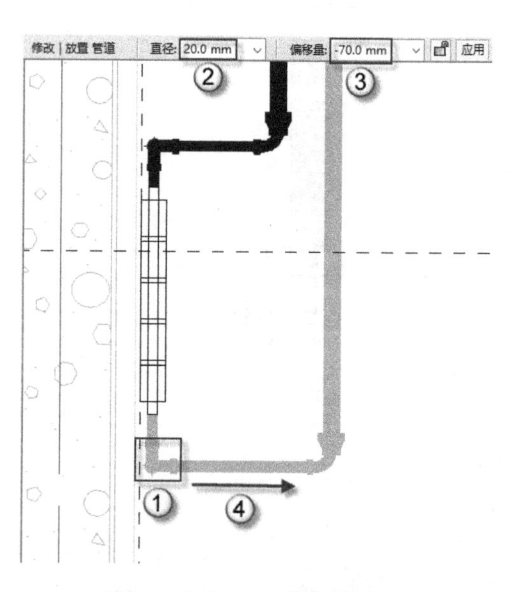


图 3.79　绘制第 8 段采暖回水管

（9）载入风幕机族。单击“插入”|“载入族”命令，弹出“载入族”对话框，选择配套下载资源中提供的“风幕机”RFA 族文件，单击“打开”按钮，将族载入项目中，如图 3.80 所示。

注意：风幕机是通过高速电机带动贯流或离心风轮产生的强大气流，以形成一面“无形的门帘”。风幕机将室内与室外分成两个独立的温度区域，以创造舒适的室内环境，保持室内空调及净化室内空气的效果，在节省电能的同时还能循环空气，并且可有效地隔离灰尘、烟气、臭气 、昆虫和微生物等。

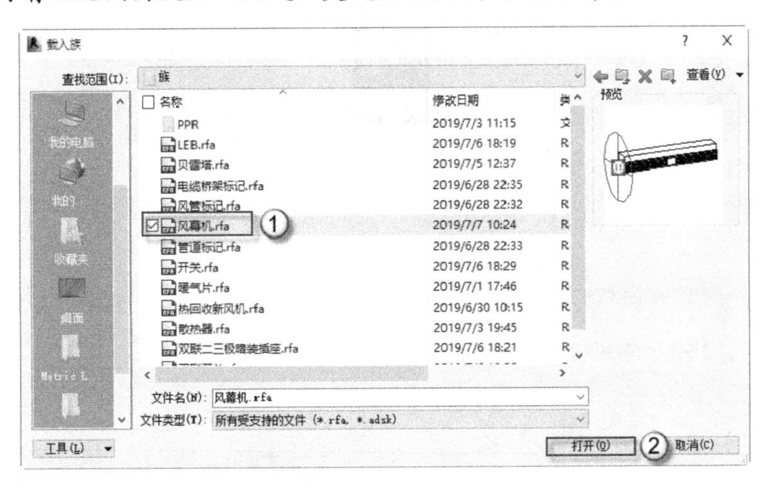


图 3.80　载入风幕机族

（10）放置风幕机族。进入“暖通 - 二层”平面视图，选择“系统”|“机械设备”命令，在“属性”面板中选择“风幕机”类型，在“偏移量”栏中输入“2600”个单位，并调整风幕机至合适位置，如图 3.81 所示。

注意：风幕机安装时底部齐门上口，洞口高 2600mm，所以得“偏移量”为“2600”个单位。

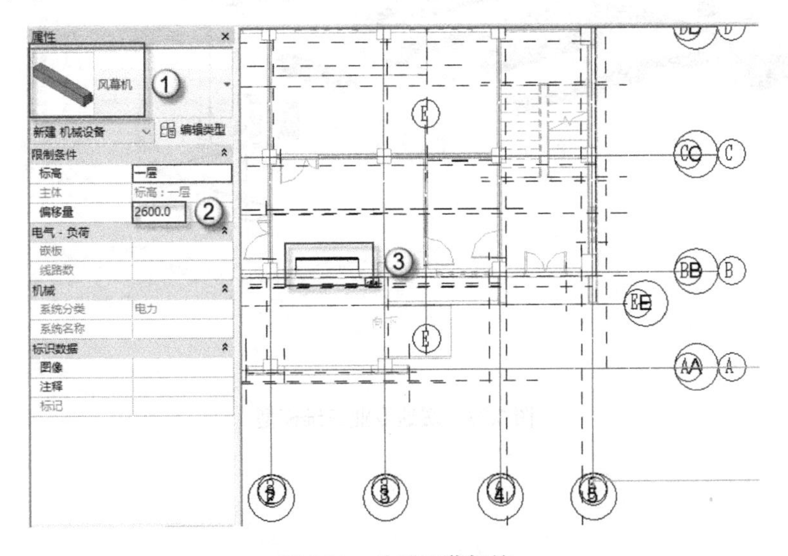


图 3.81　放置风幕机族

（11）设置过滤器。按 VV 快捷键发出“可见性”命令，在弹出的“楼层平面：可见性/图形替换”对话框中单击“过滤器”选项卡，依次勾选“新风”“排风”“采暖供水管”“采暖回水管”可见性复选框，最后单击“确定”按钮完成操作，如图 3.82 所示。

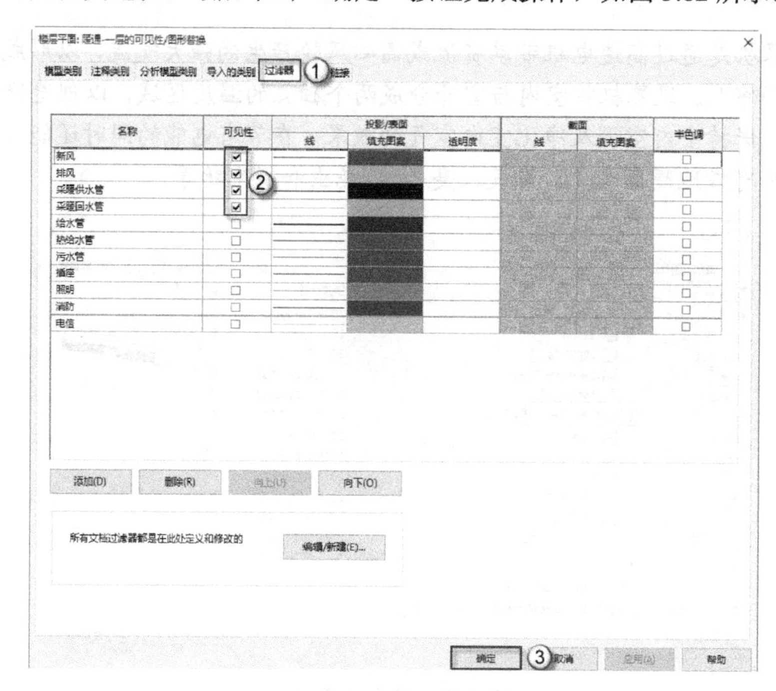


图 3.82　设置过滤器

（12）进入三维视图中，检查模型，如图 3.83 所示。

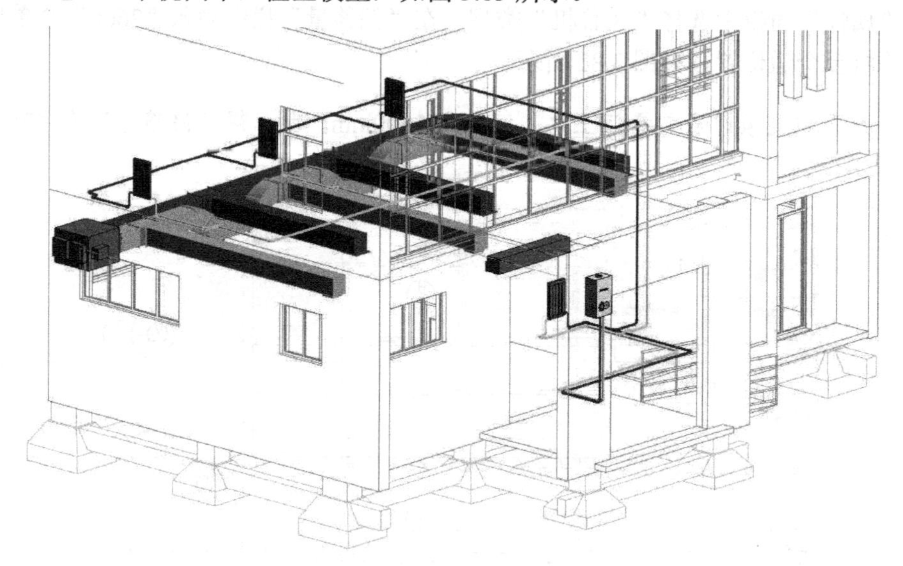

图 3.83　暖通专业三维模型

# 第 4 章　给排水系统

给排水系统是任何建筑都必不可少的重要组成部分。一般建筑物的给排水系统包括给水系统、热给排系统和排水系统。这个系统中最重要的组成部分就是管线。

## 4.1　给　　水

一层中所有的洁具需要与给水管连接，所有的洗脸盆要与热给水管连接。这个案例虽然小，但是机电设备还是比较齐全的。

### 4.1.1　一层给水管

虽然在建筑专业中有洁具，但是此处还是需要在机电专业中插入洁具。因为两者的侧重点不一样：建筑专业要求是表现洁具的位置，而机电专业要求是连接管线。

（1）打开“给排水-一层”视图。选择“项目浏览器”面板中的“给排水”|“给排水”|“楼层平面”|“给排水-一层”选项，如图 4.1 所示。

（2）载入洗脸盆族。选择“插入”|“载入族”命令，弹出“载入族”对话框，选择“机电”|“卫生器具”|“洗脸盆”目录下的“洗脸盆-椭圆形”RFA 族文件，单击“打开”按钮，将族载入项目中，如图 4.2 所示。

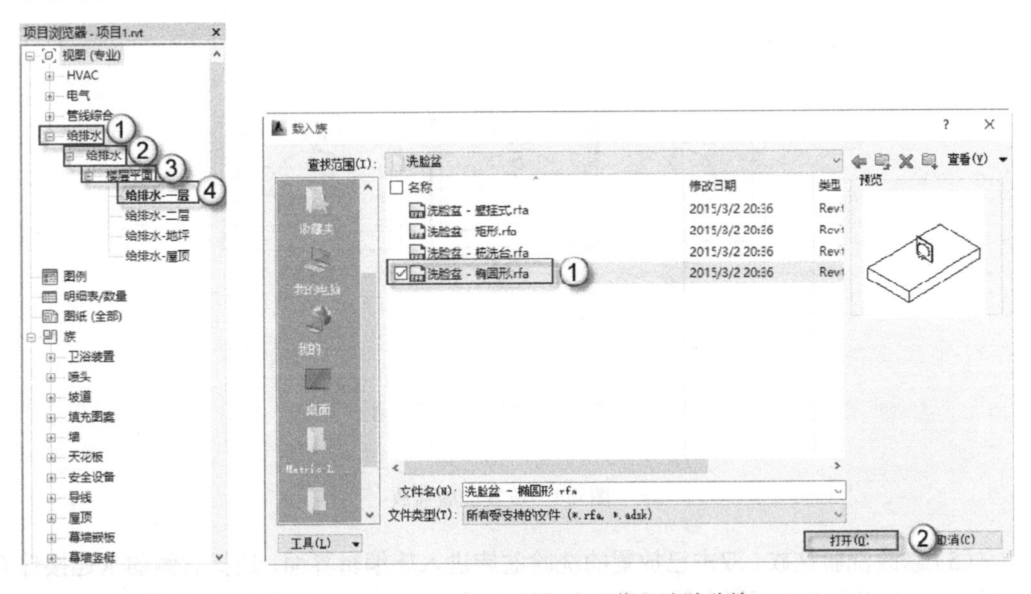


图 4.1　打开“给排水-一层”视图　　　　图 4.2　载入洗脸盆族

（3）修改“洗脸盆-椭圆形 915mm×560mm”类型属性。选择菜单栏中的“系统”|“卫浴装置”命令，在“属性”面板中选择“洗脸盆-椭圆形 915mm×560mm”类型，在“立面”栏中输入“800”个单位，单击“编辑类型”按钮，弹出“类型属性”对话框。在其中的“污水直径”栏中输入 50.0mm，在“热水直径”栏中输入 25.0mm，在“冷水直径”栏中输入 25.0mm，单击“确定”按钮完成操作，如图 4.3 所示。

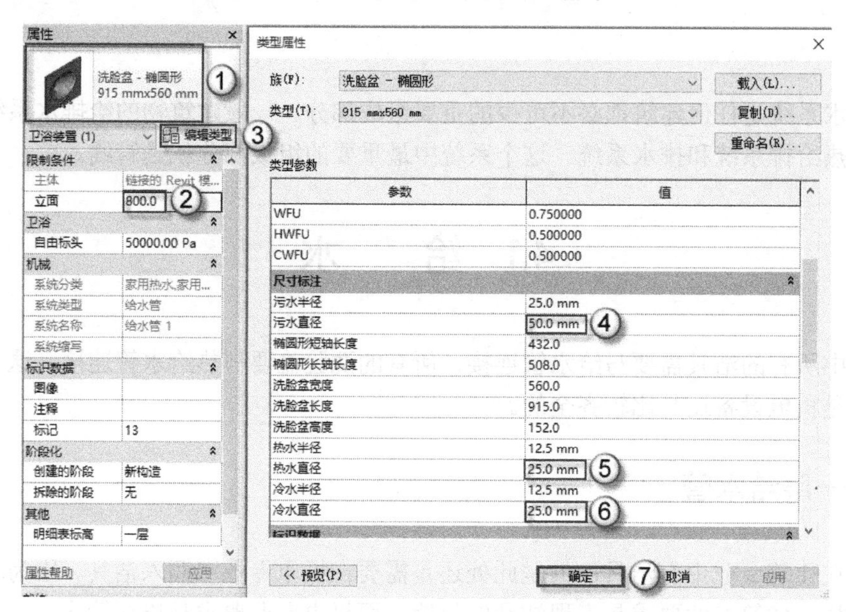


图 4.3　修改“洗脸盆-椭圆形 915mm×560mm”类型属性

（4）放置洗脸盆族。选择菜单栏中的“系统”|“卫浴装置”命令，在“修改|放置 卫浴装置”栏下选择“放置在垂直面上”选项，配合运用“对齐”命令，依次放置 3 个洗脸盆族，如图 4.4 所示。

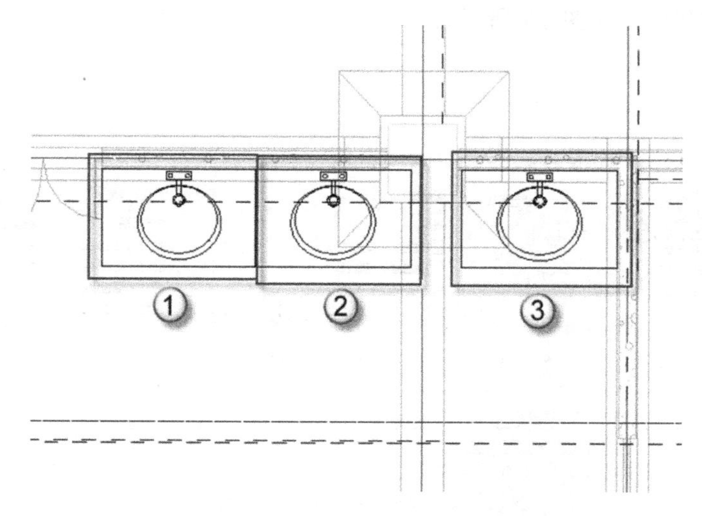

图 4.4　放置洗脸盆族

（5）修改洗脸盆族。双击已放置的洗脸盆族进入族编辑界面，选择右侧的水连接件（图中①处），在“属性”面板中的“系统分类”栏中选择“家用冷水”选项，单击“半径”栏中的▤按钮，在弹出的“关联族参数”对话框中选择“冷水半径”选项，单击“确定”按钮完成操作。再选择左侧的水连接件（图中⑥处），在“属性”面板的“系统分类”栏中选择“家用热水”选项，单击“半径”栏中的▤按钮，在弹出的“关联族参数”对话框中选择“热水半径”选项，单击“确定”按钮完成操作，如图 4.5 所示。

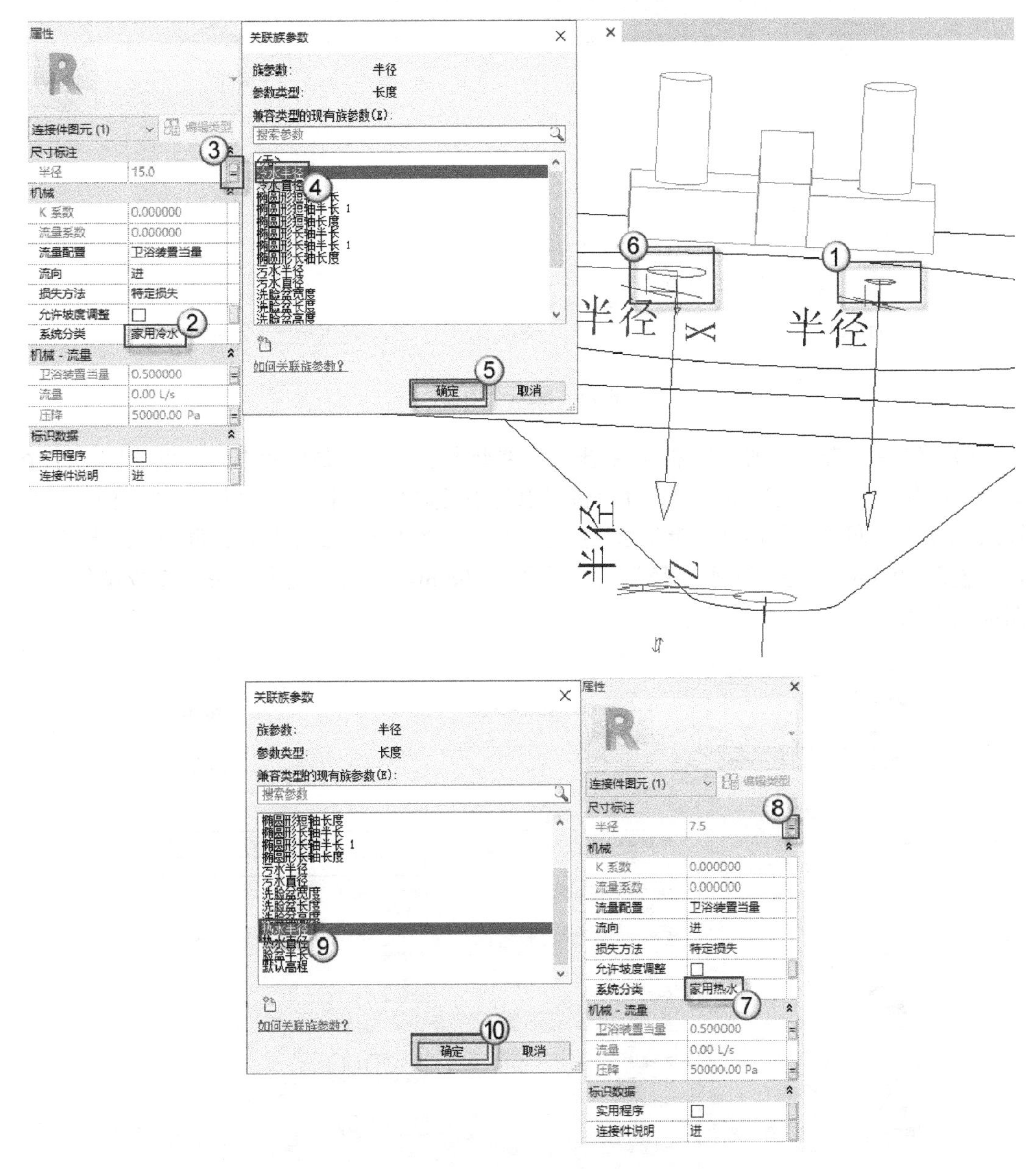


图 4.5　修改洗脸盆族

**注意：** 当一个面盆既有热水又有冷时，安装水管的方法是左热右冷。即在使用面盆时，左侧的是热水，右侧是冷水。

（6）载入小便器族。选择“插入”|“载入族”命令，弹出“载入族”对话框，选择“机电”|“卫生器具”|“小便器”目录下的“带挡板的小便器 - 壁挂式”RFA 族文件，单击

“打开”按钮，将族载入项目中，如图 4.6 所示。

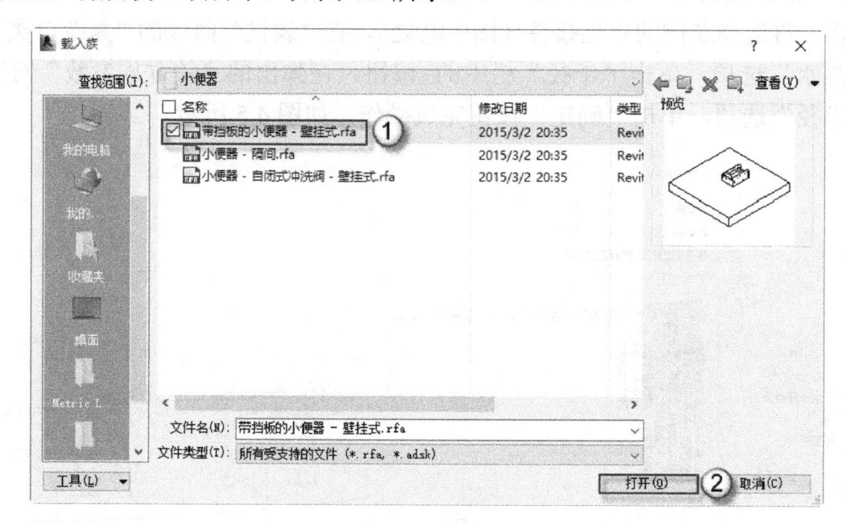


图 4.6　载入小便器族

（7）修改“带挡板的小便器 - 壁挂式”类型属性。选择菜单栏中的“系统”|“卫浴装置”命令，在“属性”面板中选择“带挡板的小便器 - 壁挂式”类型，在“立面”栏中输入“600”个单位，单击“编辑类型”按钮，在弹出的“类型属性”对话框的“污水直径”栏中输入 50.0mm，在“冷水直径”栏中输入 25.0mm，单击“确定”按钮完成操作，如图 4.7 所示。

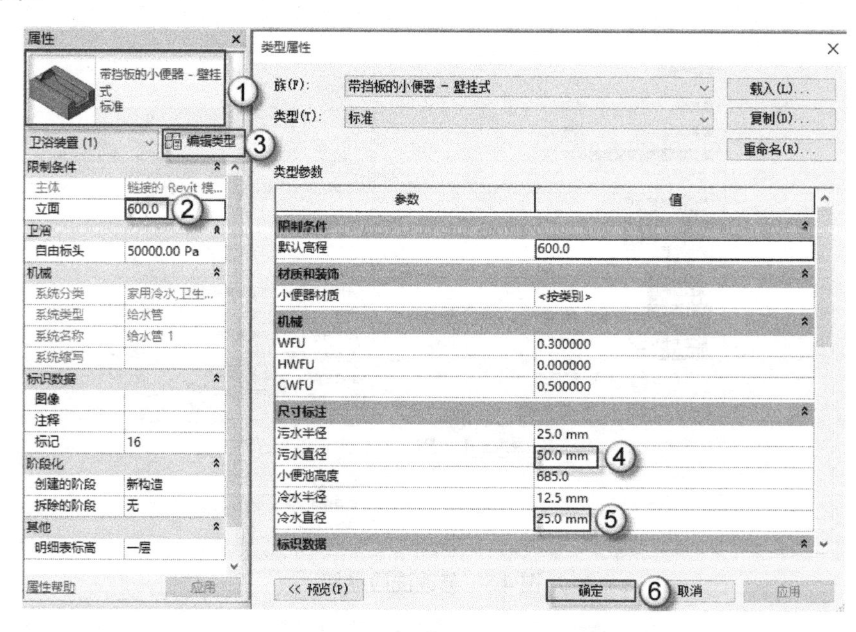


图 4.7　修改“带挡板的小便器 - 壁挂式”类型属性

（8）放置小便器族。选择菜单栏中的“系统”|“卫浴装置”命令，在“修改|放置 卫浴装置”栏下选择“放置在垂直面上”选项，在“属性”面板中选择“带挡板的小便器 - 壁挂式”类型，配合运用“对齐”命令依次放置 4 个小便器族，如图 4.8 所示。

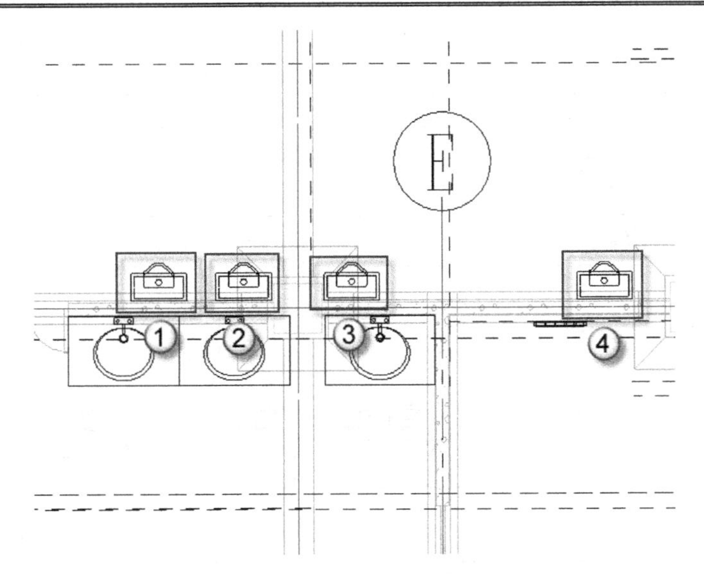


图 4.8　放置小便器族

（9）修改“坐便器 - 冲洗水箱”类型属性。选择菜单栏中的“系统”|“卫浴装置”命令，在“属性”面板中选择“坐便器 - 冲洗水箱”类型，单击“编辑类型”按钮，在弹出的“类型属性”对话框中的“污水直径”栏中输入 110.0mm，在“冷水直径”栏中输入 25.0mm，单击“确定”按钮完成操作，如图 4.9 所示。

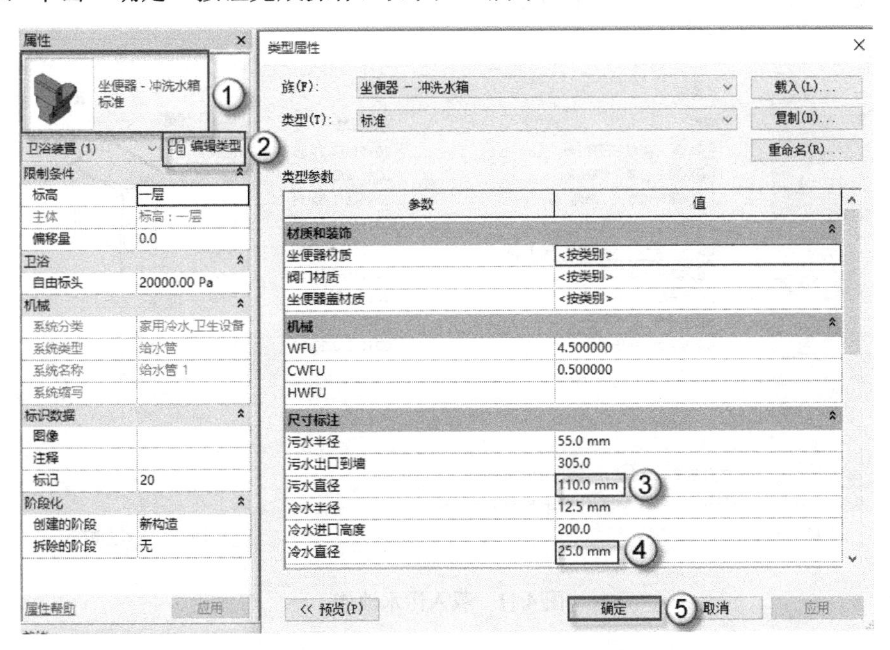


图 4.9　修改“坐便器 – 冲洗水箱”类型属性

（10）放置坐便器族。选择菜单栏中的“系统”|“卫浴装置”命令，在“属性”面板中选择“坐便器 - 冲洗水箱”类型，配合运用“对齐”命令依次放置两个坐便器族，如图 4.10 所示。

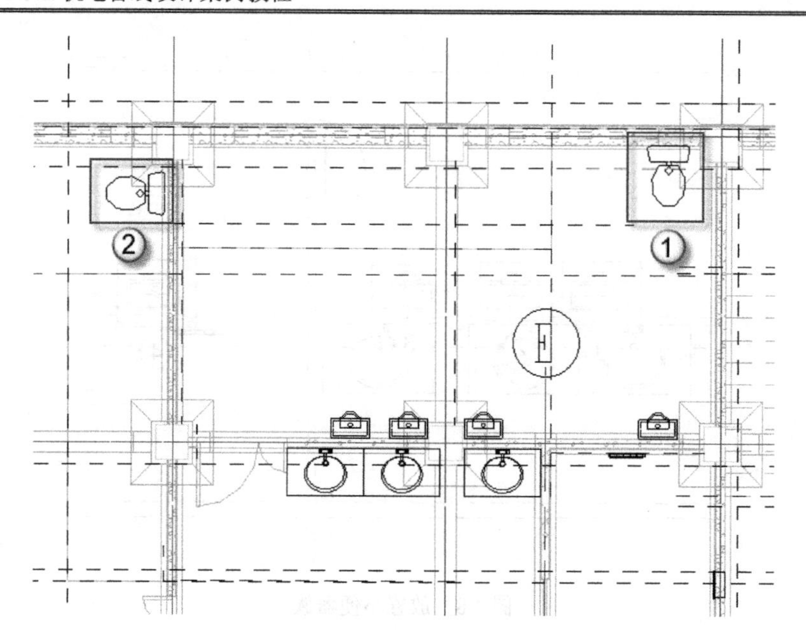


图 4.10　放置坐便器族

（11）载入污水池族。选择“插入”|“载入族”命令，弹出“载入族”对话框，选择“机电”|“卫生器具”|“洗涤盆”目录下的“污水池 - 公共用”RFA 族文件，单击“打开”按钮，将族载入项目中，如图 4.11 所示。

图 4.11　载入污水池族

（12）修改“污水池 - 公共用”类型属性。选择菜单栏中的“系统”|“卫浴装置”命令，在“属性”面板中选择“污水池 - 公共用”类型，单击“编辑类型”按钮，弹出“类型属性”对话框，在“污水直径”栏中输入 50.0mm，单击“确定”按钮完成操作，如图 4.12 所示。

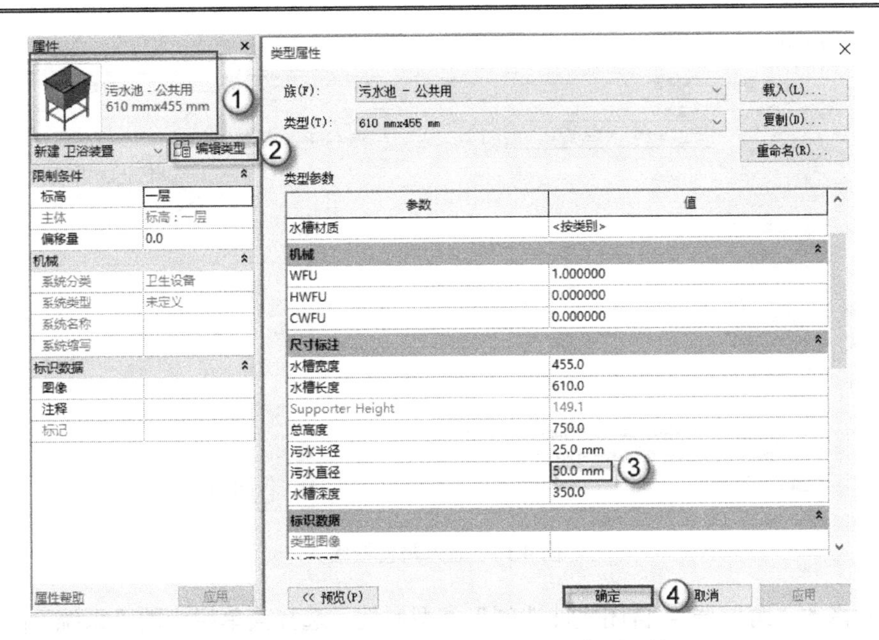


图 4.12　修改“污水池 - 公共用”类型属性

（13）放置污水池族。选择菜单栏中的“系统”|“卫浴装置”命令，在“属性”面板中选择“污水池 - 公共用”类型，在“修改|放置 卫浴装置”栏中勾选“放置后旋转”单选框，配合运用“对齐”命令放置 1 个污水池族，如图 4.13 所示。

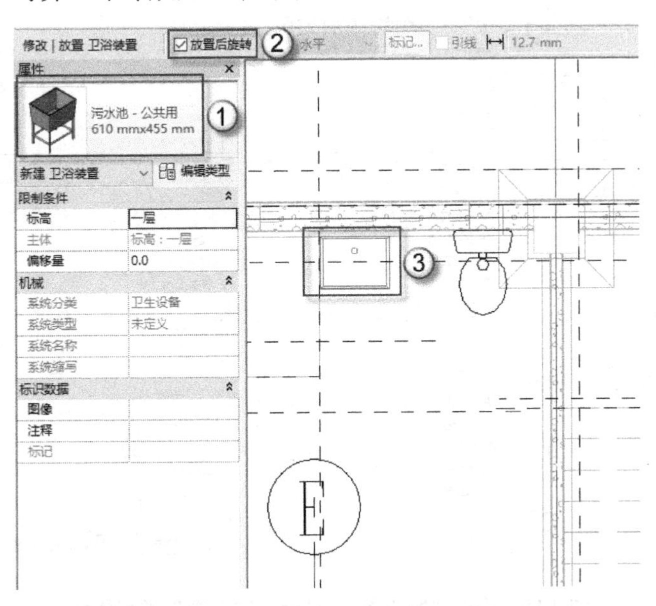


图 4.13　放置污水池族

（14）载入蹲便器族。选择“插入”|“载入族”命令，弹出“载入族”对话框，选择“机电”|“卫生器具”|“蹲便器”目录下的“蹲便器 - 自闭式冲洗阀”RFA 族文件，单击“打开”按钮，将族载入项目中，如图 4.14 所示。

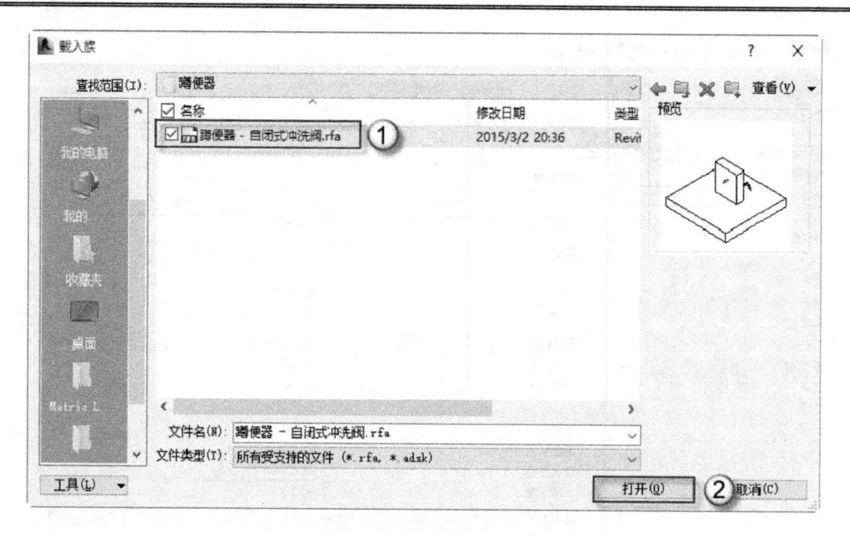


图 4.14　载入蹲便器族

（15）修改“蹲便器 - 自闭式冲洗阀”类型属性。选择菜单栏中的“系统”|“卫浴装置”命令，在“属性”面板中选择“蹲便器 - 自闭式冲洗阀”类型，单击“编辑类型”按钮，弹出“类型属性”对话框，在“污水直径”栏中输入 110.0mm，在“冷水直径”栏中输入 25.0mm，单击“确定”按钮完成操作，如图 4.15 所示。

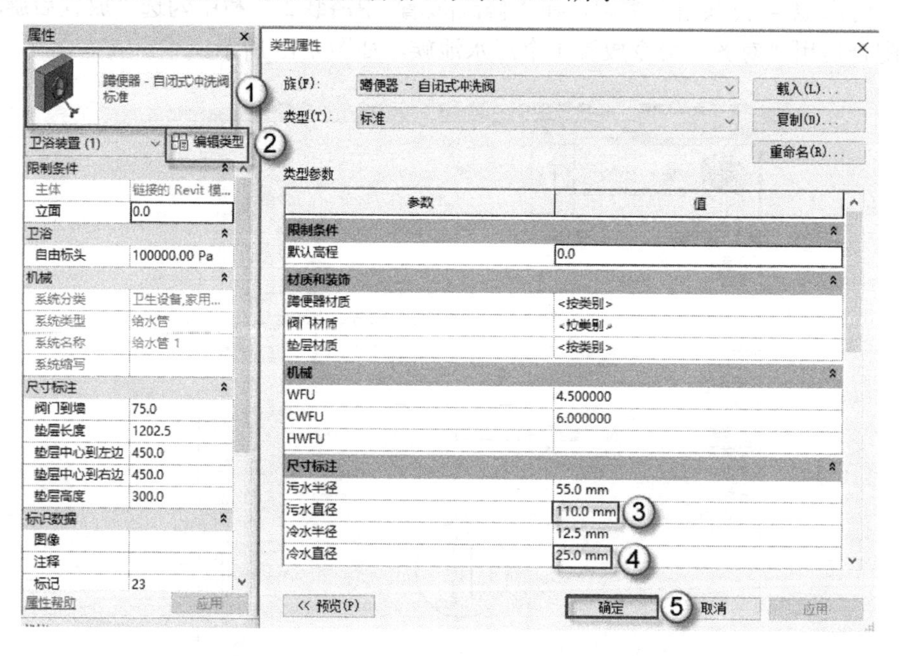


图 4.15　修改“蹲便器 - 自闭式冲洗阀”类型属性

（16）放置蹲便器族。选择菜单栏中的“系统”|“卫浴装置”命令，在“修改|放置 卫浴装置”栏下选择“放置在垂直面上”选项，在“属性”面板中选择“蹲便器 - 自闭式冲洗阀”类型，配合运用“对齐”命令依次放置 9 个小便器族（图中①处 5 个，②处 4 个），如图 4.16 所示。

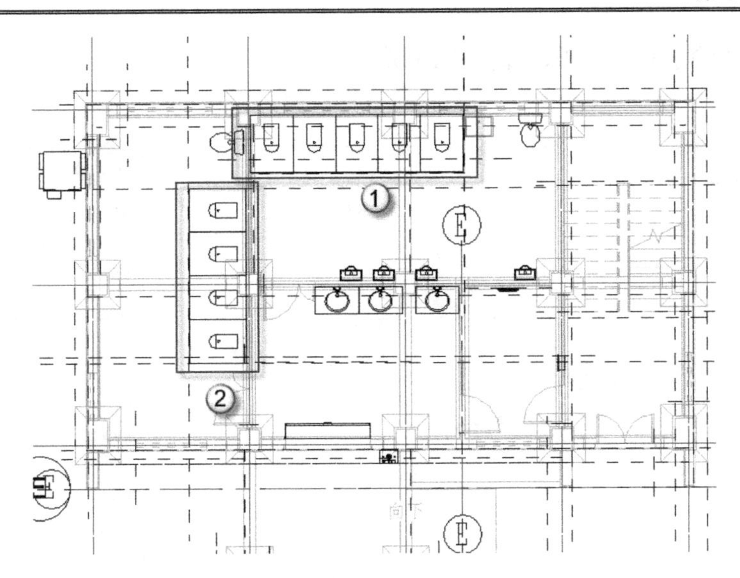


图 4.16　放置蹲便器族

（17）修改视图范围。在“属性”面板中，单击“视图范围”栏中的“编辑”按钮，弹出“视图范围”对话框，在“标高”栏中的“偏移量”栏中输入“-1000”个单位，单击“确定”按钮完成操作，如图 4.17 所示。

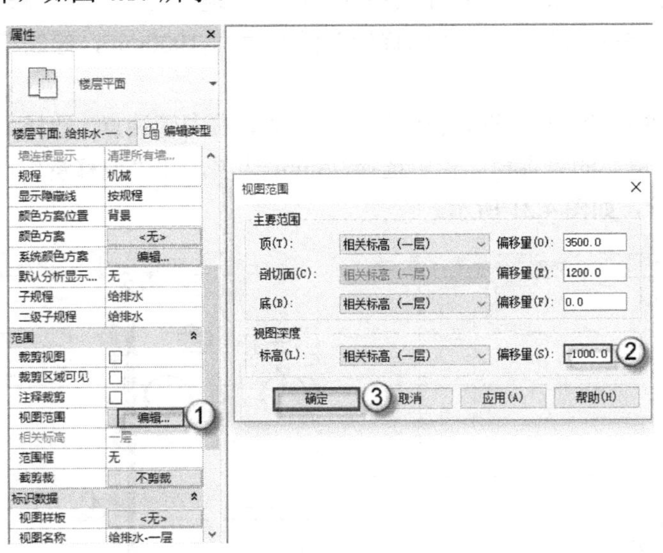


图 4.17　修改视图范围

（18）新建“给水管”类型。选择“系统”|“管道”命令，在“属性”面板中选择“采暖供水管”类型，单击“编辑类型”按钮，弹出“类型属性”对话框，单击“复制”按钮，在弹出的“名称”对话框中输入“给水管”，单击“确定”按钮进入下一步操作，如图 4.18 所示。

**注意：由于给水管与采暖供水管的管道以及管道附件一样，所以此处可直接复制。**

（19）编辑“给水管”属性。在“属性”面板中，依次在“水平对正”栏中选择“中心”选项，“垂直对正”栏中选择“中”选项，“参照标高”栏中选择“一层”选项，“系统类型”栏中选择“给水管”选项，如图 4.19 所示。

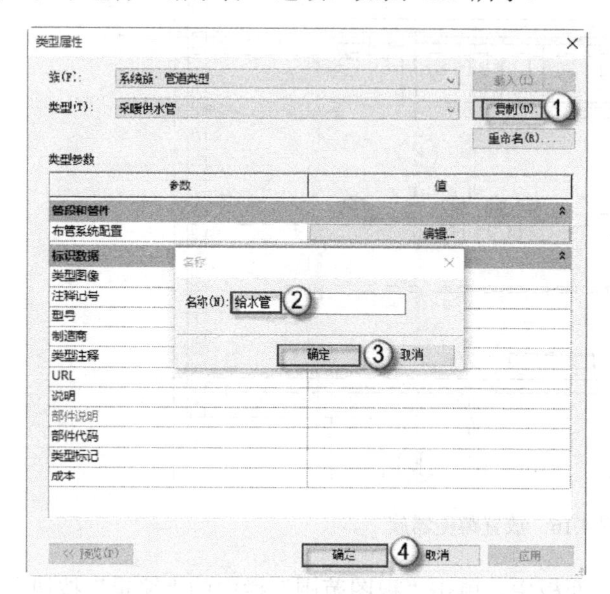


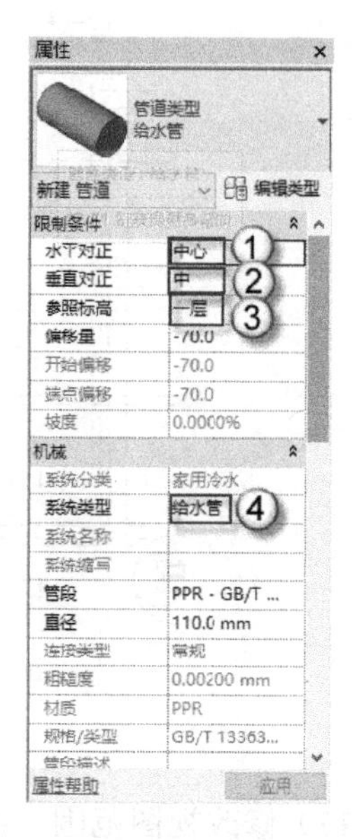


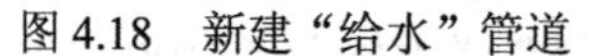

图 4.18　新建“给水”管道

图 4.19　编辑“给水管”属性

（20）绘制第 1 段给水管。按 PI 快捷键发出“管道”命令，在“修改|放置 管道”的“直径”栏中选择 75mm 选项，在“偏移量”栏中输入-1000mm，绘制第 1 段给水管，如图 4.20 所示。

（21）绘制第 2 段给水管。选择已绘制的给水管，右击管端点，选择“绘制管道”命令，在“修改|放置 管道”的“直径”栏中选择 75mm 选项，在“偏移量”栏中输入-50mm，绘制第 2 段给水管，如图 4.21 所示。

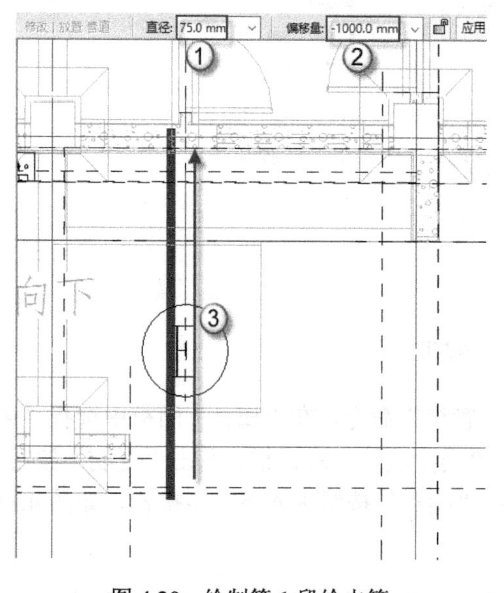


图 4.20　绘制第 1 段给水管

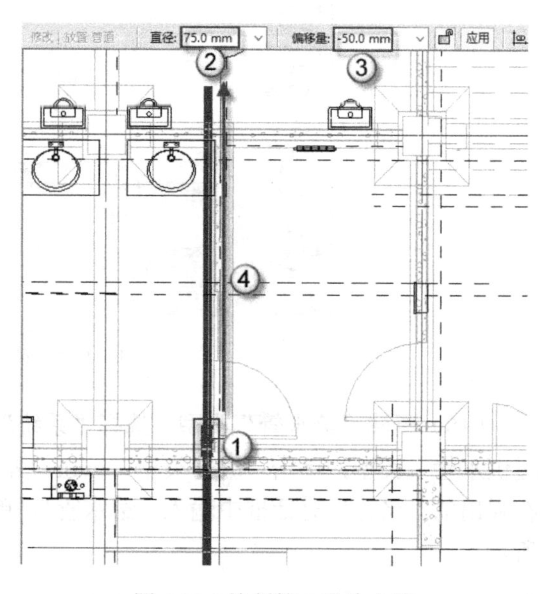


图 4.21　绘制第 2 段给水管

（22）绘制第 3 段给水管。按 PI 快捷键发出“管道”命令，在“修改|放置 管道”的“直径”栏中选择 32mm 选项，在“偏移量”栏中输入-50mm，绘制第 3 段给水管，注意

与已绘制的管道连接，如图 4.22 所示。

注意：此处可将“视觉样式”改为“线框”模式。在这个模式下，方便将给水管连接到贝雷塔的接头上。当水管连接到接头时，也会出现捕捉提示。

（23）绘制第 4 段给水管。选择已绘制的给水管，按 PI 快捷键发出“管道”命令，在“修改|放置 管道”的“直径”栏中选择 32mm 选项，在“偏移量”栏中输入-50mm，绘制第 4 段给水管，注意与已绘制的管道连接，如图 4.23 所示。

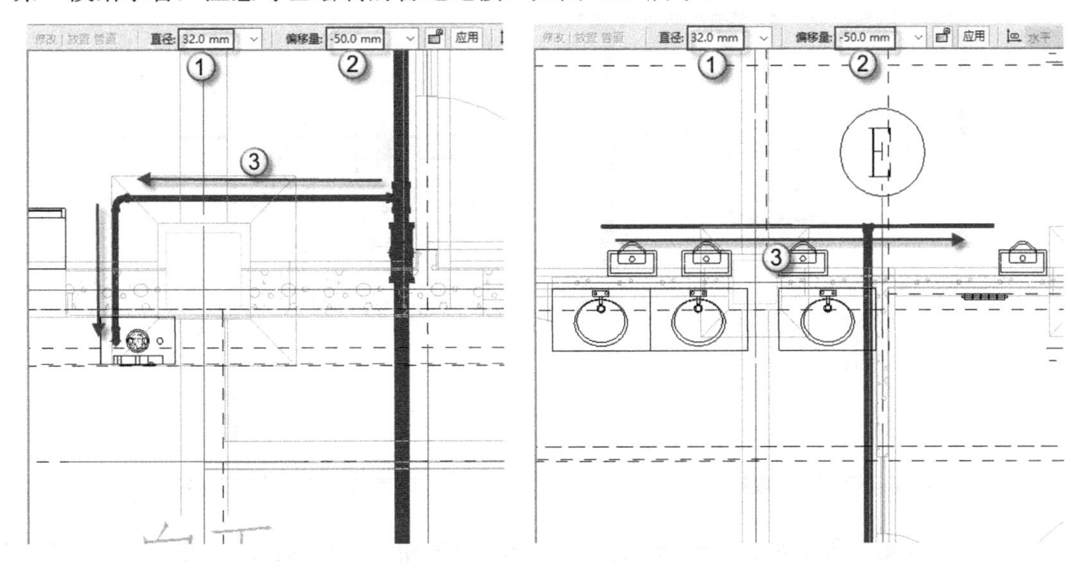


图 4.22　绘制第 3 段给水管　　图 4.23　绘制第 4 段给水管

（24）绘制第 5 段给水管。选择洗脸盆族，右击洗脸盆冷水接口，选择“绘制管道”命令，在“修改|放置 管道”的“直径”栏中选择 25mm 选项，在“偏移量”栏中输入-50mm，绘制第 5 段给水管，注意与已绘制的管道连接，如图 4.24 所示。以同样的方法绘制其他两个洗脸盆的给水管，绘制完成后如图 4.25 所示。

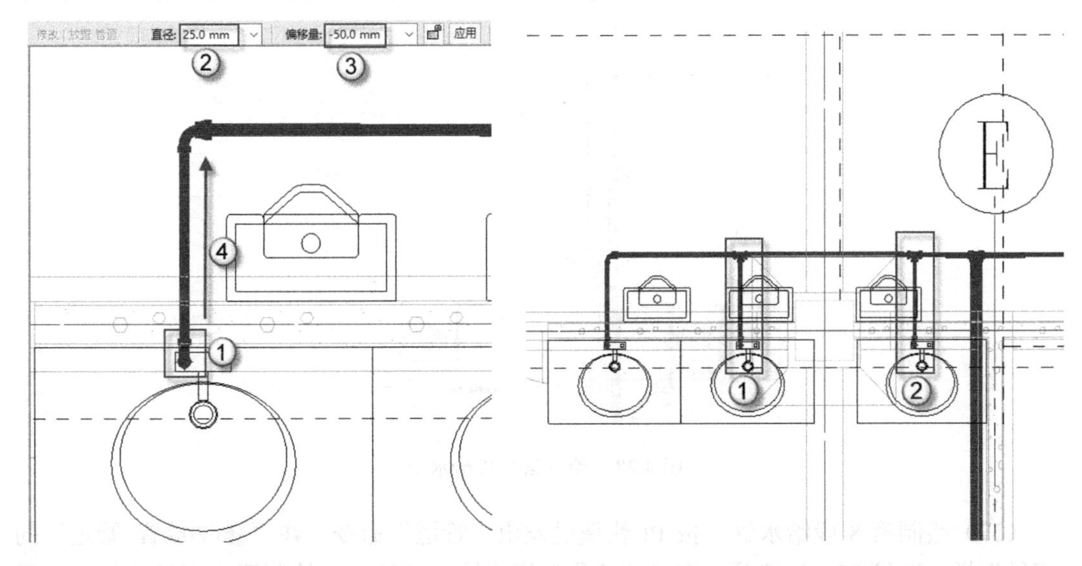


图 4.24　绘制第 5 段给水管　　图 4.25　绘制洗脸盆给水管

（25）绘制第 6 段给水管。选择小便器族，右击洗脸盆给水接口，选择“绘制管道”命令，在“修改|放置 管道”的“直径”栏中选择 25mm 选项，在“偏移量”栏中输入-50mm，绘制第 6 段给水管，注意与已绘制的管道连接，如图 4.26 所示。以同样的方法绘制其他 3 个小便器盆的给水管，绘制完成后如图 4.27 所示。

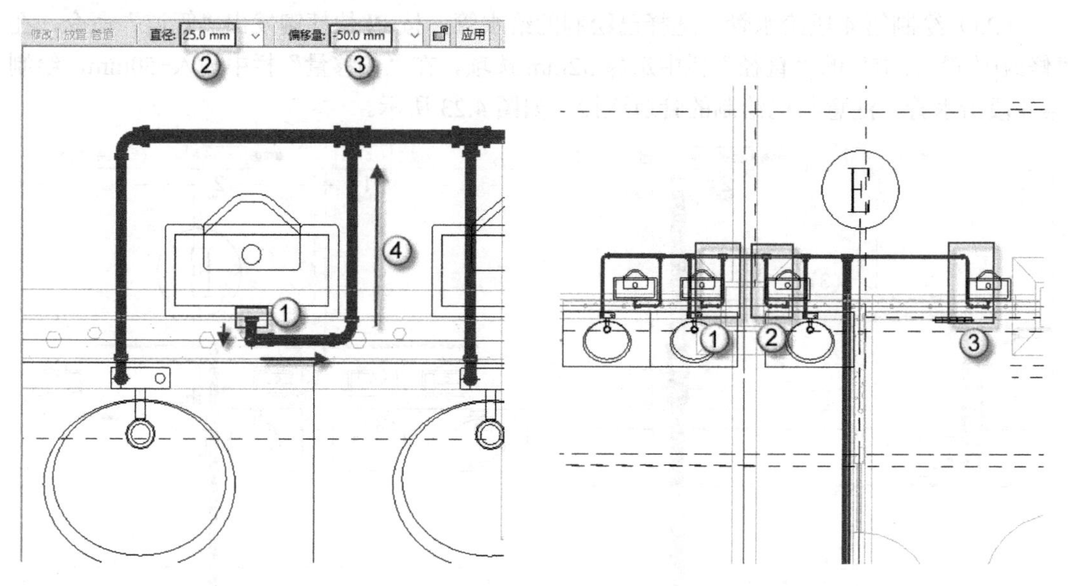


图 4.26　绘制第 6 段给水管　　　　图 4.27　绘制小便器给水管

（26）绘制第 7 段给水管。选择管道弯头，单击+按钮，会将其自动改变为变径三通。右击管端点，选择“绘制管道”命令，在“修改|放置 管道”的“直径”栏中选择 32mm 选项，在“偏移量”栏中输入-50mm，绘制第 7 段给水管，如图 4.28 所示。

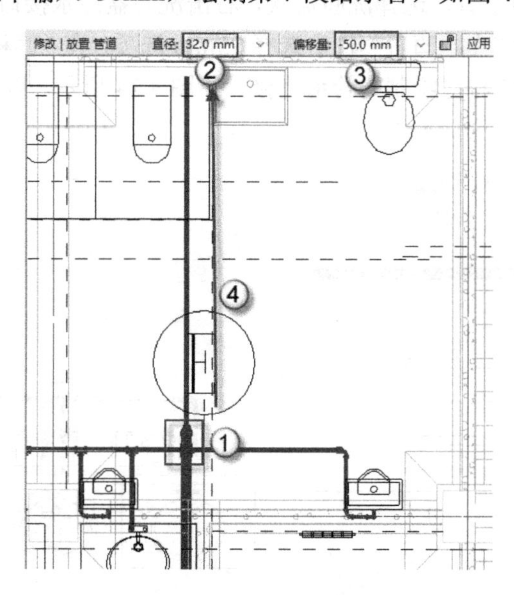


图 4.28　绘制第 7 段给水管

（27）绘制第 8 段给水管。按 PI 快捷键发出“管道”命令，在“修改|放置 管道”的“直径”栏中选择 32mm 选项，在“偏移量”栏中输入-50mm，绘制第 8 段给水管，注意

与已绘制的管道连接，如图 4.29 所示。

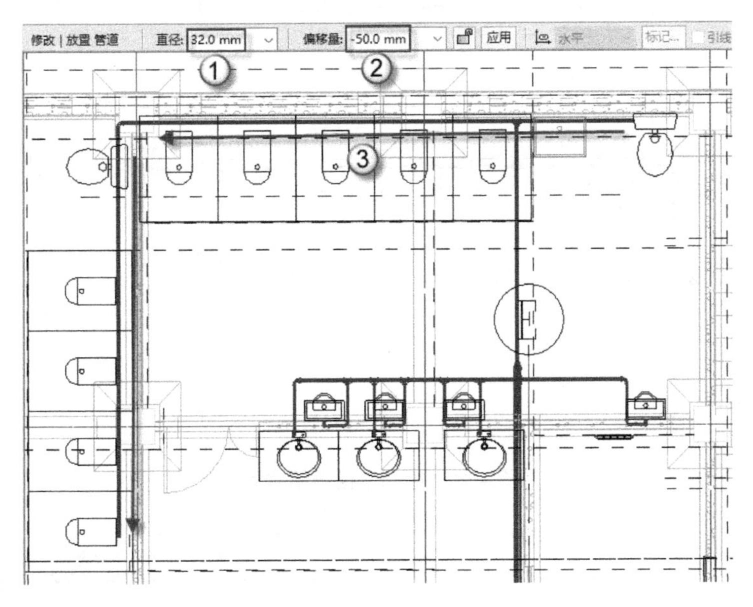


图 4.29　绘制第 8 段给水管

（28）绘制第 9 段给水管。选择坐便器族，右击坐便器冷水接口，选择“绘制管道”命令，在“修改|放置 管道”栏中的的“直径”栏中选择 25mm 选项，在“偏移量”栏中输入-50mm，绘制第 9 段给水管，注意与已绘制的管道连接，如图 4.30 所示。以同样的方法绘制另外一个坐便器的给水管，绘制完成后如图 4.31 所示。

（29）绘制第 10 段给水管。选择蹲便器族，右击蹲便器冷水接口，选择“绘制管道”命令，在“修改|放置 管道”的“直径”栏中选择 25mm 选项，在“偏移量”栏中输入-50mm，绘制第 10 段给水管，注意与已绘制的管道连接，如图 4.32 所示。以同样的方法绘制其他 8 个蹲便器的给水管，绘制完成后如图 4.33 所示。

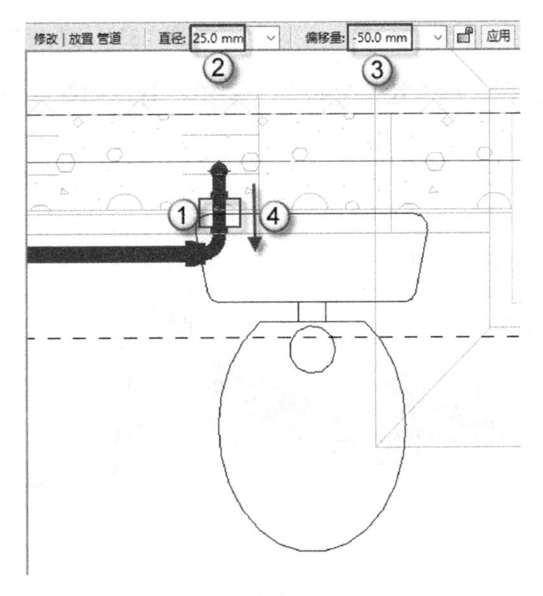


图 4.30　绘制第 9 段给水管

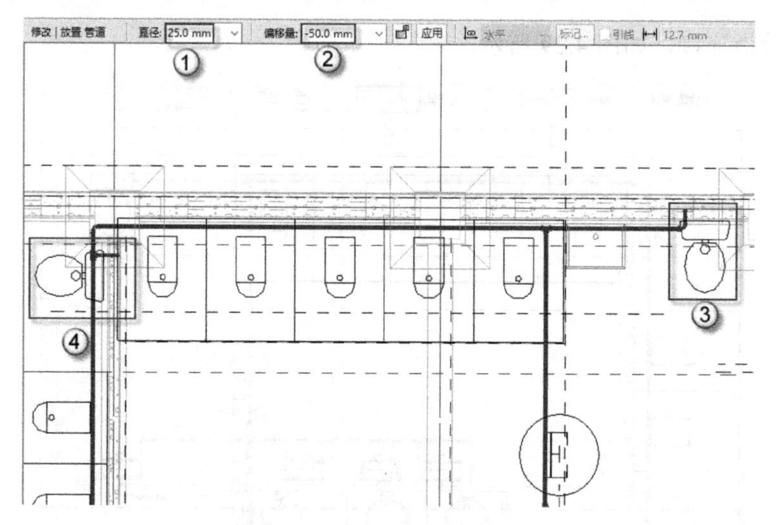


图 4.31　绘制坐便器给水管

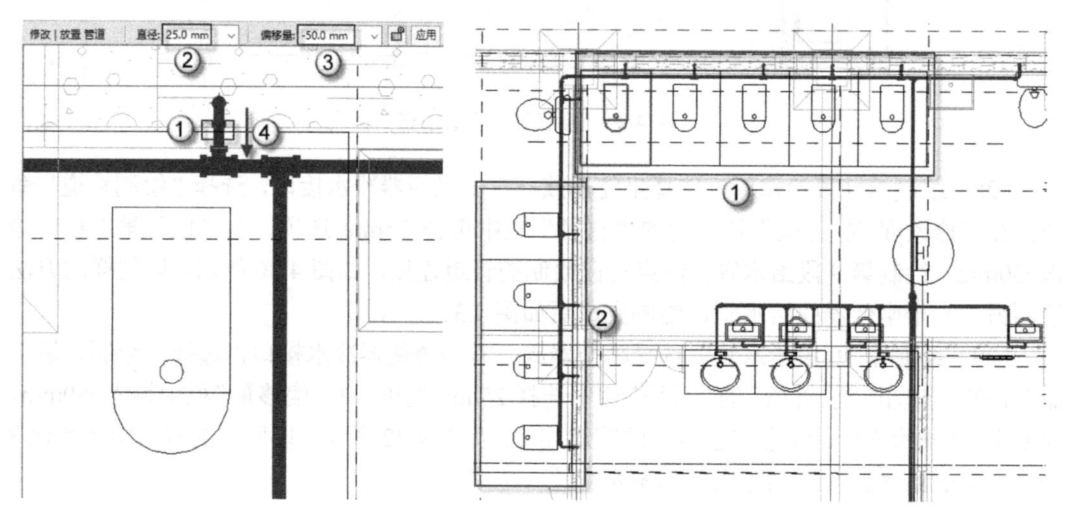


图 4.32　绘制第 10 段给水管　　　　图 4.33　绘制蹲便器给水管

按 F4 键进入三维视图，检查绘制完成的一层给水管，如图 4.34 所示。

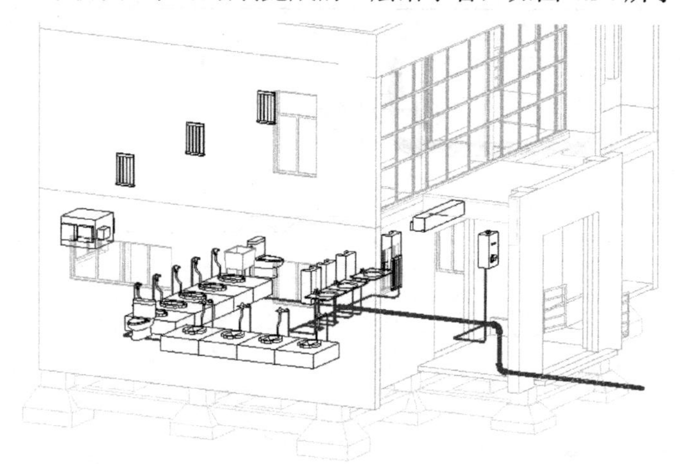

图 4.34　一层给水管

## 4.1.2 一层热给水管

一层中的两个普通洗脸盆及一个无障碍洗脸盆都需要连接热给水管，要注意热水的水源是从采暖炉中引入的，具体操作方法如下：

（1）新建“热给水”管道。选择“系统”|“管道”命令，在“属性”面板中选择“给水管”类型，单击“编辑类型”按钮，在弹出的“类型属性”对话框中，单击“复制”按钮，弹出“名称”对话框，在其中输入“热给水管”，单击“确定”按钮进入下一步操作，如图 4.35 所示。

（2）编辑“热给水管”属性。在“属性”面板中，依次在“水平对正”栏中选择“中心”选项，在“垂直对正”栏中选择“中”选项，在“参照标高”栏中选择“一层”选项，在“系统类型”栏中选择“热给水管”选项，如图 4.36 所示。

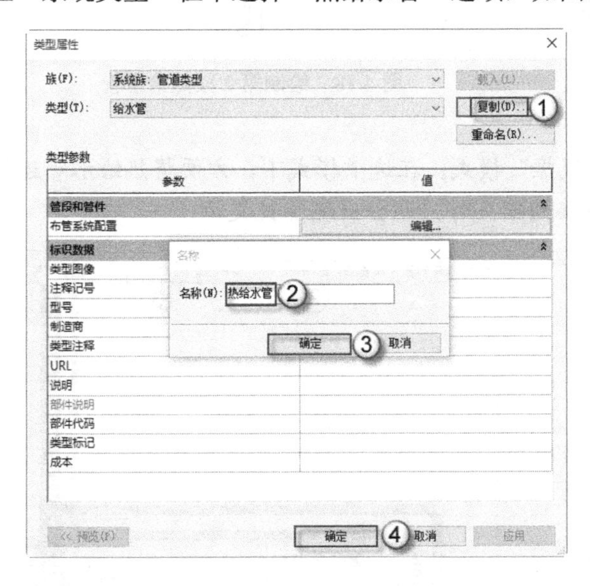

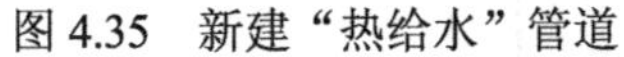
图 4.35 新建“热给水”管道

图 4.36 编辑“热给水管”属性

（3）绘制第 1 段热给水管。按 PI 快捷键发出“管道”命令，在“修改|放置 管道”的“直径”栏中选择 32mm 选项，在“偏移量”栏中输入-50mm，绘制第 1 段热给水管，如图 4.37 所示。

（4）绘制第 2 段热给水管。选择已绘制的热给水管，右击管端点，选择“绘制管道”命令，在“修改|放置 管道”的“直径”栏中选择 25mm 选项，在“偏移量”栏中输入-50mm，绘制第 2 段热给水管，如图 4.38 所示。

（5）绘制第 3 段热给水管。选择已绘制的热给水管，右击管端点，选择“绘制管道”命令，在“修改|放置 管道”的“直径”栏中选择 25mm 选项，在“偏移量”栏中输入-70mm，绘制第 3 段热给水管，如图 4.39 所示。

（6）绘制第 4 段热给水管。选择已绘制的热给水管，右击管端点，选择“绘制管道”命令，在“修改|放置 管道”的“直径”栏中选择 32mm 选项，在“偏移量”栏中输入-50mm，绘制第 4 段热给水管，如图 4.40 所示。

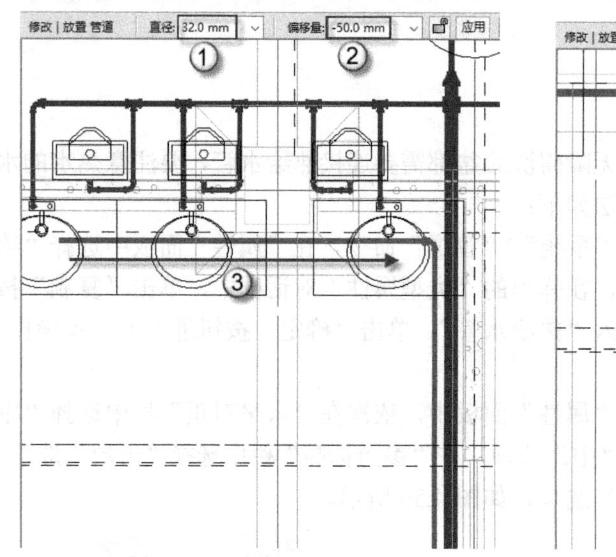


图 4.37　绘制第 1 段热给水管

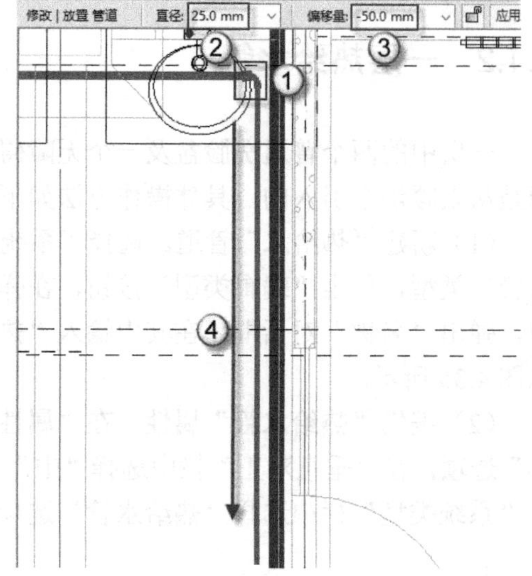


图 4.38　绘制第 2 段热给水管

🔔注意：此处可将“视觉样式”改为“线框”模式。在这个模式下，方便将热给水管连接到贝雷塔的接头上。当水管连接到接头时，也会出现捕捉提示。

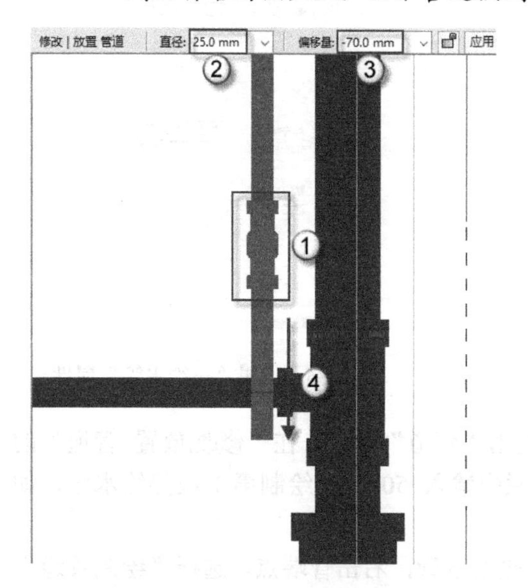


图 4.39　绘制第 3 段热给水管

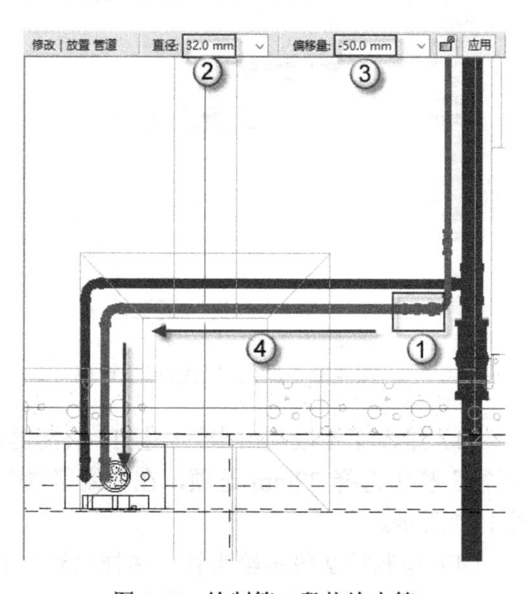


图 4.40　绘制第 4 段热给水管

（7）绘制第 5 段热给水管。选择洗脸盆族，右击洗脸盆热水接口，选择“绘制管道”命令，在“修改|放置 管道”的“直径”栏中选择 25mm 选项，在“偏移量”栏中输入-50mm，绘制第 5 段热给水管，注意与已绘制的管道连接，如图 4.41 所示。以同样的方法绘制其他两个洗脸盆的热给水管，绘制完成后如图 4.42 所示。

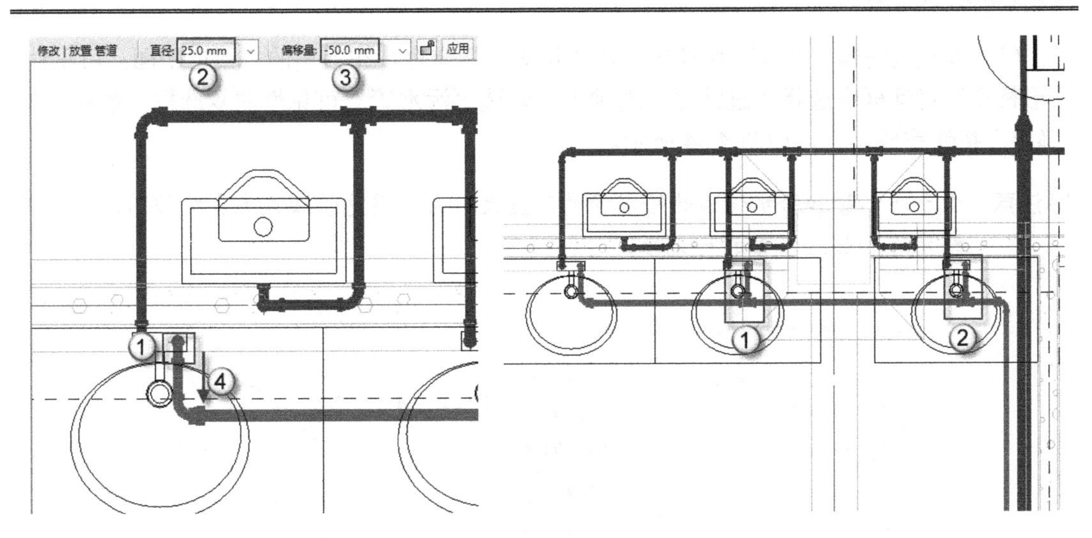


图 4.41　绘制第 5 段热给水管　　　　图 4.42　绘制洗脸盆的热给水管

按 F4 键进入三维视图，检查绘制完成的一层热给水管，如图 4.43 所示。

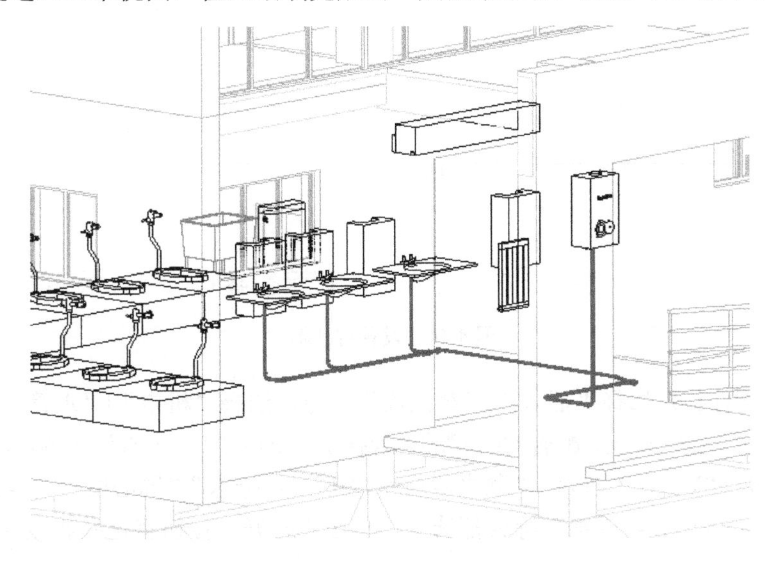

图 4.43　一层热给水管

# 4.2 排　　水

与给水管不同，排水管是重力流且管材为 PVC。由于本例是公共卫生间，因此排水管的管径要设置得大一些。

## 4.2.1 一层污水管

本例中有 3 个污水管系统，分别是 W-1、W-2 和 W-3，本节以 W-2 为例介绍绘制污水管道的方法。另外两个污水管系统的绘制方法相同，此处不再赘述。

（1）设置过滤器。按 VV 快捷键发出“可见性”命令，在弹出的“楼层平面：可见性/图形替换”对话框中选择“过滤器”选项卡，勾选“污水管”可见性的复选框，最后单击“确定”按钮完成操作，如图 4.44 所示。

注意：由于污水管和给水管、热给水管的高差大，为了避免管线太多影响作图，可关闭给水管和热给水管的可见性。

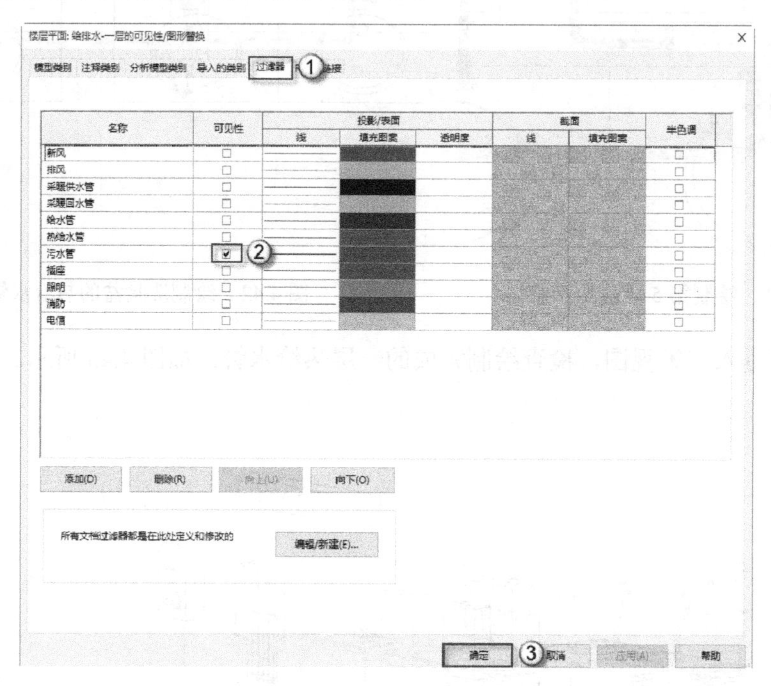


图 4.44　设置过滤器

（2）载入管件族。选择“插入”|“载入族”命令，选择“机电”|“水管管件”|“GBT 5836 PVC-U”|“承插”目录，配合 Ctrl 键将“管接头 - PVC-U - 排水”“管帽 - PVC-U - 排水”“顺水三通 - PVC-U - 排水”“顺水四通 - PVC-U - 排水”“同心变径管 - PVC-U - 排水”和“弯头 - PVC-U - 排水”等族都选上，单击“打开”按钮将这些族载入项目中，如图 4.45 所示。

图 4.45　载入管件族

（3）新建“污水管”管道。选择“系统”|“管道”命令，在“属性”面板中选择“标准”类型，单击“编辑类型”按钮，弹出“类型属性”对话框，单击“复制”按钮，在弹出的“名称”对话框中输入“污水管”，单击“确定”按钮进入下一步操作，如图 4.46 所示。

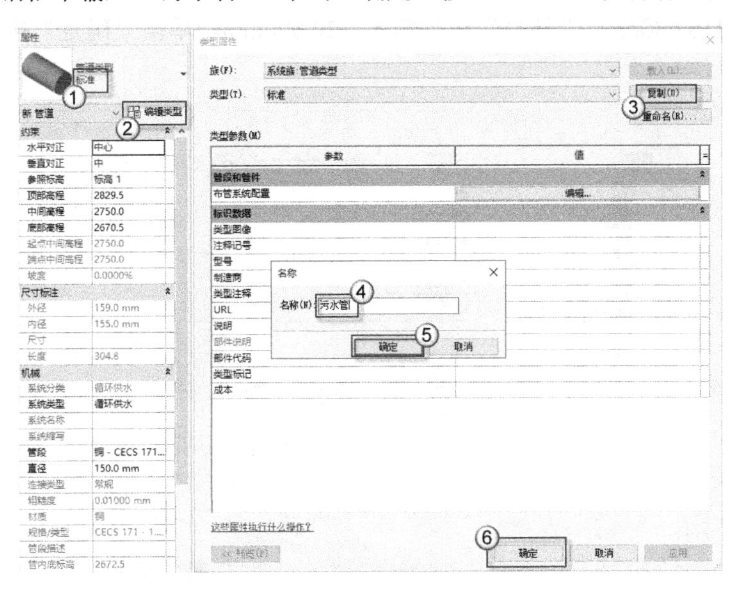


图 4.46　新建“污水管”管道

（4）布管系统配置。继续上一步操作，在弹出的“布管系统配置”对话框中，在“管段”栏中选择“PVC-U - GB/T 5836”选项，在“弯头”栏中选择“弯头 - PVC-U - 排水: 标准”选项，在“连接”栏中选择“顺水三通 - PVC-U - 排水: 标准”选项，在“四通”栏中选择“顺水四通 - PVC-U - 排水: 标准”选项，在“过渡件”栏中选择“同心变径管 - PVC-U - 排水: 标准”选项，在“活接头”栏中选择“管接头 - PVC-U - 排水: 标准”选项，在“管帽”栏中选择“管帽 - PVC-U - 排水: 标准”选项，单击“确定”按钮完成操作，如图 4.47 所示。

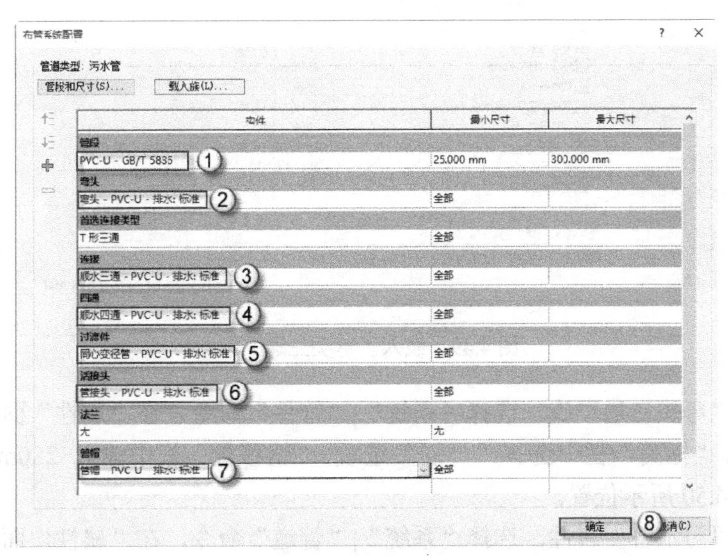


图 4.47　布管系统配置

（5）新建管道尺寸。按 MS 快捷键发出“机械设置”命令，在弹出的“机械设置”对话框中选择“管段和尺寸”选项，在“管段”栏中选择 PVC-U - GB/T 5836 选项，单击“新建尺寸”按钮，弹出“添加管道尺寸”对话框。在“公称直径”栏中输入 110.000mm，“内径”栏中输入 118.600mm，“外径”栏中输入 120.000mm，单击“确定”按钮完成操作，如图 4.48 所示。

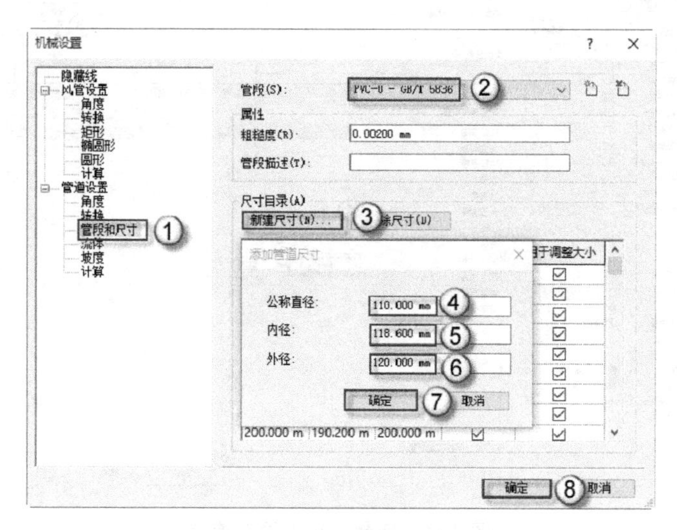

图 4.48　新建管道尺寸

（6）载入“弯头三通”族。选择“插入”|“载入族”命令，弹出“载入族”对话框，找到配套下载资源提供的“弯头三通”族，单击“打开”按钮，将族载入项目中，如图 4.49 所示。

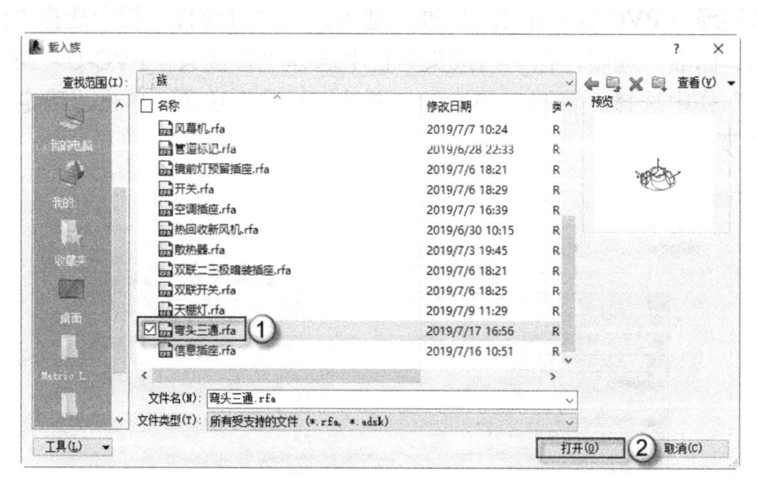

图 4.49　载入“弯头三通”族

（7）放置“弯头三通”族。选择“系统”|“管件”命令，在“属性”面板中选择“弯头三通”类型，“标高”栏中选择“一层”选项，“偏移量”栏中输入-280mm，将弯头三通放置在如图 4.50 所示位置。

（8）编辑“污水管”属性。选择“系统”|“管道”命令，在“属性”面板中，依次在“水平对正”栏中选择“中心”选项，在“垂直对正”栏中选择“中”选项，在“参照标高”

栏中选择“一层”选项，在“系统类型”栏中选择“污水管”选项，如图 4.51 所示。

图 4.50　放置“弯头三通”族

图 4.51　编辑“污水管”属性

（9）绘制第 1 段污水管。按 PI 快捷键发出“管道”命令，在“修改|放置 管道”的“直径”栏中选择 110mm 选项，在“偏移量”栏中输入-280mm，绘制第 1 段污水管，如图 4.52 所示。

（10）绘制第 1 段污水立管。选择已放置的弯头三通，右击连接点，选择“绘制管道”命令，在“修改|放置 管道”的“直径”栏中选择 110mm 选项，在“偏移量”栏中输入 7700mm，双击“应用”按钮，绘制第 1 段污水立管，如图 4.53 所示。

**注意：**双击“应用”按钮一般是绘制立管时的操作方法，而绘制横管时则不需要。

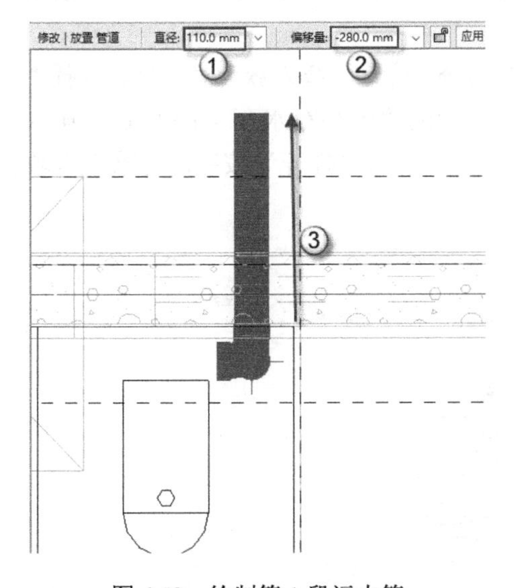


图 4.52　绘制第 1 段污水管

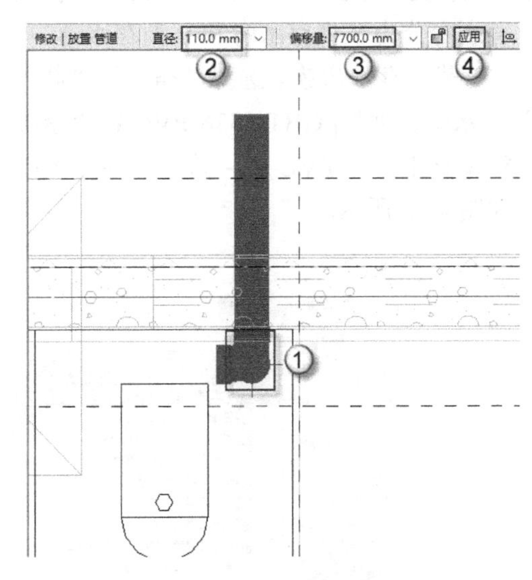


图 4.53　绘制第 1 段污水立管

（11）绘制第 2 段污水管。选择已放置的弯头三通，右击连接点，选择“绘制管道”命令，在“修改|放置 管道”的“直径”栏中选择 110mm 选项，在“偏移量”栏中输入-280mm，绘制第 2 段污水管，如图 4.54 所示。

以同样的方法将污水管系统 W-1 和 W-3 也绘制完成，如图 4.55 所示。图中①处是 W-1 污水管系统，②处是 W-2 污水管系统，③处是 W-3 污水管系统，详情可以参看附录 B 中的机电专业图纸。

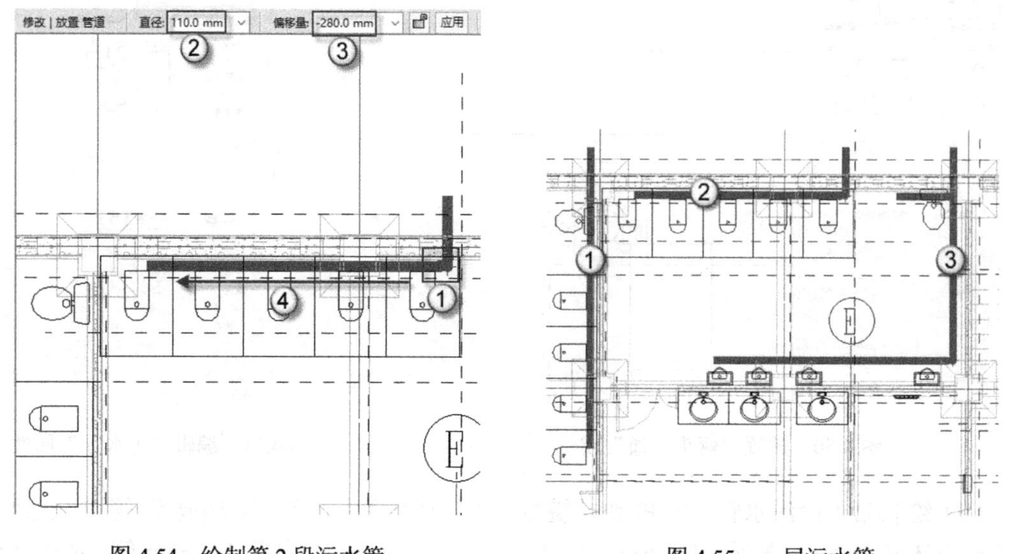


图 4.54　绘制第 2 段污水管　　　　图 4.55　一层污水管

## 4.2.2　连接洁具

排水管连接洁具主要涉及存水弯的问题。存水弯是在卫生器具排水管上设置了一定高度水柱（称为“水封”）的排水附件，作用是防止排水管道系统中的气体窜入室内。根据形状，存水弯分为 S 型存水弯和 P 型存水弯。

（1）载入存水弯族。选择“插入”|“载入族”命令，弹出“载入族”对话框，选择“机电”|“水管管件”| GBT 5836 PVC-U|“承插”目录中的“P 型存水弯 - PVC-U - 排水”和“S 型存水弯 - PVC-U - 排水”两个 RFA 族文件，单击“打开”按钮，将族载入项目中，如图 4.56 所示。

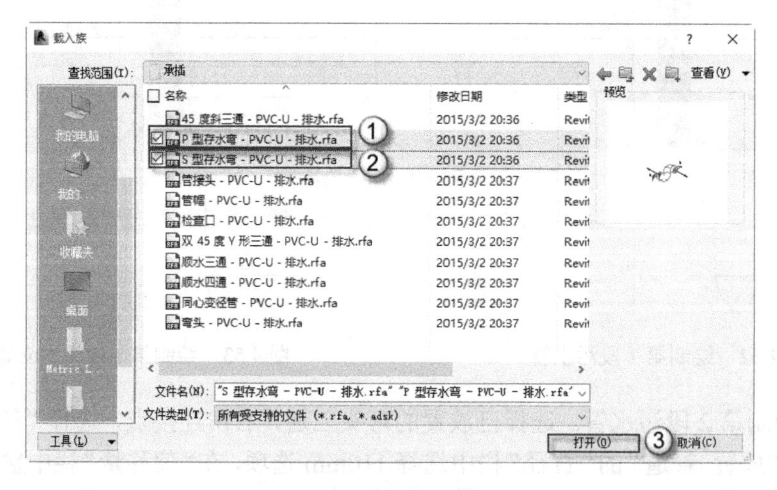


图 4.56　载入存水弯族

（2）新建管道尺寸。按MS快捷键发出“机械设置”命令，在弹出的“机械设置”对话框中选择“管段和尺寸”选项，在“管段”栏中选择PVC-U - GB/T 5836选项，单击“新建尺寸”按钮，在弹出的“添加管道尺寸”对话框中的“公称直径”栏中输入50.000mm，在“内径”栏中输入52.000mm，在“外径”栏中输入60.000mm，单击“确定”按钮完成操作，如图4.57所示。

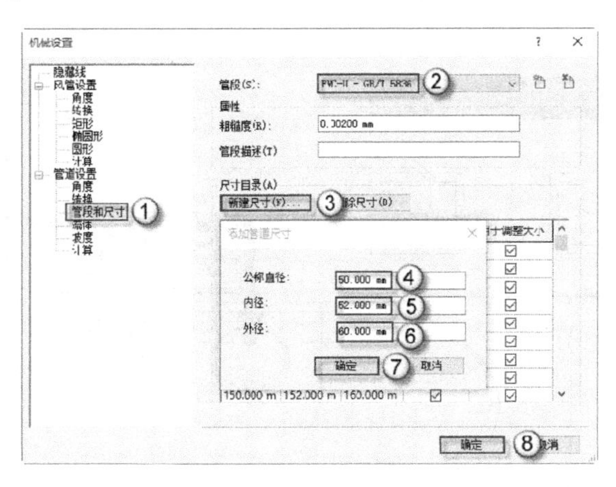

图4.57 新建管道尺寸

（3）绘制洗脸盆污水立管。选择洗脸盆族，右击洗脸盆污水连接点，选择“绘制管道”命令，在“属性”面板中选择“污水管”类型，在“修改|放置 管道”栏中的“直径”栏中选择50mm选项，在“偏移量”栏中输入400mm，双击“应用”按钮，绘制洗脸盆污水立管，如图4.58所示。

**注意：** 此处绘制洗脸盆污水立管时要注意管道的系统类型应是“污水管”，若此处绘制的污水管系统类型不是“污水管”，可在绘制结束后修改。

（4）放置S型存水弯族。选择“系统”|“管件”命令，在“属性”面板选择“S型存水弯 - PVC-U - 排水”类型，在“偏移量”栏中输入“400”个单位，捕捉已绘制的立管中心放置S型存水弯，单击按钮（“旋转”功能），将S型存水弯旋转到如图4.59所示方向。

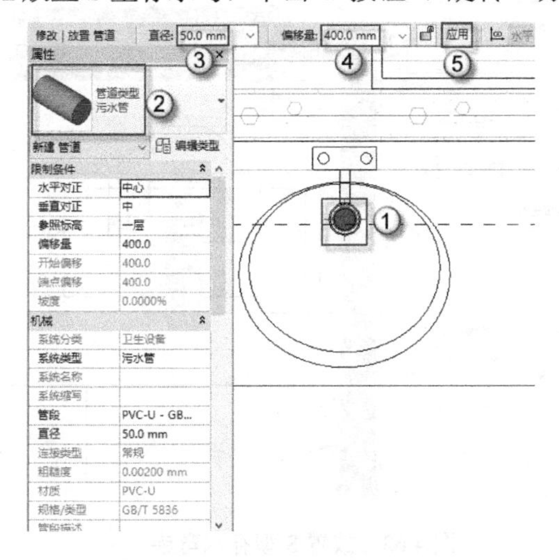

图4.58 绘制洗脸盆污水立管

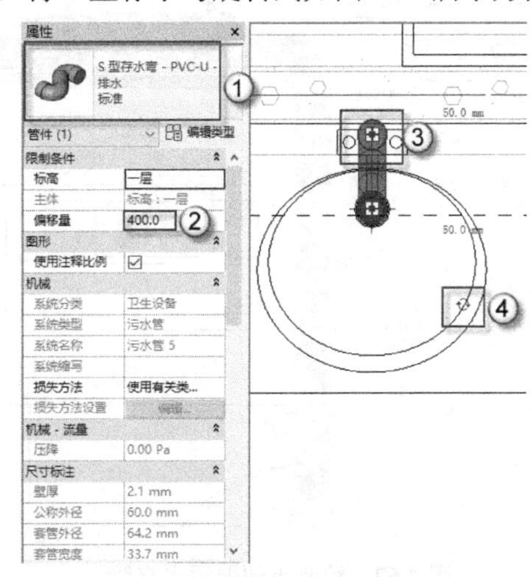

图4.59 放置S型存水弯族

（5）连接污水管。选择 S 型存水弯，右击存水弯连接点，选择“绘制管道”命令，在“修改|放置 管道”的“直径”栏中选择 50mm 选项，在“偏移量”栏中输入-280mm，与已绘制的污水管连接，如图 4.60 所示。以同样的方法将其他两个洗脸盆的污水管连接，如图 4.61 所示。

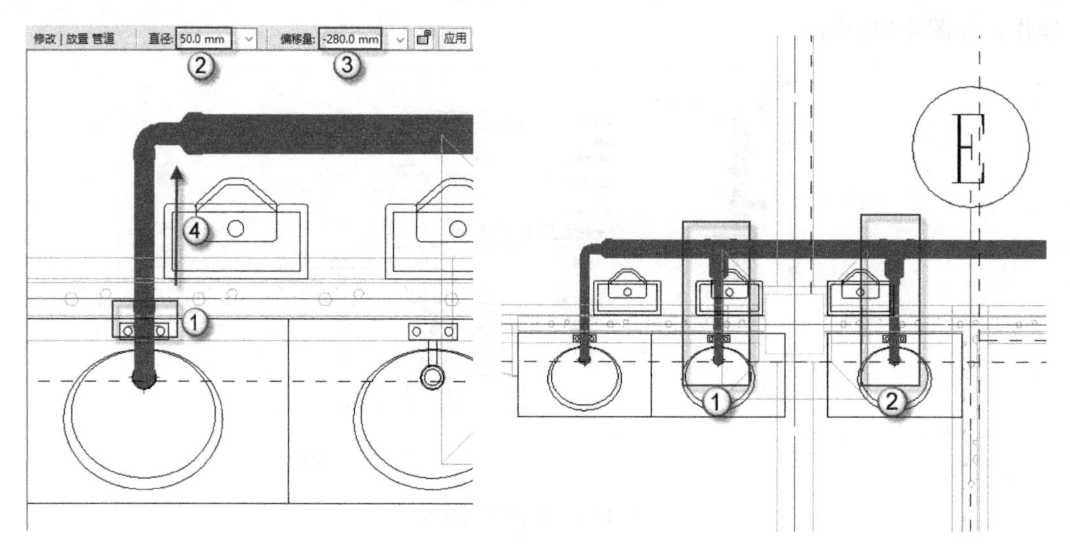


图 4.60　连接污水管　　　　图 4.61　绘制洗脸盆污水管

（6）绘制小便器污水立管。选择小便器族，右击小便器污水连接点，选择“绘制管道”命令，在“属性”面板中选择“污水管”类型，在“修改|放置 管道”的“直径”栏中选择 50mm 选项，在“偏移量”栏中输入 400mm，双击“应用”按钮，绘制小便器污水立管，注意系统类型是“污水管”，如图 4.62 所示。

（7）放置 S 型存水弯族。选择“系统”|“管件”命令，在“属性”面板选择“S 型存水弯 - PVC-U - 排水”类型，在“偏移量”栏中输入“400”个单位，捕捉已绘制的立管中心放置 S 型存水弯，单击按钮（“旋转”功能），将 S 型存水弯旋转到如图 4.63 所示方向。

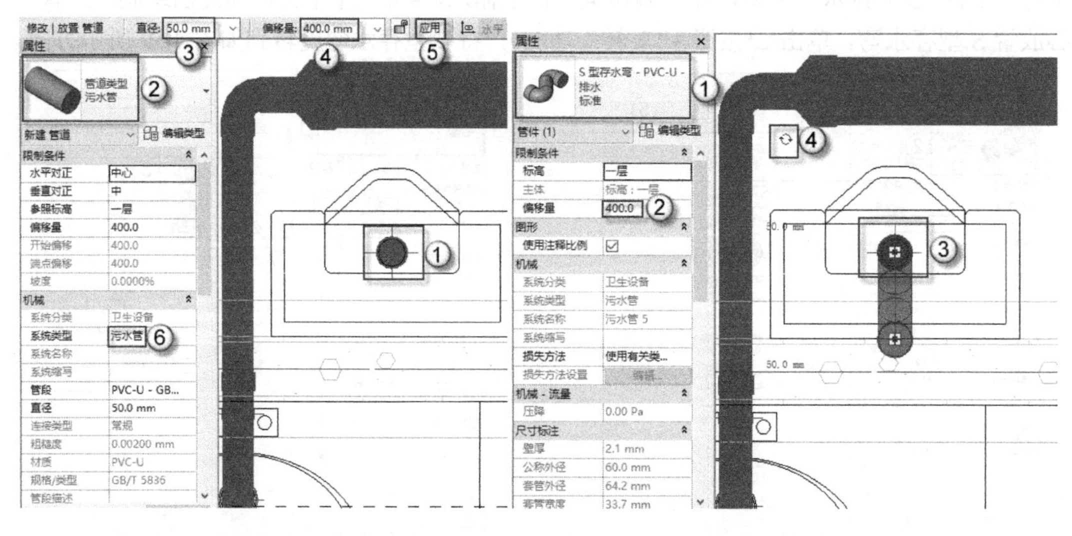


图 4.62　绘制小便器污水立管　　　　图 4.63　放置 S 型存水弯族

（8）连接污水管。选择 S 型存水弯，右击存水弯连接点，选择“绘制管道”命令，在“修改|放置 管道”的“直径”栏中选择 50mm 选项，在“偏移量”栏中输入-280mm，与已绘制的污水管连接，如图 4.64 所示。以同样的方法将其他 3 个小便器的污水管连接，如图 4.65 所示。

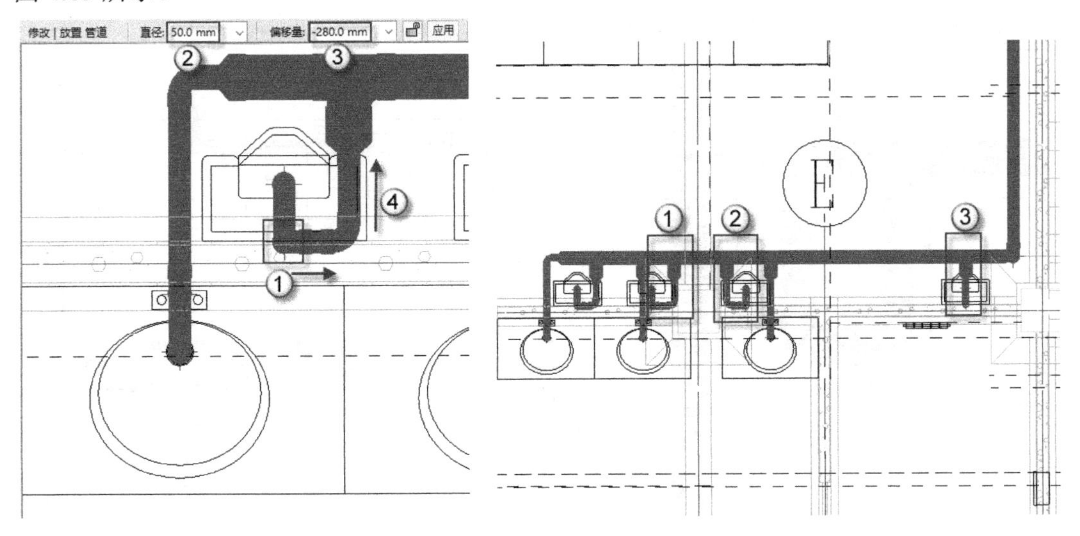


图 4.64　连接污水管　　　　图 4.65　绘制小便器污水管

（9）绘制坐便器污水立管。选择坐便器族，右击坐便器污水连接点，选择“绘制管道”命令，在“属性”面板中选择“污水管”类型，在“修改|放置 管道”的“直径”栏中选择 110mm 选项，在“偏移量”栏中输入-280mm，双击“应用”按钮，绘制坐便器污水立管，注意系统类型是“污水管”，如图 4.66 所示。

（10）放置 P 型存水弯族。选择“系统”|“管件”命令，在“属性”面板选择“P 型存水弯 - PVC-U - 排水”类型，在“偏移量”栏中输入“-280”个单位，捕捉已绘制的立管中心放置 P 型存水弯，单击按钮（“旋转”功能），将 P 型存水弯旋转到如图 4.67 所示方向。

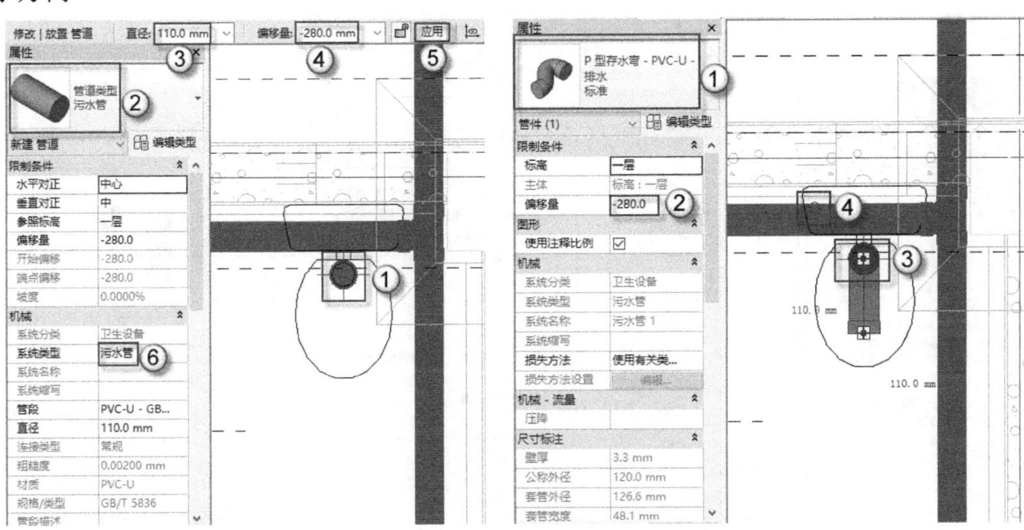


图 4.66　绘制坐便器污水立管　　　　图 4.67　放置 P 型存水弯族

（11）连接污水管。选择P型存水弯，右击存水弯连接点，选择“绘制管道”命令，在“修改|放置 管道”的“直径”栏中选择110mm选项，在“偏移量”栏中输入-280mm，与已绘制的污水管连接，如图4.68所示。以同样的方法将另外的坐便器的污水管连接，如图4.69所示。

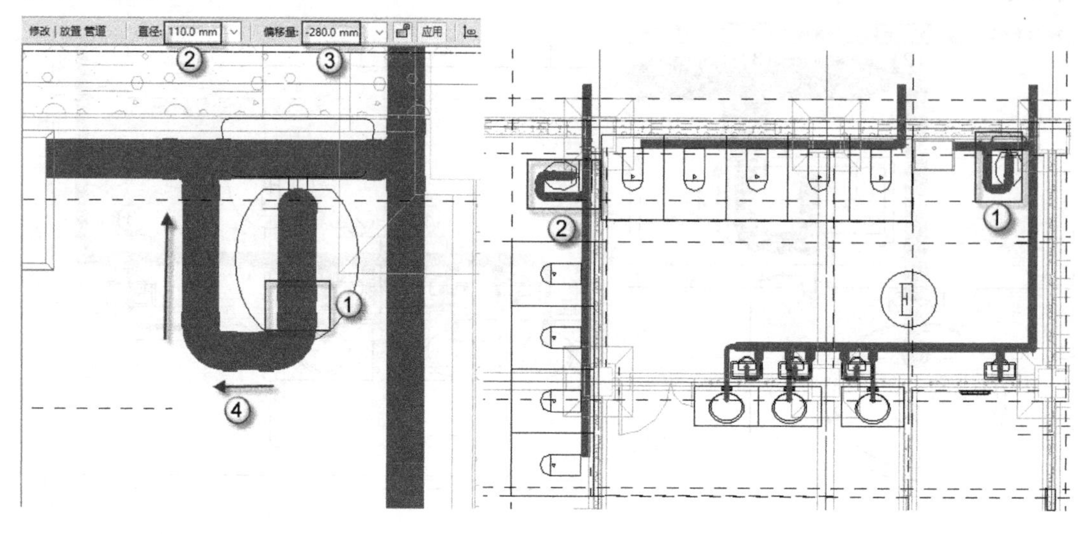


图4.68　连接污水管　　　　图4.69　绘制坐便器污水管

（12）绘制污水池污水立管。选择小便器族，右击污水池污水连接点，选择“绘制管道”命令，在“属性”面板中选择“污水管类型 污水管”类型，在“修改|放置 管道”的“直径”栏中选择50mm选项，在“偏移量”栏中输入200mm，双击“应用”按钮，绘制污水池污水立管，注意系统类型是“污水管”，如图4.70所示。

（13）放置S型存水弯族。选择“系统”|“管件”命令，在“属性”面板选择“S型存水弯 - PVC-U - 排水标准”类型，在“偏移量”栏中输入“200”个单位，捕捉已绘制的立管中心放置S型存水弯，单击按钮（“旋转”功能），将S型存水弯旋转到如图4.71所示方向。

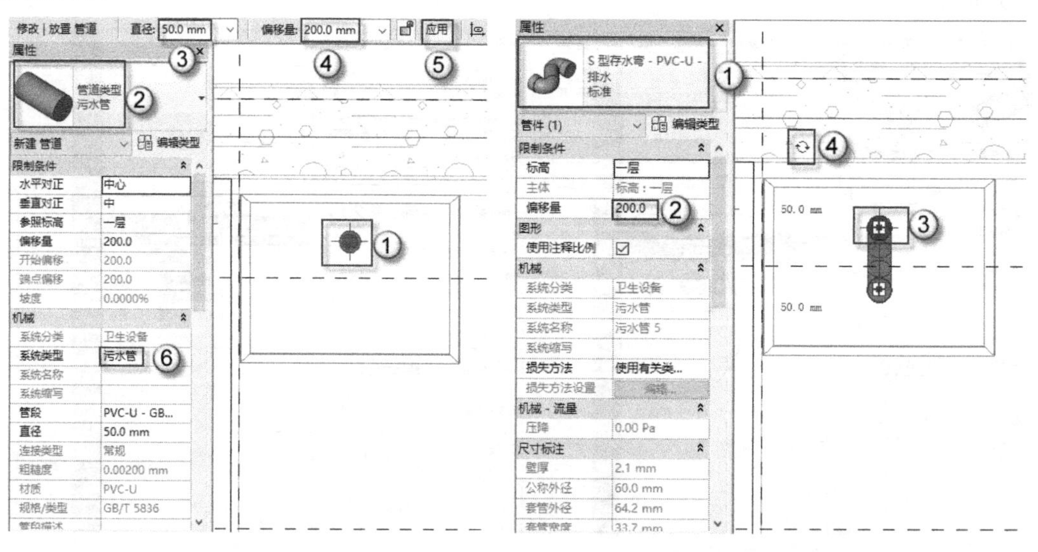


图4.70　绘制污水池污水立管　　　　图4.71　放置S型存水弯族

（14）连接污水管。选择 S 型存水弯，右击存水弯连接点，选择“绘制管道”命令，在“修改|放置 管道”的“直径”栏中选择 50mm 选项，在“偏移量”栏中输入-280mm，与已绘制的污水管连接，如图 4.72 所示。

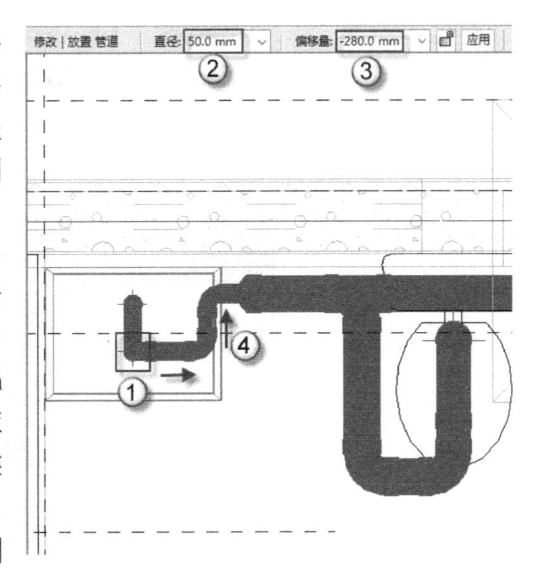


图 4.72　连接污水管

（15）绘制蹲便器污水立管。选择蹲便器族，右击蹲便器污水连接点，选择“绘制管道”命令，在“属性”面板中选择“污水管”类型，在“修改|放置 管道”的“直径”栏中选择 110mm 选项，在“偏移量”栏中输入-280mm，双击“应用”按钮，绘制蹲便器污水立管，注意系统类型是“污水管”，如图 4.73 所示。

（16）放置 P 型存水弯族。选择“系统”|“管件”命令，在“属性”面板选择“P 型存水弯 - PVC-U - 排水”类型，在“偏移量”栏中输入“-280”个单位，捕捉已绘制的立管中心，放置 P 型存水弯，单击按钮（“旋转”功能），将 P 型存水弯旋转到如图 4.74 所示方向。

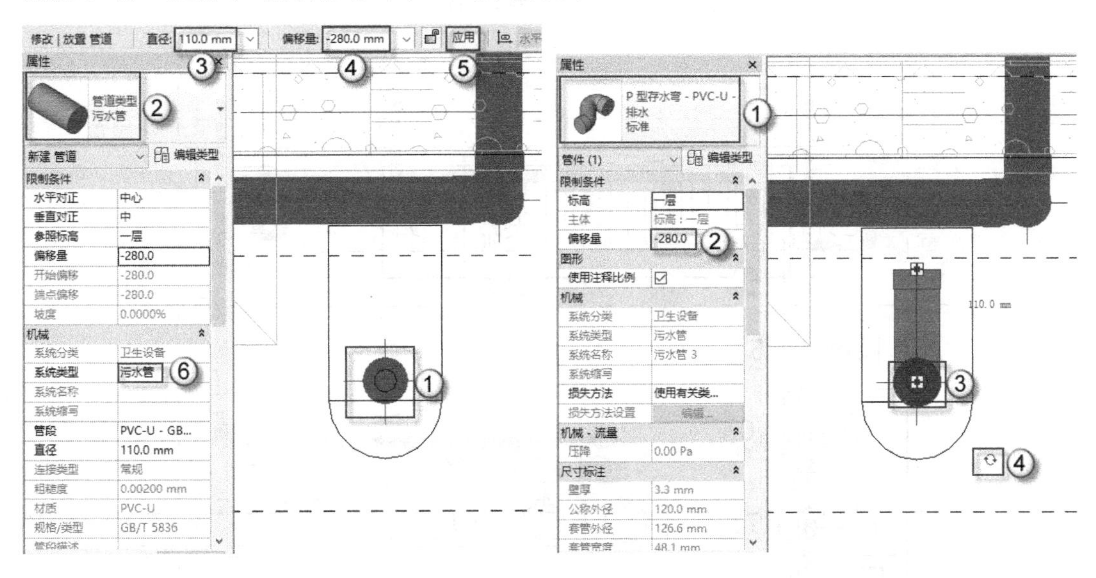


图 4.73　绘制蹲便器污水立管　　　　图 4.74　放置 P 型存水弯族

（17）连接污水管。选择 P 型存水弯，右击存水弯连接点，选择“绘制管道”命令，在“修改|放置 管道”的“直径”栏中选择 110mm 选项，在“偏移量”栏中输入-280mm，与已绘制的污水管连接，如图 4.75 所示。以同样的方法将其他 8 个蹲便器的污水管连接，如图 4.76 所示。

**注意：** 此处绘制蹲便器的污水管，由于管径大，布管距离短，若直接连接污水管，软件会提示布管距离太短无法布置，这里可将污水管画长一点，然后再删除多余部分，将四通改为三通即可。

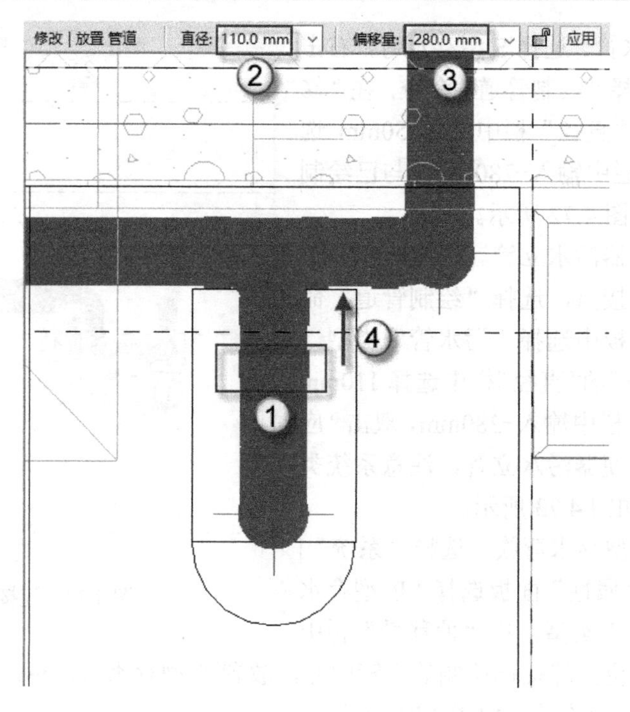


图 4.75　连接污水管

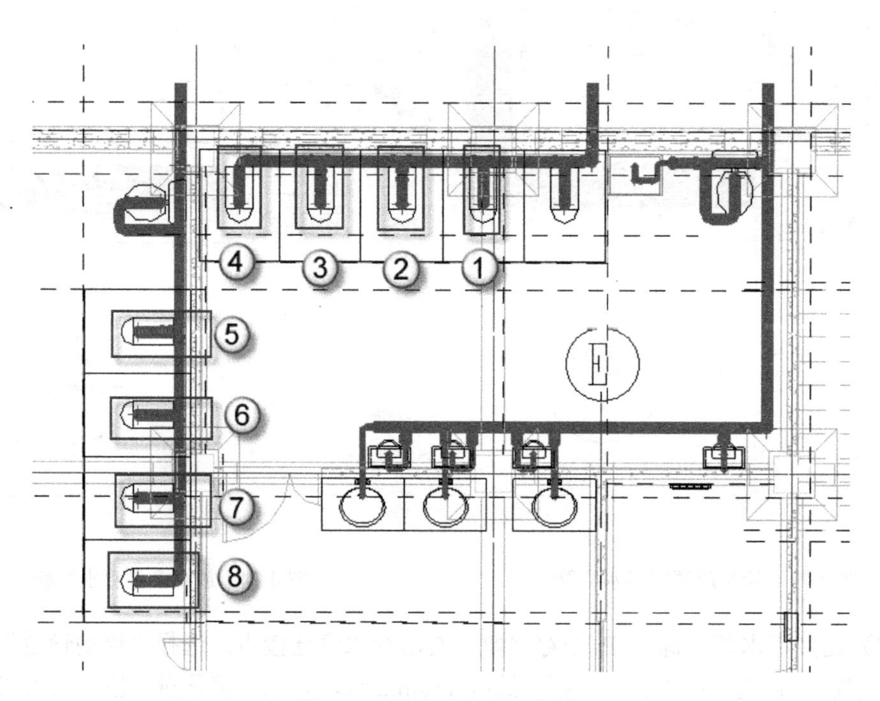


图 4.76　绘制蹲便器污水管

（18）载入通气帽族。选择“插入”|“载入族”命令，弹出“载入族”对话框，选择“机电”|“给排水附件”|“通气帽”目录下的“通气帽 - 伞状 - PVC-U”RFA 族文件，单击“打开”按钮，将族载入项目中，如图 4.77 所示。

（19）新建通气帽类型。选择菜单栏下“系统”|“管路附件”命令，在“属性”面板中

选择“通气帽 - 伞状 - PVC-U 150mm”类型，单击“编辑类型”按钮，在弹出的“类型属性”对话框中，单击“复制”按钮，弹出“名称”对话框，在“名称”栏中输入“110 mm”，单击“确定”按钮完成操作，如图 4.78 所示。

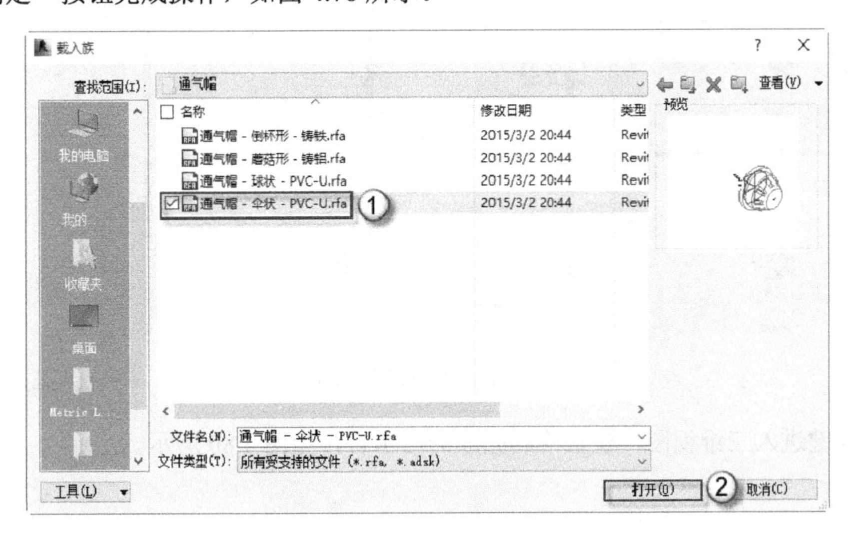


图 4.77　载入通气帽族

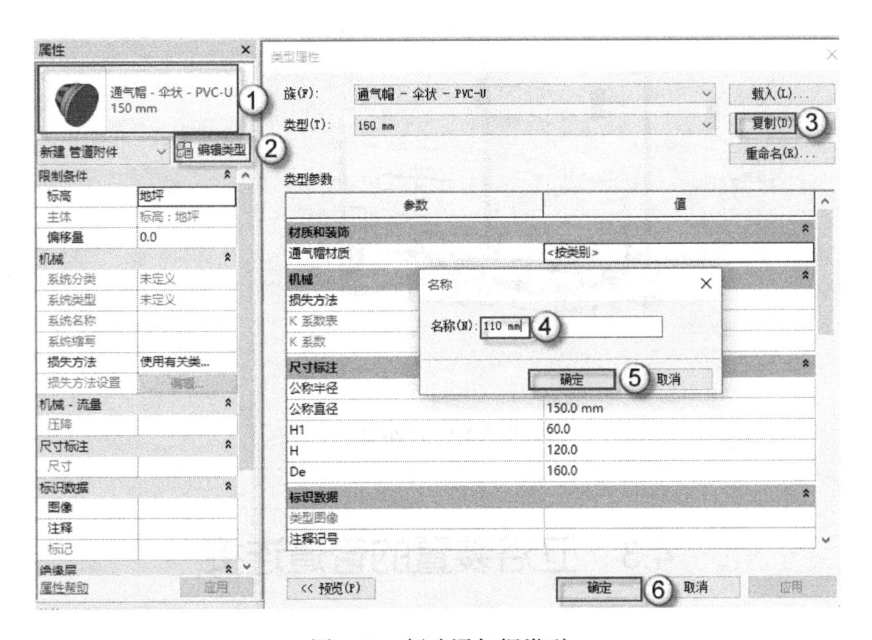


图 4.78　新建通气帽类型

（20）放置通气帽族。选择菜单栏中的“默认三维视图”命令，打开三维视图，选择菜单栏中的“系统”|“管路附件”命令，在“属性”面板中选择“通气帽 - 伞状 - PVC-U 110mm”类型，用光标捕捉污水立管管顶的中心点，依次放置 3 个通气帽，如图 4.79 所示。

**注意：** 厕所的污水管如果不和外界连通，那气压就会把存水弯中的水封抽掉，所以厕所中污水立管必须通出屋顶用来排放气体。但又怕下雨的雨水滴进了立管，因此就在立体最顶部加了帽子，这个帽子就是通气帽。

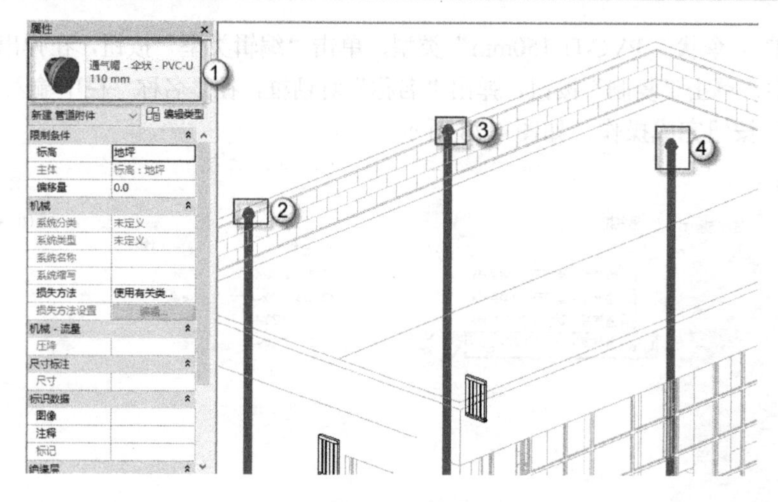


图 4.79　放置通气帽族

按 F4 键进入三维视图，检查绘制完成的污水管，如图 4.80 所示。

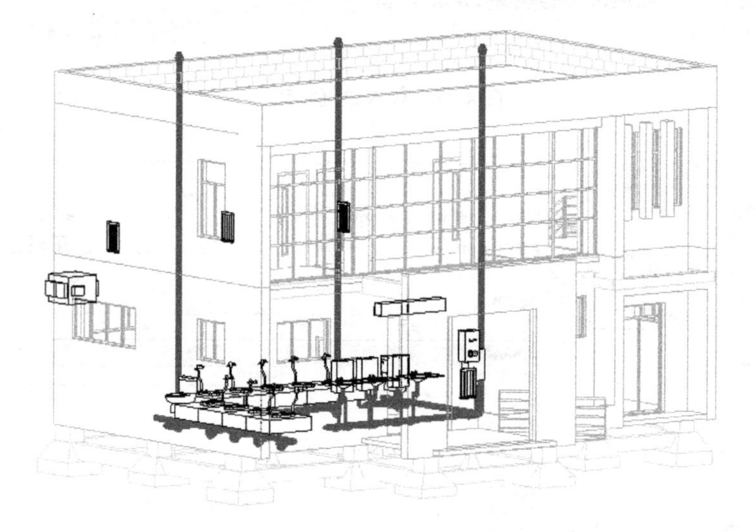

图 4.80　污水管

# 4.3　卫浴装置的管道连接

本节介绍了卫浴装置对象与管道连接的相关知识，如管道连接点、管道连接方式、在族中增加连接点等。在了解了这些知识之后，读者可以理解水管与卫浴装配连接的原理，从而更好地掌握使用 Revit 绘制水管的方法。

## 4.3.1　管道连接点

一个卫浴装置至少有 1 个水点，其中肯定有 1 个污水点，可能有 1 个给水（冷水）点，可能有 1 个热给水点。本节介绍的洗脸盆就有 3 个水点（给水点、热给水点、污水点），而大/小便器有 2 个水点（给水点、污水点），污水池则只有 1 个水点（污水点）。

选择项目中的卫浴装置（如洗脸盆），会出现管道连接点（也叫“水点”）。管道连接点有热给水点（图中①处），给水（冷水）点（图中②处），污水（排水）点（图中③处），平面图如图 4.81 所示，三维图如图 4.82 所示。图中“进”表示给水（有冷、热两种）点，“出”表示污水点，“25.0mm”表示水管直径为 25mm，“50.0mm”表示水管直径为 50mm。一般来说，面对面盆时，给水点的分布是左热右冷。

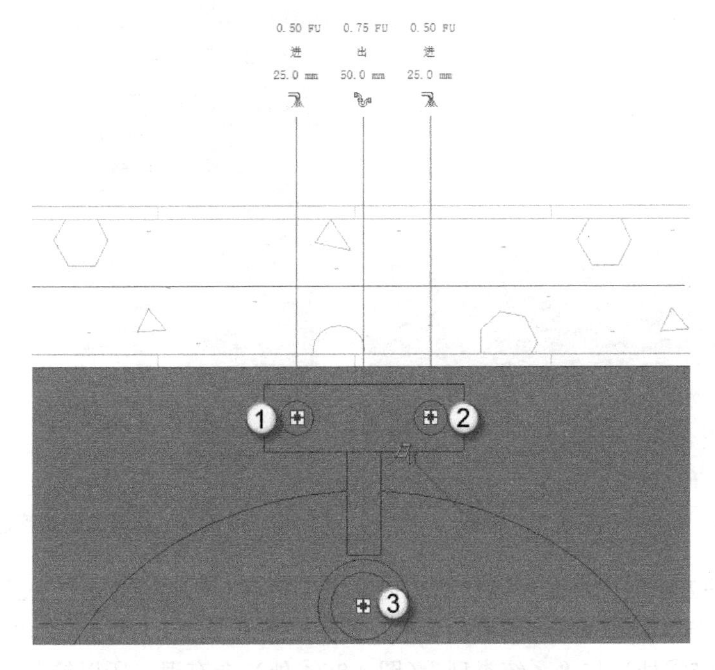


图 4.81　卫浴装置的管道连接点（平面图）

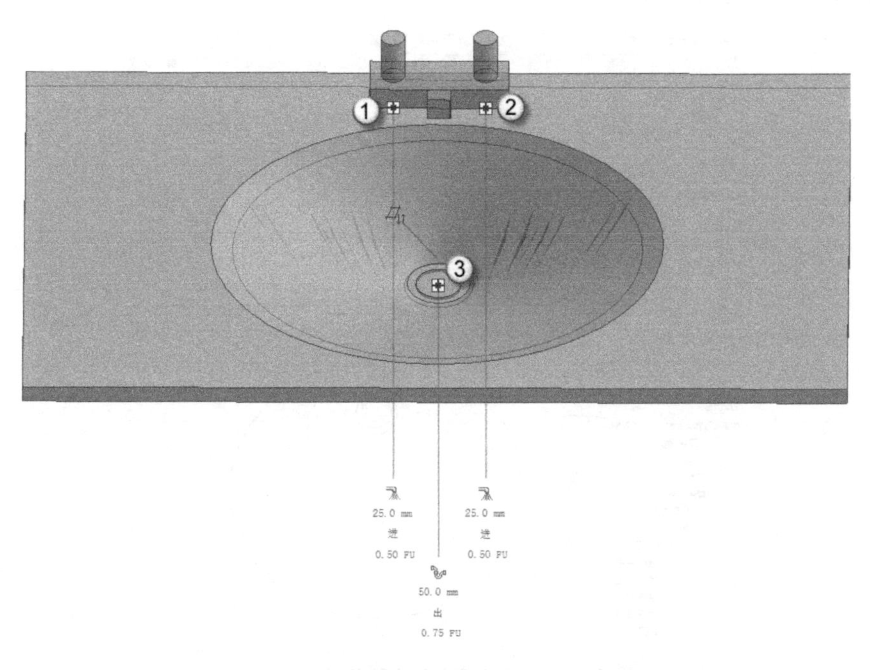


图 4.82　卫浴装置的管道连接点（三维图）

绘制水管的方法共有 3 种，除了使用“系统”|“管道”命令（快捷键为 PI）外，还有 2 种。一种是可以拖曳“创建管道”的图标，如图 4.83 所示；另一种是右击管道连接点，选择“绘制管道”命令，如图 4.84 所示。

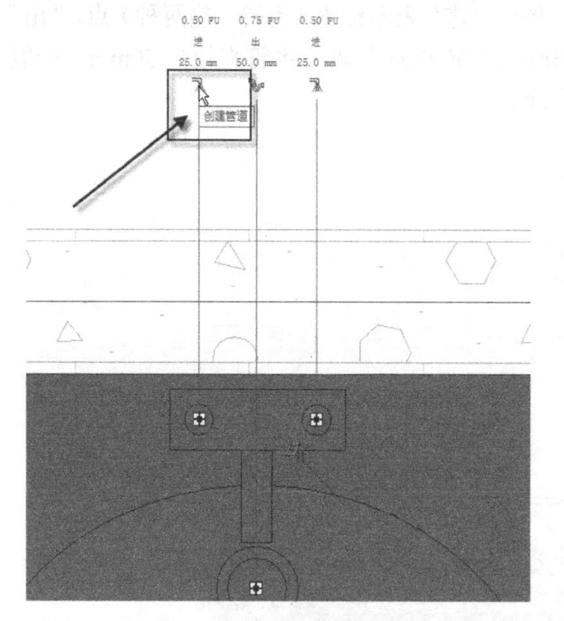


图 4.83　拖曳“创建管道”图标

图 4.84　选择“绘制管道”命令

使用这两种方法的优点是可以自动捕捉管道连接点（图 4.85①处），从卫浴装置中继承管道的“直径”与“中间高程”的数值（不需要手动再输入了）（图 4.85②处）；缺点是“管道类型”（图 4.85③处）与“系统类型”（图 4.85④处）会有误。所以绘制水管时，经常是这 3 种方法会结合起来使用。

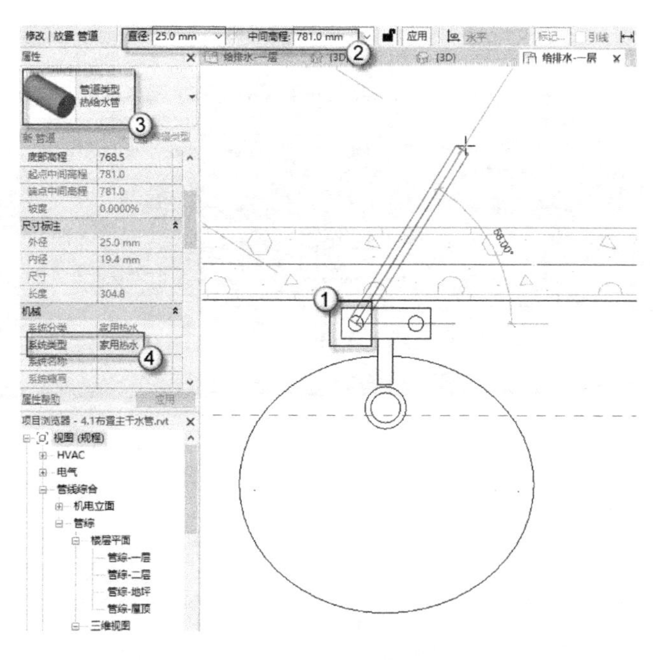


图 4.85　两种方法的优缺点

## 4.3.2　污水池增加水嘴

系统自带的污水池只有 1 个水点（污水点），使用起来不方便，需要增加 1 个给水点。本节介绍使用修改族的方法，完善污水池的功能。

（1）双击项目中的“污水池”，进入“污水池”族的编辑界面。在“项目浏览器”面板中双击“参照标高”视图进入“参照标高”楼层平面，这就是族编辑界面中的平面视图，如图 4.86 所示。

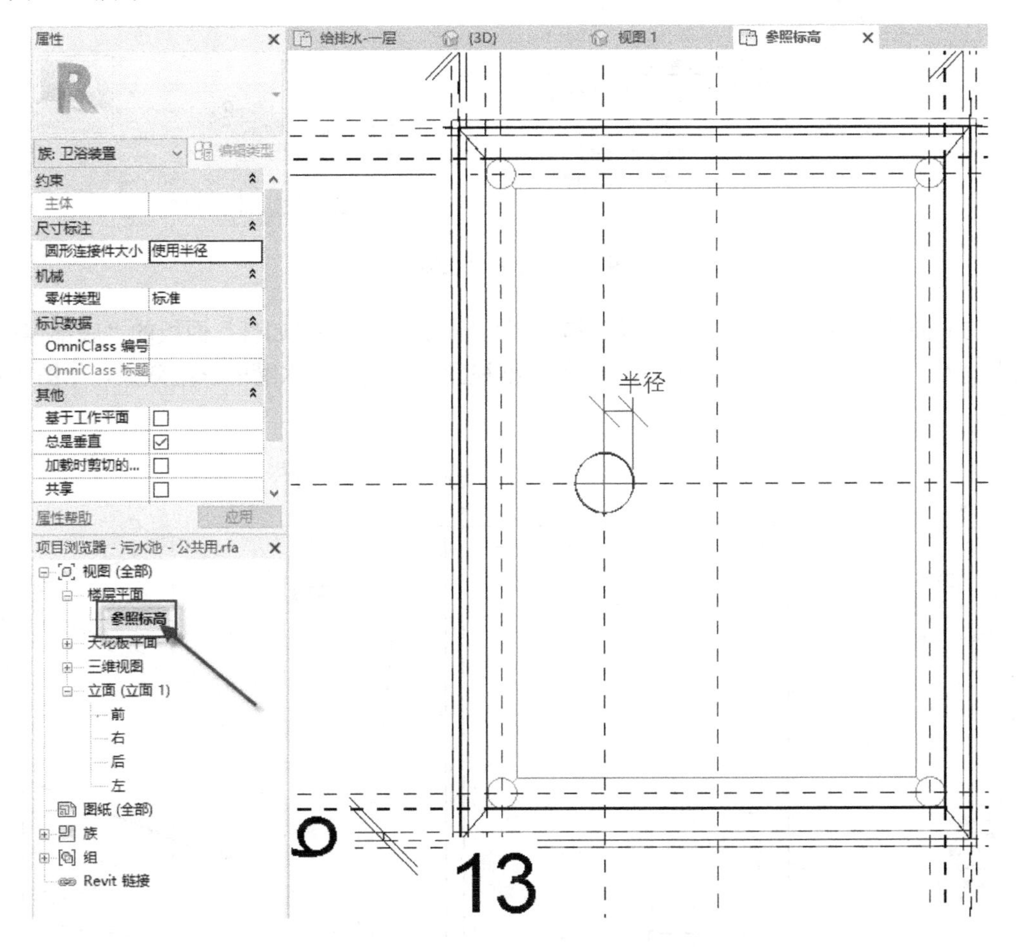


图 4.86　进入“参照标高”楼层平面

（2）导入水嘴。选择“插入”|“导入 CAD”命令，在弹出的“导入 CAD 格式”对话框中将“文件类型”切换至“SketchUp 文件（*.skp）”选项，切换“定位”为“自动-中心到中心”选项，选择配套资源中提供的“水嘴.skp”文件，单击“打开”按钮将其导入族中，如图 4.87 所示。

**注意：** 虽然使用 SketchUp 建的模型不带信息量，但是其建模能力优于 Revit，而且 SketchUp 的模型可以从网上免费下载。所以有些特殊造型的机电族（用 Revit 很难建模）可以导入 SketchUp 的 SKP 文件，然后再增加相应的信息量。

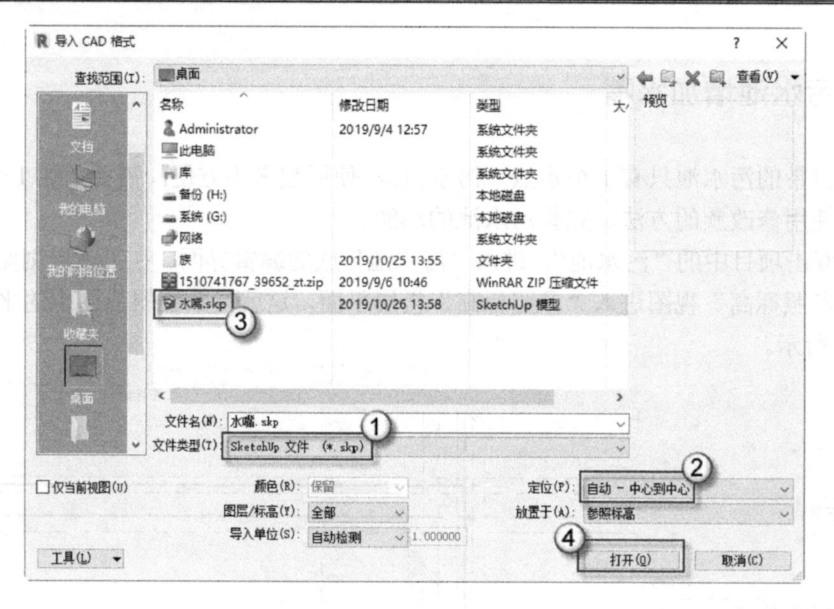


图 4.87　导入“水嘴”

（3）调整水嘴的位置。将“水嘴”拖曳至相应的位置，在“属性”面板的“底部偏移”栏中输入 750 字样，如图 4.88 所示。进入三维视图可以观察到水嘴的三维效果，如图 4.89 所示。

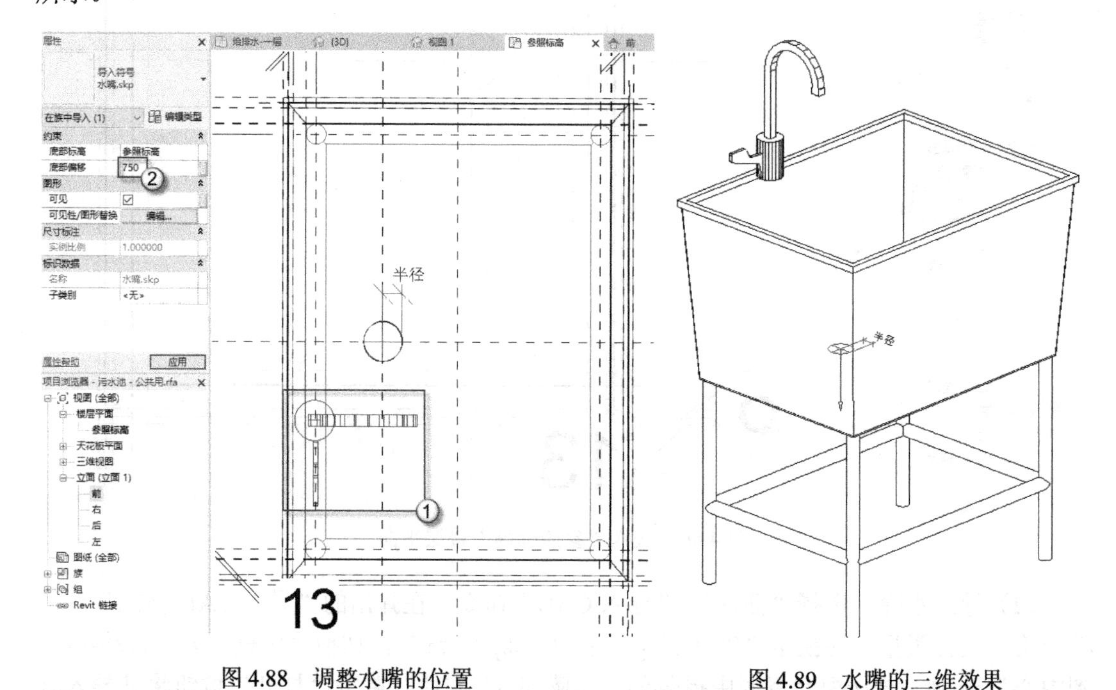


图 4.88　调整水嘴的位置　　　图 4.89　水嘴的三维效果

（4）取消水嘴的平面可见性。选择“水嘴”，在“属性”面板中的“可见性/图形替换”栏中单击“编辑”按钮，在弹出的“族图元可见性设置”对话框中取消“平面/天花板平面视图”多选框的勾选，单击“确定”按钮，如图 4.90 所示。因为根据建筑制图的相关要求，水嘴不允许出现在平面图中，所以此处要去掉这个选项。

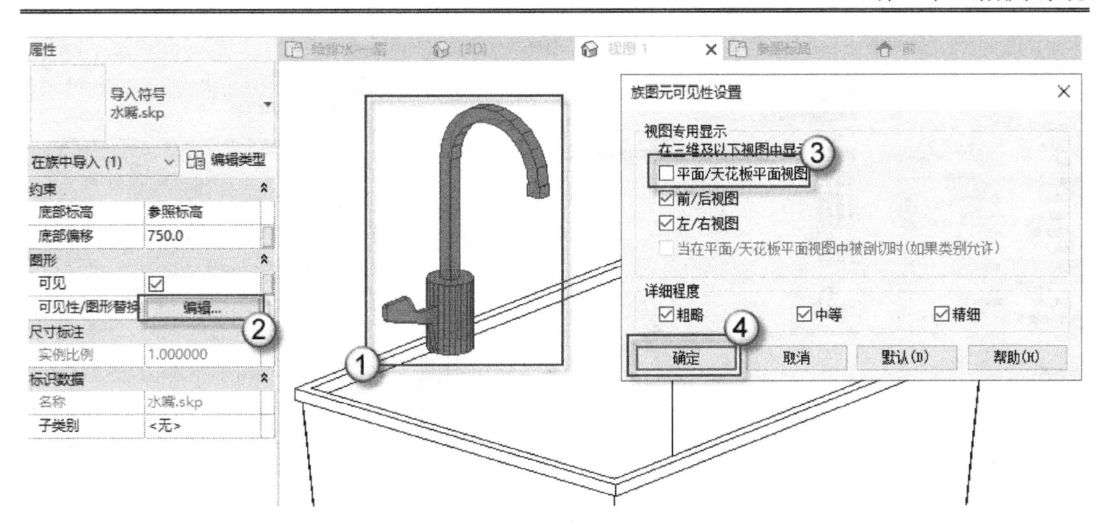


图 4.90　取消水嘴的平面可见性

（5）制作圆柱体。使用“创建”|“拉伸”命令，绘制出一个截面半径为 25mm、高为 30mm（即“拉伸终点”为 352，“拉伸起点”为 322，352-322=30）的圆柱体，这个制作好的圆柱体紧贴在水嘴的下方，如图 4.91 所示。这一步制作的这个圆柱体是一个辅助对象，是为了下一步创建管道连接件而设置的。

（6）创建管道连接件。选择“创建”|“管道连接件”命令，再选择上一步制作好的圆柱体下侧的圆形面，如图 4.92 所示。此时会出现一个有“半径”字样的标注，说明管道连接件创建成功。

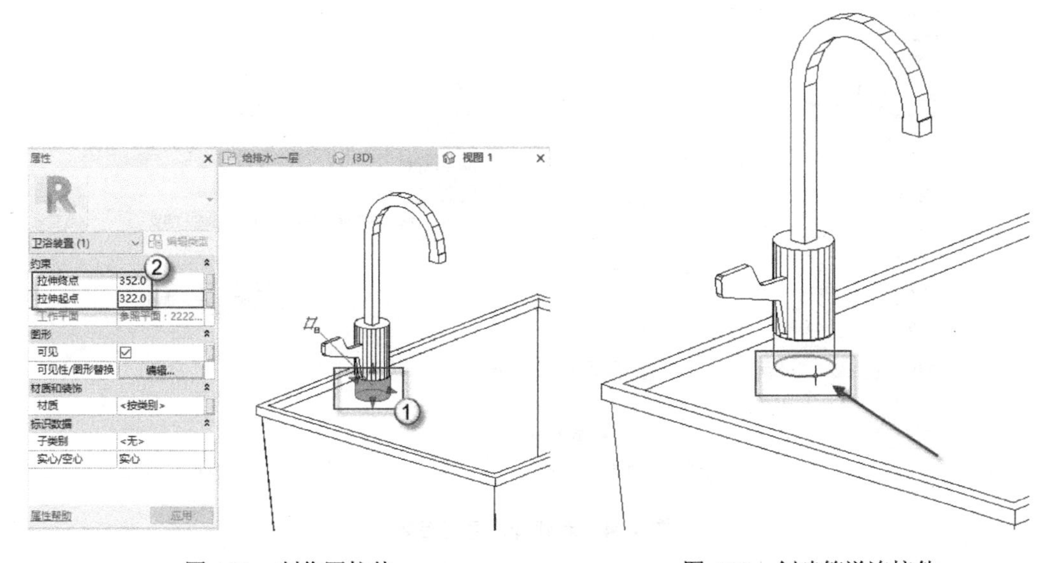


图 4.91　制作圆柱体　　　　图 4.92　创建管道连接件

（7）新建冷水半径参数。选择有“半径”字样的标注，在“属性”面板中单击“尺寸标注”栏中的▯按钮，在弹出的“关联族参数”对话框中单击“新建参数”按钮，弹出“参数属性”对话框。在“名称”栏中输入“冷水半径”字样，单击“确定”按钮完成操作，如图 4.93 所示。

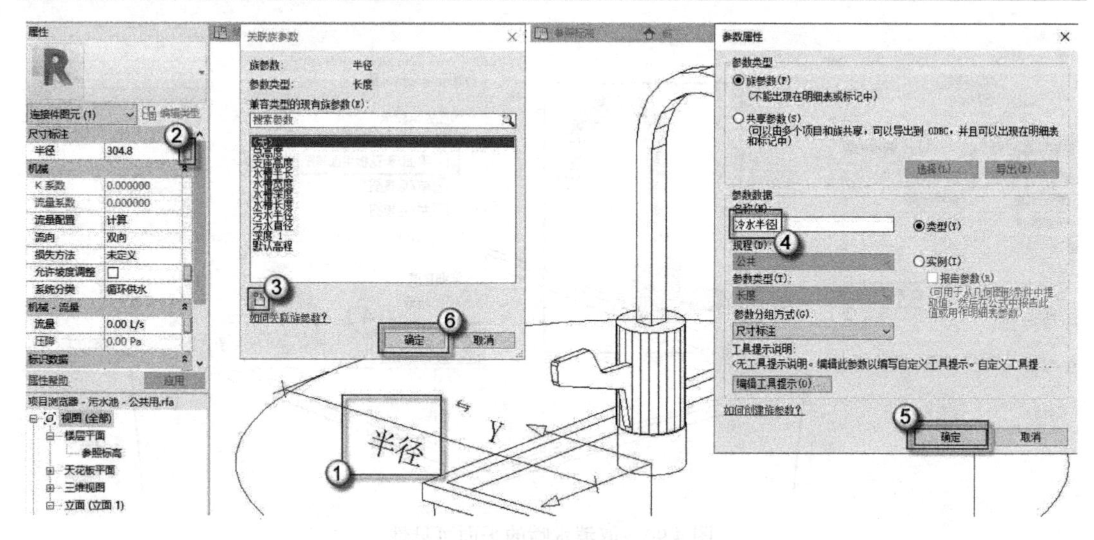


图 4.93　新建冷水半径参数

（8）新建冷水直径参数。单击“族类型”按扭，在弹出的“族类型”对话框中单击“新建参数”按钮，在弹出的“参数属性”对话框中的“名称”栏中输入“冷水直径”字样，单击“确定”按钮完成操作，如图 4.94 所示。

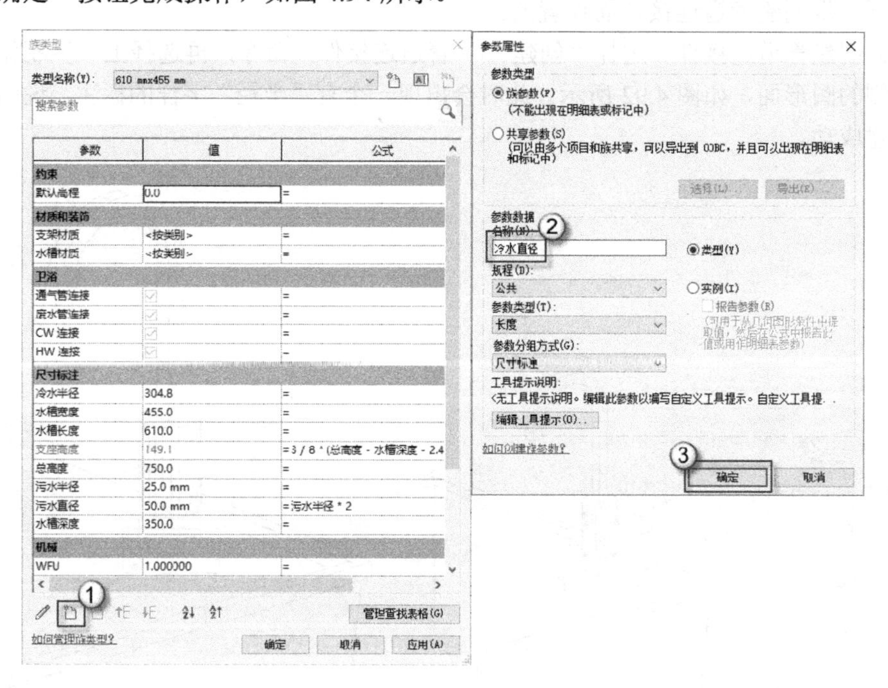


图 4.94　新建冷水直径参数

（9）定义公式。在“冷水直径”的“公式”栏中输入“冷水半径*2”字样，即冷水直径=冷水半径×2；在“冷水直径”的“值”栏中输入“25.0”字样，即默认的冷水管的管径（直径）为 25mm，单击“确定”按钮，如图 4.95 所示。

**注意：** 在机电管线设计与安装中，水管截面皆是以直径为单位，但是 Revit 默认的水管则是以半径进行标注，所以此处使用一个公式，将半径转化为直径。

（10）将族载入到项目中。单击“载入到项目”按钮，在弹出的“族已存在”对话框中选择“覆盖现有版本及其数值”选项，如图 4.96 所示。

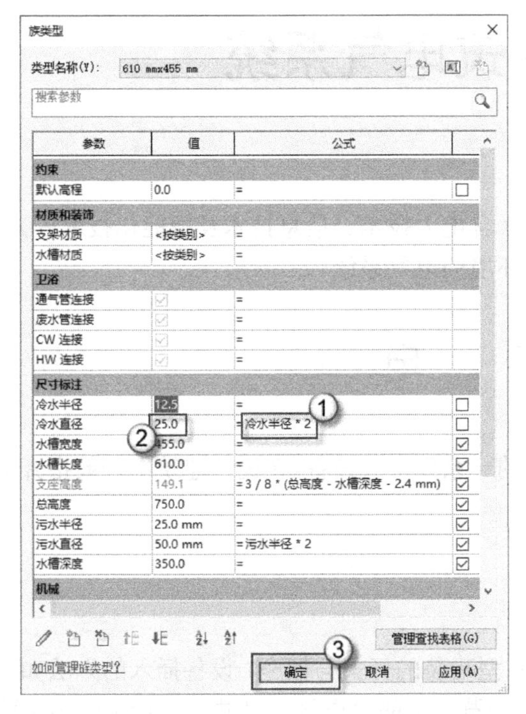


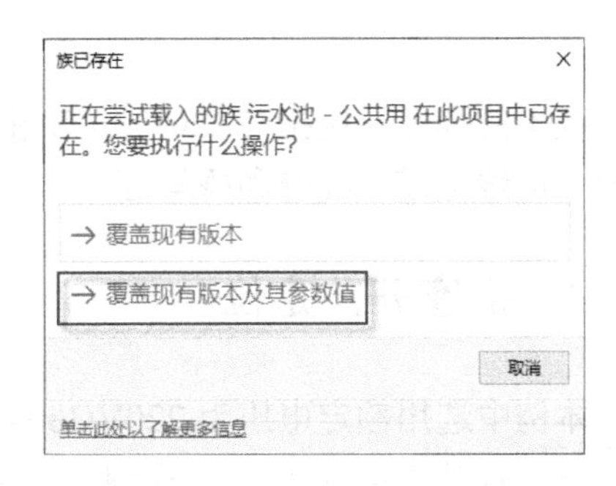

图 4.95　定义公式

图 4.96　覆盖现有版本及其数值

（11）在项目界面中将调整后的污水池的水嘴连接上给水管，这样就解决了系统自带的污水池族只有污水点而无给水点的问题，如图 4.97 所示。

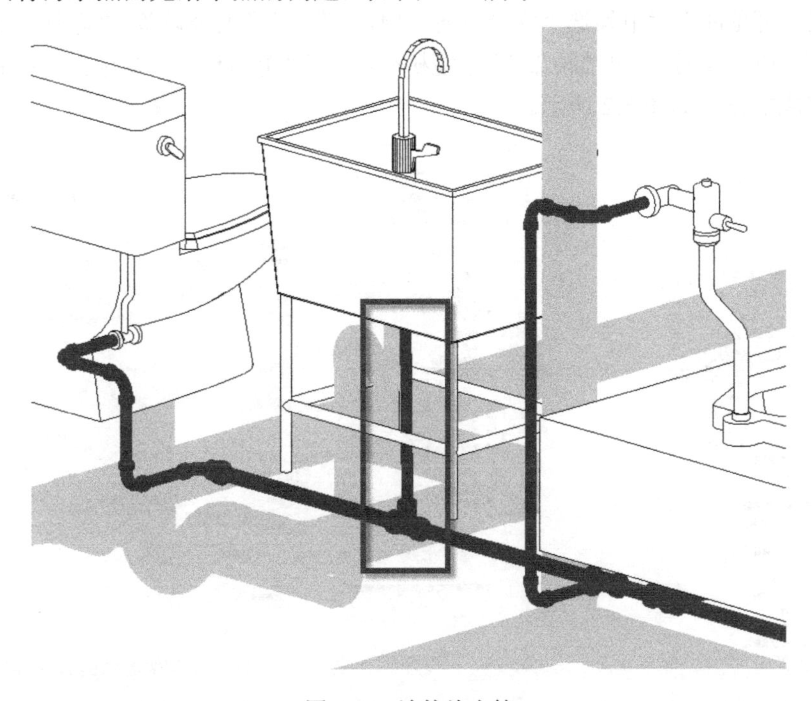

图 4.97　连接给水管

# 第 5 章　建筑电气系统

建筑电气是以建筑为平台，以电气技术（含电力技术、信息技术及智能化技术等）为手段，在有限空间内，创造一个人性化生活环境的电气系统。

## 5.1　强　　电

我国的强电系统指与220V/380V相关联的一系列电气设备。在民用建筑中一般指开关、插座、电线电缆、线管和桥架等。

### 5.1.1　插座开关定位

本例中选用额定电压为 220V/380V 的 86 型暗装的开关与插座，设备插入的方法如下：

（1）打开“电气-一层”视图。选择项目浏览器中的“电气”|“电气”|“楼层平面”|“电气-一层”选项，如图 5.1 所示。

（2）修改电气可见性。按 VV 快捷键发出“可见性”命令，在弹出的“楼层平面：可见性/图形替换”对话框中单击“模型类别”选项卡，在“过滤器列表”中选择“电气”选项，依次在“可见性”栏中勾选“安全设备”“数据设备”“火警设备”“灯具”“照明设备”“电气装置”“电气设备”“电缆桥架”“电缆桥架配件”“电话设备”复选框，最后单击“确定”按钮完成操作，如图 5.2 所示。

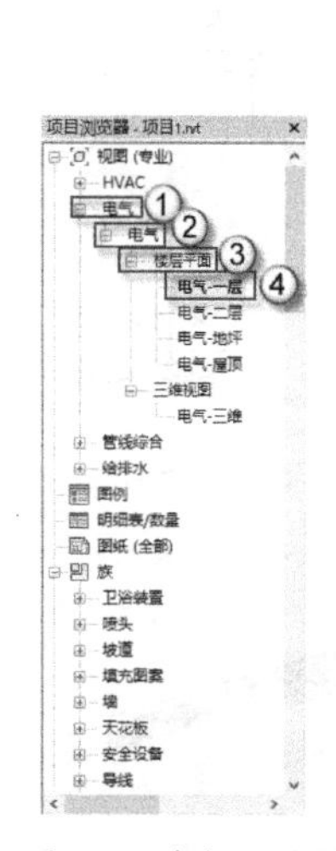


图 5.1　打开“电气-一层”视图

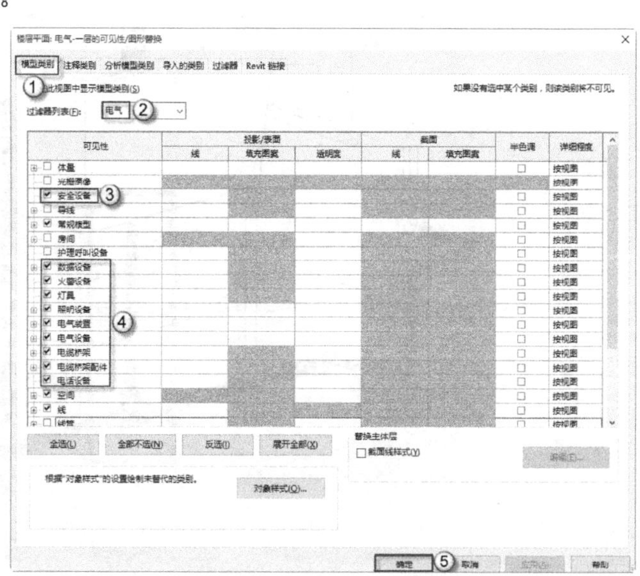


图 5.2　修改电气可见性

（3）载入插座开关族。选择“插入”|“载入族”命令，弹出“载入族”对话框，依次选择配套下载资源中提供的 LEB、开关、双联二三极暗装插座和双联开关 4 个 RFA 族文件，单击“打开”按钮，将族载入进项目中，如图 5.3 所示。

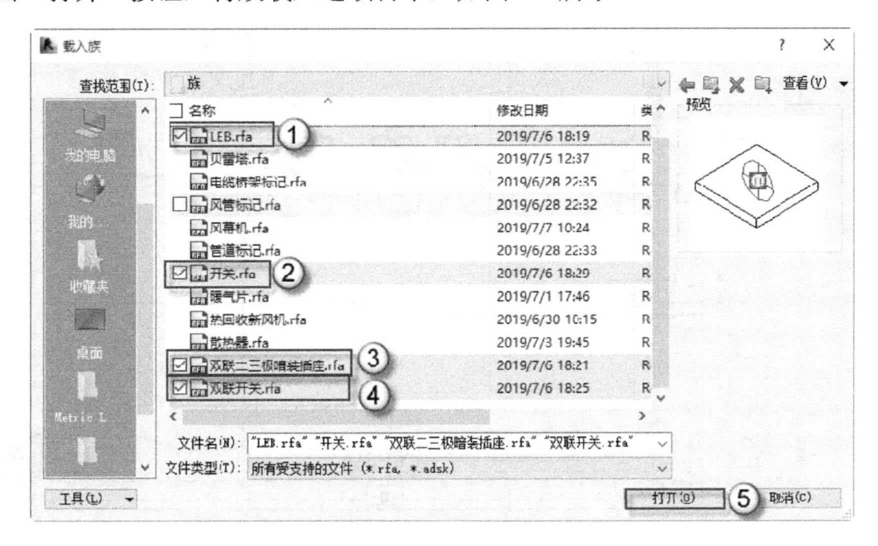


图 5.3　载入插座开关族

（4）放置 LEB 族。选择“系统”|“设备”|“数据”命令，在“属性”面板中选择 LEB 类型，在“立面”栏中输入“300”个单位，参照本书附录 B 中的相关图纸调整 LEB 至合适位置，布置好 5 个 LEB（图中③~⑦处），如图 5.4 所示。

**注意：** LEB 就是局部等电位联结端子盒。其功能是将建筑物内的钢筋网、插座、上下水管、暖气管道，煤气管道，卫生间的浴架、无障碍抓手等金属构件相互联结，从而构成等电位体，保护人和设备的安全。

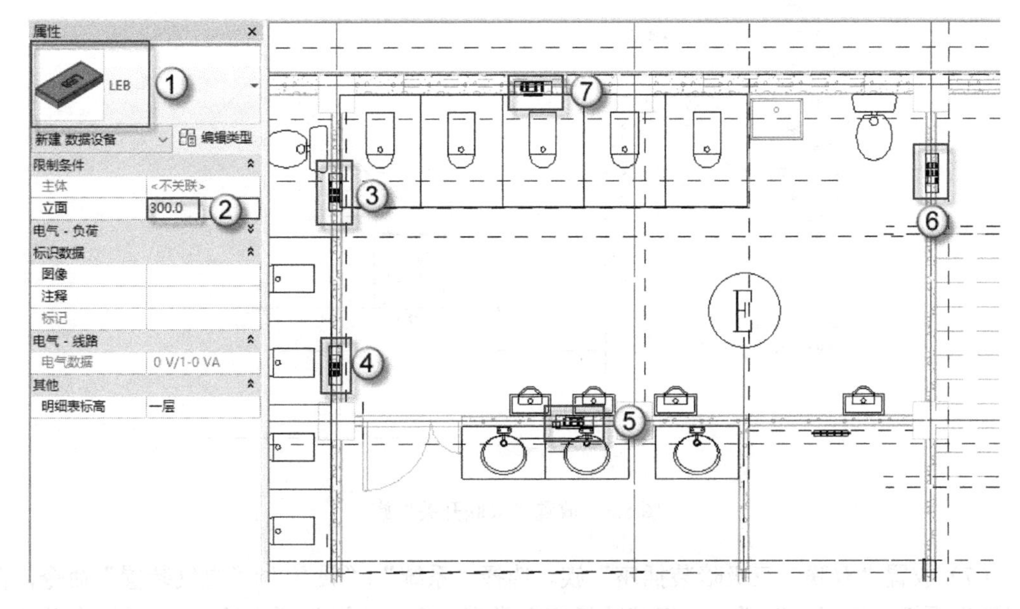


图 5.4　放置 LEB 族

（5）放置“开关”族。选择“系统”|“设备”|“照明”命令，在“属性”面板中选择“开关”类型，在“立面”栏中输入“1400”个单位，参照本书附录 B 中的相关图纸，将开关放置至合适位置，4 个开关（③~⑥）放置好后，如图 5.5 所示。

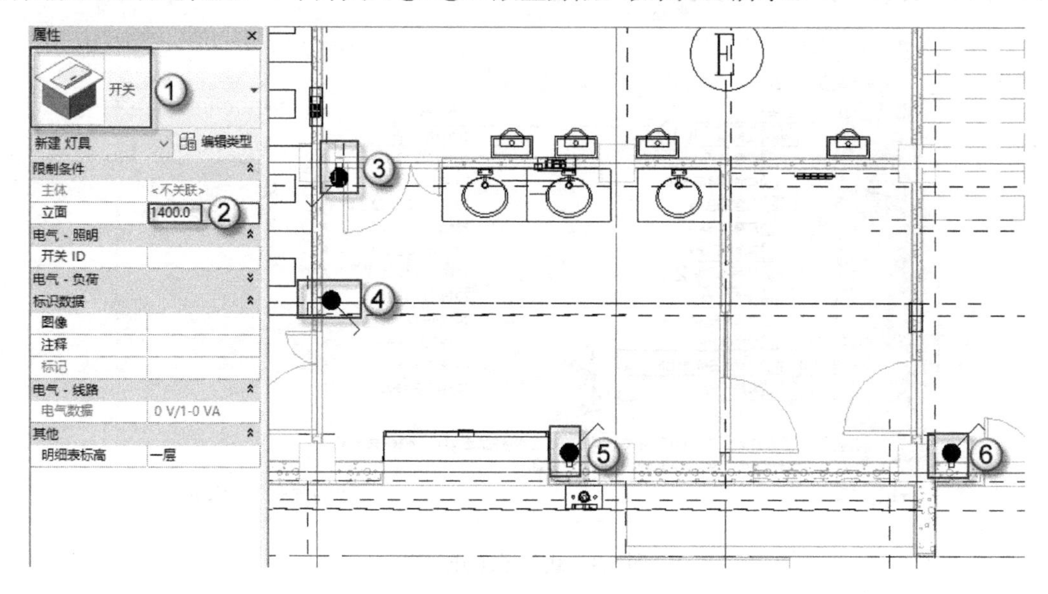


图 5.5　放置“开关”族

（6）放置“双联开关”族。选择“系统”|“设备”|“照明”命令，在“属性”面板中选择“双联开关”类型，在“立面”栏中输入“1400”个单位，参照本书附录 B 中的相关图纸，调整开关至合适位置，如图 5.6 所示。

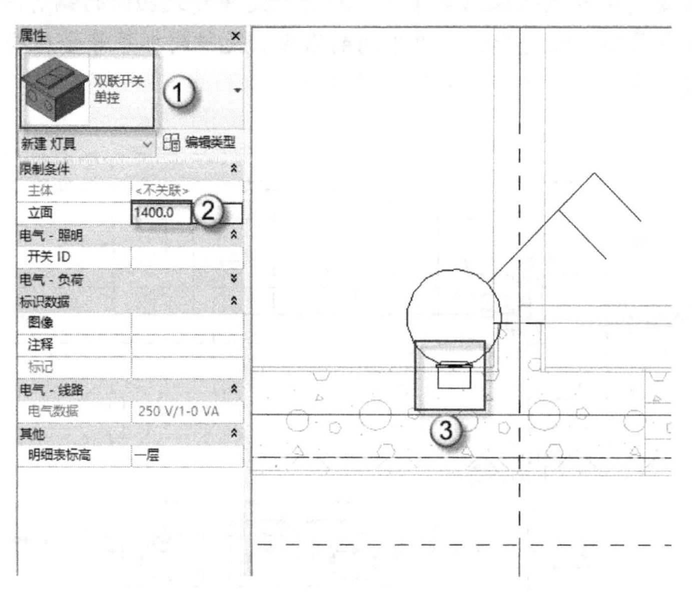


图 5.6　放置“双联开关”族

（7）放置“双联二三级暗装插座”族。选择“系统”|“设备”|“电气装置”命令，在“属性”面板中选择“双联二三级暗装插座”类型，在“立面”栏中输入“400”个单位，

参照本书附录 B 中的相关图纸，调整插座至合适位置，两个双联二三级暗装插座（③、④）放置好后，如图 5.7 所示。

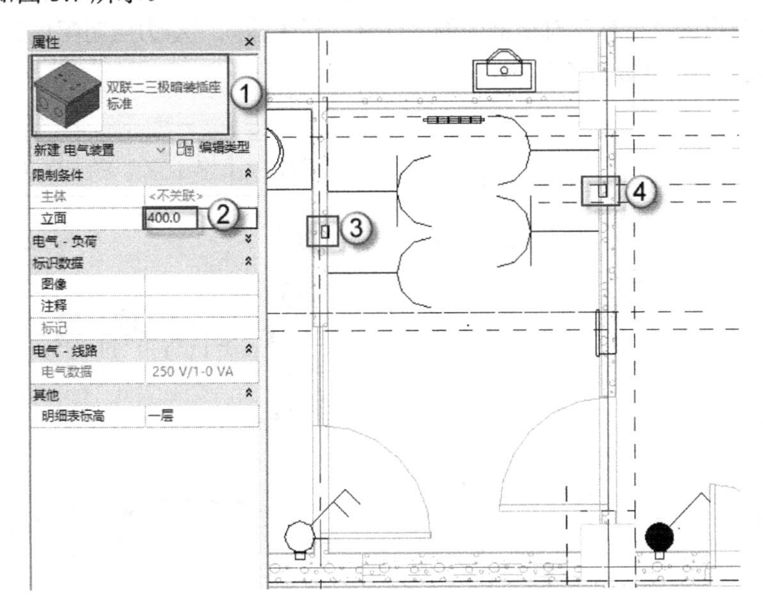


图 5.7　放置“双联二三级暗装插座”族

（8）载入“接地插孔三相插座 - 暗装”族。选择“插入”|“载入族”命令，弹出“载入族”对话框，选择配套下载资源中提供的“带接地插孔三相插座 - 暗装”族，单击“打开”按钮，将族载入项目中，如图 5.8 所示。

图 5.8　载入“接地插孔三相插座 - 暗装”族

（9）放置“接地插孔三相插座 - 暗装”族。选择“系统”|“设备”|“电气装置”命令，在“属性”面板中选择“接地插孔三相插座 - 暗装”类型，在“立面”栏中输入“1400”个单位，参照本书附录 B 中的相关图纸，调整插座至合适位置，三个接地插孔三相插座 - 暗装（③~⑤）放置好后，如图 5.9 所示。

（10）新建“动力照明配电箱”族。选择“系统”|“设备”|“电气设备”命令，选择“照明配电箱 LB101”类型，单击“编辑类型”按钮，弹出“类型属性”对话框，单击“复制”按钮，在弹出的“名称”对话框中的“名称”栏中输入“动力照明配电箱”，单击“确定”按钮完成操作，如图 5.10 所示。

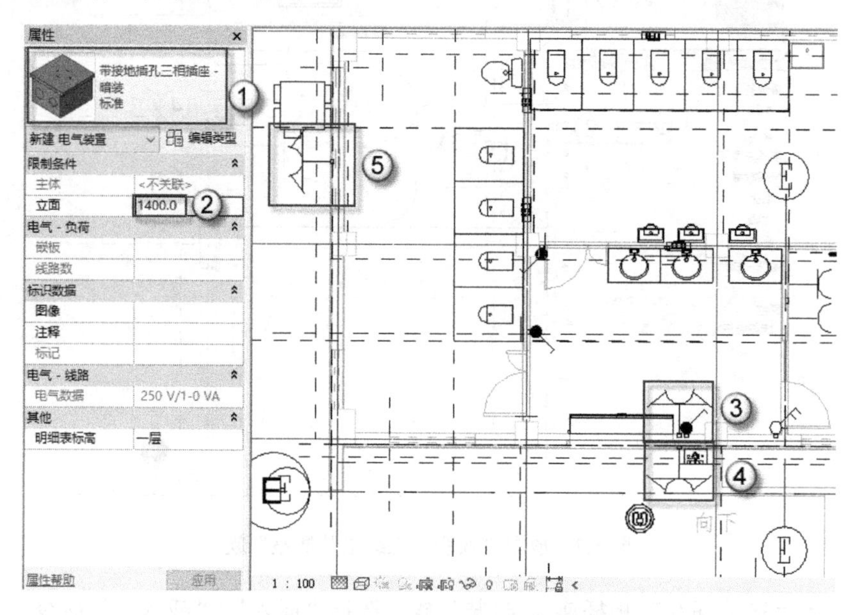


图 5.9　放置“接地插孔三相插座 - 暗装”族

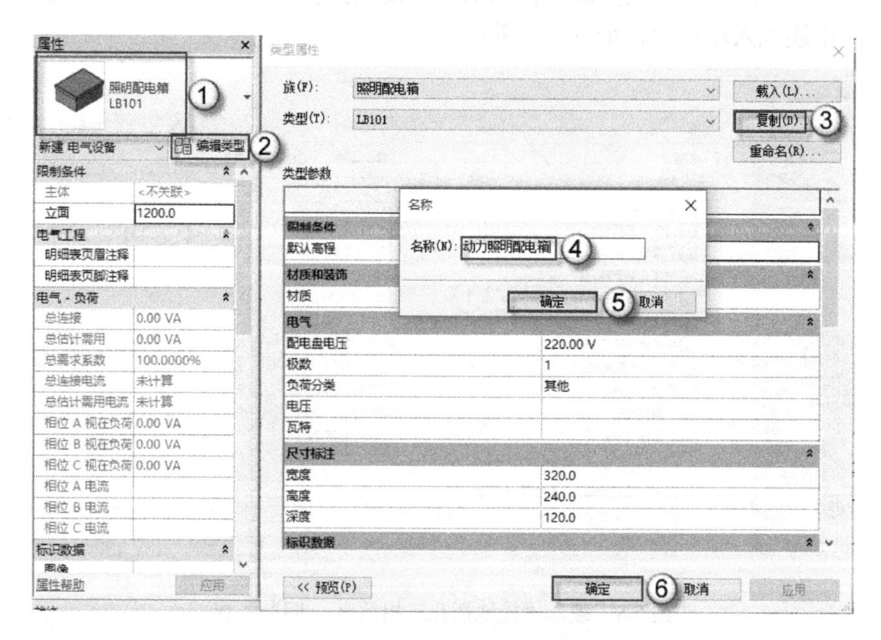


图 5.10　新建“动力照明配电箱”族

（11）放置“动力照明配电箱”族。选择“系统”|“设备”|“电气设备”命令，在“属性”面板中选择“动力照明配电箱”类型，在“立面”栏中输入“1200”个单位，参照本书附录 B 中的相关图纸，调整配电箱至合适位置，如图 5.11 所示。

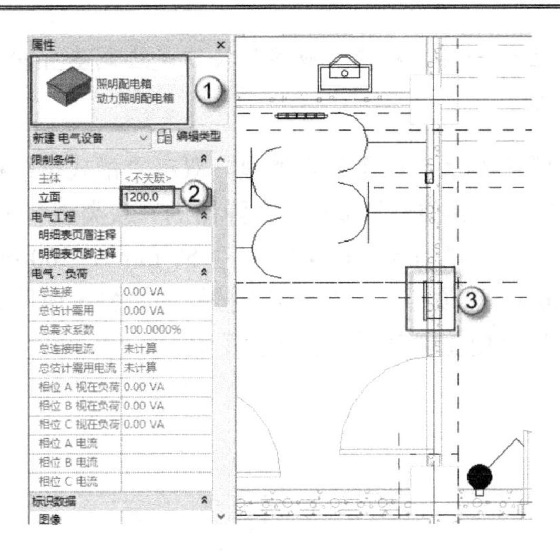


图 5.11　放置“动力照明配电箱”族

这样就完成了一层插座与开关的插入，读者可依照上述同样的方法，放置二层插座与开关族，此处不再赘述。

## 5.1.2　插座桥架

电缆桥架分为槽式电缆桥架、托盘式电缆桥架和梯级式电缆桥架等结构，由支架、托臂和安装附件等组成。电缆桥架可以独立架设，也可以敷设在各种建筑物天花板下和走廊支架上，有结构简单、造型美观、配置灵活和维修方便等特点。

（1）绘制第 1 段插座桥架。按 CT 快捷键发出“电缆桥架”命令，在“修改|放置 电缆桥架”的“宽度”栏中输入 25mm，在“高度”栏中输入 25mm，在“偏移量”栏中输入 3450mm，绘制第一段插座桥架，如图 5.12 所示。

（2）绘制第 1 段插座垂直桥架。右击桥架端点，选择“绘制电缆桥架”命令，在“修改|放置 电缆桥架”的“宽度”栏中输入 25mm，在“高度”栏中输入 25mm，在“偏移量”栏中输入 400mm，双击“应用”按钮，绘制第一段插座垂直桥架，如图 5.13 所示。

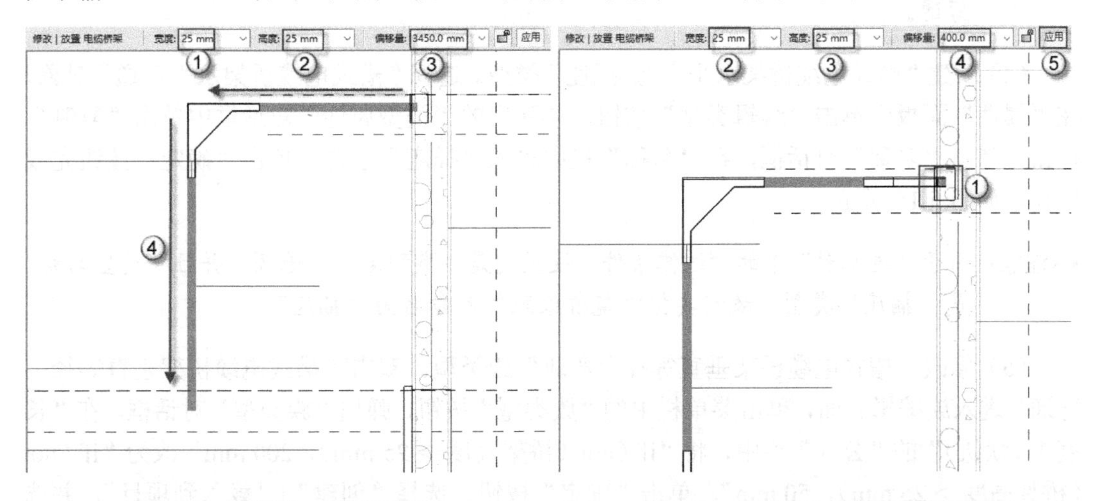


图 5.12　绘制第 1 段插座桥架　　　　图 5.13　绘制第 1 段插座垂直桥架

注意：与绘制水管的立管一样，双击“应用”按钮是绘制垂直向的桥架，而绘制水平向桥架是不需要的。

（3）修改“槽式电缆桥架水平弯通”族类型。双击“槽式电缆桥架水平弯通”进入族编辑界面，单击菜单栏中的“族类型”按钮，在弹出的“族类型”对话框中的“长度 1（默认）”的“公式”栏中，将“=if（not（桥架宽度 ＞50 mm），200 mm”改为“if（not（桥架宽度 ＞50 mm），50 mm”选项，单击“确定”按钮，如图 5.14 所示。选择“创建”|“载入到项目”命令，并选择“覆盖现有版本及参数”选项。

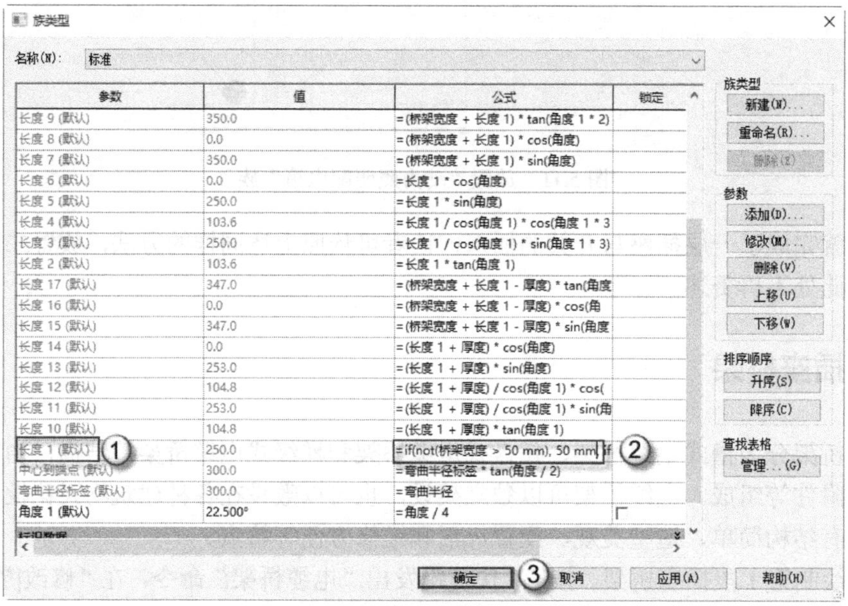

图 5.14　修改“槽式电缆桥架水平弯通”族类型

注意：这一步调整“长度 1”的公式是为了减少弯通的直径（由 200mm 改为 50mm）。由于此处放置桥架的空间位置不足，无法放置大直径的弯通，因此要改为小直径弯通。

（4）新建“槽式电缆桥架水平弯通 插座”类型。选择“槽式电缆桥架水平弯通”对象，在“属性”面板中单击“编辑类型”按钮，在弹出的“类型属性”对话框中单击“复制”按钮，弹出“名称”对话框，在“名称”栏中输入“插座”字样，单击“确定”按钮完成操作，如图 5.15 所示。

注意：由于“过滤器”中的“过滤条件”设置的是“类型名称”选项，并且“类型名称”是“插座”类型，故需要把电缆桥架配件都命名为“插座”。

（5）修改“槽式电缆桥架垂直等径上弯通”族类型。双击“槽式电缆桥架垂直等径上弯通”进入族编辑界面，单击菜单栏中的“族类型”按钮，弹出“族类型”对话框，在“长度 1（默认）”的“公式”栏中，将“if（not（桥架高度 ＞25 mm），200 mm”改为“if（not（桥架高度 ＞25 mm），50 mm”，单击“确定”按钮，选择“创建”|“载入到项目”，并选

择“覆盖现有版本及参数”命令，如图 5.16 所示。

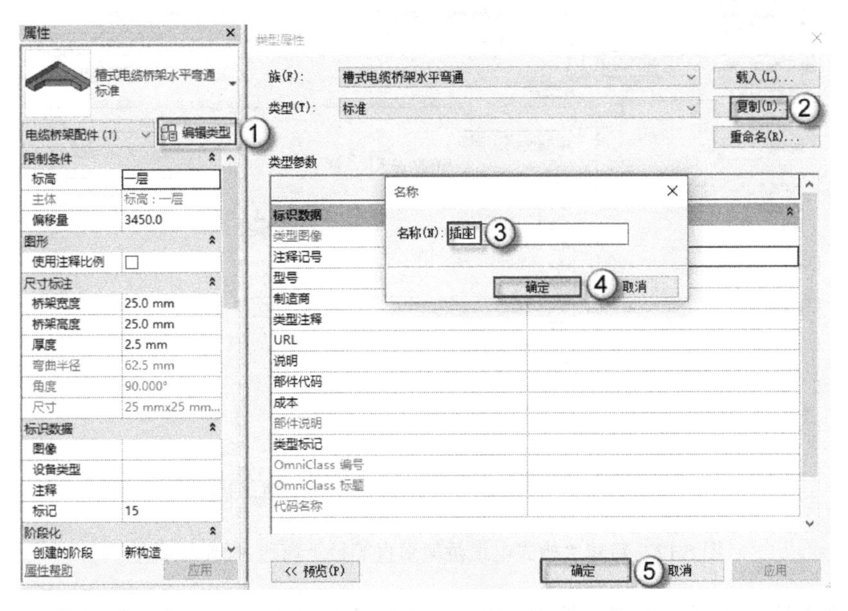


图 5.15　新建“槽式电缆桥架水平弯通 插座”类型

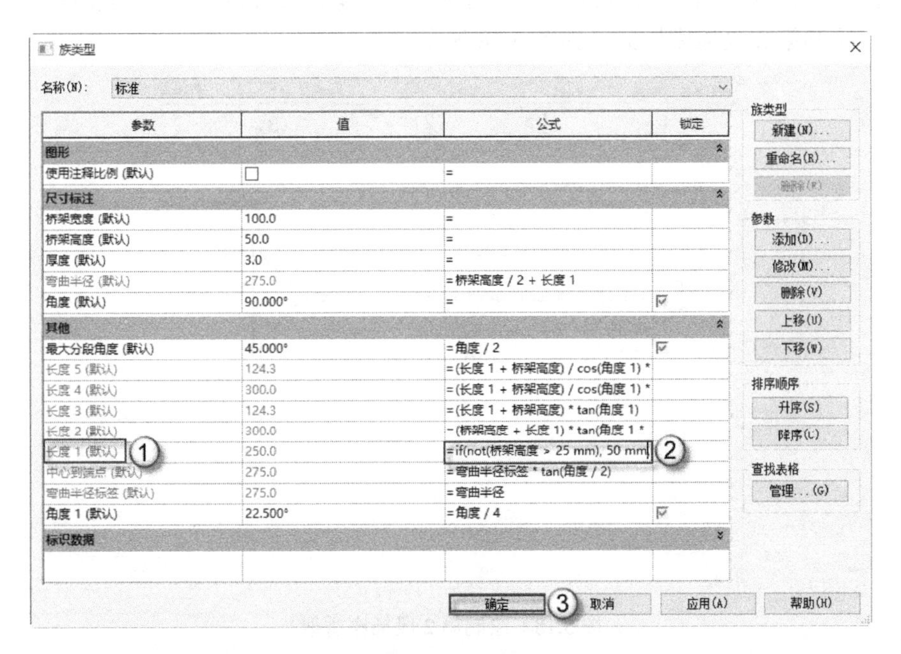


图 5.16　修改“槽式电缆桥架垂直等径上弯通”族类型

（6）新建“槽式电缆桥架垂直等径上弯通 插座”类型。选择“槽式电缆桥架垂直等径上弯通”族，在“属性”面板中单击“编辑类型”按钮，在弹出的“类型属性”对话框中单击“复制”按钮，弹出“名称”对话框，在“名称”栏中输入“插座”字样，单击“确定”按钮完成操作，如图 5.17 所示。

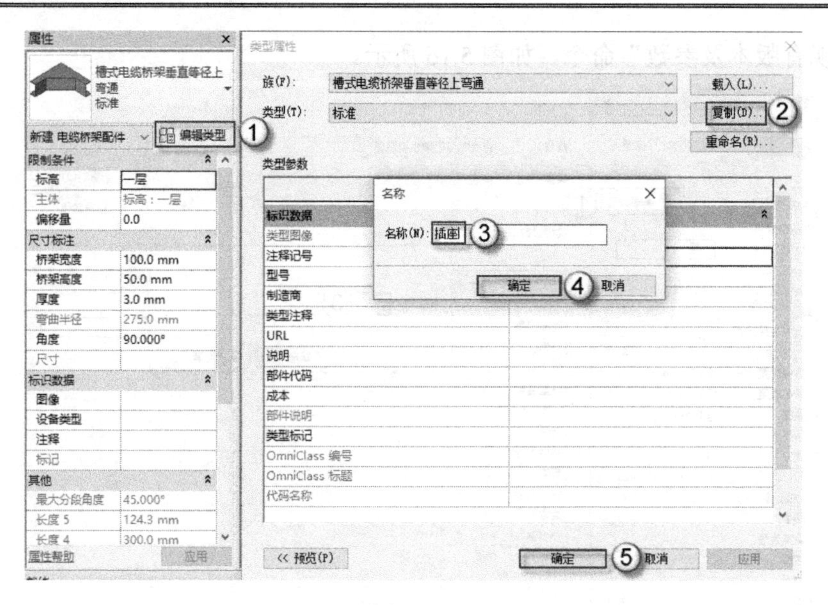


图 5.17　新建“槽式电缆桥架垂直等径上弯通 插座”类型

（7）绘制第 2 段插座桥架。按 CT 快捷键发出“电缆桥架”命令，在“修改|放置 电缆桥架”的“宽度”栏中输入 25mm，在“高度”栏中输入 25mm，在“偏移量”栏中输入 3450mm，绘制第 2 段插座桥架，如图 5.18 所示。

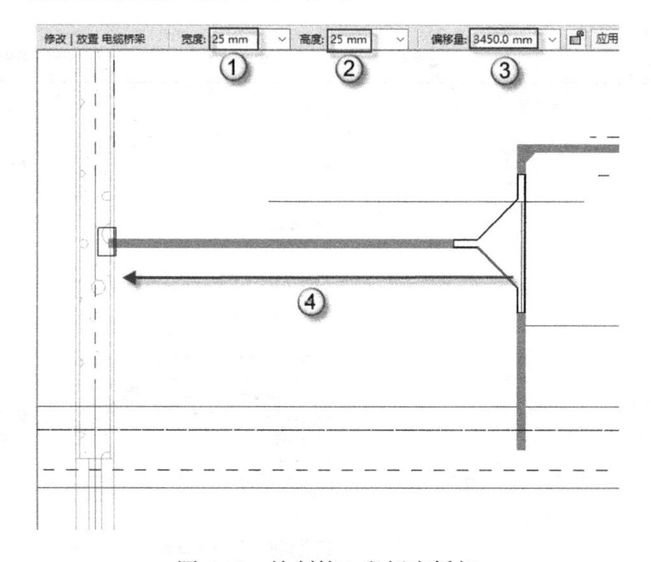


图 5.18　绘制第 2 段插座桥架

（8）新建“槽式电缆桥架水平三通 插座”类型。选择“槽式电缆桥架水平三通”族，在“属性”面板中单击“编辑类型”按钮，在弹出的“类型属性”对话框中单击“复制”按钮，弹出“名称”对话框，在“名称”栏中输入“插座”，单击“确定”按钮，完成操作，如图 5.19 所示。

（9）修改“带配件的电缆桥架 插座”类型属性。选择“系统”|“电缆桥架”命令，在“属性”面板中选择“带配件的电缆桥架 插座”类型，单击“编辑类型”按钮，弹出“类型属性”对话框，在“水平弯头”栏中选择“槽式电缆桥架水平弯通: 插座”选项，在“垂

直外弯头”栏中选择“槽式电缆桥架垂直等径上弯通：插座”选项，在“T 形三通”栏中选择“槽式电缆桥架水平三通：插座”选项，单击“确定”按钮完成操作，如图 5.20 所示。

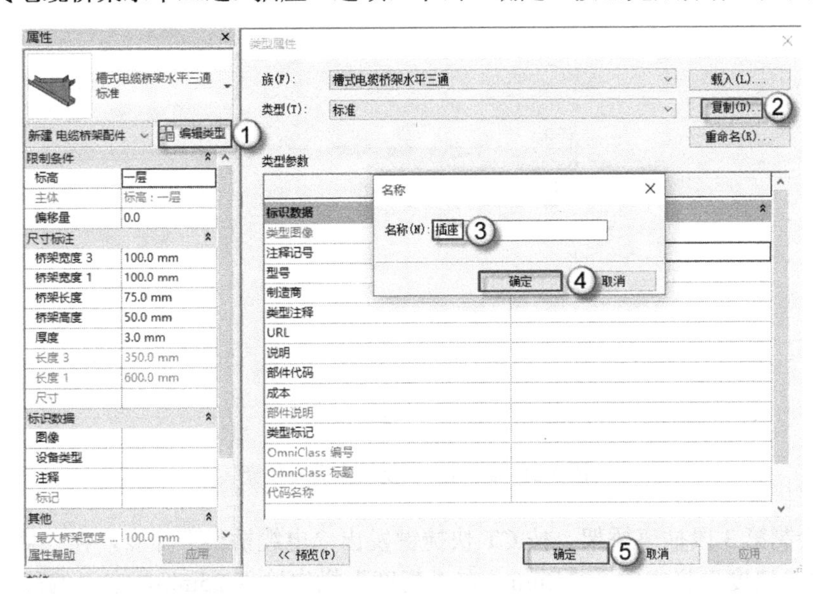


图 5.19　新建“槽式电缆桥架水平三通 插座”类型

**注意：** 此处设置插座桥架的类型属性与上述新建电缆桥架配件相对应，即先新建电缆桥架配件，后设置桥架管件。

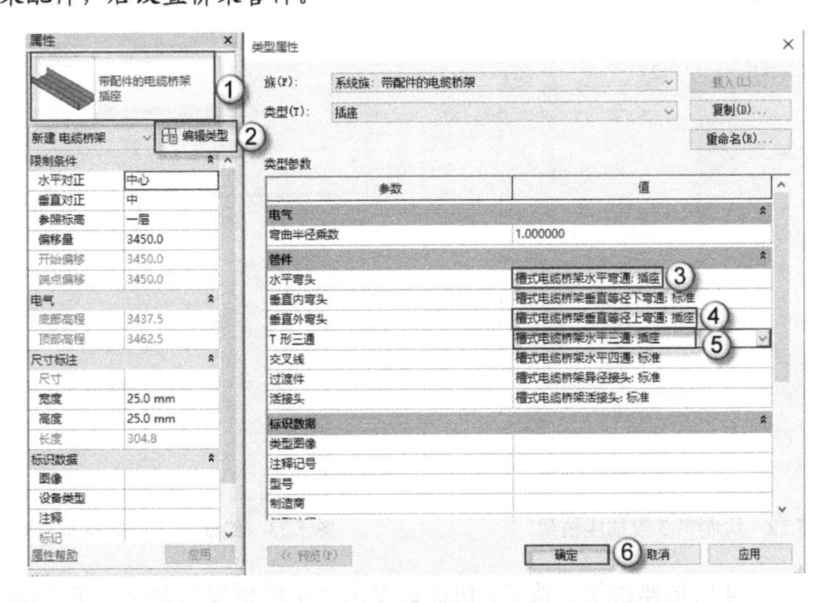


图 5.20　修改“带配件的电缆桥架 插座”类型属性

（10）绘制第 2 段插座垂直桥架。右击桥架端点，选择“绘制电缆桥架”命令，在“修改|放置 电缆桥架”的“宽度”栏中输入 25mm，在“高度”栏中输入 25mm，在“偏移量”栏中输入 400mm，双击“应用”按钮，绘制第 2 段插座垂直桥架，如图 5.21 所示。

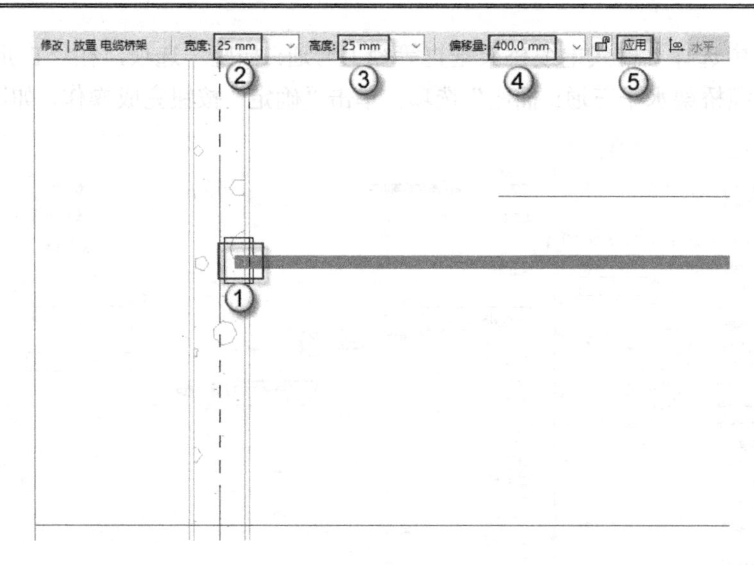


图 5.21　绘制第 2 段插座垂直桥架

（11）绘制第 3 段插座桥架。按 CT 快捷键发出“电缆桥架”命令，在“修改|放置 电缆桥架”的“宽度”栏中输入 25mm，在“高度”栏中输入 25mm，在“偏移量”栏中输入 3450mm，绘制第 3 段插座桥架，如图 5.22 所示。

（12）绘制第 3 段插座垂直桥架。右击桥架端点，选择“绘制电缆桥架”命令，在“修改|放置 电缆桥架”的“宽度”栏中输入 25mm，在“高度”栏中输入 25mm，“偏移量”栏中输入 1200mm，双击“应用”按钮，绘制第 3 段插座垂直桥架，如图 5.23 所示。

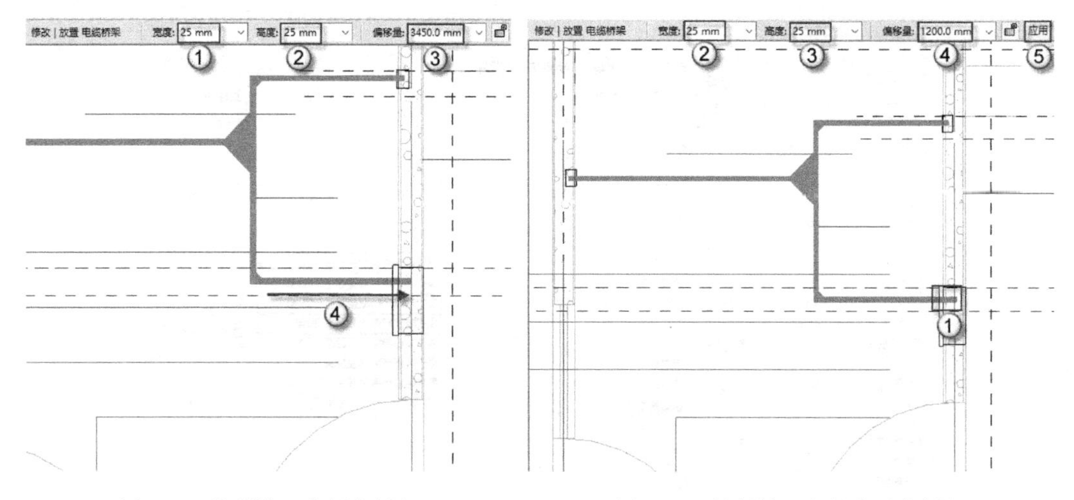


图 5.22　绘制第 3 段插座桥架　　　　图 5.23　绘制第 3 段插座垂直桥架

（13）绘制第 4 段插座桥架。按 CT 快捷键发出“电缆桥架”命令，在“修改|放置 电缆桥架”的“宽度”栏中输入 25mm，在“高度”栏中输入 25mm，在“偏移量”栏中输入 3450mm，绘制第 4 段插座桥架，如图 5.24 所示。

（14）绘制第 4 段插座垂直桥架。右击桥架端点，选择“绘制电缆桥架”命令，在“修改|放置 电缆桥架”的“宽度”栏中输入 25mm，在“高度”栏中输入 25mm，在“偏移量”栏中输入 1200mm，双击“应用”按钮，绘制第 4 段插座垂直桥架，如图 5.25 所示。

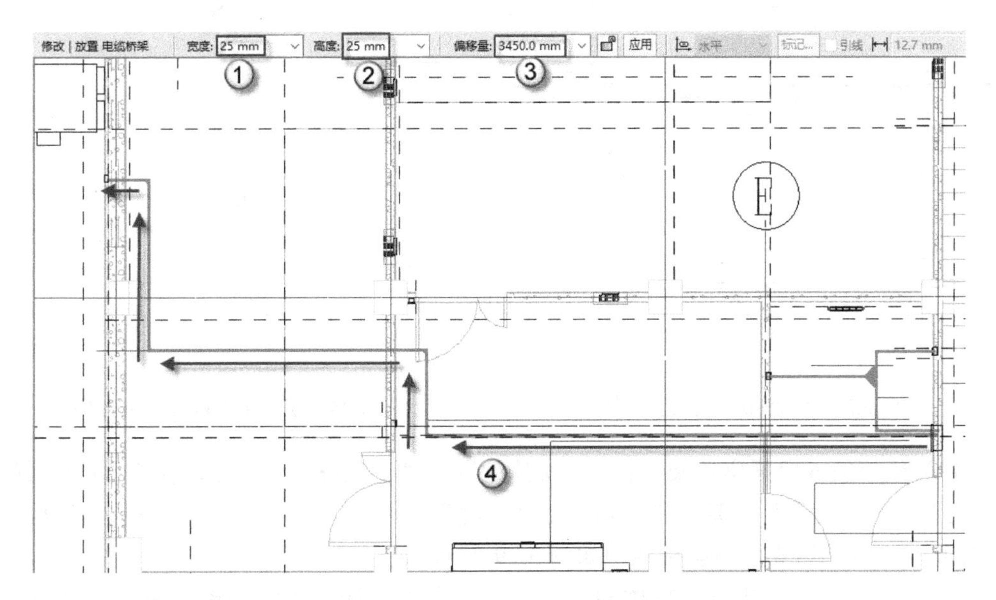


图 5.24　绘制第 4 段插座桥架

（15）绘制第 5 段插座垂直桥架。右击桥架端点，选择“绘制电缆桥架”命令，在“修改|放置 电缆桥架”的“宽度”栏中输入 25mm，在“高度”栏中输入 25mm，在“偏移量”栏中输入 2800mm，双击“应用”按钮，绘制第 5 段插座垂直桥架，如图 5.26 所示。

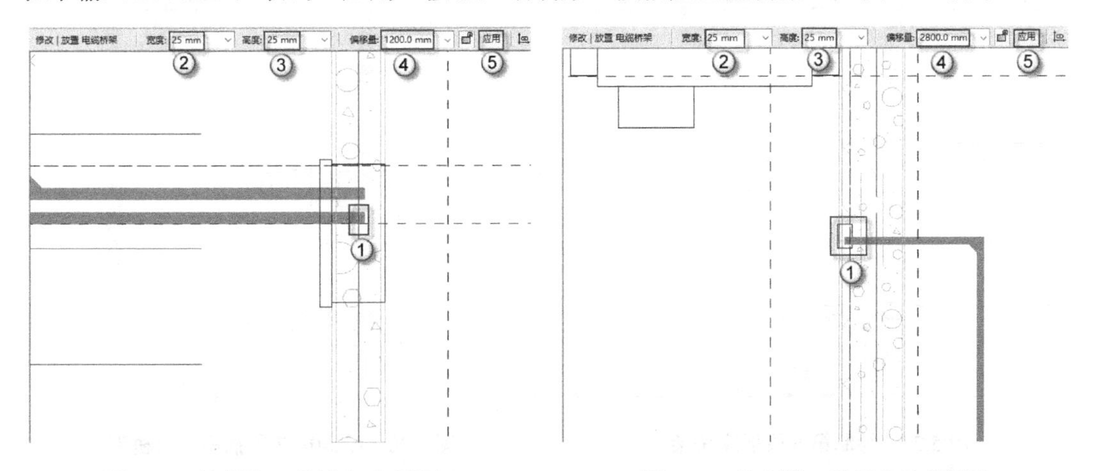


图 5.25　绘制第 4 段插座垂直桥架　　　图 5.26　绘制第 5 段插座垂直桥架

（16）绘制第 5 段插座桥架。按 CT 快捷键发出“电缆桥架”命令，在“修改|放置 电缆桥架”的“宽度”栏中输入 25mm，在“高度”栏中输入 25mm，在“偏移量”栏中输入 3450mm，绘制第 5 段插座桥架，如图 5.27 所示。

（17）绘制第 6 段插座垂直桥架。右击桥架端点，选择“绘制电缆桥架”命令，在“修改|放置 电缆桥架”的“宽度”栏中输入 25mm，在“高度”栏中输入 25mm，在“偏移量”栏中输入 1400mm，双击“应用”按钮，绘制第 6 段插座垂直桥架，如图 5.28 所示。

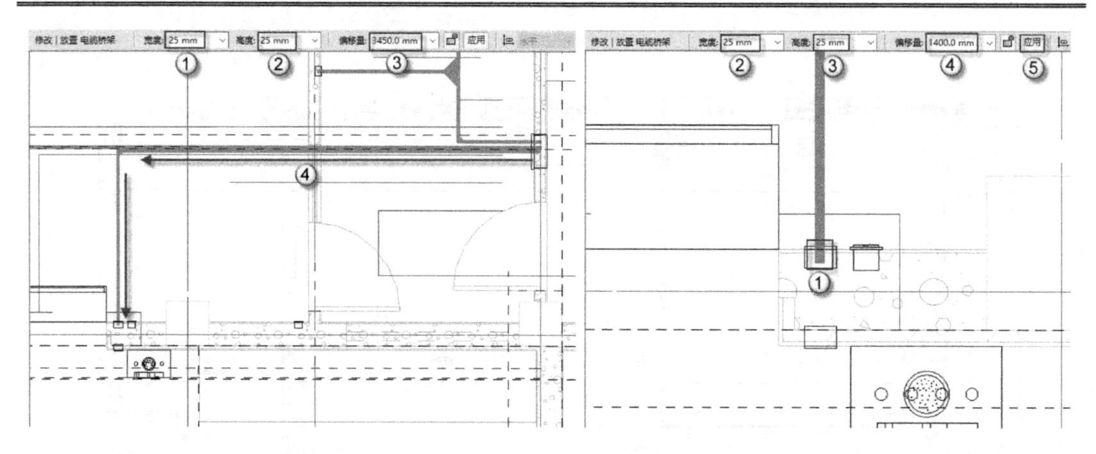


图 5.27　绘制第 5 段插座桥架　　　　图 5.28　绘制第 6 段插座垂直桥架

（18）绘制第 6 段插座桥架。按 CT 快捷键发出“电缆桥架”命令，在“修改|放置 电缆桥架”的“宽度”栏中输入 25mm，在“高度”栏中输入 25mm，在“偏移量”栏中输入 3450mm，绘制第 6 段插座桥架，如图 5.29 所示。

（19）绘制第 7 段插座垂直桥架。右击桥架端点，选择“绘制电缆桥架”命令，在“修改|放置 电缆桥架”的“宽度”栏中输入 25mm，在“高度”栏中输入 25mm，在“偏移量”栏中输入 1400mm，双击“应用”按钮，绘制第 7 段插座垂直桥架，如图 5.30 所示。

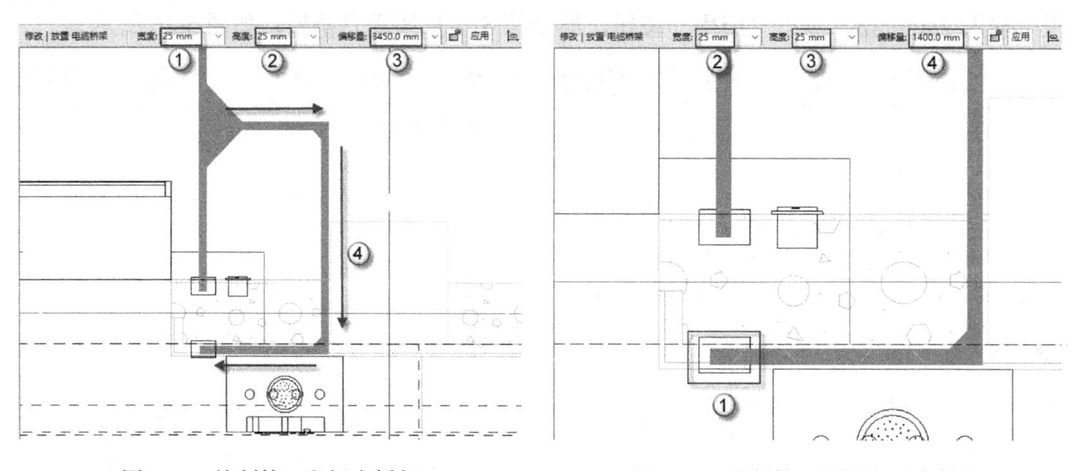


图 5.29　绘制第 6 段插座桥架　　　　图 5.30　绘制第 7 段插座垂直桥架

（20）绘制第 8 段插座垂直桥架。右击桥架端点，选择“绘制电缆桥架”命令，在“修改|放置 电缆桥架”的“宽度”栏中输入 25mm，在“高度”栏中输入 25mm，在“偏移量”栏中输入 1200mm，双击“应用”按钮，绘制第 8 段插座垂直桥架，如图 5.31 所示。

（21）绘制第 7 段插座桥架。按 CT 快捷键发出“电缆桥架”命令，在“修改|放置 电缆桥架”的“宽度”栏中输入 25mm，在“高度”栏中输入 25mm，在“偏移量”栏中输入 3450mm，绘制第 7 段插座桥架，如图 5.32 所示。

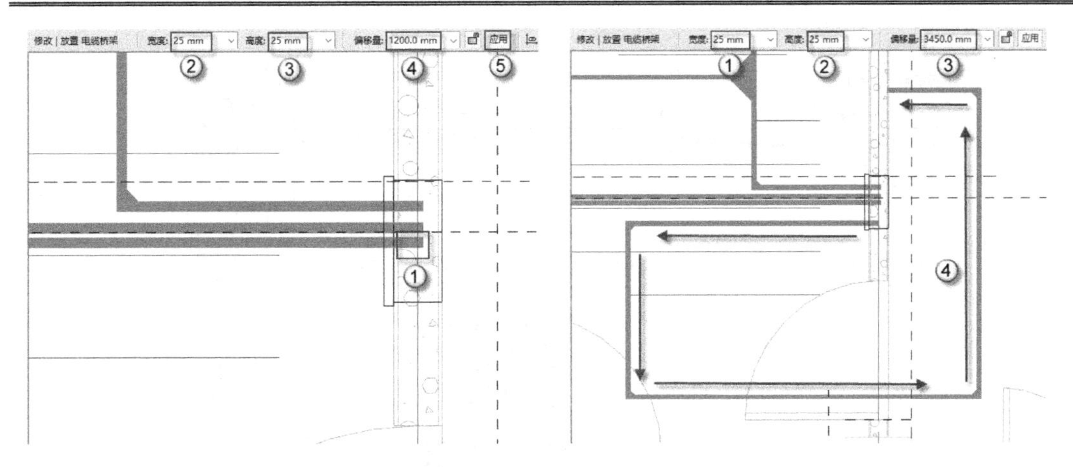


图 5.31　绘制第 8 段插座垂直桥架　　　　图 5.32　绘制第 7 段插座桥架

（22）绘制第 9 段插座垂直桥架。右击桥架端点，选择“绘制电缆桥架”命令，在“修改|放置 电缆桥架”的“宽度”栏中输入 25mm，在“高度”栏中输入 25mm，在“偏移量”栏中输入 1200mm，双击“应用”按钮，绘制第 9 段插座垂直桥架，如图 5.33 所示。

（23）绘制第 10 段插座垂直桥架。右击桥架端点，选择“绘制电缆桥架”命令，在“修改|放置 电缆桥架”的“宽度”栏中输入 25mm，在“高度”栏中输入 25mm，在“偏移量”栏中输入 6680mm，双击“应用”按钮，绘制第 10 段插座垂直桥架，如图 5.34 所示。

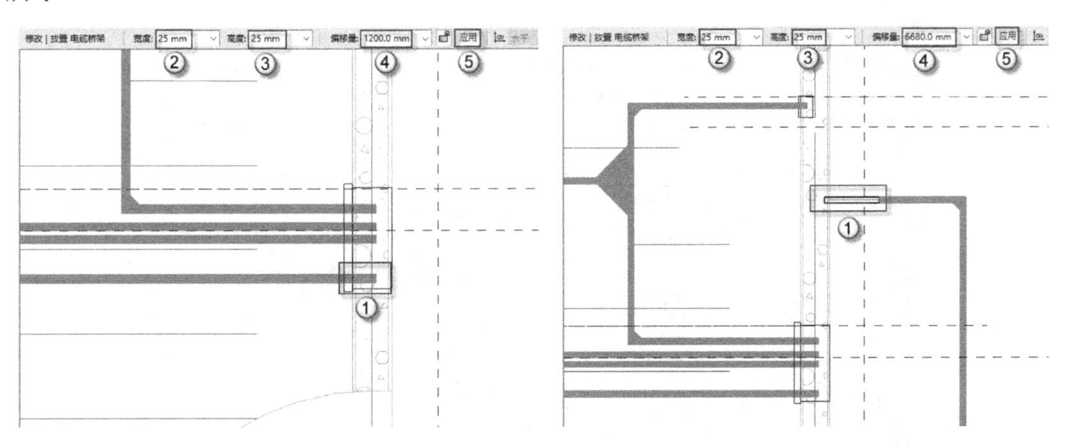


图 5.33　绘制第 9 段插座垂直桥架　　　　图 5.34　绘制第 10 段插座垂直桥架

（24）修改“槽式电缆桥架垂直等径下弯通”族类型。双击“槽式电缆桥架垂直等径下弯通”族进入族编辑界面，单击菜单栏中的“族类型”按钮，弹出“族类型”对话框，在“长度 1（默认）”的“公式”栏中，将“=if（not（桥架高度 >25 mm），200 mm”改为“=if（not（桥架高度 >25 mm），50 mm”，单击“确定”按钮，如图 5.35 所示。选择“创建”|“载入到项目”命令，并选择“覆盖现有版本及参数”选项。

图 5.35　修改“槽式电缆桥架垂直等径下弯通”族类型

（25）新建“槽式电缆桥架垂直等径下弯通”类型。选择“槽式电缆桥架垂直等径下弯通”族，在“属性”面板中单击“编辑类型”按钮，弹出“类型属性”对话框，单击“复制”按钮，弹出“名称”对话框，在“名称”栏中输入“插座”，单击“确定”按钮完成操作，如图 5.36 所示。

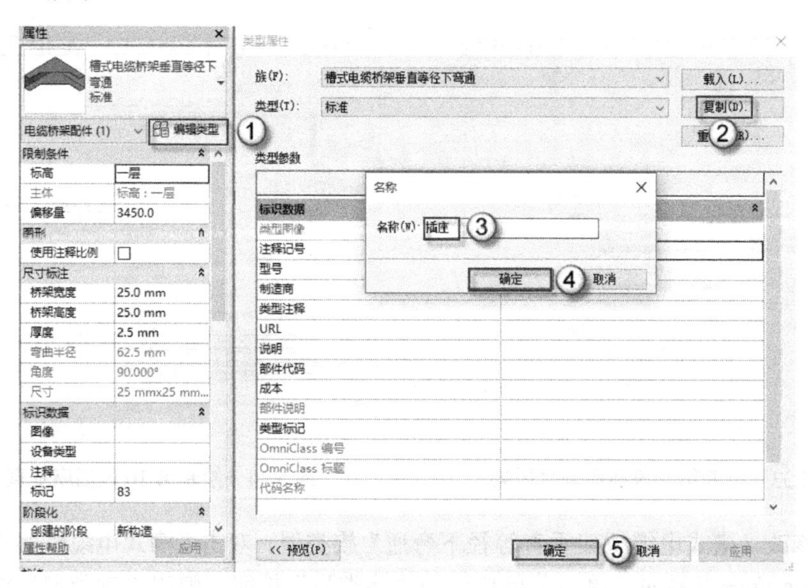


图 5.36　新建“槽式电缆桥架垂直等径下弯通”类型

（26）修改“带配件的电缆桥架 插座”类型属性。选择“系统”|“电缆桥架”命令，在“属性”面板中选择“带配件的电缆桥架 插座”类型，单击“编辑类型”按钮，在弹出的“类型属性”对话框中的“垂直内弯头”栏中选择“槽式电缆桥架垂直等径下弯通: 插座”选项，单击“确定”按钮完成操作，如图 5.37 所示。

图 5.37　修改“带配件的电缆桥架 插座”类型属性

这样就完成了一层插座电缆桥架的绘制。读者可依照上述同样的方法，放置二层插座电缆桥架，此处不再赘述。

## 5.1.3　照明桥架

照明线缆桥架采用槽式线缆桥架，与上一节布置的方法类似，具体操作如下：

（1）打开“电气-二层”视图。选择项目浏览器中的“电气”|“电气”|“楼层平面”|“电气-二层”选项，如图 5.38 所示，进入“电气-二层”视图，以布置照明桥架。

（2）载入“LED 长条灯”族。选择“插入”|“载入族”命令，弹出“载入族”对话框，选择配套下载资源中提供的“LED 长条灯”族，单击“打开”按钮，将族载入项目中，如图 5.39 所示。

（3）放置“LED 长条灯”族。选择“系统”|“照明设备”命令，单击“修改|放置设备”栏下的“放置在工作平面上”按钮，在“属性”面板中选择“LED 长条灯”类型，调整长条灯至合适位置，单击“翻转工作平面”按钮，如图 5.40 所示，放置完成后将其他位置的照明设备以同样的方法放置，放置完成后如图 5.41 所示。

**注意：** 因为这里是在二层放置位于一层的长条灯，所以需要单击“翻转工作平面”按钮。如果不单击“翻转工作平面”按钮，灯会贴在二层地面上；单击这个按钮，灯会翻过来贴在一层天花板上。

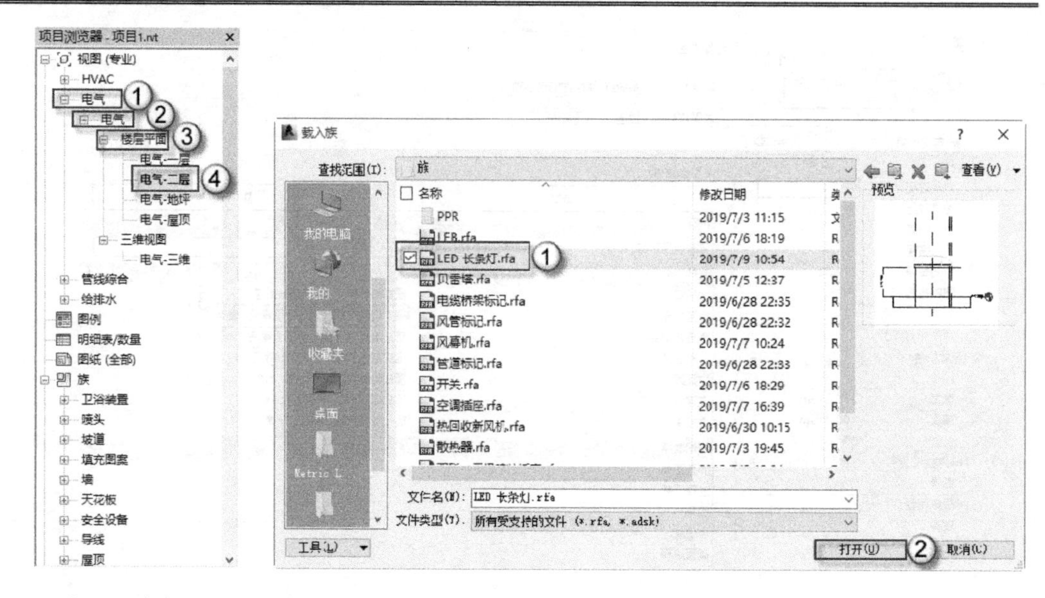


图 5.38　打开“电气-二层”视图　　　　图 5.39　载入“LED 长条灯”族

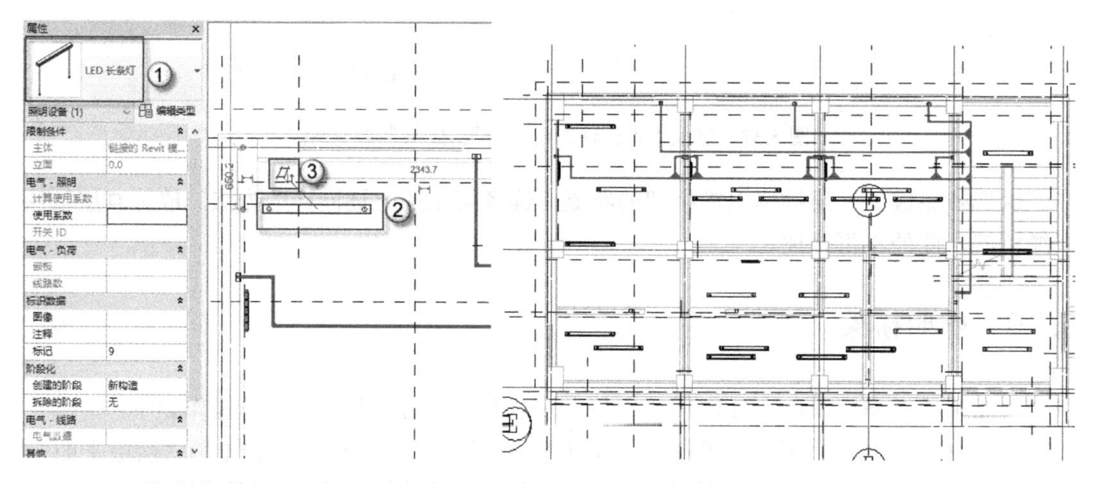


图 5.40　放置“LED 长条灯”族　　　　图 5.41　长条灯放置完成

（4）载入“天棚灯”族。选择“插入”|“载入族”命令，弹出“载入族”对话框，选择配套下载资源中提供的“天棚灯”族，单击“打开”按钮，将族载入项目中，如图 5.42 所示。

（5）放置“天棚灯”族。单击“默认三维视图”按钮进入三维视图，选择“系统”|“照明设备”命令，单击“修改|放置设备”栏下的“放置在工作平面上”按钮，在“属性”面板中选择“天棚灯”类型，将天棚灯放置至合适位置，如图 5.43 所示位置。

**注意：** 此处在板底放置天棚灯更加方便。在“属性”面板中将“规程”改为“协调”时板底显示更加清楚（“规程”为“协调”即所有专业：建筑、结构、机电的图元均可显示清楚），这样有利于天棚灯的放置（可以观察到在建筑专业中灯与天花板的连接）。

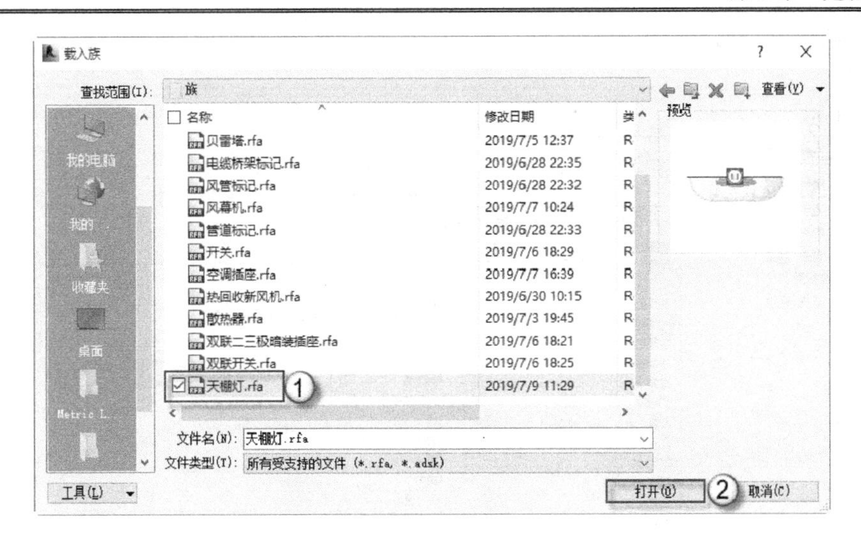


图 5.42　载入“天棚灯”族

图 5.43　放置“天棚灯”族

（6）打开“电气-一层”视图。选择项目浏览器中的“电气”|“电气”|“楼层平面”|“电气-一层”选项，如图 5.44 所示，进入“电气-一层”视图，准备放置桥架。

（7）新建“槽式电缆桥架水平弯通 照明”类型。选择“系统”|“电缆桥架配件”命令，在“属性”面板中选择“槽式电缆桥架水平弯通 插座”类型，单击“编辑类型”按钮，在弹出的“类型属性”对话框中单击“复制”按钮，弹出“名称”对话框中，在“名称”栏中输入“照明”，单击“确定”按钮完成操作，如图 5.45 所示。

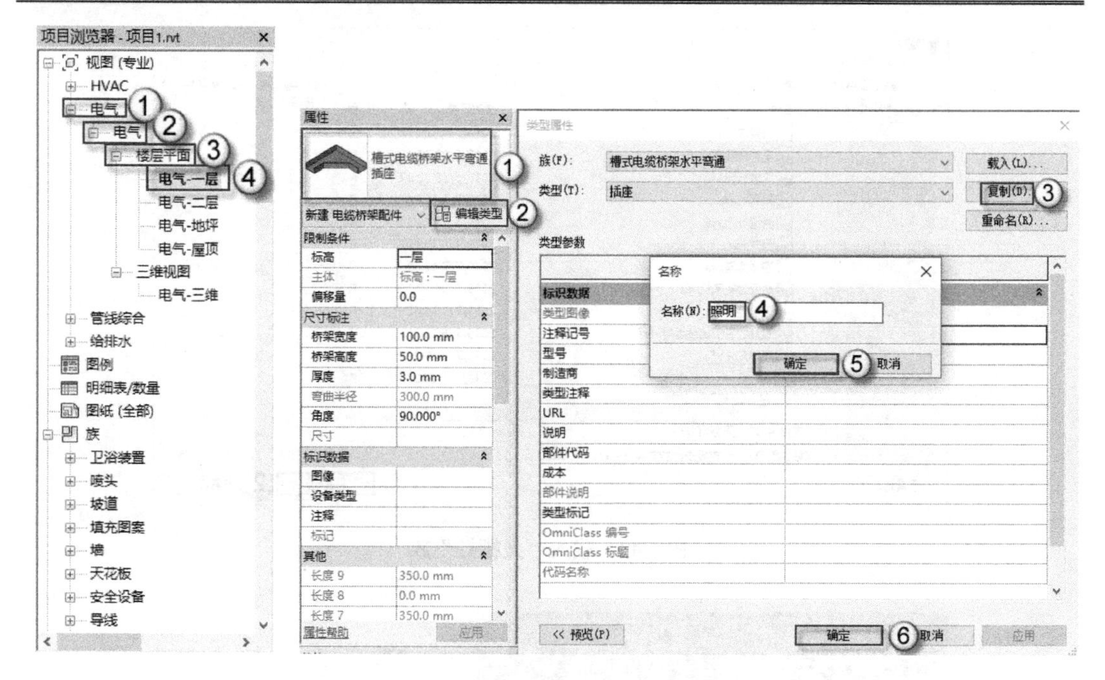


图 5.44 打开“电气-一层”视图　　　　图 5.45 新建“槽式电缆桥架水平弯通 照明”类型

（8）新建“槽式电缆桥架水平三通 照明”类型。选择“系统”|“电缆桥架配件”命令，在“属性”面板中选择“槽式电缆桥架水平三通 插座”类型，单击“编辑类型”按钮，弹出“类型属性”对话框，单击“复制”按钮，在弹出的“名称”对话框中的“名称”栏中输入“照明”，单击“确定”按钮完成操作，如图 5.46 所示。

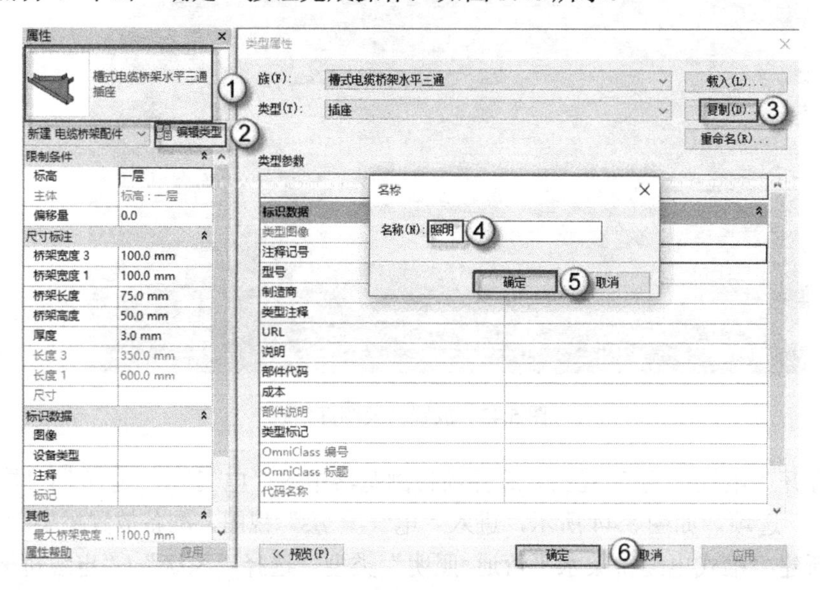


图 5.46 新建“槽式电缆桥架水平三通 照明”类型

（9）新建“槽式电缆桥架垂直等径下弯通 照明”类型。选择“系统”|“电缆桥架配件”命令，在“属性”面板中选择“槽式电缆桥架垂直等径下弯通 插座”类型，单击“编辑类型”按钮，弹出“类型属性”对话框，单击“复制”按钮，在弹出的“名称”对话框

中的“名称”栏中输入“照明”，单击“确定”按钮完成操作，如图 5.47 所示。

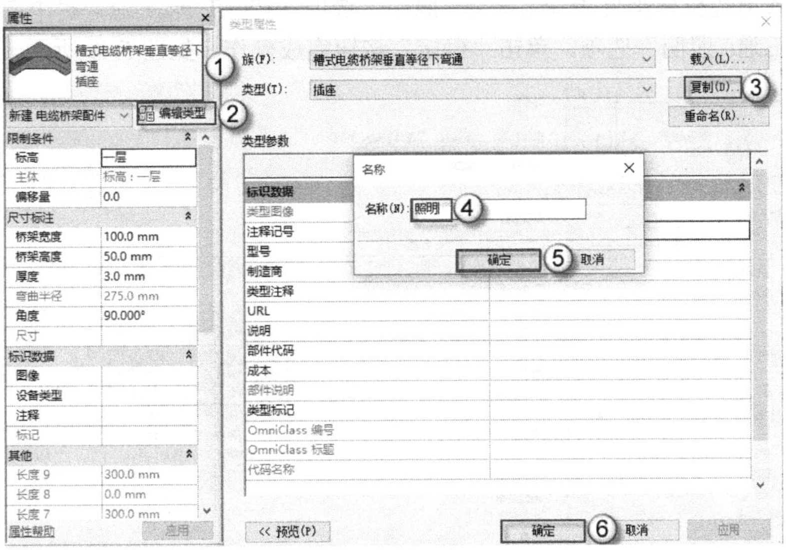

图 5.47　新建“槽式电缆桥架垂直等径下弯通 照明”类型

（10）新建“槽式电缆桥架垂直等径上弯通 照明”类型。选择“系统”|“电缆桥架配件”命令，在“属性”面板中选择“槽式电缆桥架垂直等径上弯通 插座”类型，单击“编辑类型”按钮，在弹出的“类型属性”对话框中单击“复制”按钮，弹出“名称”对话框，在“名称”栏中输入“照明”，单击“确定”按钮完成操作，如图 5.48 所示。

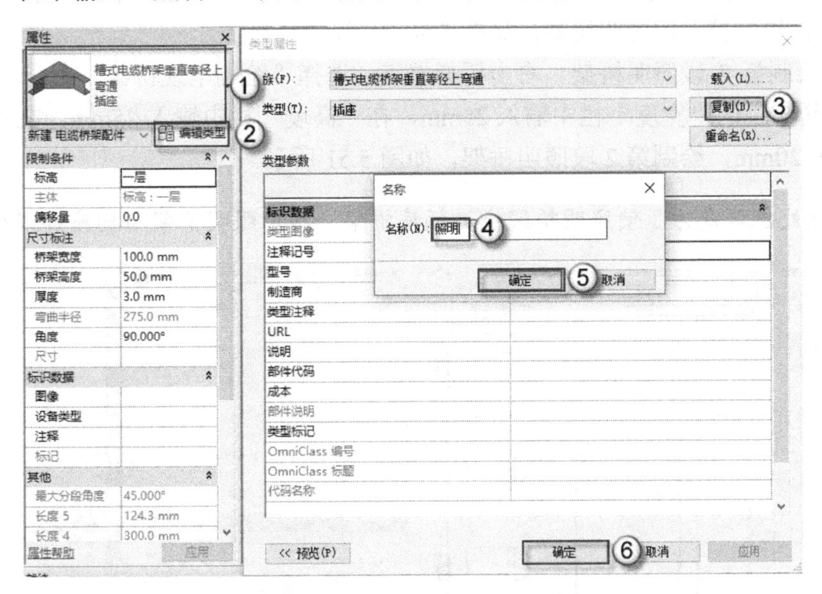


图 5.48　新建“槽式电缆桥架垂直等径上弯通 照明”类型

（11）修改“带配件的电缆桥架 照明”类型属性。选择“系统”|“电缆桥架”命令，在“属性”面板中选择“带配件的电缆桥架 照明”类型，单击“编辑类型”按钮，弹出“类型属性”对话框，在“水平弯头”栏中选择“槽式电缆桥架水平弯通: 照明”选项，在“垂

直内弯头”栏中选择“槽式电缆桥架垂直等径下弯通: 照明”选项，在“垂直外弯头”栏中选择“槽式电缆桥架垂直等径上弯通: 照明”选项，在“T 形三通”栏中选择“槽式电缆桥架水平三通: 照明”选项，单击“确定”按钮完成操作，如图 5.49 所示。

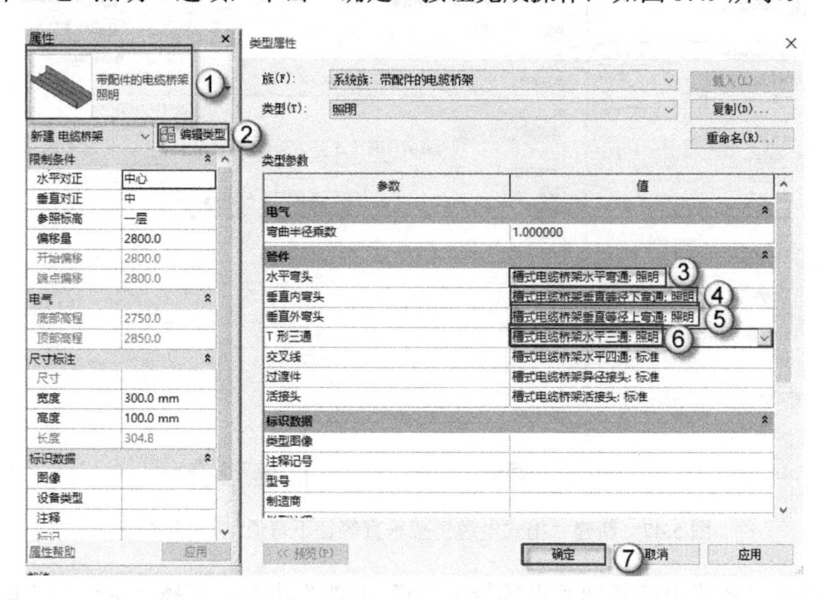

图 5.49　修改“带配件的电缆桥架 照明”类型属性

（12）绘制第 1 段照明桥架。按 CT 快捷键发出“电缆桥架”命令，在“修改|放置 电缆桥架”的“宽度”栏中输入 25mm，在“高度”栏中输入 25mm，在“偏移量”栏中输入 3450mm，绘制第一段照明桥架，如图 5.50 所示。

（13）绘制第 2 段照明桥架。右击桥架端点，选择“绘制电缆桥架”命令，在“修改|放置 电缆桥架”的“宽度”栏中输入 25mm，在“高度”栏中输入 25mm，在“偏移量”栏中输入 3420mm，绘制第 2 段照明桥架，如图 5.51 所示。

**注意：** 此处翻弯是为了使照明桥架绕过插座桥架，防止照明桥架与插座桥架相交。

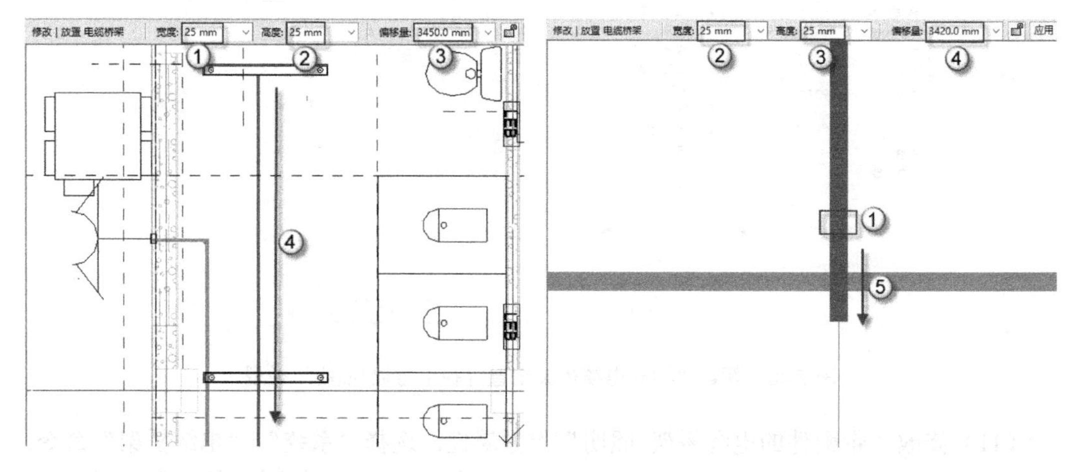

图 5.50　绘制第 1 段照明桥架　　图 5.51　绘制第 2 段照明桥架

（14）绘制第 3 段照明桥架。右击桥架端点，选择“绘制电缆桥架”命令，在“修改|

放置 电缆桥架”的“宽度”栏中输入 25mm，在“高度”栏中输入 25mm，在“偏移量”栏中输入 3450mm，绘制第 3 段照明桥架，如图 5.52 所示。

（15）绘制第 4 段照明桥架。按 CT 快捷键发出“电缆桥架”命令，在“修改|放置 电缆桥架”的“宽度”栏中输入 25mm，在“高度”栏中输入 25mm，在“偏移量”栏中输入 3450mm，绘制第 4 段照明桥架，如图 5.53 所示。

**注意：** 此处绘制的桥架需与之前的桥架相连，若未连接，可以使用“修剪/延伸的单个单元”命令。

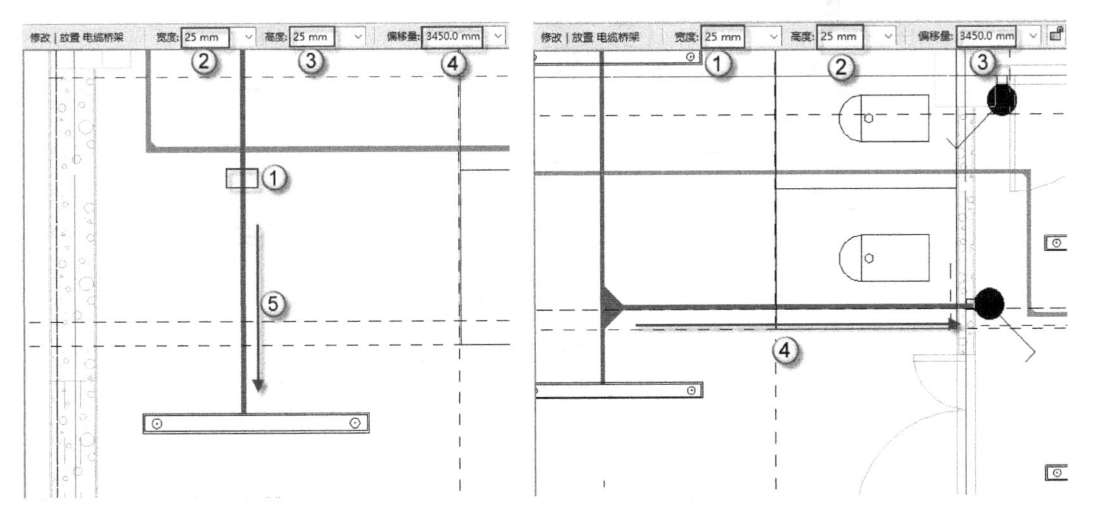


图 5.52　绘制第 3 段照明桥架　　　　图 5.53　绘制第 4 段照明桥架

（16）绘制第 1 段照明垂直桥架。右击桥架端点，选择“绘制电缆桥架”命令，在“修改|放置 电缆桥架”的“宽度”栏中输入 25mm，在“高度”栏中输入 25mm，在“偏移量”栏中输入 1400mm，双击“应用”按钮，绘制第一段照明垂直桥架，如图 5.54 所示。

（17）调整插座桥架位置。依次选择插座桥架，依次按 AL 快捷键发出“对齐”命令，调整配电箱附近插座桥架的位置，如图 5.55 所示。

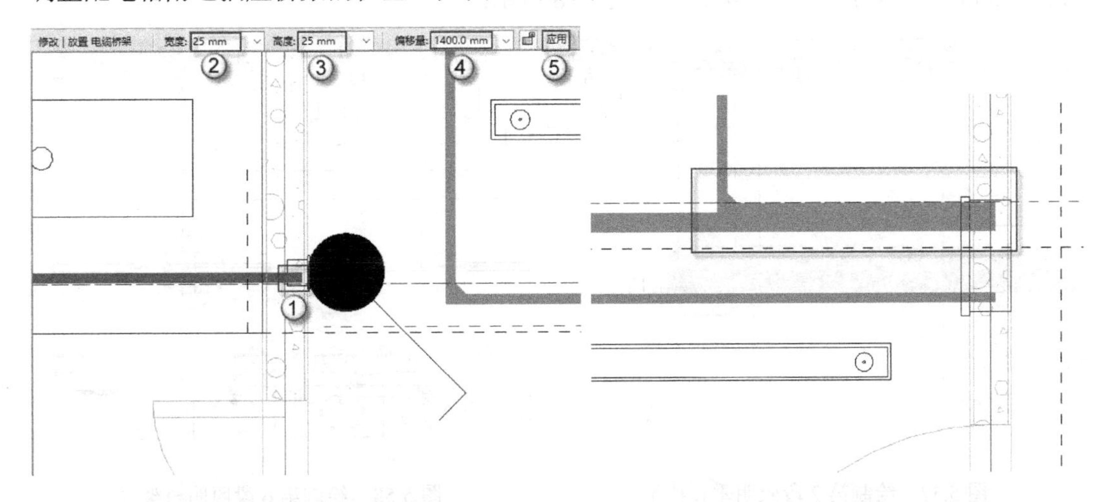


图 5.54　绘制第一段照明垂直桥架　　　　图 5.55　调整插座桥架位置

（18）绘制第 5 段照明桥架。按 CT 快捷键发出“电缆桥架”命令，在“修改|放置 电缆桥架”的“宽度”栏中输入 25mm，在“高度”栏中输入 25mm，在“偏移量”栏中输入 3450mm，绘制第 5 段照明桥架，如图 5.56 所示。

注意：此处防止插座桥架与照明桥架碰撞，需进行翻弯处理。万一处理不当也没有关系，因为本书最后一章中会介绍碰撞检查及后续处理的方法。

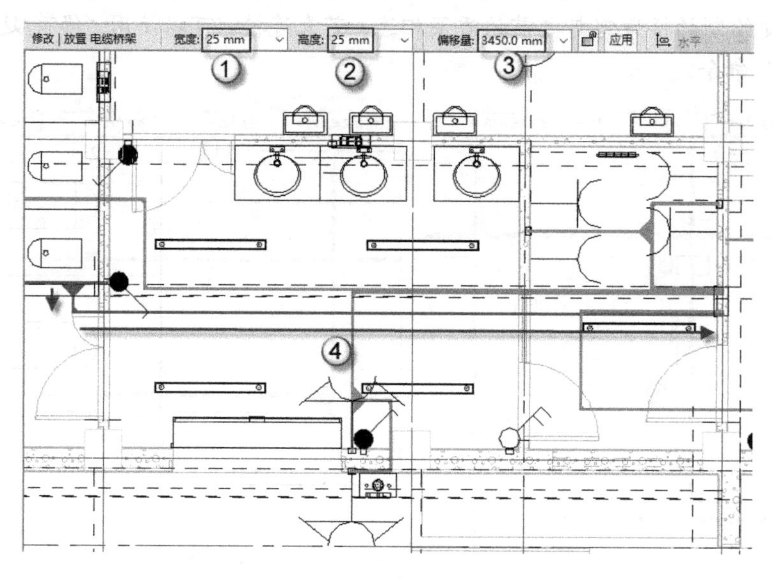


图 5.56　绘制第 5 段照明桥架

（19）绘制第 2 段照明垂直桥架。右击桥架端点，选择“绘制电缆桥架”命令，在“修改|放置 电缆桥架”的“宽度”栏中输入 25mm，在“高度”栏中输入 25mm，在“偏移量”栏中输入 1200mm，双击“应用”按钮，绘制第 2 段照明垂直桥架，如图 5.57 所示。

（20）绘制第 6 段照明桥架。按 CT 快捷键发出“电缆桥架”命令，在“修改|放置 电缆桥架”的“宽度”栏中输入 25mm，在“高度”栏中输入 25mm，在“偏移量”栏中输入 3450mm，绘制第 6 段照明桥架，如图 5.58 所示。

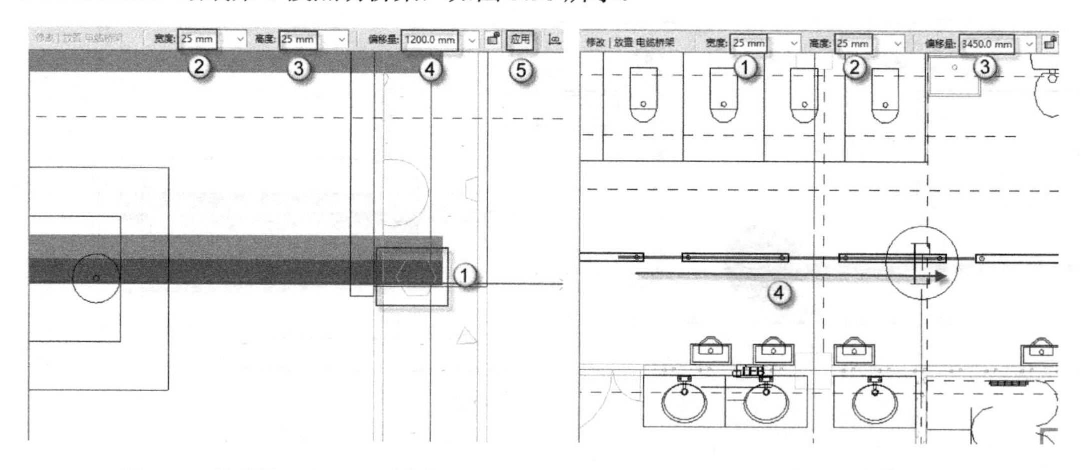


图 5.57　绘制第 2 段照明垂直桥架

图 5.58　绘制第 6 段照明桥架

（21）绘制第 7 段照明桥架。按 CT 快捷键发出“电缆桥架”命令，在“修改|放置 电缆桥架”的“宽度”栏中输入 25mm，在“高度”栏中输入 25mm，在“偏移量”栏中输入 3450mm，绘制第 7 段照明桥架，如图 5.59 所示。

（22）绘制第 3 段照明垂直桥架。右击桥架端点，选择“绘制电缆桥架”命令，在“修改|放置 电缆桥架”的“宽度”栏中输入 25mm，在“高度”栏中输入 25mm，在“偏移量”栏中输入 1400mm，双击“应用”按钮，绘制第 3 段照明垂直桥架，如图 5.60 所示。

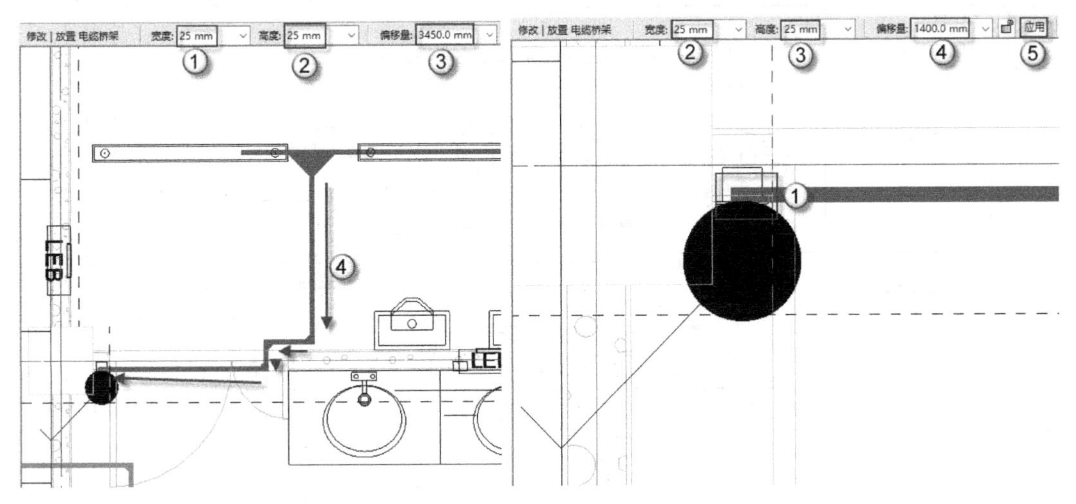


图 5.59　绘制第 7 段照明桥架　　　　图 5.60　绘制第 3 段照明垂直桥架

（23）翻弯插座桥架。按 SL 快捷键发出“拆分”命令，将插座桥架拆分为两段并进行翻弯，翻弯的偏移量为“3420”个单位，如图 5.61 所示。

**注意：** 由于此处插座桥架和照明桥架间隔较近，且照明桥架相连的三通需要较大位置，故此处将插座桥架翻弯。

（24）绘制第 8 段照明桥架。按 CT 快捷键发出“电缆桥架”命令，在“修改|放置 电缆桥架”的“宽度”栏中输入 25mm，在“高度”栏中输入 25mm，在“偏移量”栏中输入 3450mm，绘制第 8 段照明桥架，如图 5.62 所示。

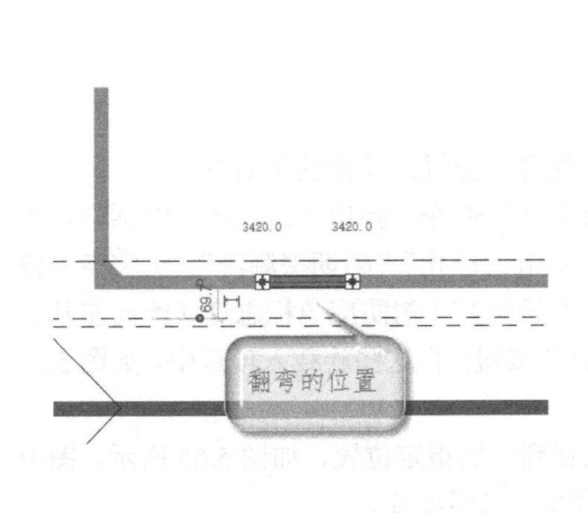


图 5.61　翻弯插座桥架

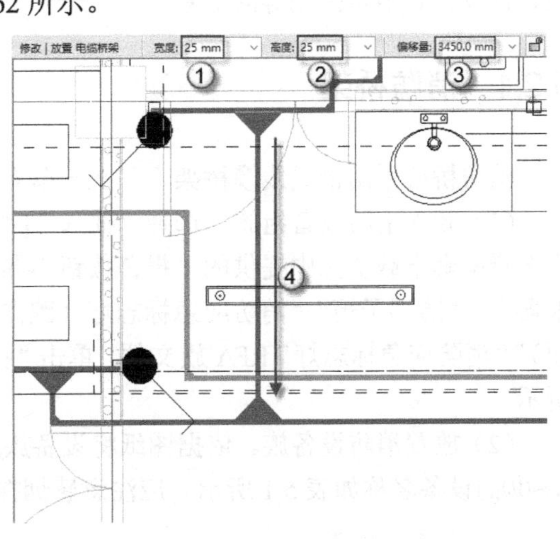


图 5.62　绘制第 8 段照明桥架

以上述同样的方法将一层照明桥梁绘制完成，一层照明桥架的平面效果如图 5.63 所示。

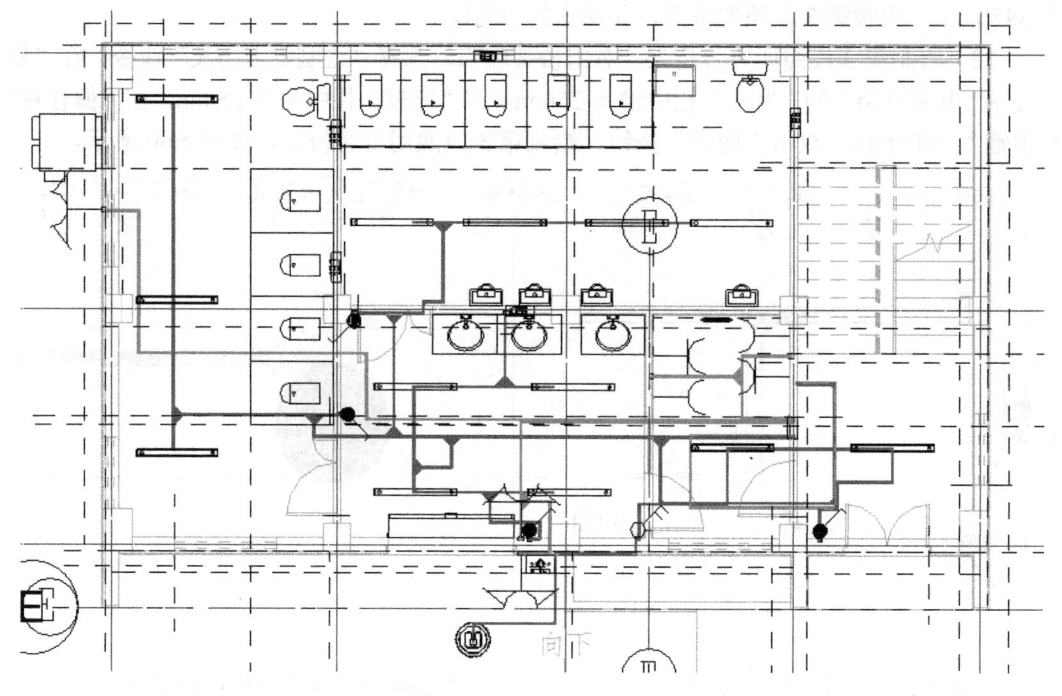

图 5.63　一层照明桥架

读者可依照上述同样的方法，放置二层照明电缆桥架，此处不再赘述。

# 5.2 弱　电

建筑电气中的弱电系统主要是指载有语音、图像和数据等信息的信息源，如电话、电视、计算机和消防控制等的信息。

## 5.2.1 消防桥架

消防桥架采用槽式线缆桥架，与上一节布置的方法类似，具体操作如下：

（1）载入消防设备组族。选择“插入”|“载入族”命令，弹出“载入族”对话框，依次选择配套下载资源中提供的“报警按钮 1-带火灾电话插孔”“感烟探测器”“火灾声光警报器”“消防端子箱”“消防应急标志灯（跑向右基于面）”“消防应急标志灯（跑向左基于面）”“消防应急标志灯”RFA 族文件，单击“打开”按钮，将这些族载入项目中，如图 5.64 所示。

（2）放置消防设备族。依据图纸将设备族放置到一层指定位置，如图 5.65 所示。图中①~⑯的设备名称如表 5.1 所示。应注意感烟探测器在二层放置。

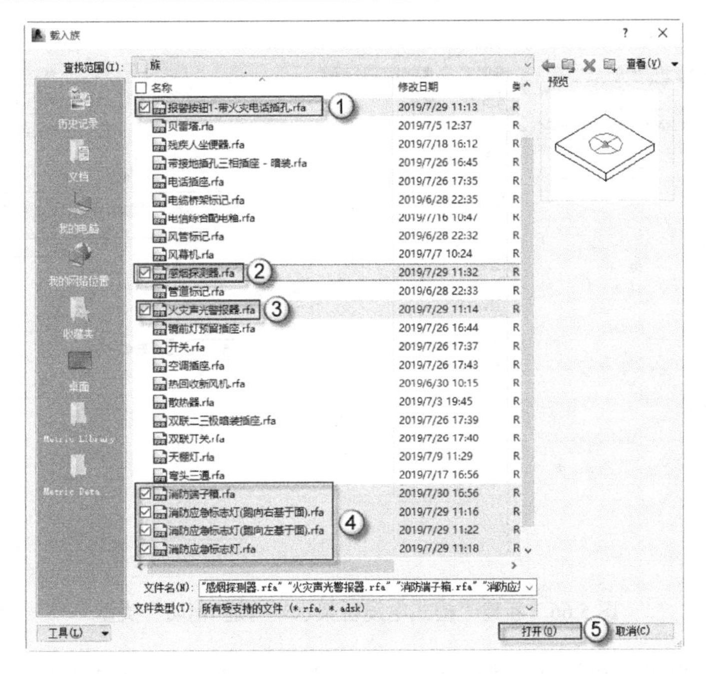


图 5.64　载入消防设备组族

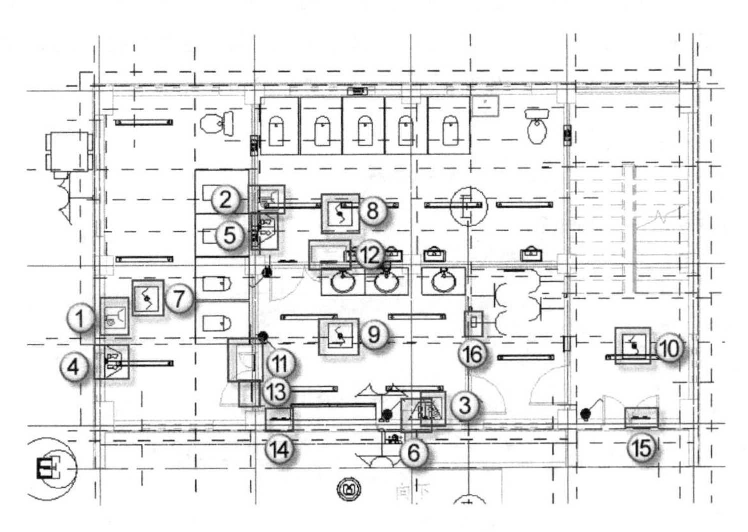

图 5.65　放置消防设备族

**表 5.1　消防设备名称**

| 编号 | ①～③ | ④～⑥ | ⑦～⑩ | ⑪～⑫ | ⑬～⑮ | ⑯ |
| --- | --- | --- | --- | --- | --- | --- |
| 设备名称 | 报警按钮1-带火灾电话插孔 | 火灾声光报警器 | 感烟火灾探测器 | 消防应急标志灯（跑向右基于面） | 消防应急标志灯 | 消防端子箱 |

（3）新建“槽式电缆桥架水平弯通 消防”类型。选择“系统”|“电缆桥架配件”命令，在“属性”面板中选择“槽式电缆桥架水平弯通 照明”类型，单击“编辑类型”按钮，在弹出的“类型属性”对话框中单击“复制”按钮，弹出“名称”对话框，在“名称”栏中输入“消防”，单击“确定”按钮完成操作，如图 5.66 所示。

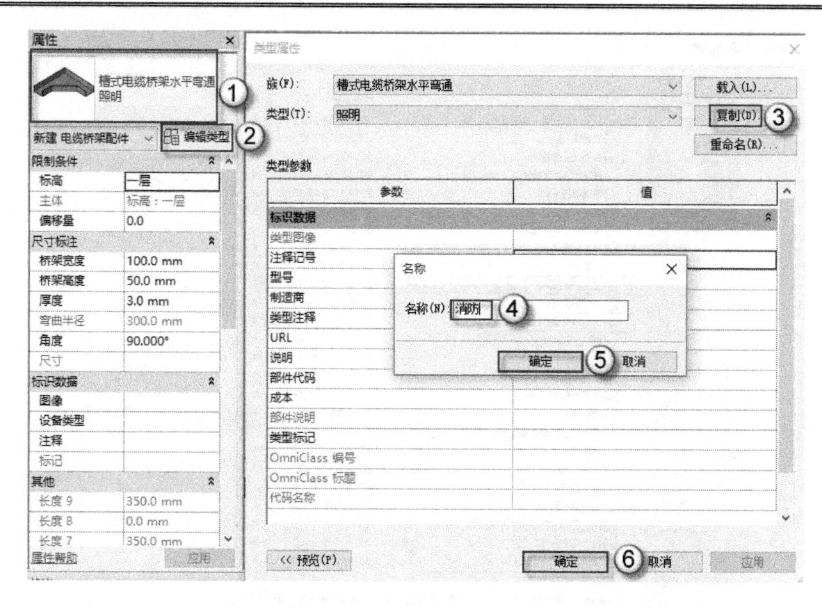


图 5.66　新建“槽式电缆桥架水平弯通 消防”类型

（4）新建“槽式电缆桥架水平三通 消防”类型。选择“系统”|“电缆桥架配件”命令，在“属性”面板中选择“槽式电缆桥架水平三通 照明”类型，单击“编辑类型”按钮，在弹出的“类型属性”对话框中单击“复制”按钮，在弹出的“名称”对话框中的“名称”栏中输入“消防”，单击“确定”按钮完成操作，如图 5.67 所示。

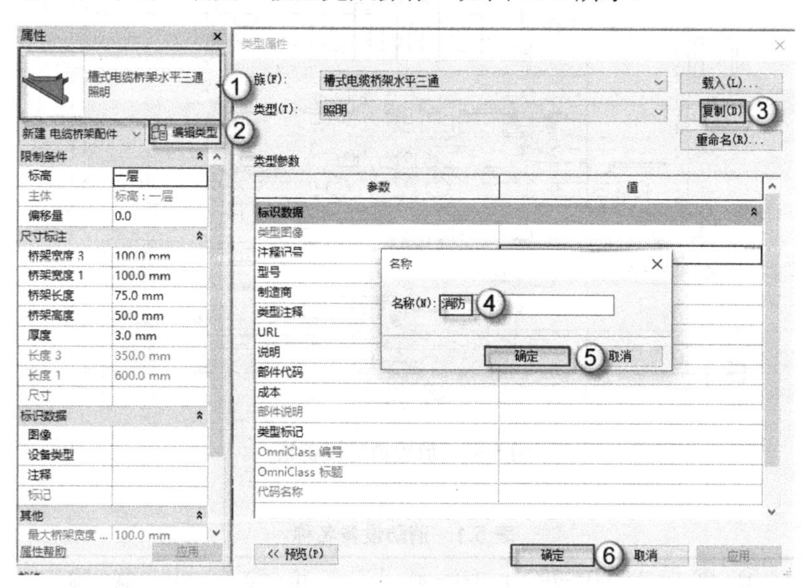


图 5.67　新建“槽式电缆桥架水平三通 消防”类型

（5）新建“槽式电缆桥架垂直等径下弯通 消防”类型。选择“系统”|“电缆桥架配件”命令，在“属性”面板中选择“槽式电缆桥架垂直等径下弯通 照明”类型，单击“编辑类型”按钮，在弹出的“类型属性”对话框中单击“复制”按钮，在弹出的“名称”对话框中的“名称”栏中输入“消防”，单击“确定”按钮完成操作，如图 5.68 所示。

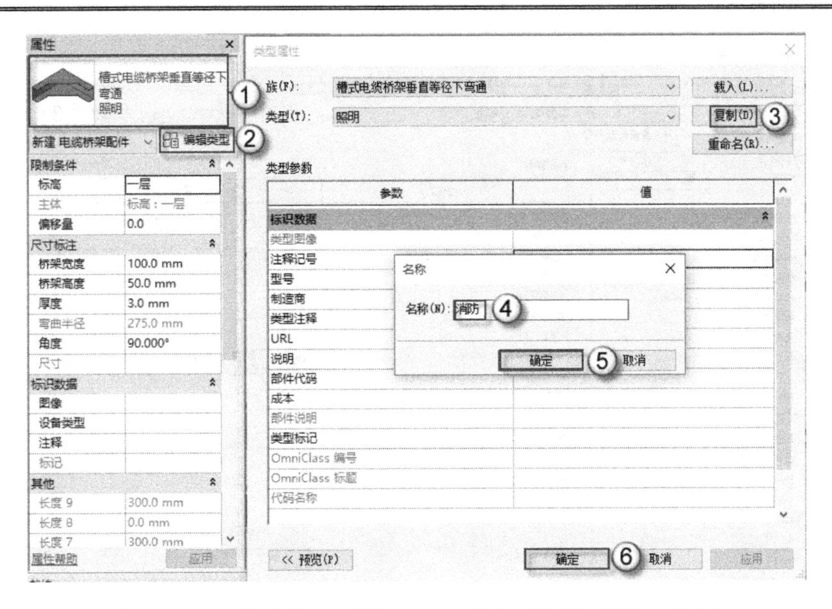


图 5.68　新建“槽式电缆桥架垂直等径下弯通 消防”类型

（6）新建“槽式电缆桥架垂直等径上弯通 消防”类型。选择“系统”|“电缆桥架配件”命令，在“属性”面板中选择“槽式电缆桥架垂直等径上弯通 照明”类型，单击“编辑类型”按钮，在弹出的“类型属性”对话框中单击“复制”按钮，弹出“名称”对话框，在“名称”栏中输入“消防”，单击“确定”按钮完成操作，如图 5.69 所示。

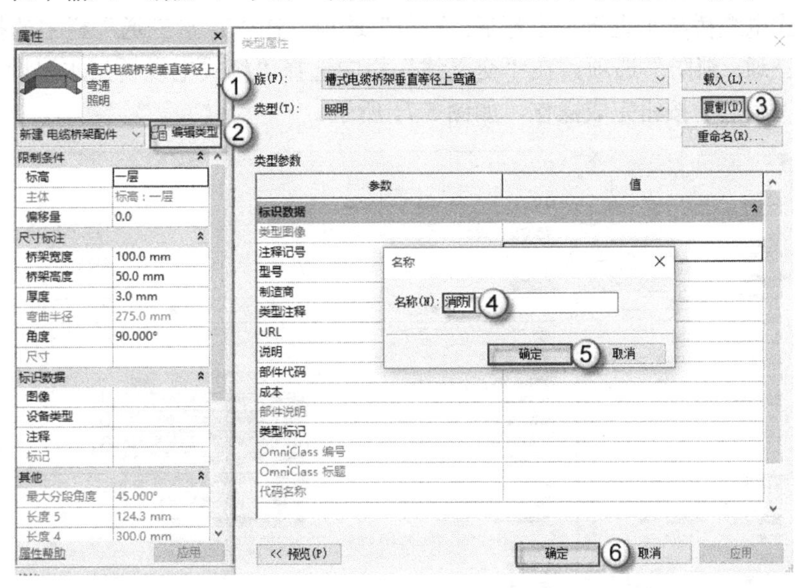


图 5.69　新建“槽式电缆桥架垂直等径上弯通 消防”类型

（7）新建“槽式电缆桥架水平四通 消防”类型。选择“系统”|“电缆桥架配件”命令，在“属性”面板中选择“槽式电缆桥架水平四通 标准”类型，单击“编辑类型”按钮，在弹出的“类型属性”对话框中单击“复制”按钮，弹出“名称”对话框，在“名称”栏中输入“消防”，单击“确定”按钮完成操作，如图 5.70 所示。

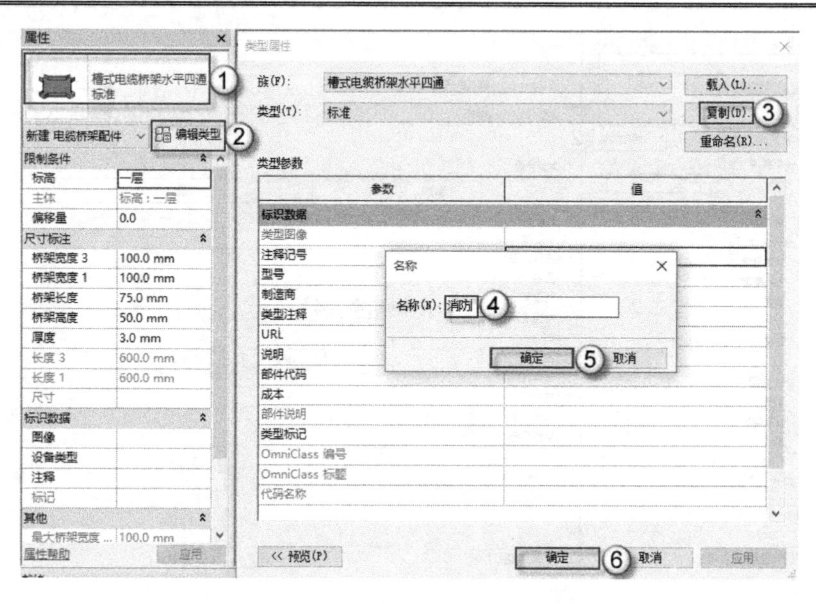


图 5.70　新建“槽式电缆桥架水平四通 消防”类型

（8）修改“带配件的电缆桥架 消防”类型属性。选择“系统”|“电缆桥架”命令，在“属性”面板中选择“带配件的电缆桥架 消防”类型，单击“编辑类型”按钮，弹出“类型属性”对话框，在“水平弯头”栏中选择“槽式电缆桥架水平弯通: 消防”选项，在“垂直内弯头”栏中选择“槽式电缆桥架垂直等径下弯通: 消防”选项，在“垂直外弯头”栏中选择“槽式电缆桥架垂直等径上弯通: 消防”选项，在“T 形三通”栏中选择“槽式电缆桥架水平三通: 消防”选项，在“交叉线”栏中选择“槽式电缆桥架水平四通: 消防”选项，单击“确定”按钮完成操作，如图 5.71 所示。

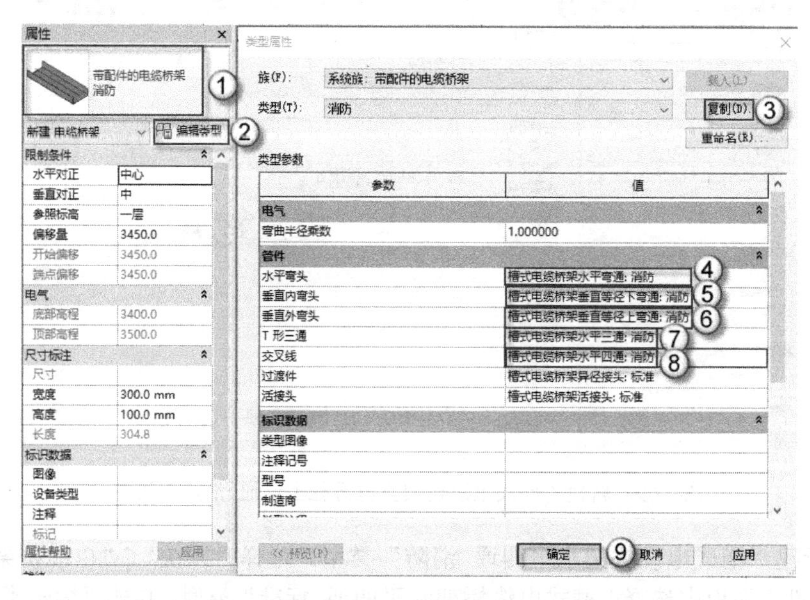


图 5.71　修改“带配件的电缆桥架 消防”类型属性

（9）绘制第 1 段消防桥架。按 CT 快捷键发出“电缆桥架”命令，在“修改|放置 电缆桥架”的“宽度”栏中输入 25mm，在“高度”栏中输入 25mm，在“偏移量”栏中输入

3450mm，绘制第 1 段消防桥架，注意桥架相交处应进行翻弯处理，如图 5.72 所示。

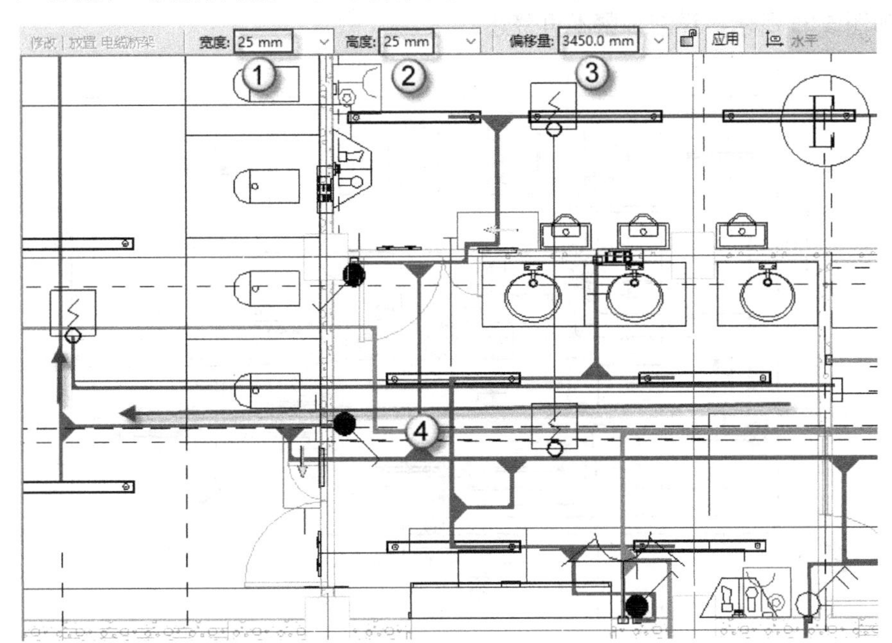


图 5.72　绘制第 1 段消防桥架

（10）绘制第 2 段消防桥架。按 CT 快捷键发出“电缆桥架”命令，在“修改|放置 电缆桥架”的“宽度”栏中输入 25mm，在“高度”栏中输入 25mm，在“偏移量”栏中输入 3450mm，绘制第 2 段消防桥架，注意在桥架相交处应对照明桥架进行翻弯处理，如图 5.73 所示。

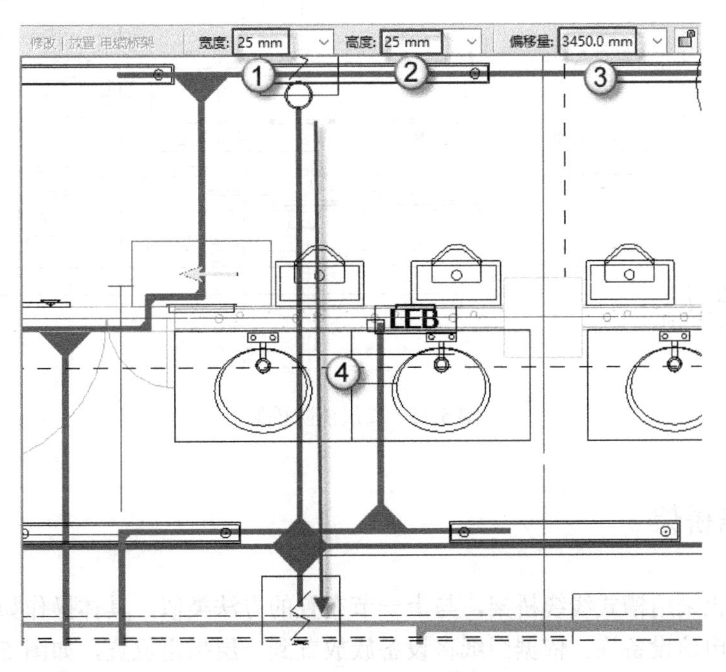


图 5.73　绘制第 2 段消防桥架

使用上述同样的方法将一层消防电缆桥架完成，如图 5.74 所示。二层消防桥架绘制完成后，如图 5.75 所示，详细步骤不再赘述。

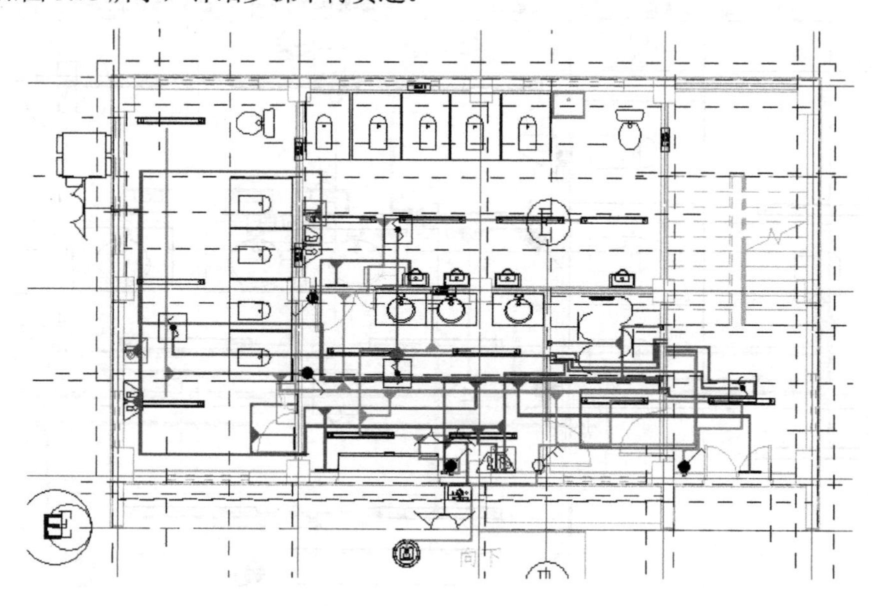

图 5.74　一层消防桥架

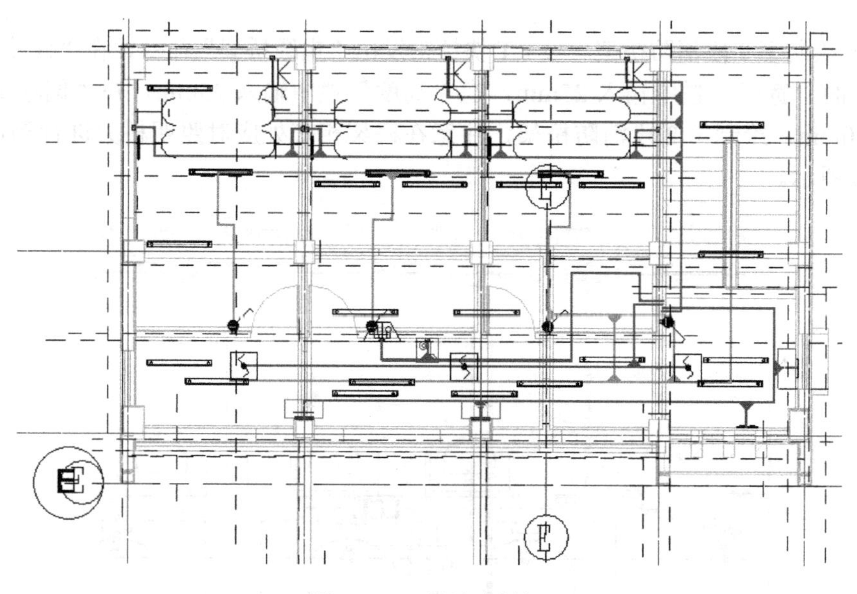

图 5.75　二层消防桥架

## 5.2.2　电信桥架

电信桥架也采用槽式线缆桥架，与上一节布置的方法类似，具体操作如下：

（1）放置电信设备族。依据图纸将设备族放置到一层指定位置，如图 5.76 所示。①~③的电信设备名称如表 5.2 所示。

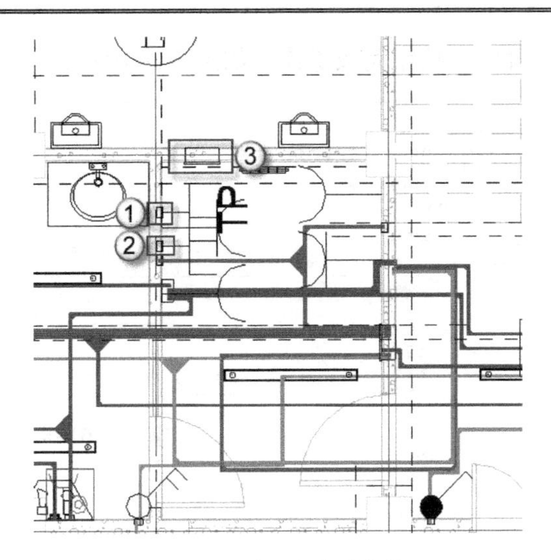


图 5.76　放置电信设备族

表 5.2　电信设备名称

| 编号 | ① | ② | ③ |
| --- | --- | --- | --- |
| 设备名称 | 电话插座 | 信息插座 | 电信综合配电箱 |

（2）新建“槽式电缆桥架水平弯通 电信”类型。选择“系统”|“电缆桥架配件”命令，在“属性”面板中选择“槽式电缆桥架水平弯通 消防”类型，单击“编辑类型”按钮，在弹出的“类型属性”对话框中单击“复制”按钮，弹出“名称”对话框，在“名称”栏中输入“电信”，单击“确定”按钮完成操作，如图 5.77 所示。

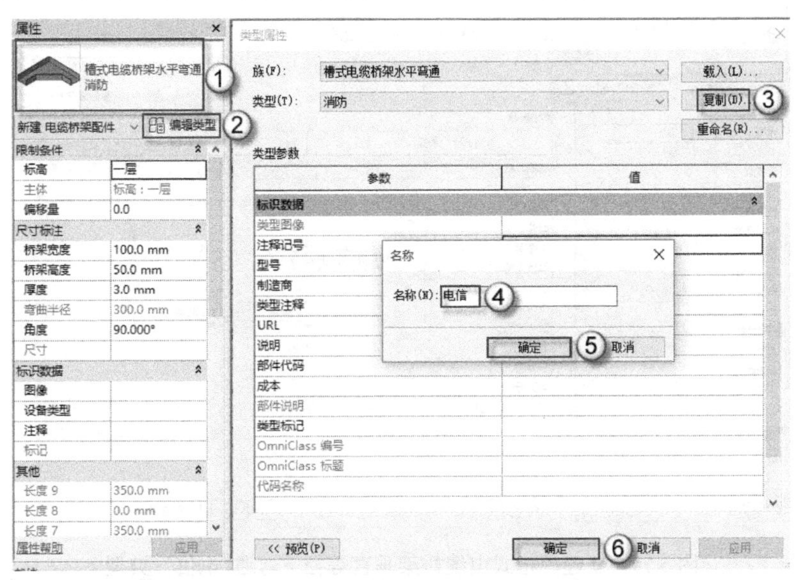


图 5.77　新建“槽式电缆桥架水平弯通 电信”类型

（3）新建“槽式电缆桥架水平三通 电信”类型。选择“系统”|“电缆桥架配件”命令，在“属性”面板中选择“槽式电缆桥架水平三通 消防”类型，单击“编辑类型”按钮，在弹出的“类型属性”对话框中单击“复制”按钮，弹出“名称”对话框，在“名称”栏

中输入“电信”，单击“确定”按钮完成操作，如图5.78所示。

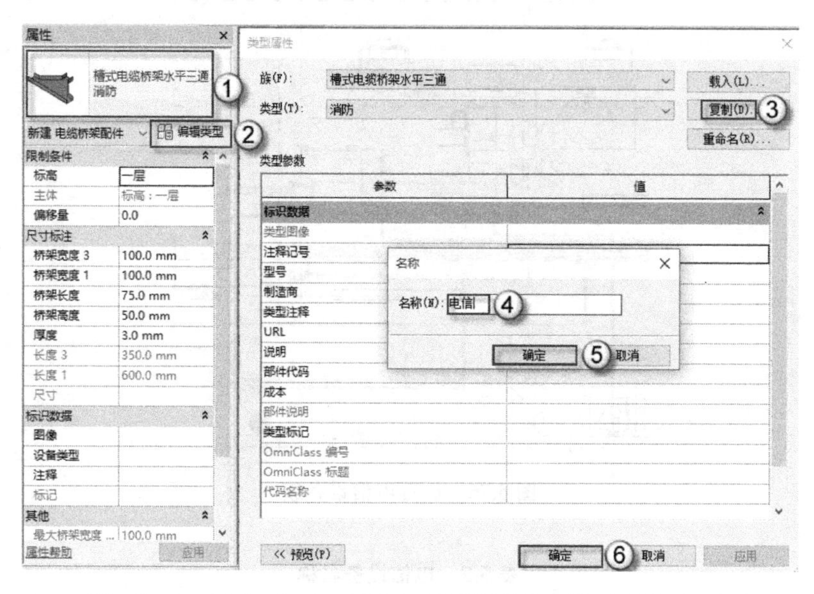


图5.78　新建“槽式电缆桥架水平三通 电信”类型

（4）新建“槽式电缆桥架垂直等径下弯通 电信”类型。选择“系统”|“电缆桥架配件”命令，在“属性”面板中选择“槽式电缆桥架垂直等径下弯通 消防”类型，单击“编辑类型”按钮，在弹出的“类型属性”对话框中单击“复制”按钮，弹出“名称”对话框，“名称”栏中输入“电信”，单击“确定”按钮完成操作，如图5.79所示。

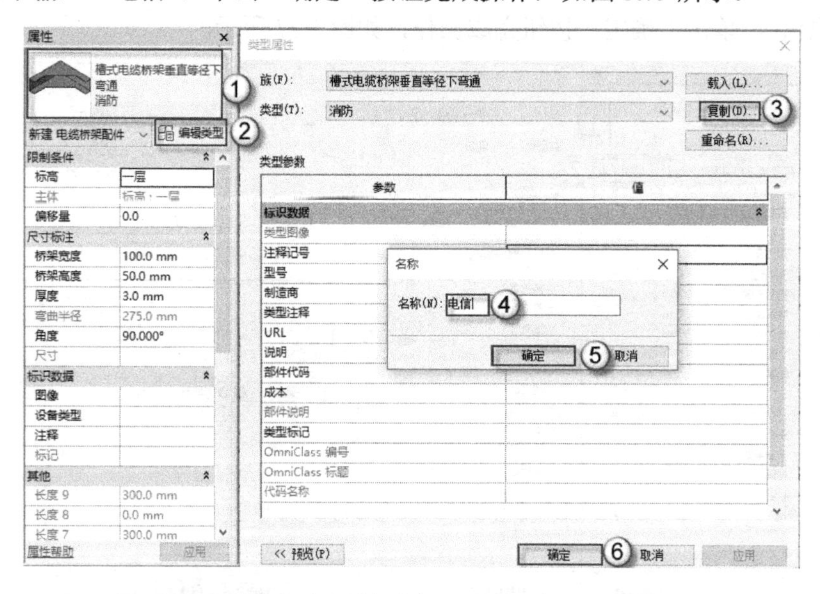


图5.79　新建“槽式电缆桥架垂直等径下弯通 电信”类型

（5）新建“槽式电缆桥架垂直等径上弯通 电信”类型。选择“系统”|“电缆桥架配件”命令，在“属性”面板中选择“槽式电缆桥架垂直等径上弯通 消防”类型，单击“编辑类型”按钮，在弹出的“类型属性”对话框中单击“复制”按钮，弹出“名称”对话框，在“名称”栏中输入“电信”，单击“确定”按钮完成操作，如图5.80所示。

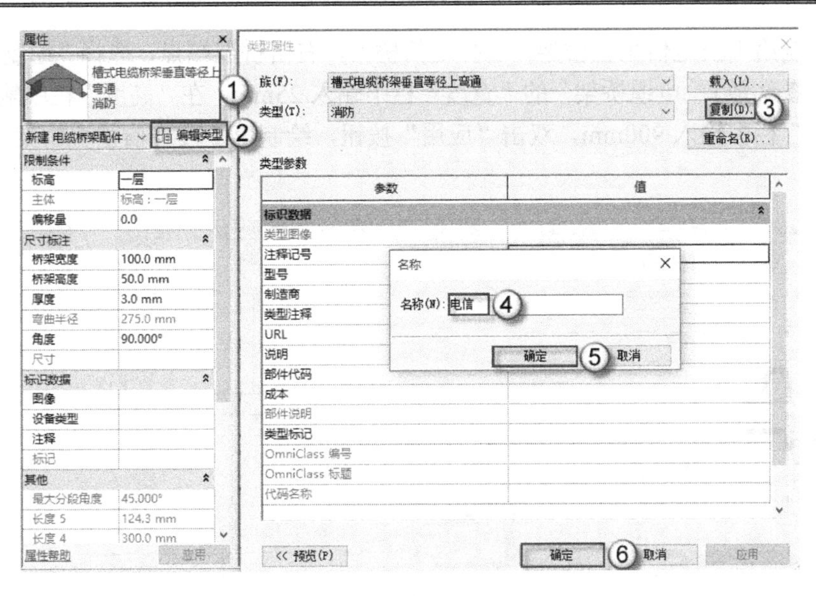


图 5.80 新建“槽式电缆桥架垂直等径上弯通 电信”类型

（6）修改“带配件的电缆桥架 电信”类型属性。选择“系统”|“电缆桥架”命令，在“属性”面板中选择“带配件的电缆桥架 电信”类型，单击“编辑类型”按钮，在弹出的“类型属性”对话框中的“水平弯头”栏中选择“槽式电缆桥架水平弯通: 电信”选项，在“垂直内弯头”栏中选择“槽式电缆桥架垂直等径下弯通: 电信”选项，在“垂直外弯头”栏中选择“槽式电缆桥架垂直等径上弯通: 电信”选项，在“T 形三通”栏中选择“槽式电缆桥架水平三通: 电信”选项，单击“确定”按钮完成操作，如图 5.81 所示。

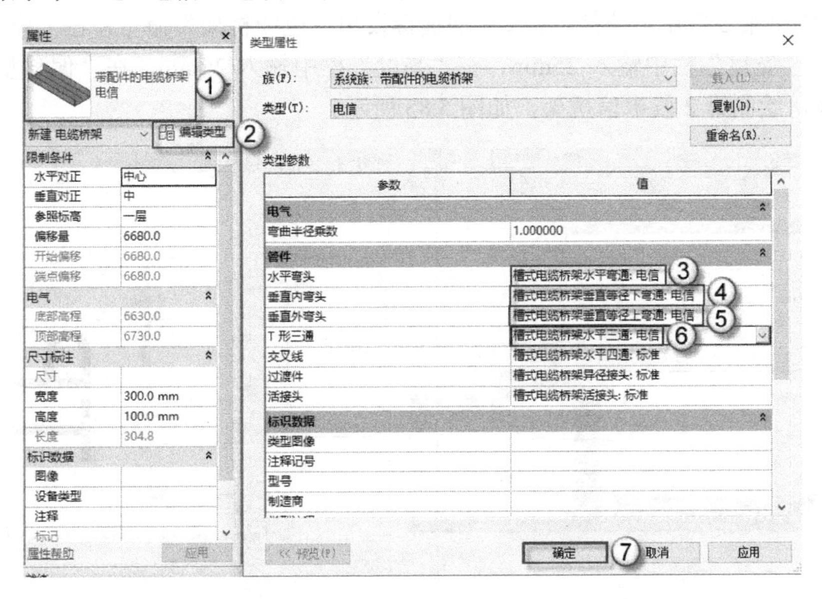


图 5.81 修改“带配件的电缆桥架 电信”类型属性

（7）绘制第 1 段电信桥架。按 CT 快捷键发出“电缆桥架”命令，在“修改|放置 电缆桥架”的“宽度”栏中输入 25mm，在“高度”栏中输入 25mm，在“偏移量”栏中输入 3450mm，绘制第 1 段电信桥架，注意桥架相交处翻弯，如图 5.82 所示。

（8）绘制第 1 段电信垂直桥架。选择电信桥架，右击桥架端点，选择“绘制电缆桥架”命令，在“修改|放置 电缆桥架”的“宽度”栏中输入 25mm，在“高度”栏中输入 25mm，在“偏移量”栏中输入 900mm，双击“应用”按钮，绘制第 1 段电信垂直桥架，如图 5.83 所示。

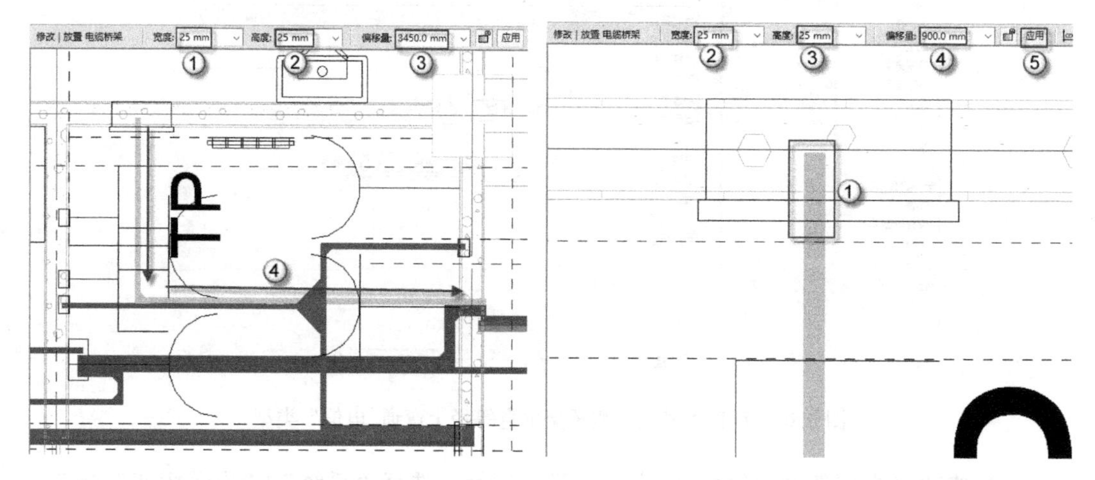


图 5.82　绘制第 1 段电信桥架　　　　图 5.83　绘制第 1 段电信垂直桥架

（9）绘制第 2 段电信垂直桥架。选择电信桥架，右击桥架端点，选择“绘制电缆桥架”命令，在“修改|放置 电缆桥架”的“宽度”栏中输入 25mm，在“高度”栏中输入 25mm，在“偏移量”栏中输入 6680mm，双击“应用”按钮，绘制第二段电信垂直桥架，如图 5.84 所示。

（10）绘制第 2 段电信桥架。按 CT 快捷键发出“电缆桥架”命令，在“修改|放置 电缆桥架”的“宽度”栏中输入 25mm，在“高度”栏中输入 25mm，在“偏移量”栏中输入 3450mm，绘制第 2 段电信桥架，如图 5.85 所示。

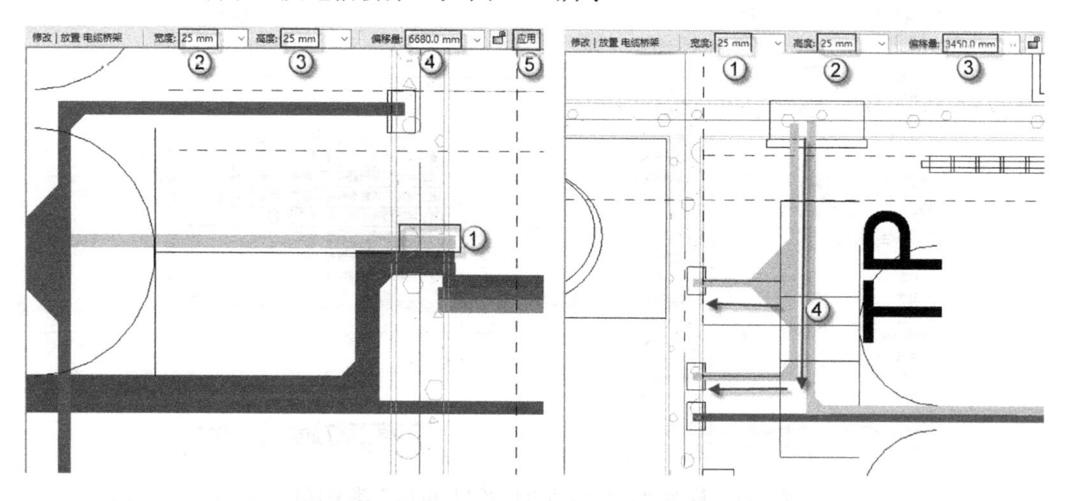


图 5.84　绘制第 2 段电信垂直桥架　　　　图 5.85　绘制第 2 段电信桥架

（11）绘制第 3 段电信垂直桥架。选择电信桥架，右击桥架端点，选择“绘制电缆桥架”命令，在“修改|放置 电缆桥架”的“宽度”栏中输入 25mm，在“高度”栏中输入 25mm，在“偏移量”栏中输入 400mm，双击“应用”按钮，绘制第 3 段电信垂直桥架，如图 5.86

所示。

（12）绘制第 4 段电信垂直桥架。选择电信桥架，右击桥架端点，选择“绘制电缆桥架”命令，在“修改|放置 电缆桥架”的“宽度”栏中输入 25mm，在“高度”栏中输入 25mm，在“偏移量”栏中输入 400mm，双击“应用”按钮，绘制第 4 段电信垂直桥架，如图 5.87 所示。

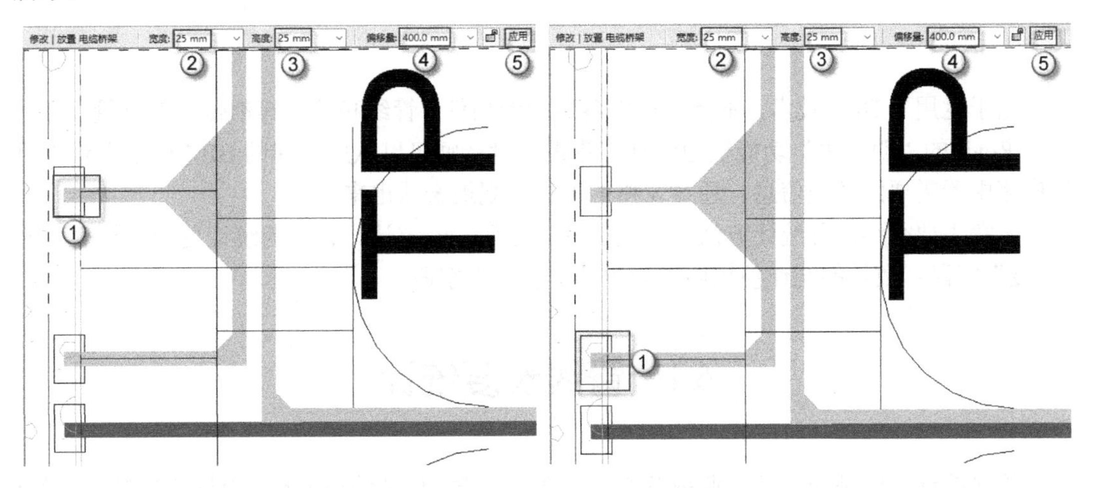


图 5.86　绘制第 3 段电信垂直桥架　　　图 5.87　绘制第 4 段电信垂直桥架

这样就完成了一层电信桥架的绘制，读者可依照上述同样的方法，放置二层电信桥架，如图 5.88 所示。由于操作方法一致，此处不再赘述。

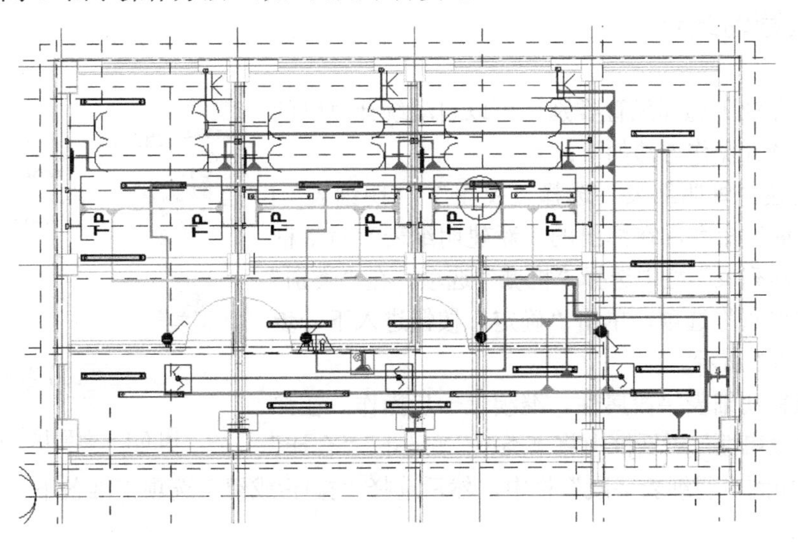


图 5.88　二层电信桥架

# 第 6 章　工程量统计

由于运用了 BIM 技术，本例中机电各专业的构件、管线和桥架等都带有信息量，可以使用 Revit 的“明细表”功能快速统计工程量。设计师可以从所创建的 BIM 模型中获取项目应用中所需要的各类信息，通过表格的形式直观地表达出来。

本章主要介绍两种统计方法：长度的统计与数量的统计。长度的统计使用明细表中的“长度”字段；数量的统计使用明细表中的“合计”字段。

## 6.1　管线长度统计

管线统计主要是统计各专业中各类型管线的长度，自动输出表格，为施工备料做准备。本节介绍三大类的管线统计：风管、管道和电缆桥架。统计管线长度时，在明细表的可用字段中必须选择“长度”字段，并且要对“长度”字段进行总数的计算。

### 6.1.1　风管的统计

在机械专业下选择风管类别，可以自动统计风管的长度，具体统计操作方法如下：

（1）新建风管明细表。选择“视图”|“明细表”|“明细表/数量”命令，在弹出的“新建明细表”对话框中的“过滤器列表”栏中选择“机械”选项，在“类别”栏中选择“风管”选项，单击“确定”按钮进入下一步操作，如图 6.1 所示。

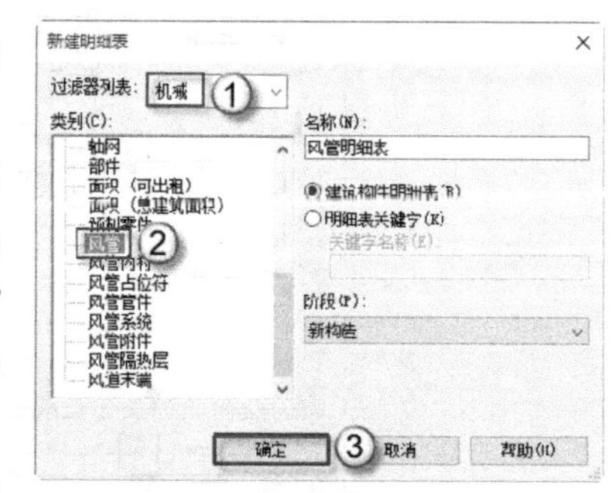


图 6.1　新建风管明细表

（2）设置明细表字段属性。继续上一步操作，在弹出的“明细表属性”对话框中将“类型”“尺寸”“合计”3 个字段添加到“明细表字段”栏中，然后选择“排序/成组”选项卡准备下一步操作，如图 6.2 所示。

（3）设置明细表排序属性。继续上一步操作，在“排序方式”栏中选择“类型”选项，去掉“逐项列举每个实例”复选框的勾选，选择“格式”选项卡准备下一步操作，如图 6.3 所示。

（4）设置明细表格式属性。继续上一步操作，在“字段”栏中选择“长度”字段，切换为“计算总数”选项，单击“确定”按钮，如图 6.4 所示。之后软件将会自动生成<风管明细表>，如图 6.5 所示。

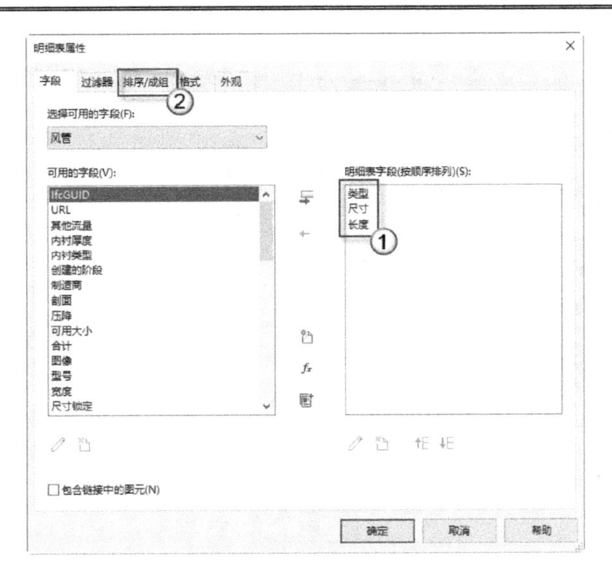


图 6.2　设置明细表字段属性

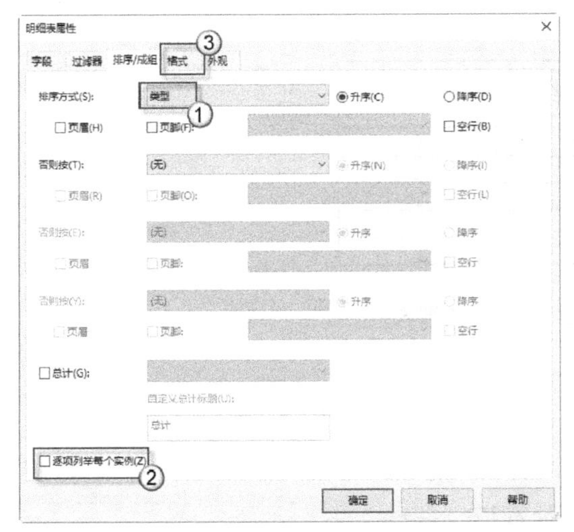


图 6.3　设置明细表排序属性

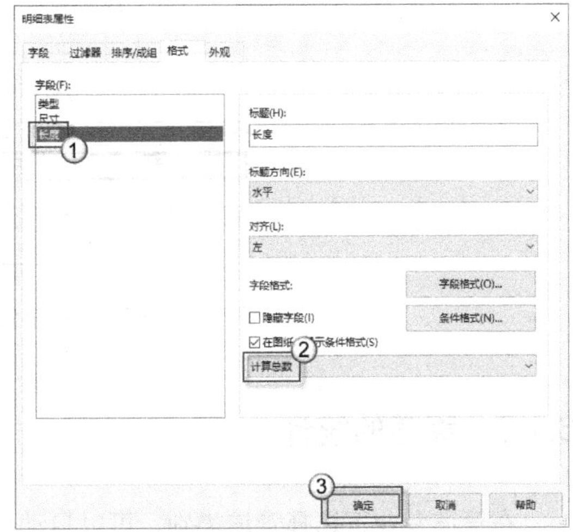


图 6.4　设置明细表格式属性

（5）调整单位。在“属性”面板中单击“格式”栏旁边的“编辑”按钮，在弹出的“明细表属性”对话框中的“字段”栏中选择“长度”字段，单击“字段格式”按钮，弹出“格式”对话框，去掉“使用项目设置”复选框的勾选，切换“单位”为“米”，切换“舍入”为“2 个小数位”，切换“单位符号”为 m，单击“确定”按钮，如图 6.6 所示。可以观察到，重新生成的<风管明细表>中的“长度”改为了米为单位，如图 6.7 所示。

| <风管明细表> | | |
|---|---|---|
| A | B | C |
| 类型 | 尺寸 | 长度 |
| 排风 | 320x320 | 16685 |
| 新风 | 320x320 | 17671 |

图 6.5　风管明细表

注意：Revit 系统中默认的单位皆是毫米，但是在出明细表为施工备料时，长度应该是以米为单位，因此此处需要对格式进行设置。

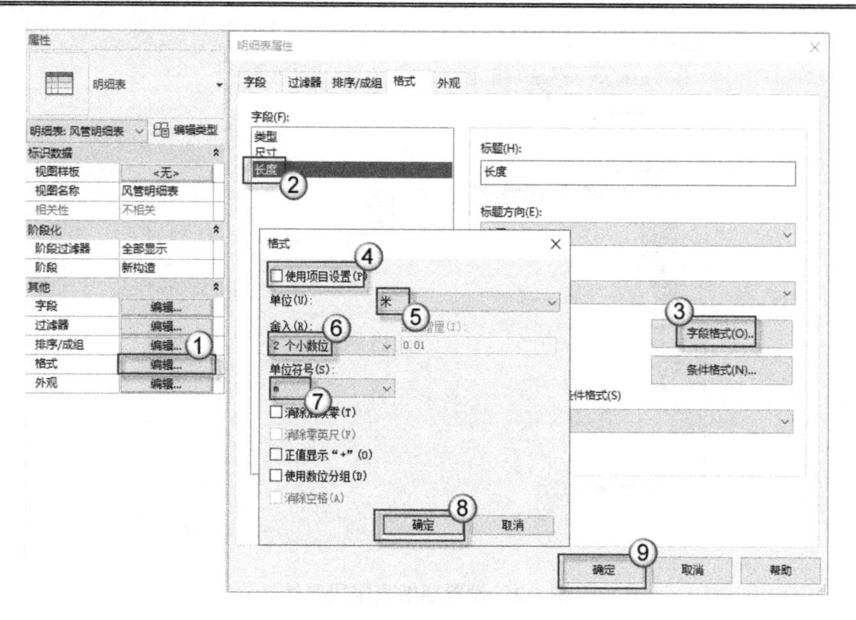


图 6.6　调整单位

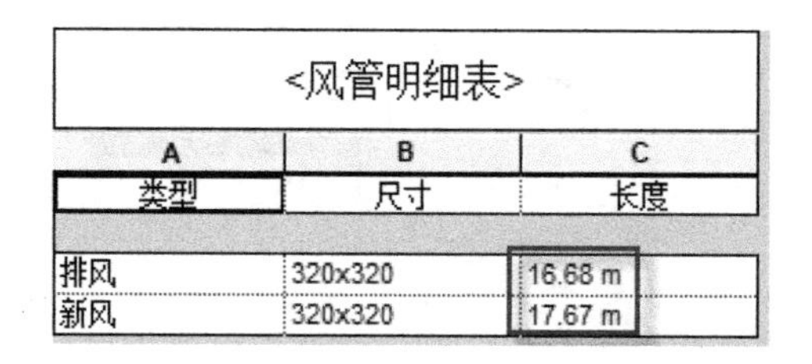

| <风管明细表> | | |
|---|---|---|
| A | B | C |
| 类型 | 尺寸 | 长度 |
| 排风 | 320x320 | 16.68 m |
| 新风 | 320x320 | 17.67 m |

图 6.7　调整单位后的风管明细表

## 6.1.2　管道的统计

在管道专业下选择管道类别，可以自动统计管道的长度。注意本节不仅要统计管道的长度，还要对管道材质进行分类，具体统计操作方法如下：

（1）新建管道明细表。选择“视图”|“明细表”|“明细表/数量”命令，在弹出的“新建明细表”对话框中的“过滤器列表”栏中选择“管道”选项，在“类别”栏中选择“管道”选项，单击“确定”按钮进入下一步操作，如图 6.8 所示。

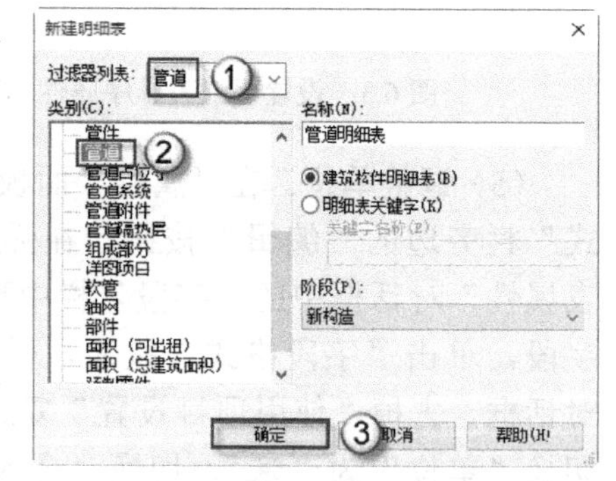


图 6.8　新建管道明细表

（2）设置明细表字段属性。继续上一步操作，在弹出的“明细表属性”对话框中，将“类型”“直径”“合计”3 个字段添加到“明细表字段”栏中，然后选择“排序/成组”选项卡准备下一步操作，如图 6.9 所示。

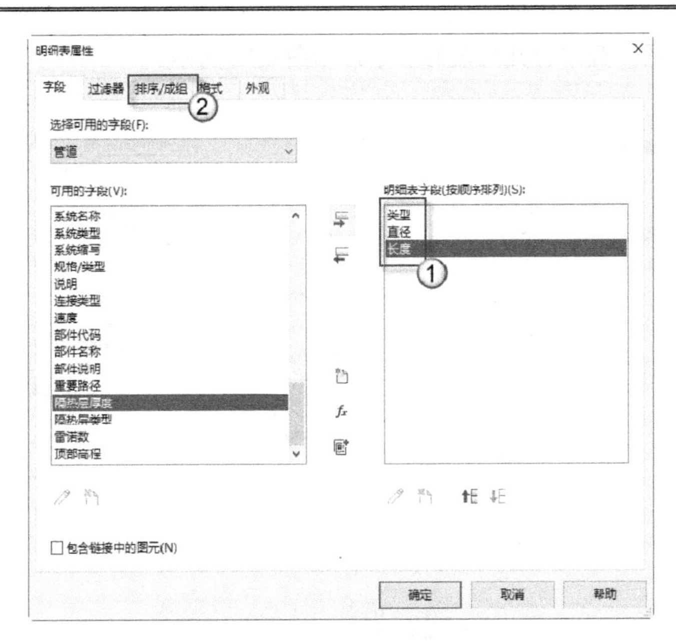


图 6.9　设置明细表字段属性

（3）设置明细表排序属性。继续上一步操作，在“排序方式”栏中选择“类型”选项，去掉“逐项列举每个实例”复选框的勾选，然后选择“格式”选项卡准备下一步操作，如图 6.10 所示。

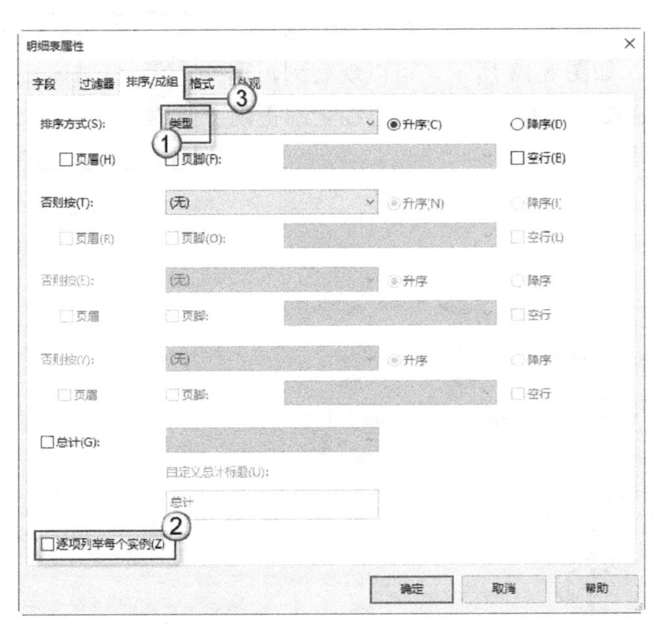


图 6.10　设置明细表排序属性

（4）设置明细表格式属性。继续上一步操作，在“字段”栏中选择“长度”字段，切换为“计算总数”选项，单击“字段格式”按钮，在弹出的“格式”对话框中取消“使用项目设置”复选框的勾选，然后切换“单位”为“米”，切换“舍入”为“2 个小数位”，切换“单位符号”为 m，单击“确定”按钮，如图 6.11 所示。可以观察自动生成的<管道

明细表>，其“直径”列中有几列没有显示，如图 6.12 所示。

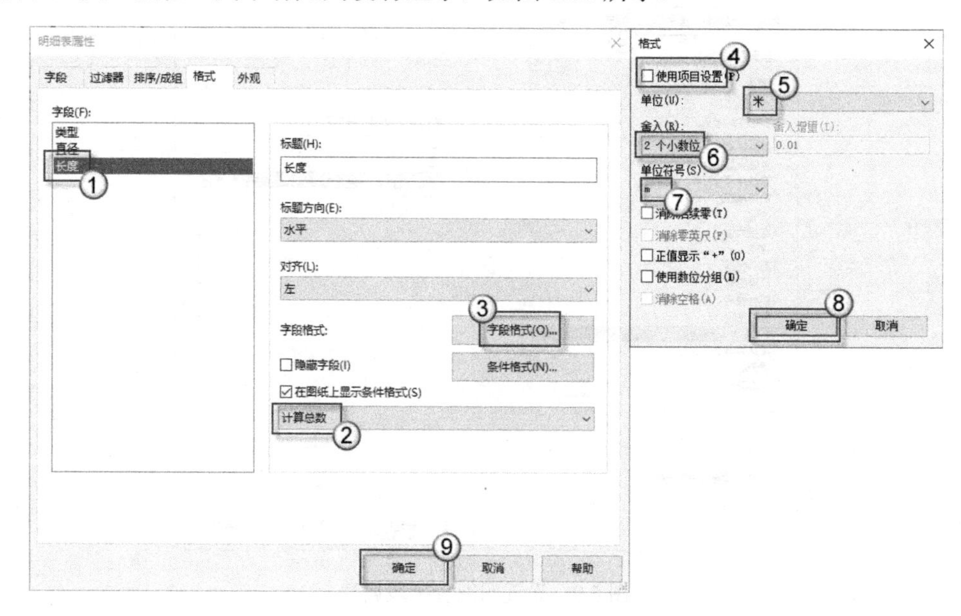


图 6.11 设置明细表格式属性

（5）重新设置排序方式。在“属性”面板中单击“排序/成组”旁边的“编辑”按钮，在弹出的“明细表属性”对话框中在“否则按”栏中选择“直径”选项，单击“确定”按钮，如图 6.13 所示。可以观察到，重新生成的<管道明细表>中的“直径”列已经全部正确显示了，如图 6.14 所示。

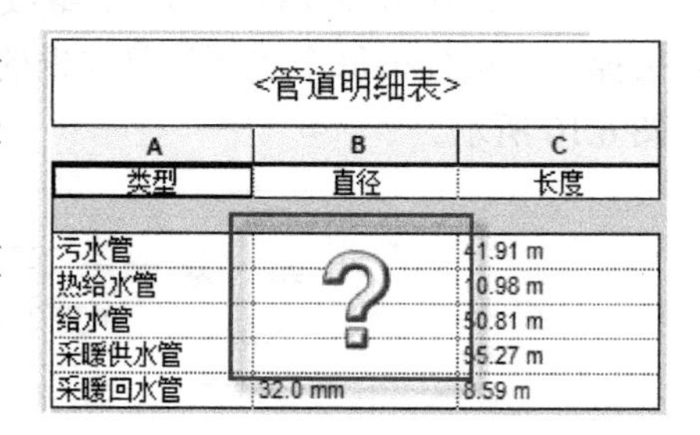

| <管道明细表> | | |
|---|---|---|
| A | B | C |
| 类型 | 直径 | 长度 |
| 污水管 | | 41.91 m |
| 热给水管 | | 10.98 m |
| 给水管 | | 50.81 m |
| 采暖供水管 | | 55.27 m |
| 采暖回水管 | 32.0 mm | 8.59 m |

图 6.12 管道明细表

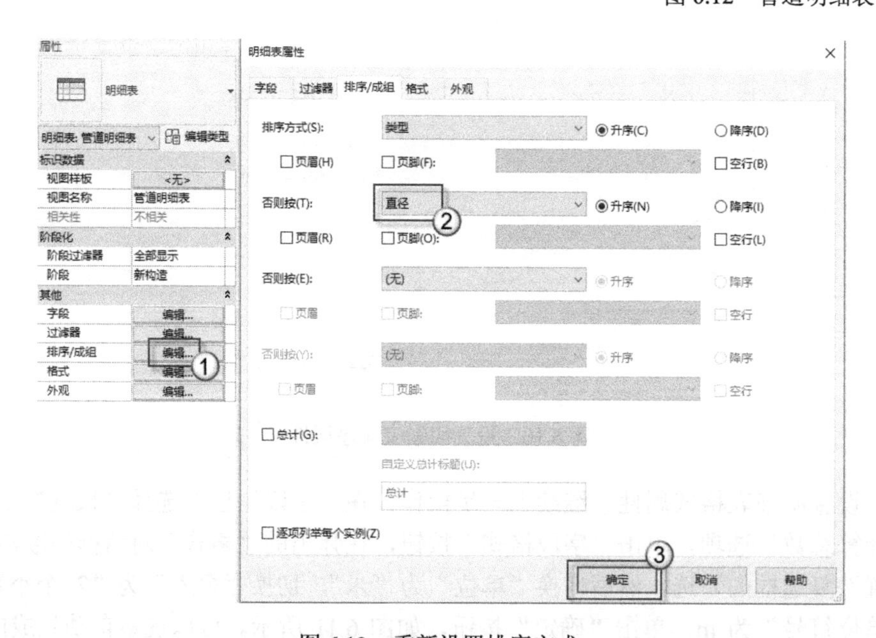


图 6.13 重新设置排序方式

⚠注意：上一步有些“直径”列未正确显示的原因是，有些“类型”有多种“直径”，所以无法在一个“类型”下显示。增加了一个“直径”的“排列/成组”后，这些有多种“直径”的“类型”会采用“直径”的方式“排序/成组”。

| <管道明细表> | | |
|---|---|---|
| A | B | C |
| 类型 | 直径 | 长度 |
| 污水管 | 50.0 mm | 3.52 m |
| 污水管 | 110.0 mm | 38.39 m |
| 热给水管 | 25.0 mm | 5.80 m |
| 热给水管 | 32.0 mm | 5.18 m |
| 给水管 | 25.0 mm | 8.90 m |
| 给水管 | 32.0 mm | 34.66 m |
| 给水管 | 75.0 mm | 7.25 m |
| 采暖供水管 | 20.0 mm | 8.20 m |
| 采暖供水管 | 32.0 mm | 47.07 m |
| 采暖回水管 | 32.0 mm | 8.59 m |

图 6.14　重新生成的管道明细表

（6）添加材质字段。与其他统计长度的明细表（如风管、电缆桥架）不同，在实际工程中由于管道内的水流不同导致管道材质不同，所以在此处为<管道明细表>添加材质字段以区别不同材质的管道。在“属性”面板中单击“字段”旁边的“编辑”按钮，在弹出的“明细表属性”对话框中在“可用的字段”栏中选择“材质”选项，单击“添加参数”按钮，将这个字段添加到“明细表字段”栏中，如图 6.15 所示。可以观察到，重新生成的<管道明细表>中增加了“材质”列，如图 6.16 所示。

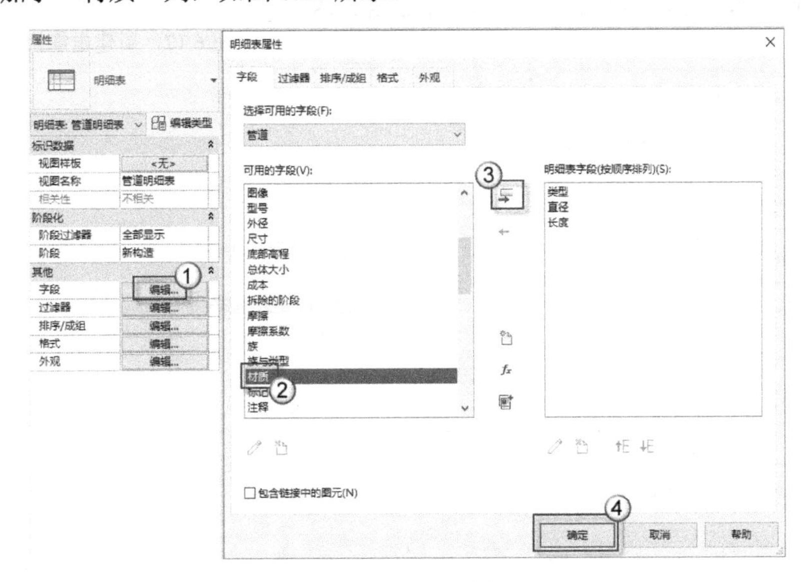


图 6.15　添加材质字段

| <管道明细表> | | | |
|---|---|---|---|
| A | B | C | D |
| 类型 | 直径 | 长度 | 材质 |
| 污水管 | 50.0 mm | 3.52 m | PVC-U |
| 污水管 | 110.0 mm | 38.39 m | PVC-U |
| 热给水管 | 25.0 mm | 5.80 m | PPR |
| 热给水管 | 32.0 mm | 5.18 m | PPR |
| 给水管 | 25.0 mm | 8.90 m | PPR |
| 给水管 | 32.0 mm | 34.66 m | PPR |
| 给水管 | 75.0 mm | 7.25 m | PPR |
| 采暖供水管 | 20.0 mm | 8.20 m | PPR |
| 采暖供水管 | 32.0 mm | 47.07 m | PPR |
| 采暖回水管 | 32.0 mm | 8.59 m | PPR |

图 6.16　重新生成的管道明细表

## 6.1.3 电缆桥架的统计

在电气专业下选择电缆桥架类别，可以自动统计电缆桥架的长度，具体统计操作方法如下：

（1）新建电缆桥架明细表。选择“视图”|“明细表”|“明细表/数量”命令，在弹出的“新建明细表”对话框中的“过滤器列表”栏中选择“电气”选项，在“类别”栏中选择“电缆桥架”选项，单击“确定”按钮进入下一步操作，如图 6.17 所示。

（2）设置明细表字段属性。继续上一步操作，在弹出的“明细表属性”对话框中，依次将“类型”“尺寸”“长度”3 个字段添加到“明细表字段”栏中，然后选择“排序/成组”选项卡准备下一步操作，如图 6.18 所示。

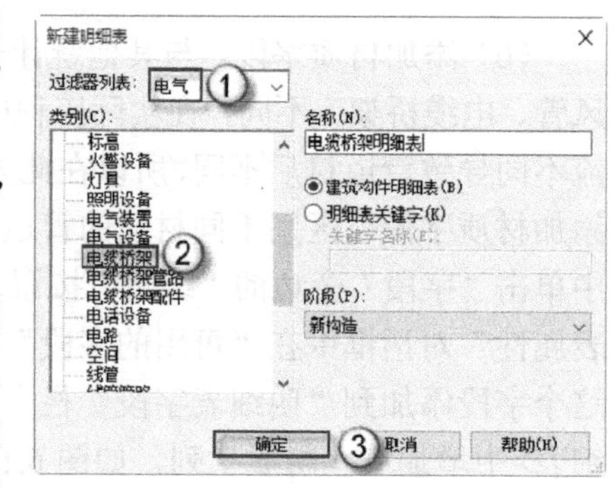


图 6.17　新建电缆桥架明细表

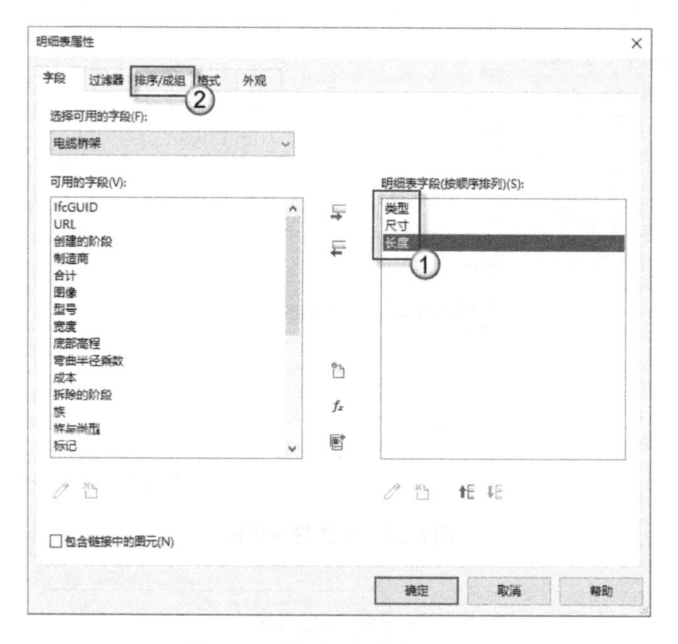


图 6.18　设置明细表字段属性

（3）设置明细表排序属性。继续上一步操作，在“排序方式”栏中选择“类型”选项，在“否则按”栏中选择“尺寸”选项，去掉“逐项列举每个实例”复选框的勾选，选择“格式”选项卡准备下一步操作，如图 6.19 所示。

（4）设置明细表格式属性。继续上一步操作，在“字段”栏中选择“长度”字段，切换为“计算总数”选项，单击“字段格式”按钮，在弹出的“格式”对话框中去掉“使用项目设置”复选框的勾选，切换“单位”为“米”，切换“舍入”为“2 个小数位”，切换“单位符号”为 m，单击“确定”按钮，如图 6.20 所示。然后可以观察自动生成的<电缆桥架明细表>，如图 6.21 所示。

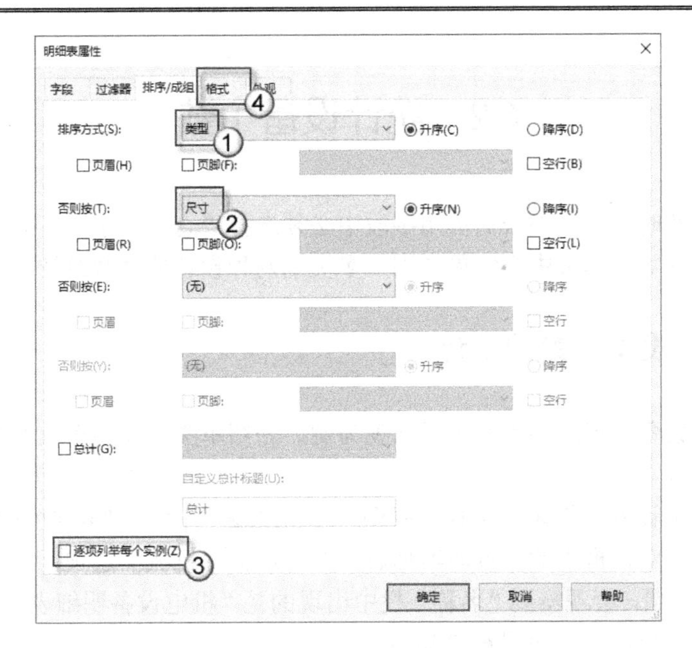


图 6.19　设置明细表排序属性

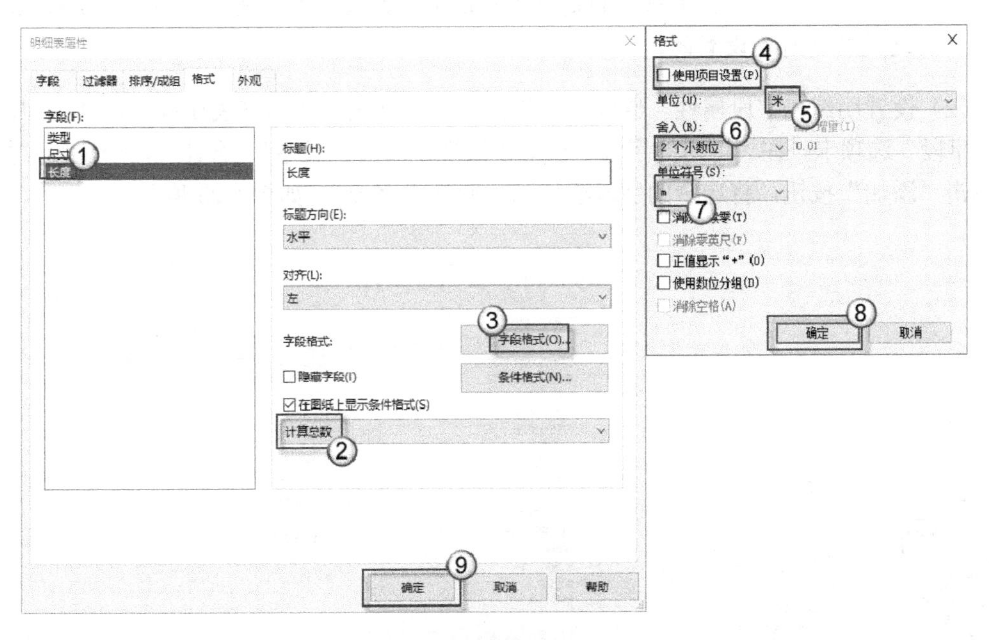


图 6.20　设置明细表格式属性

| <电缆桥架明细表> | | |
|---|---|---|
| A | B | C |
| 类型 | 尺寸 | 长度 |
| 插座 | 25 mmx25 mmø | 95.92 m |
| 消防 | 25 mmx25 mmø | 123.23 m |
| 照明 | 25 mmx25 mmø | 93.31 m |
| 电信 | 25 mmx25 mmø | 64.32 m |

图 6.21　电缆桥架明细表

# 6.2 统计设备个数

统计设备个数时，在明细表的可用字段中必须选择“合计”字段，并且要对“合计”字段进行总数的计算。本节中介绍单类别、多类别两种设备的个数统计方法。

## 6.2.1 单类别设备个数的统计

本节以机电设备、卫浴装置两个明细表为例，介绍单类别设备个数的统计方法，具体统计操作如下：

（1）新建机电设备明细表。选择“视图”|“明细表”|“明细表/数量”命令，在弹出的“新建明细表”对话框中的“过滤器列表”栏中选择“机械”选项，在“类别”栏中选择“机械设备”选项，会观察到“名称”栏中出现的是“机电设备明细表”字样，单击“确定”按钮进入下一步操作，如图 6.22 所示。

注意：这里的“名称”栏中出现的是“机电设备明细表”而不是“机械设备明细表”，这是软件自动设置的。

（2）设置明细表字段属性。继续上一步操作，在弹出的“明细表属性”对话框中，选择“字段”选项卡，在“可用的字段”栏中依次选中“族与类型”“合计”两个字段，并依次单击“添加”按钮，将选中的字段添加到“明细表字段”，如图 6.23 所示。

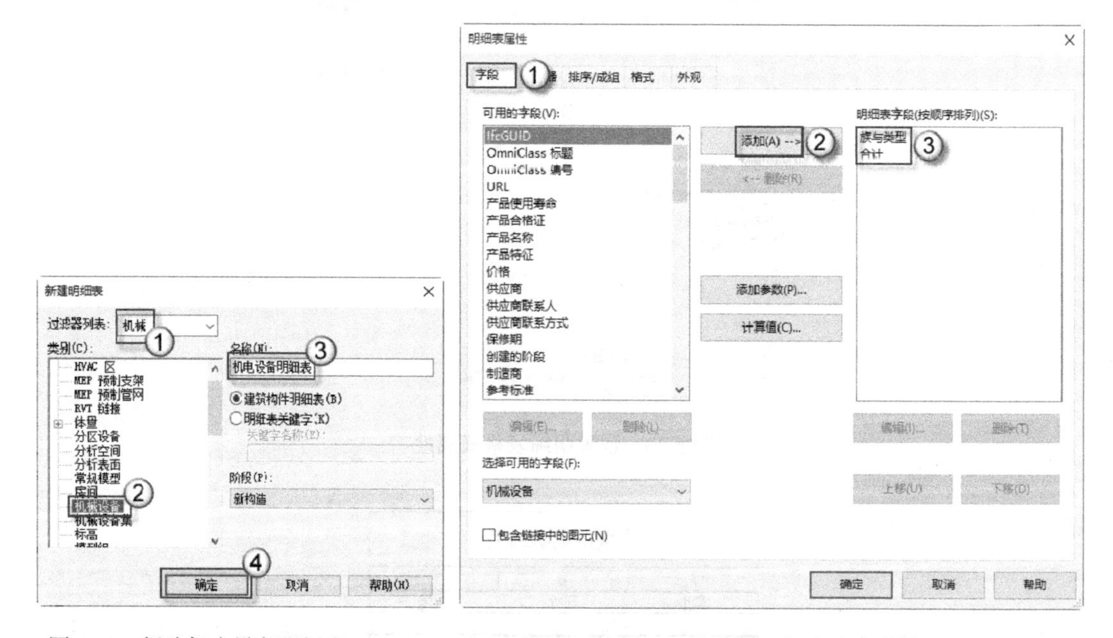


图 6.22 新建机电设备明细表　　　　图 6.23 设置明细表字段属性

（3）设置明细表排序属性。继续上一步操作，在弹出的“明细表属性”对话框中，选择“排序/成组”选项卡，在“排序方式”栏中选择“族与类型”，并选择“升序”排序方式，取消勾选“逐项列举每个实例”复选框，单击“确定”按钮完成操作，如图 6.24 所示。生成的<机电设备明细表>如图 6.25 所示。

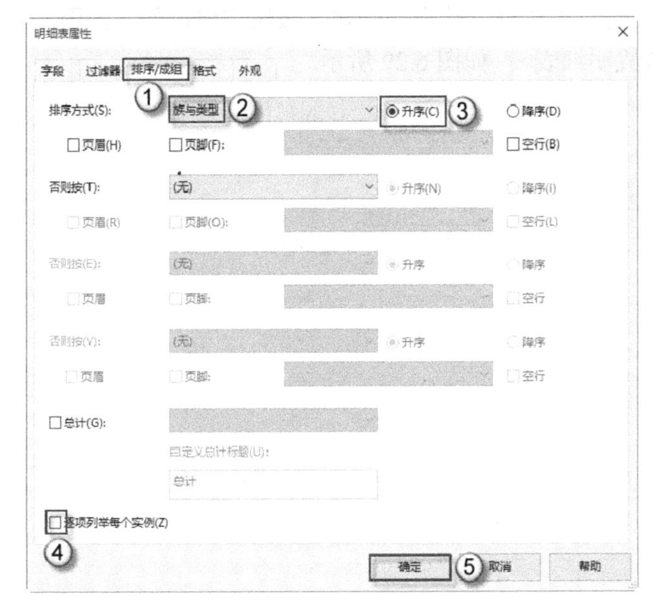


图 6.24　设置明细表排序属性

| <机电设备明细表> | |
|---|---|
| A | B |
| 族与类型 | 合计 |
| 散热器: 散热器 | 4 |
| 热回收新风机: 热回收新风 | 1 |
| 贝雷塔: 采暖炉400*700*250m | 1 |
| 风幕机: 风幕机 | 1 |

图 6.25　机电设备明细表

（4）新建卫浴装置明细表。选择“视图”|“明细表”|“明细表/数量”命令，在弹出的“新建明细表”对话框中的“过滤器列表”栏中选择“管道”选项，在“类别”栏中选择“卫浴装置”选项，单击“确定”按钮进入下一步操作，如图 6.26 所示。

（5）设置明细表字段属性。继续上一步操作，在弹出的“明细表属性”对话框中，选择“字段”选项卡，在“可用的字段”栏中依次选中“族与类型”“合计”两个字段，并依次单击“添加”按钮，将选中的字段添加到“明细表字段”栏中，如图 6.27 所示。

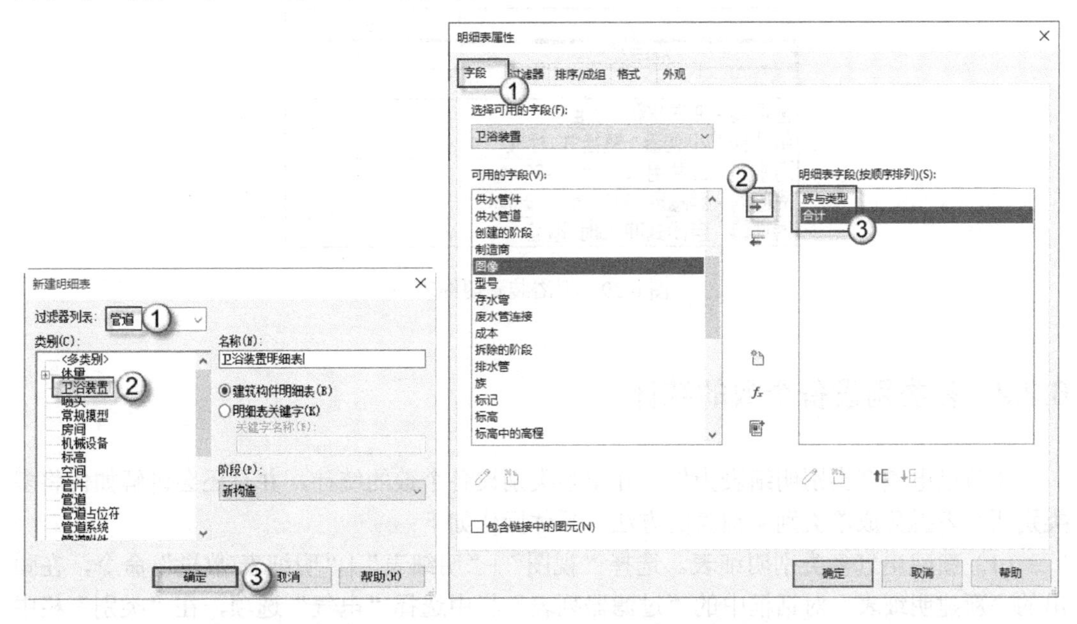


图 6.26　新建卫浴装置明细表　　图 6.27　设置明细表字段属性

（6）设置明细表排序属性。继续上一步操作，在弹出的“明细表属性”对话框中，选择“排序/成组”选项卡，在“排序方式”栏中选择“族与类型”选项，并选择“升序”排序方式，取消勾选“逐项列举每个实例”单选框，单击“确定”按钮完成操作，如图 6.28 所示。之后系统会自动生成<卫浴装置明细表>，如图 6.29 所示。

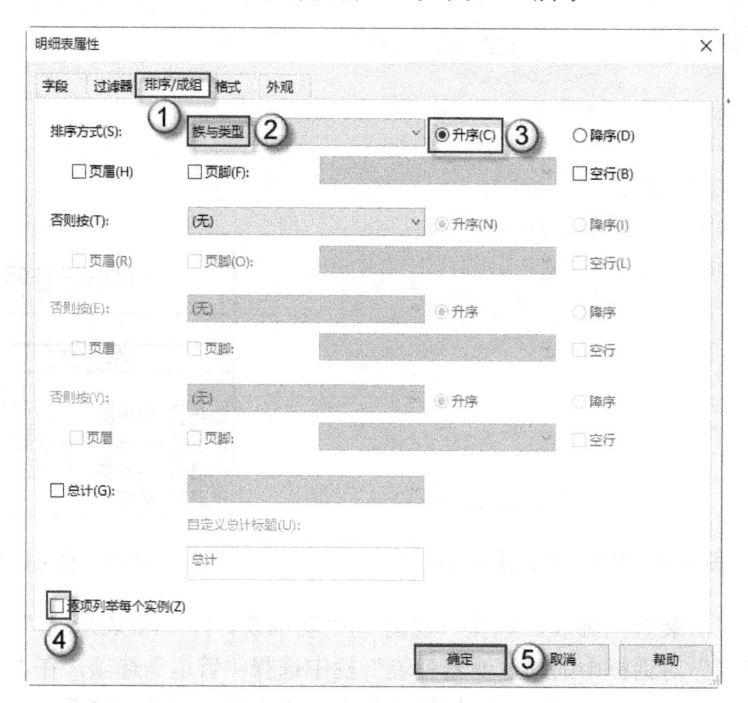


图 6.28　设置明细表排序属性

<卫浴装置明细表>

| A | B |
| --- | --- |
| 族与类型 | 合计 |
| 坐便器 - 冲洗水箱: 标准 | 2 |
| 带挡板的小便器 - 壁挂式: 标准 | 4 |
| 污水池 - 公共用: 610 mmx455 mm | 1 |
| 洗脸盆 - 椭圆形: 915 mmx560 mm | 3 |
| 蹲便器 - 自闭式冲洗阀: 标准 | 9 |

图 6.29　卫浴装置明细表

## 6.2.2　多类别设备个数的统计

本节以电气多类别明细表为例，介绍多类别设备个数的统计，并且还会讲解如何将多类别明细表拆分成单类别明细表的方法，具体操作如下：

（1）新建电气多类别明细表。选择“视图”|“明细表”|“明细表/数量”命令，在弹出的“新建明细表”对话框中的“过滤器列表”栏中选择“电气”选项，在“类别”栏中

选择“<多类别>”选项，在“名称”栏中输入“电气多类别明细表”，单击“确定”按钮进入下一步操作，如图 6.30 所示。

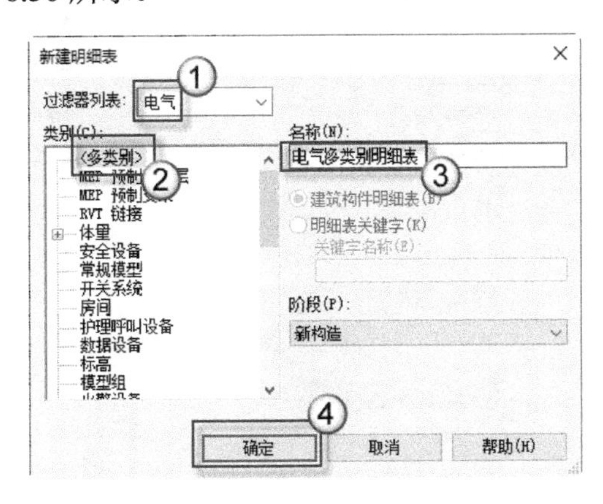


图 6.30　新建电气多类别明细表

（2）设置明细表字段属性。继续上一步操作，在弹出的“明细表属性”对话框中，依次将“类别”“族与类型”“合计” 3 个字段添加到“明细表字段”栏中，然后选择“排序/成组”选项卡准备下一步操作，如图 6.31 所示。

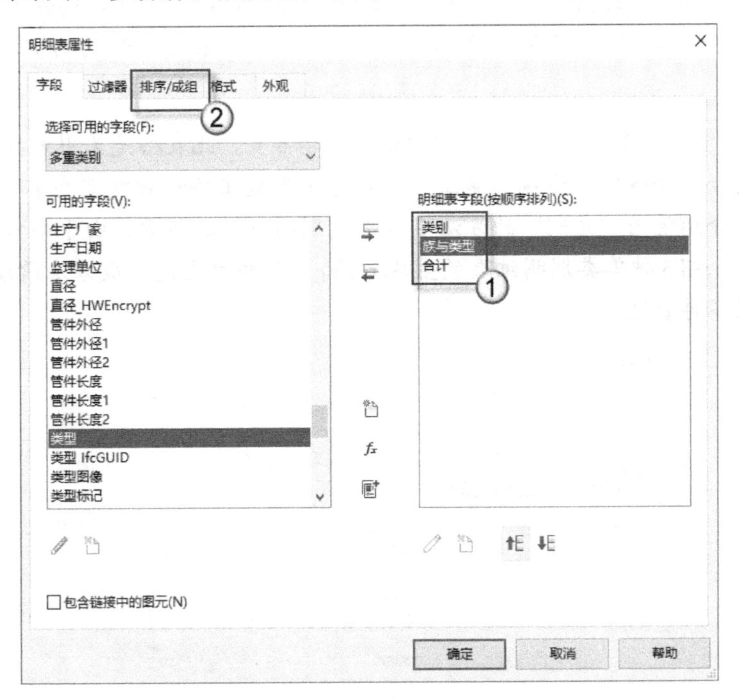


图 6.31　设置明细表字段属性

（3）设置排序方式。继续上一步操作，在“排序方式”栏中选择“类别”选项，在“否则按”栏中选择“族与类型”选项，取消“逐项列举每个实例”复选框的勾选，然后选择“格式”选项卡准备下一步操作，如图 6.32 所示。

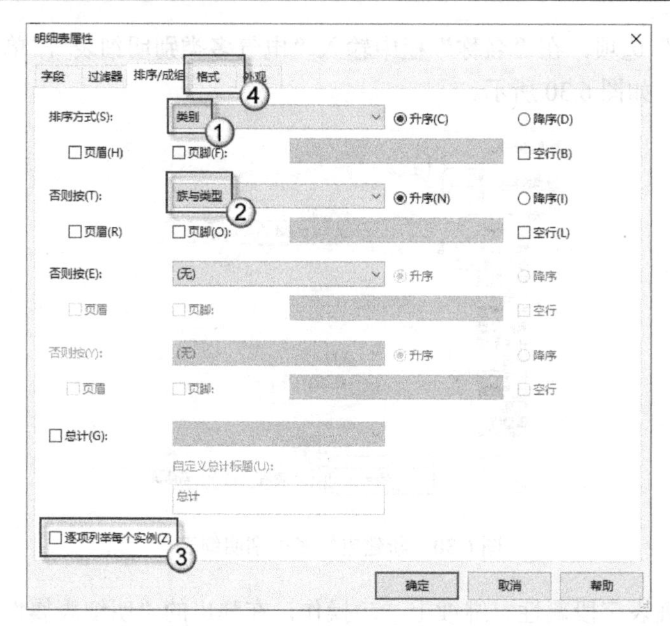

图 6.32 设置排序方式

（4）设置明细表格式属性。在“字段”栏中选择“合计”字段，切换为“计算总数”选项，单击“确定”按钮，如图 6.33 所示。自动生成的<电气多类别明细表>，如图 6.34 所示。

注意：这个<电气多类别明细表>中的“类别”非常多，此表格是为甲方提供的，而施工时的专业分得比较详细，施工方（乙方）在施工备料时就需要单类别的明细表。这里介绍使用“复制”的方法生成单类别明细表的步骤，由于操作步骤类似，本节只介绍5种单类别明细表的生成方法，其余明细表的生成方法请读者自己完成，这里不再赘述。

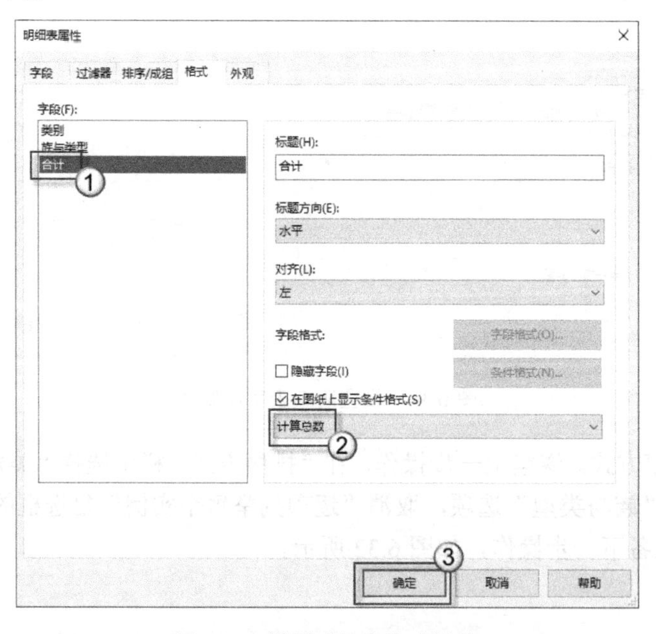

图 6.33　设置明细表格式属性

| <电气多类别明细表> | | |
|---|---|---|
| A | B | C |
| 类别 | 族与类型 | 合计 |
| 安全设备 | 消防应急标志灯(跑向右基于面): 消防应急标志灯(跑向右基于面) | 2 |
| 安全设备 | 消防应急标志灯(跑向左基于面): 消防应急标志灯(跑向左基于面) | 3 |
| 常规模型 | 房间净高虚拟对象: 女厕 | 1 |
| 常规模型 | 房间净高虚拟对象: 洗手 | 1 |
| 常规模型 | 房间净高虚拟对象: 男厕 | 1 |
| 常规模型 | 房间净高虚拟对象: 管理 | 1 |
| 数据设备 | LEB: LEB | 5 |
| 数据设备 | 信息插座: 标准 | 7 |
| 机械设备 | 散热器: 散热器 | 4 |
| 机械设备 | 热回收新风机: 热回收新风机 | 1 |
| 机械设备 | 贝雷塔: 采暖炉400*700*250mm | 1 |
| 机械设备 | 风幕机: 风幕机 | 1 |
| 火警设备 | 感烟火灾探测器_吸顶: 标准 | 7 |
| 火警设备 | 报警按钮1-带火灾电话插孔: 标准 | 4 |
| 火警设备 | 消防端子箱: 消防端子箱 2 | 1 |
| 火警设备 | 火灾声光警报器: 标准 | 4 |
| 灯具 | 双联开关: 单控 | 1 |
| 灯具 | 开关: 开关 | 8 |
| 灯具 | 消防应急标志灯: 标准 | 5 |
| 照明设备 | LED 长条灯: LED 长条灯 | 22 |
| 照明设备 | 天棚灯: 天棚灯 | 1 |
| 电气装置 | 双联二三极暗装插座: 标准 | 8 |
| 电气装置 | 带接地插孔三相插座 - 暗装: 标准 | 3 |
| 电气装置 | 空调插座: 标准 | 3 |
| 电气装置 | 镜前灯预留插座: 标准 | 1 |
| 电气设备 | 照明配电箱: 动力照明配电箱 | 1 |
| 电气设备 | 电信综合配电箱: 电信综合配电箱 | 1 |
| 电缆桥架 | 带配件的电缆桥架: 插座 | 73 |
| 电缆桥架 | 带配件的电缆桥架: 消防 | 243 |
| 电缆桥架 | 带配件的电缆桥架: 照明 | 134 |
| 电缆桥架 | 带配件的电缆桥架: 电信 | 88 |
| 电缆桥架配件 | 槽式电缆桥架垂直等径上弯通: 插座 | 21 |
| 电缆桥架配件 | 槽式电缆桥架垂直等径上弯通: 消防 | 91 |
| 电缆桥架配件 | 槽式电缆桥架垂直等径上弯通: 照明 | 39 |
| 电缆桥架配件 | 槽式电缆桥架垂直等径上弯通: 电信 | 30 |
| 电缆桥架配件 | 槽式电缆桥架垂直等径下弯通: 插座 | 3 |
| 电缆桥架配件 | 槽式电缆桥架垂直等径下弯通: 消防 | 66 |
| 电缆桥架配件 | 槽式电缆桥架垂直等径下弯通: 照明 | 27 |
| 电缆桥架配件 | 槽式电缆桥架垂直等径下弯通: 电信 | 15 |
| 电缆桥架配件 | 槽式电缆桥架水平三通: 插座 | 10 |
| 电缆桥架配件 | 槽式电缆桥架水平三通: 消防 | 15 |
| 电缆桥架配件 | 槽式电缆桥架水平三通: 照明 | 15 |
| 电缆桥架配件 | 槽式电缆桥架水平三通: 电信 | 12 |
| 电缆桥架配件 | 槽式电缆桥架水平四通: 消防 | 1 |
| 电缆桥架配件 | 槽式电缆桥架水平弯通: 插座 | 25 |
| 电缆桥架配件 | 槽式电缆桥架水平弯通: 消防 | 46 |
| 电缆桥架配件 | 槽式电缆桥架水平弯通: 照明 | 35 |
| 电缆桥架配件 | 槽式电缆桥架水平弯通: 电信 | 17 |
| 电话设备 | 电话插座: 标准 | 7 |
| 管件 | 变径_热熔: 标准 | 9 |
| 管件 | 变径三通_热熔: 标准 | 25 |
| 管件 | 同心变径管 - PVC-U - 排水: 标准 | 18 |
| 管件 | 四通_热熔: 四通_热熔 | 1 |
| 管件 | 弯头 - PVC-U - 排水: 标准 | 4 |
| 管件 | 弯头_热熔: 标准 | 92 |
| 管件 | 弯头三通: 标准 | 2 |
| 管件 | 顺水三通 - PVC-U - 排水: 标准 | 16 |
| 管道 | 管道类型: 污水管 | 43 |
| 管道 | 管道类型: 热给水管 | 17 |
| 管道 | 管道类型: 给水管 | 66 |
| 管道 | 管道类型: 采暖供水管 | 59 |
| 管道 | 管道类型: 采暖回水管 | 7 |
| 管道附件 | 通气帽: 通气帽 | 3 |
| 风管 | 矩形风管: 排风 | 14 |
| 风管 | 矩形风管: 新风 | 6 |
| 风管管件 | 矩形 T 形三通 - 斜接 - 法兰: 标准 | 4 |
| 风管管件 | 矩形弯头 - 弧形 - 法兰: 1.5 W | 10 |
| 风道末端 | 回风口 - 矩形 - 单层 - 可调: 200x200 | 5 |
| 风道末端 | 散流器 - 方形: 240x240 | 5 |

图 6.34　电气多类别明细表

（5）复制电气多类别明细表。在“项目浏览器”面板中右击“电气多类别明细表”选项，在弹出的右键快捷菜单中选择“复制视图”|“复制”命令，如图 6.35 所示。再重复这个操作 4 次（共复制 5 次），在“明细表/数量”栏下会出现 5 个“电气多类别明细表 副本”，编号 1~5，如图 6.36 所示。

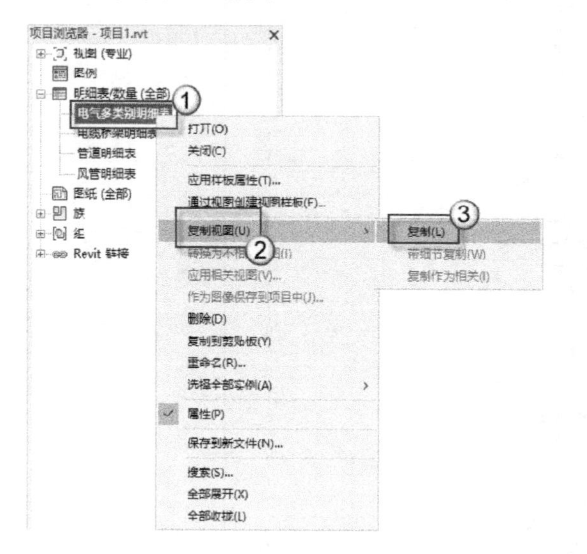


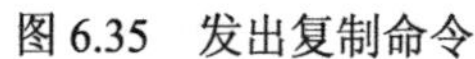
图 6.35　发出复制命令

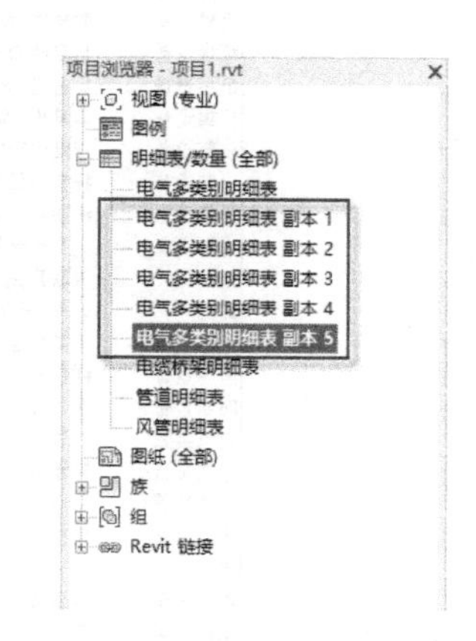


图 6.36　5 个“电气多类别明细表 副本”

（6）安全设备统计表。右击“电气多类别明细表 副本 1”选项，在弹出的右键快捷菜单中选择“重命名”命令，如图 6.37 所示，将明细表的名称改为“安全设备统计表”。选择“项目浏览器”面板中的“安全设备统计表”选项，在“属性”面板中的“过滤器”栏右侧单击“编辑”按钮，弹出“明细表属性”对话框，在“过滤条件”栏中分别切换为“类别”“等于”“安全设备”选项，单击“确定”按钮，如图 6.38 所示。可以观察到，系统会自动生成<安全设备统计表>，如图 6.39 所示。

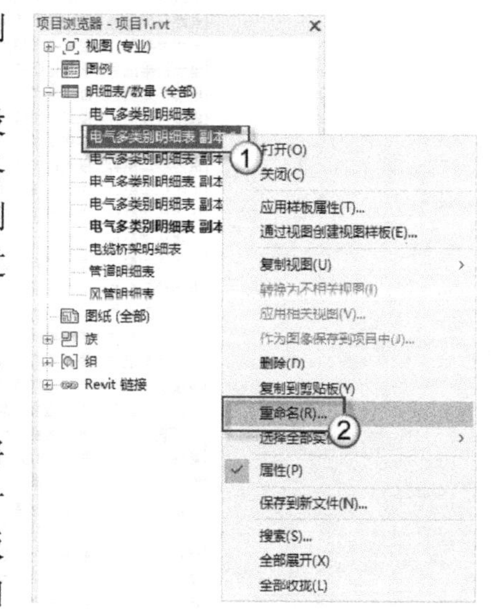


图 6.37　重命名

（7）数据设备统计表。在“项目浏览器”面板中将“电气多类别明细表 副本 2”重命名为“数据设备统计表”。选择“数据设备统计表”选项，在“属性”面板中的“过滤器”栏右侧单击“编辑”按钮，弹出“明细表属性”对话框，在“过滤条件”栏中分别切换为“类别”“等于”“数据设备”选项，单击“确定”按钮，如图 6.40 所示。可以观察到系统会自动生成<数据设备统计表>，如图 6.41 所示。

（8）机械设备统计表。在“项目浏览器”面板中将“电气多类别明细表 副本 3”重命名为“机械设备统计表”。选择“机械设备统计表”选项，在“属性”面板中的“过滤器”栏右侧单击“编辑”按钮，弹出“明细表属性”对话框，在“过滤条件”栏中分别切换为“类别”“等于”“机械设备”选项，单击“确定”按钮，如图 6.42 所示。可以观察到系统会自动生成<机械设备统计表>，如图 6.43 所示。

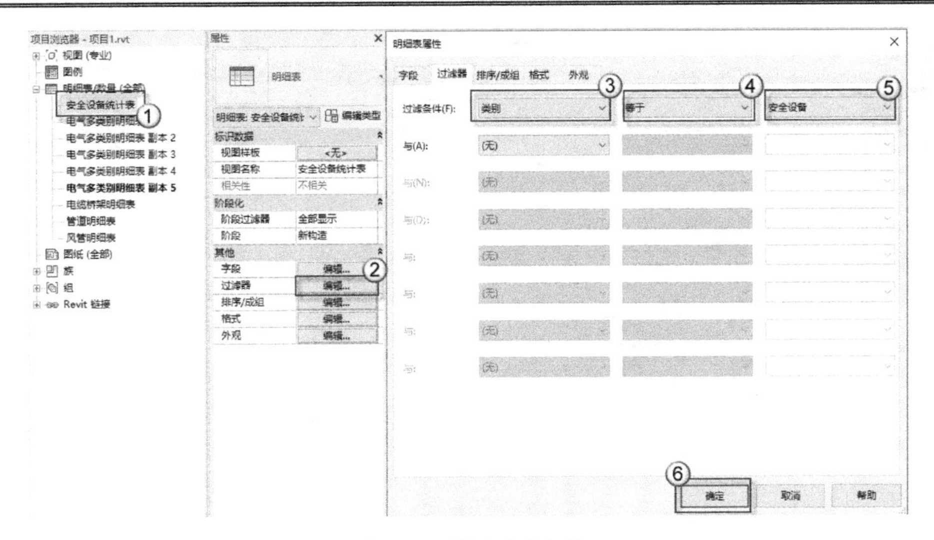


图 6.38　设置过滤条件

| <安全设备统计表> | | |
|---|---|---|
| A | B | C |
| 类别 | 族与类型 | 合计 |
| 安全设备 | 消防应急标志灯(跑向右基于面): 消防应急标志灯(跑向右基于面) | 2 |
| 安全设备 | 消防应急标志灯(跑向左基于面): 消防应急标志灯(跑向左基于面) | 3 |

图 6.39　安全设备统计表

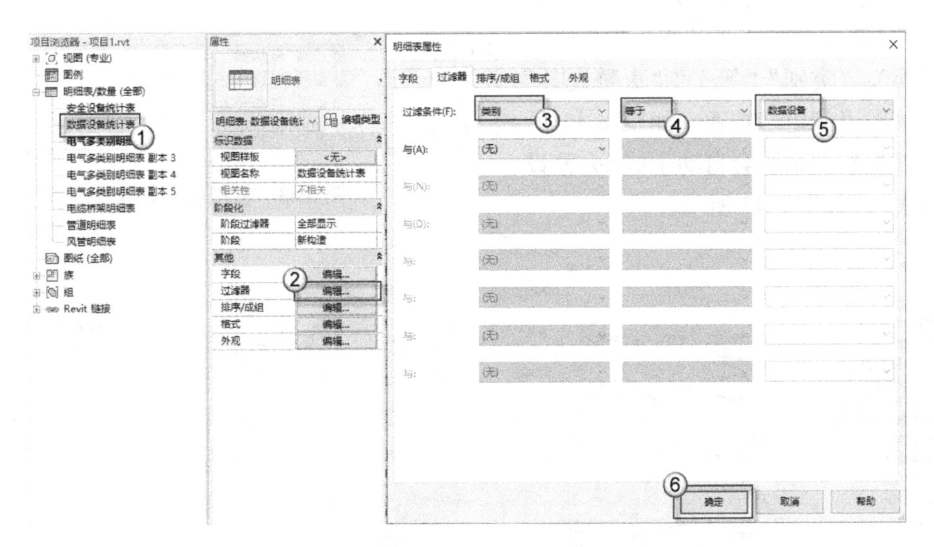


图 6.40　设置过滤条件

| <数据设备统计表> | | |
|---|---|---|
| A | B | C |
| 类别 | 族与类型 | 合计 |
| 数据设备 | LEB: LEB | 5 |
| 数据设备 | 信息插座: 标准 | 7 |

图 6.41　数据设备统计表

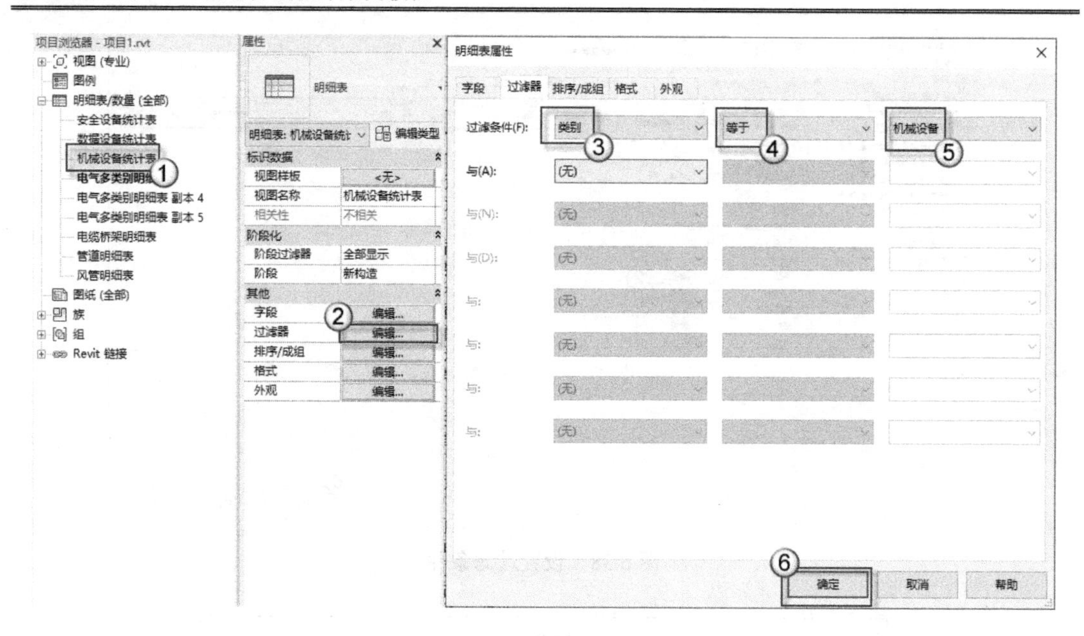


图 6.42　设置过滤条件

（9）火警设备统计表。在“项目浏览器”面板中将“电气多类别明细表 副本 4”重命名为“火警设备统计表”。选择“火警设备统计表”选项，在“属性”面板中的“过滤器”栏右侧单击“编辑”按钮，弹出“明细表属性”对话框，在“过滤条件”栏中分别切换为“类别”“等于”“火警设备”选项，单击“确定”按钮，如图 6.44 所示。可以观察到系统会自动生成<火警设备统计表>，如图 6.45 所示。

| <机械设备统计表> | | |
|---|---|---|
| A | B | C |
| 类别 | 族与类型 | 合计 |
| 机械设备 | 散热器: 散热器 | 4 |
| 机械设备 | 热回收新风机: 热回收新风机 | 1 |
| 机械设备 | 贝雷塔: 采暖炉 400*700*250mm | 1 |
| 机械设备 | 风幕机: 风幕机 | 1 |

图 6.43　机械设备统计表

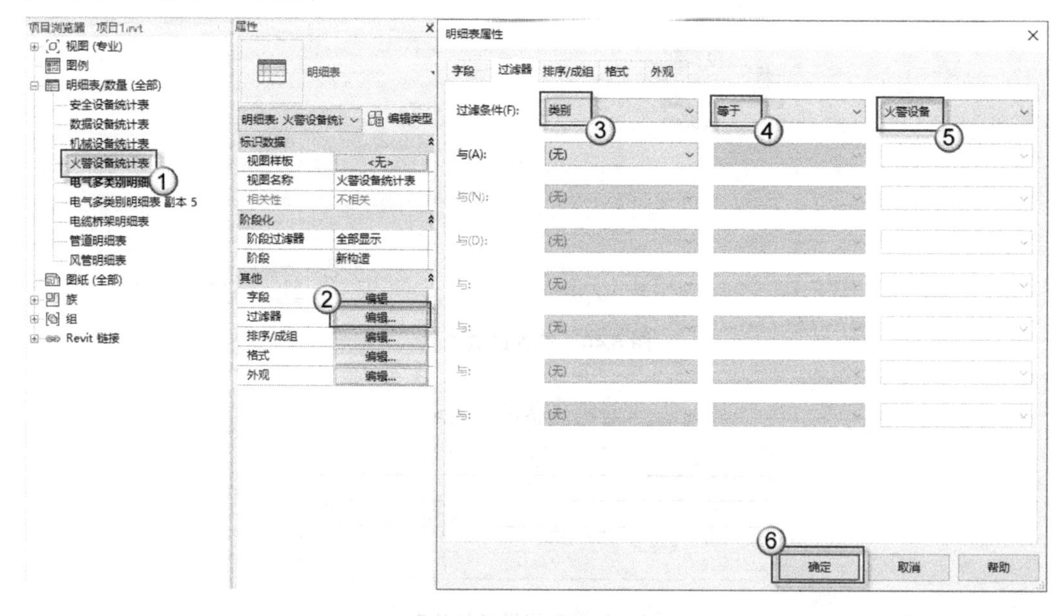


图 6.44　设置过滤条件

| <火警设备统计表> | | |
|---|---|---|
| A | B | C |
| 类别 | 族与类型 | 合计 |
| 火警设备 | 感烟火灾探测器_吸顶: 标准 | 7 |
| 火警设备 | 报警按钮1-带火灾电话插孔: 标准 | 4 |
| 火警设备 | 消防端子箱: 消防端子箱 2 | 1 |
| 火警设备 | 火灾声光警报器: 标准 | 4 |

图 6.45　火警设备统计表

（10）照明设备统计表。在“项目浏览器”面板中将“电气多类别明细表 副本 5”重命名为“照明设备统计表”。选择“照明据设备统计表”选项，在“属性”面板中的“过滤器”栏右侧单击“编辑”按钮，弹出“明细表属性”对话框，在“过滤条件”栏中分别切换为“类别”“等于”“照明设备”选项，单击“确定”按钮，如图 6.46 所示。可以观察到系统会自动生成<照明设备统计表>，如图 6.47 所示。

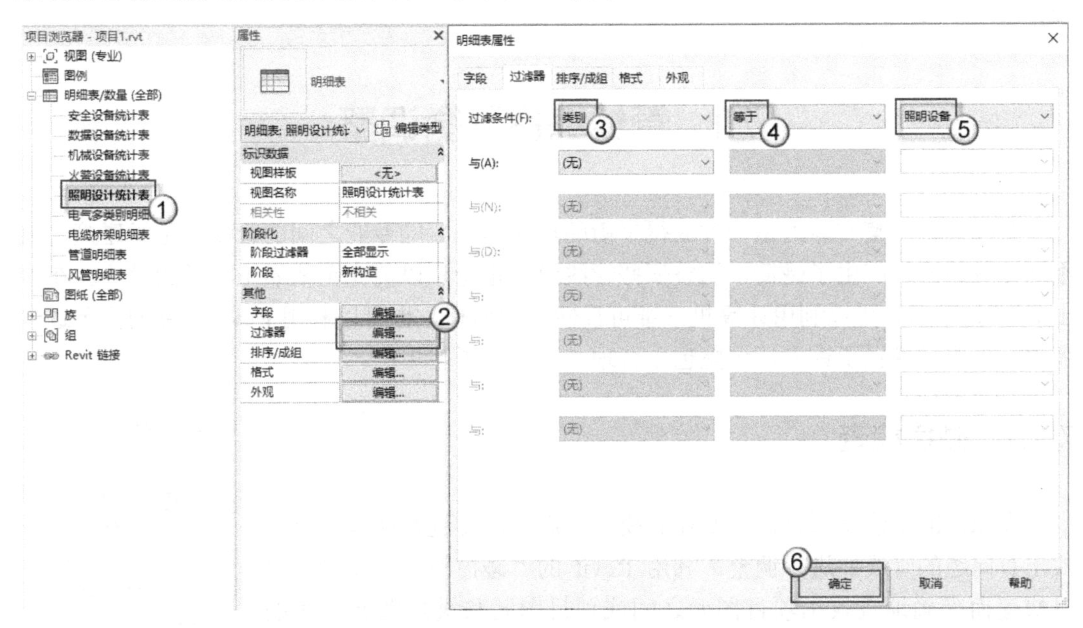


图 6.46　设置过滤条件

| <照明设备统计表> | | |
|---|---|---|
| A | B | C |
| 类别 | 族与类型 | 合计 |
| 照明设备 | LED 长条灯: LED 长条灯 | 22 |
| 照明设备 | 天棚灯: 天棚灯 | 1 |

图 6.47　照明设备统计表

# 第 7 章　管线综合

管线综合是应用于建筑机电安装工程的设计、施工、管理技术，涉及建筑机电工程中各专业的管线安装。基于 BIM 的管线综合是将各专业管线设备的平面图纸通过 Revit 软件进行总体预装配，将问题提前展现在计算机三维模型上，在施工之前综合解决，将返工率降低到零点。

采用基于 BIM 的管线综合技术施工，能更好地落实和调整工程建设方、监理方及设计方的各项要求，尽可能全面发现各专业施工图纸存在的技术问题，并在施工准备阶段全部解决。

## 7.1　管线综合平衡调整

管线综合调整实际上是一种取得平衡的操作模式。同专业之间的管线产生了碰撞，或不同专业的管线产生了碰撞，调整哪些管线没有定论，以前完全依靠工程师的经验。在推出 BIM 技术后，可以利用计算机三维可视性进行调整，也可以利用 Revit 软件的提示进行调整，工程量减轻了许多，调整也更合理、更彻底了。

### 7.1.1　碰撞检查

在 Revit 中建完所有机电专业的模型之后，需要进行碰撞检查，找出有问题的管线并进行调整。利用 Revit 的“碰撞检查”功能就可以快速而准确地查找出项目图元之间或项目图元与链接图元之间的碰撞并加以解决。

（1）进入三维视图。在“项目浏览器”面板中选择“视图”|“管线综合”|“管综”|“三维视图”|“三维”命令，进入三维视图界面，如图 7.1 所示。

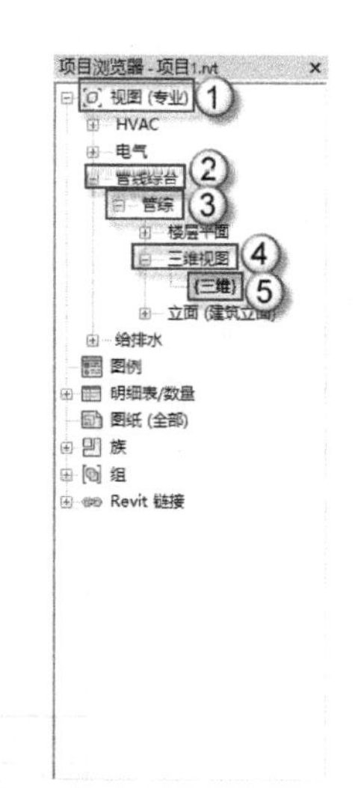


图 7.1　进入三维视图

（2）生成管道冲突报告。在菜单栏中选择“协作”|“碰撞检查”|“运行碰撞检查”命令，在弹出的“碰撞检查”对话框中的两个“类别来自”栏中均选择“当前项目”选项，并均选中“管道”复选框，单击“确定”按钮生成“冲突报告”，进入下一步操作，如图 7.2 所示。

（3）查看问题管道。继续上一步操作，在弹出的“冲突报告”对话框中，选择“管道”|“管道:管道类型:给水管-标记 194:ID996017”选项，单击“显示”按钮，这时在三维视图中就看到问题管道高亮显示了，如图 7.3 所示。

图 7.2　生成管道冲突报告

**注意：**“管道:管道类型:给水管-标记 194:ID996017”和“管道:管道类型:采暖回水管-标记 194:ID1020665”为问题管道，选择任一管道，相应管道就会高亮显示。

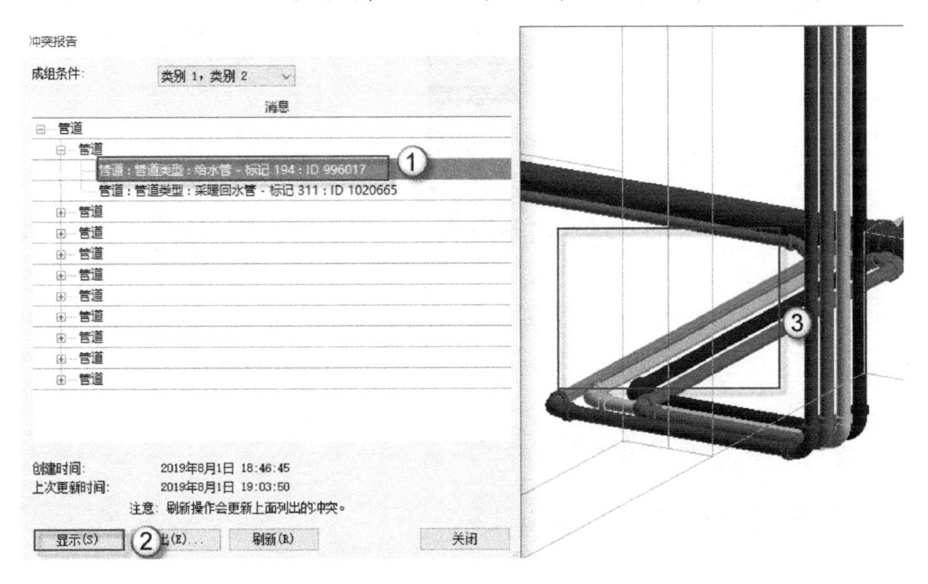


图 7.3　显示问题管道

（4）进入管道调整界面。再次进入“冲突报告”对话框中，选择“管道”|“管道:管道类型:给水管-标记 194:ID996017”选项，再次单击“显示”按钮，这时就会进入高亮显示管道的二维视图界面，需要在此调整管道，高亮显示部位即问题管道，如图 7.4 所示。

（5）设置过滤器。按 VV 快捷键发出“可见性”命令，在弹出的“楼层平面：可见性/图形替换”对话框中选择“过滤器”选项卡，依次勾选 “采暖供水管”“采暖回水管”“给水管”“热给水管”可见性复选框，最后单击“确定”按钮完成操作，如图 7.5 所示。

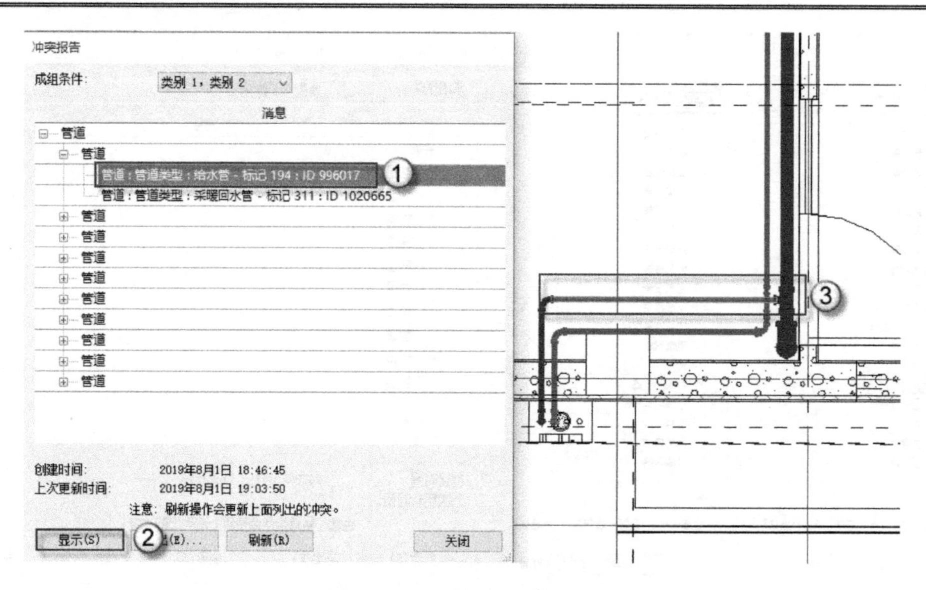


图 7.4　进入管道调整界面

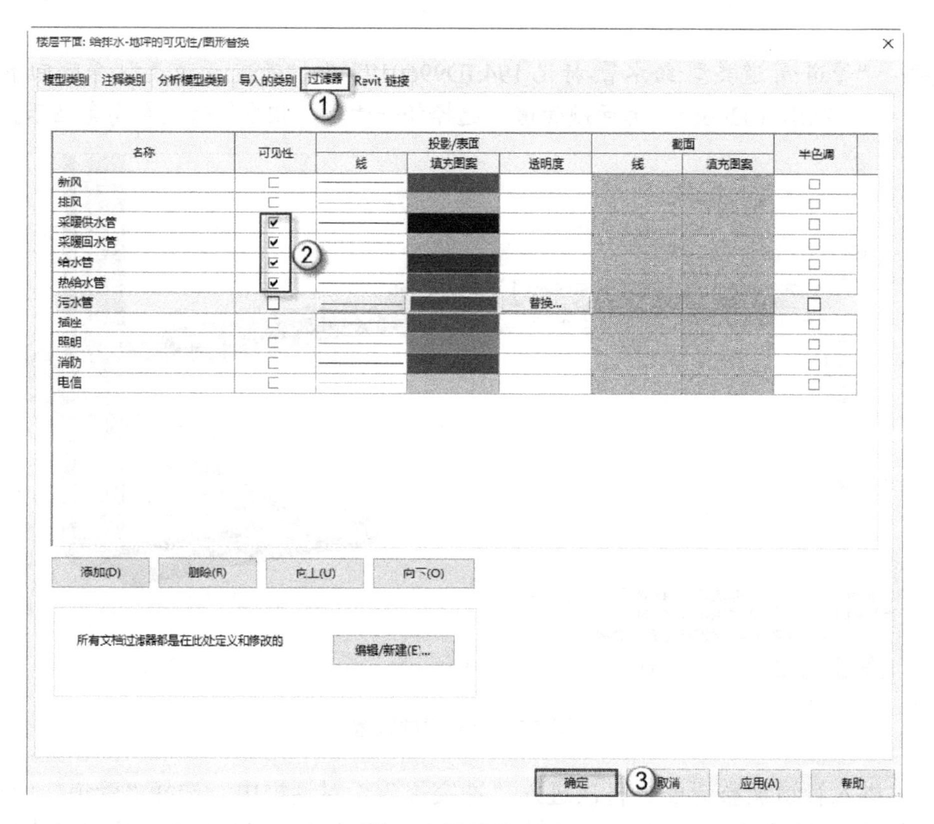


图 7.5　设置过滤器

（6）调整问题管道位置。在“属性”面板中的“规程”栏中选择“协调”选项，并调整各管道及弯头位置，使其保持一定间距防止碰撞，如图 7.6 所示。

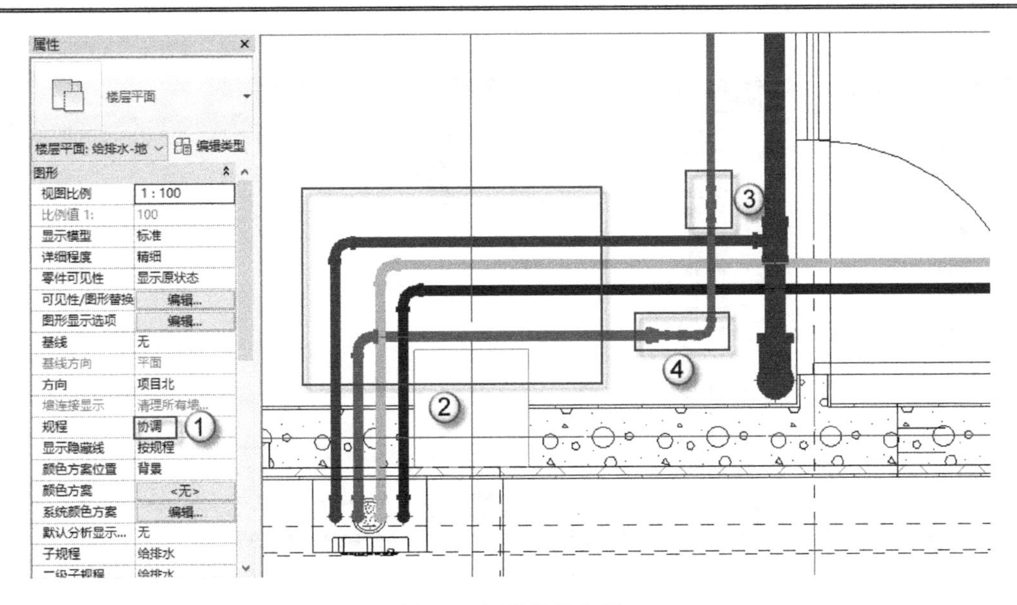


图 7.6　调整管道位置

（7）管道翻弯。对发生碰撞位置进行翻弯：将①处热给水管调整位置，并且“偏移量”改为-50mm；将②处采暖回水管向下翻弯，“偏移量”改为-110mm；将③处采暖回水管向下翻弯，“偏移量”改为-100mm；将④处采暖供水管向下翻弯，“偏移量”改为-110mm；将⑤处采暖供水管向下翻弯，“偏移量”改为-100mm；将⑥处给水管向下翻弯，“偏移量”改为-100mm，如图 7.7 所示。

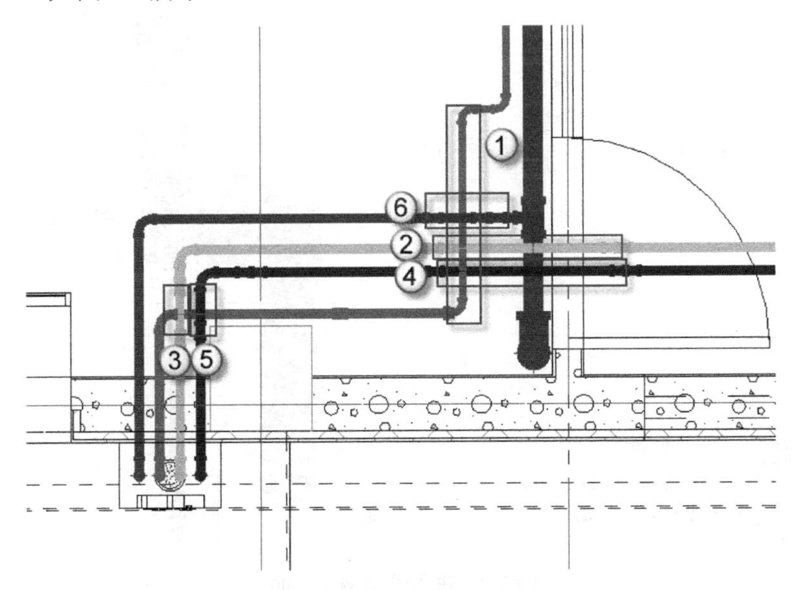


图 7.7　管道翻弯

（8）继续生成管道冲突报告。在菜单栏选择“协作”|“碰撞检查”|“运行碰撞检查”命令，在弹出的“碰撞检查”对话框中的两个“类别来自”栏中均选择“当前项目”选项，并均选中“管道”复选框，单击“确定”按钮生成冲突报告，进入下一步操作，如图 7.8 所示。

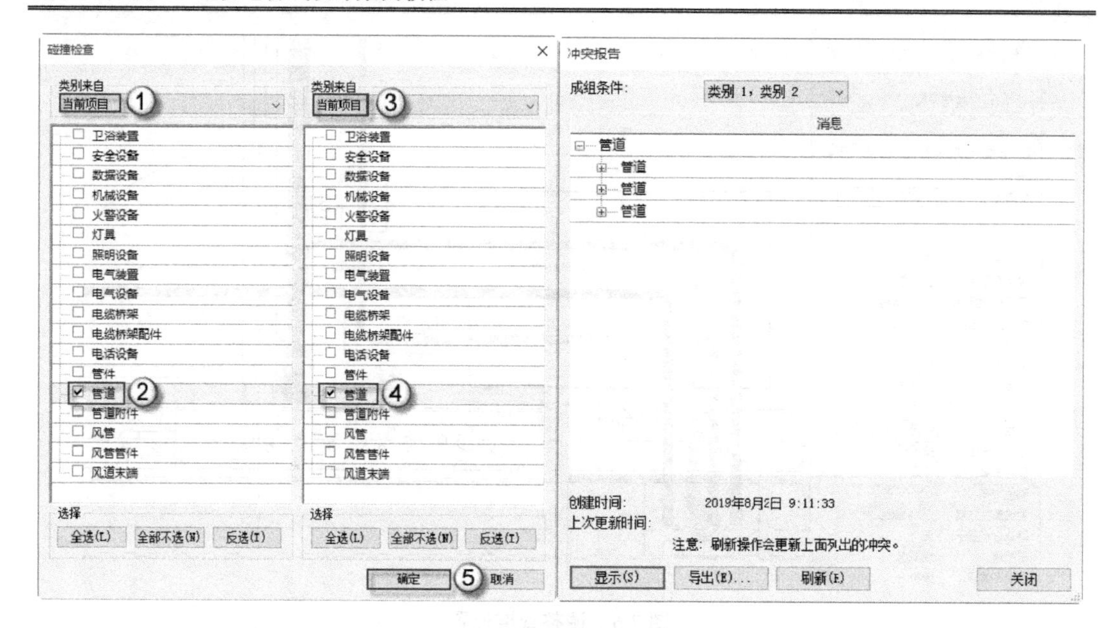


图 7.8 生成管道冲突报告

（9）进入管道调整界面。继续上一步操作，在弹出的“冲突报告”对话框中，选择“管道”|“管道:管道类型:污水管-标记 447:ID1118847”选项，单击“显示”按钮，这时就进入高亮显示管道的二维视图界面，需要在此调整管道，高亮显示部位即问题管道，如图 7.9 所示。

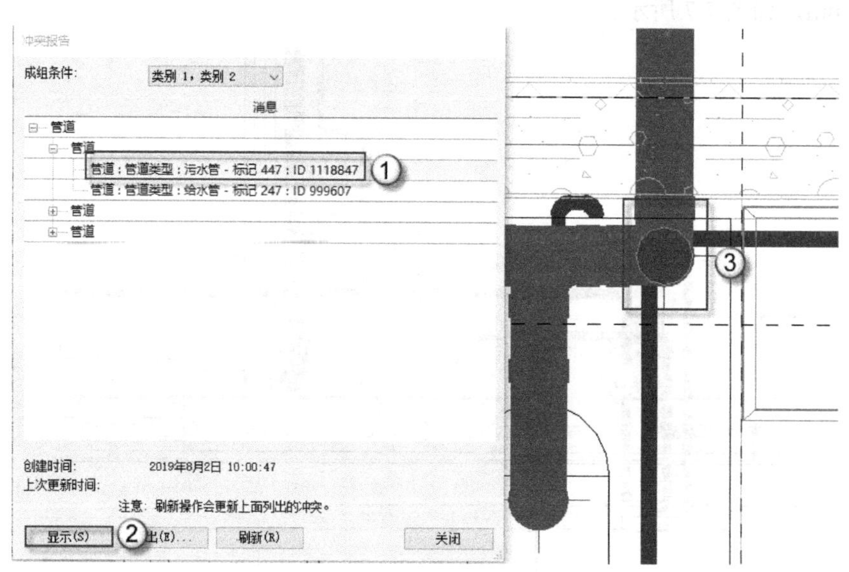


图 7.9 进入管道调整界面

（10）管道调整。将需要调整的管道断开，修改连接顺序，调整后的管道如图 7.10 所示。

（11）继续生成管道冲突报告。在菜单栏选择“协作”|“碰撞检查”|“运行碰撞检查”命令，在弹出的“碰撞检查”对话框中的两个“类别来自”栏中均选择“当前项目”选项，并均选中“管道”复选框，单击“确定”按钮生成冲突报告，进入下一步操作，如图 7.11

所示。

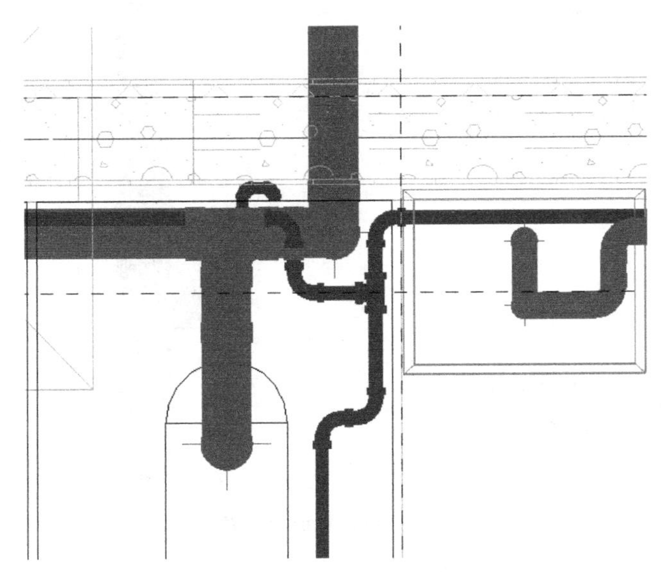

图 7.10　管道调整

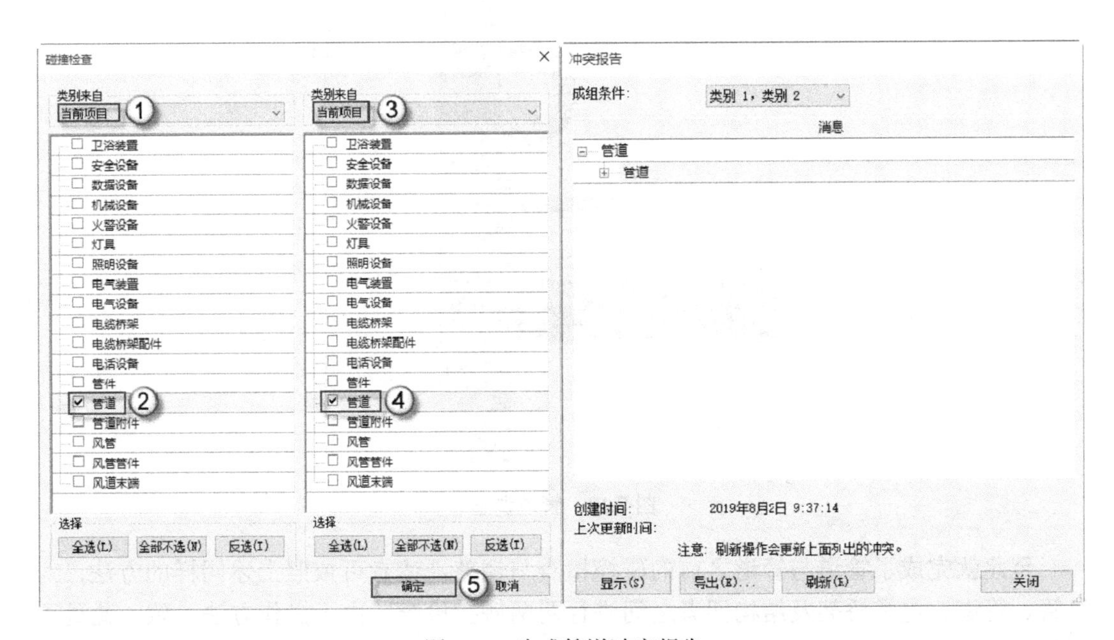


图 7.11　生成管道冲突报告

（12）进入管道调整界面。继续上一步操作，在弹出的“冲突报告”对话框中，选择“管道”|“管道:管道类型:污水管-标记 889:ID1227440”选项，单击“显示”按钮，这时就会进入高亮显示管道的二维视图界面，可以在此调整管道，高亮显示部位即问题管道，如图 7.12 所示。

（13）管道调整。将需要调整的管道断开，修改连接顺序，调整后的管道如图 7.13 所示。

**注意：** 调整管道的时候，可将“视图样式”改为“带边框着色”模式，这样视图就显示得更加清楚了。

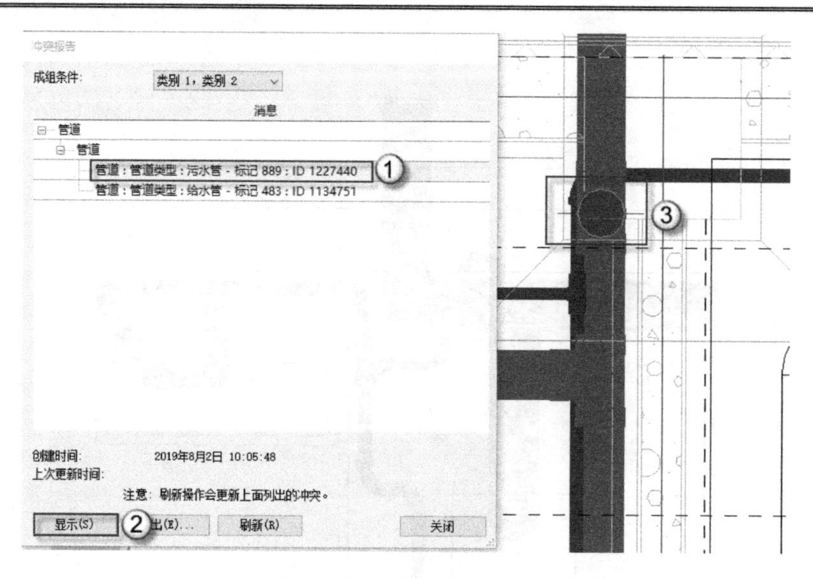


图 7.12　进入管道调整界面

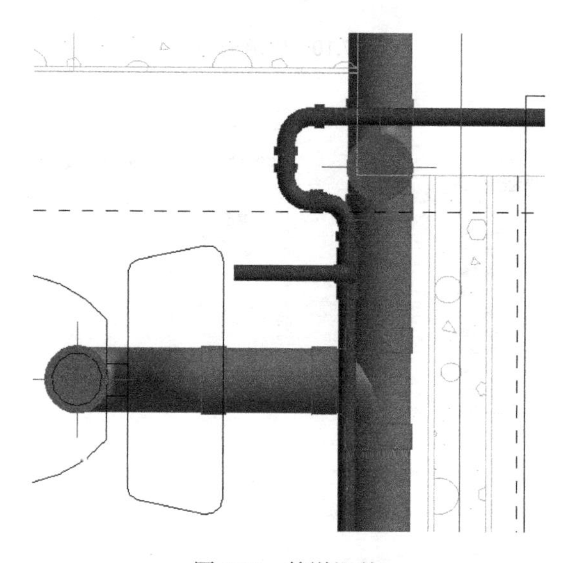

图 7.13　管道调整

至此就完成了管道与管道之前的碰撞检查与调整，读者可依照上述同样的方法，对风管、管道、电缆桥架及结构四者之间进行两两碰撞检查。由于操作方法一致，此处不再赘述。

## 7.1.2　生成管线综合断面图

由于机电各专业的图纸是各自为阵，自己表达自己的设计意图，所以就需要一种图来表达机电合专业的内容。设计师一般用断面图的形式来表达管线综合调整后各专业的管线位置，这就是管线综合断面图。

（1）进入管综-一层。在“项目浏览器”面板中选择“视图（专业）”|“管线综合”|“管综”|“楼层平面”|“管综-一层”命令，进入管综-一层界面，如图 7.14 所示。

（2）修改电气可见性。按 VV 快捷键发出“可见性”命令，在弹出的“楼层平面：可见性/图形替换”对话框中选择“模型类别”选项，在“过滤器列表”中选择“电气”选项，依次在可见性栏中勾选“安全设备”“数据设备”“火警设备”“灯具”“照明设备”“电气装置”“电气设备”“电缆桥架”“电缆桥架配件”“电话设备”复选框，最后单击“确定”按钮完成操作，如图 7.15 所示。

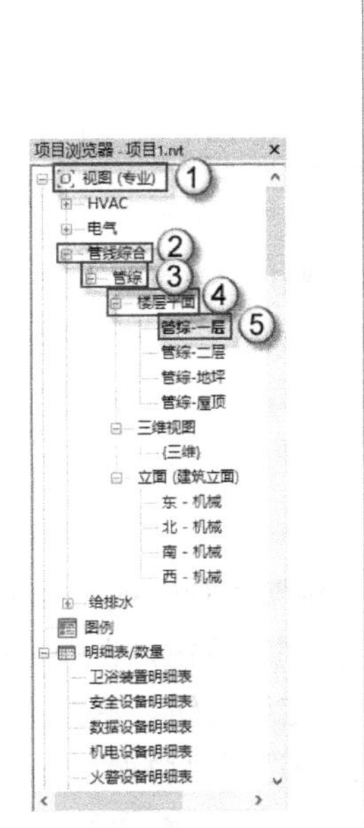

图 7.14　进入管综-一层

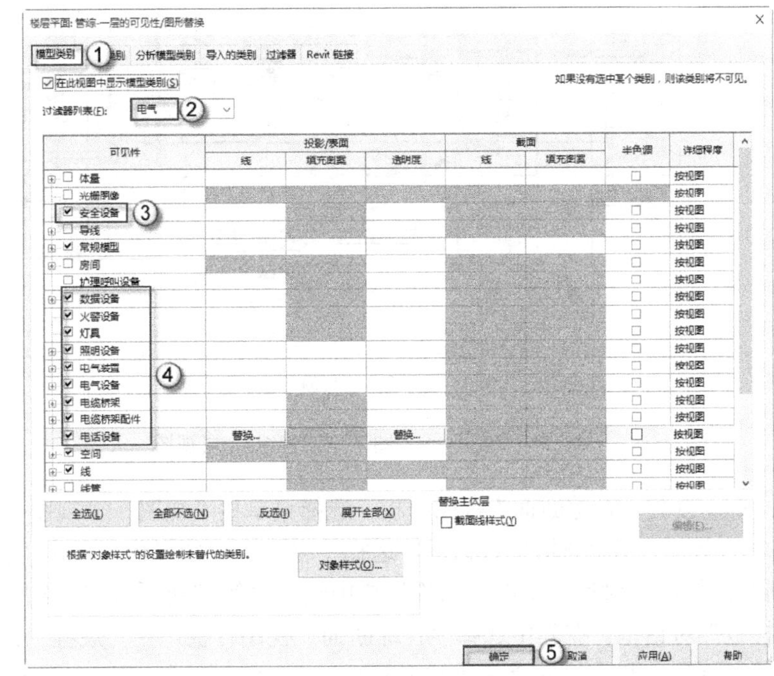

图 7.15　修改电气可见性

（3）修改视图范围。在“属性”面板中单击“视图范围”栏中的“编辑”按钮，在弹出的“视图范围”对话框中，在“标高”栏中的“偏移量”栏中输入“-1000”个单位，单击“确定”按钮完成操作，如图 7.16 所示，修改之后的管综-一层视图如图 7.17 所示。

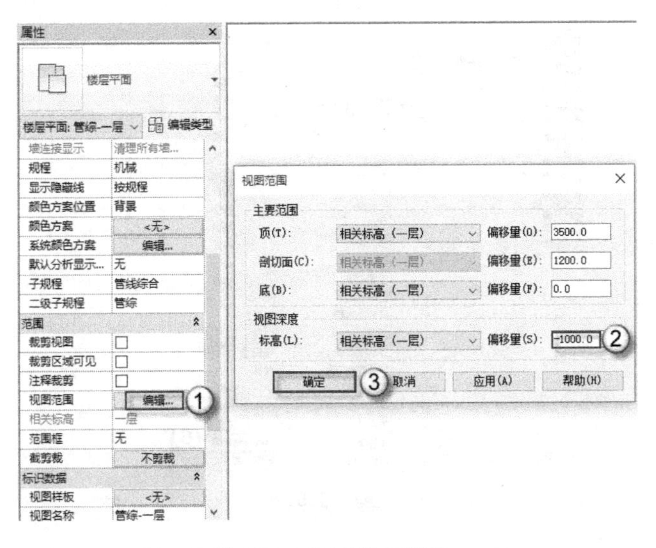

图 7.16　修改视图范围

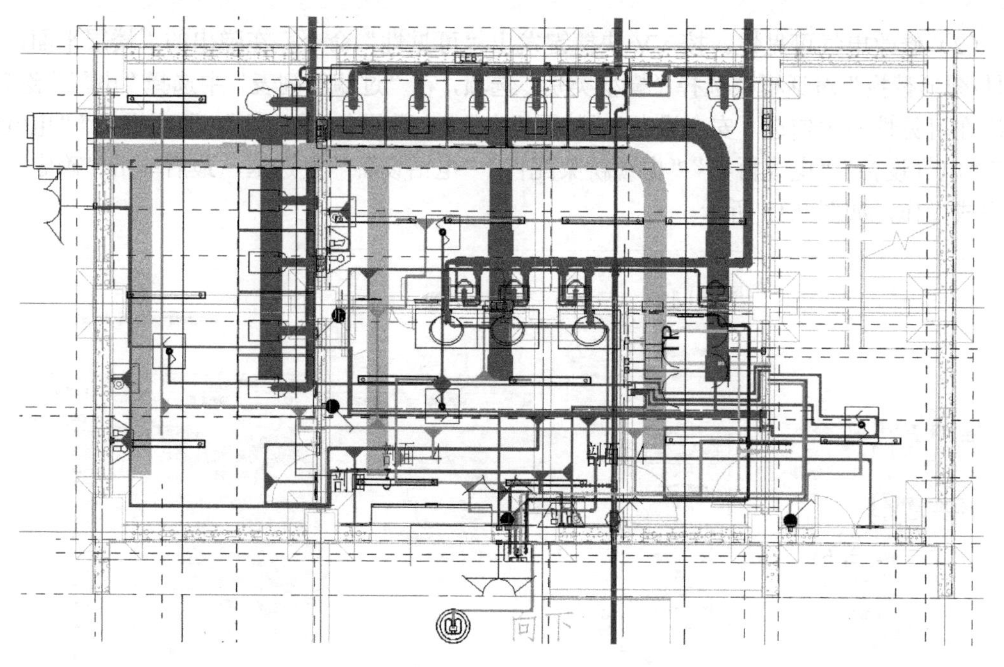

图 7.17　管综-一层视图

（4）创建“管综断面”视图样板。选择菜单栏“视图”|“视图样板”|“管理视图样板”命令，弹出“视图样板”对话框，选择“管综”视图样板，单击“复制”按钮，在弹出的“新视图样板”对话框中的“名称”栏中输入“管综断面”，单击“确定”按钮，返回“视图样板”对话框。在其中选择“管综断面”视图样板，在“规程”栏中选择“协调”选项，在“子规程”栏中输入“管线综合断面”，在“二级子规程”栏中输入“管综断面”，单击“确定”按钮完成操作，如图 7.18 所示。

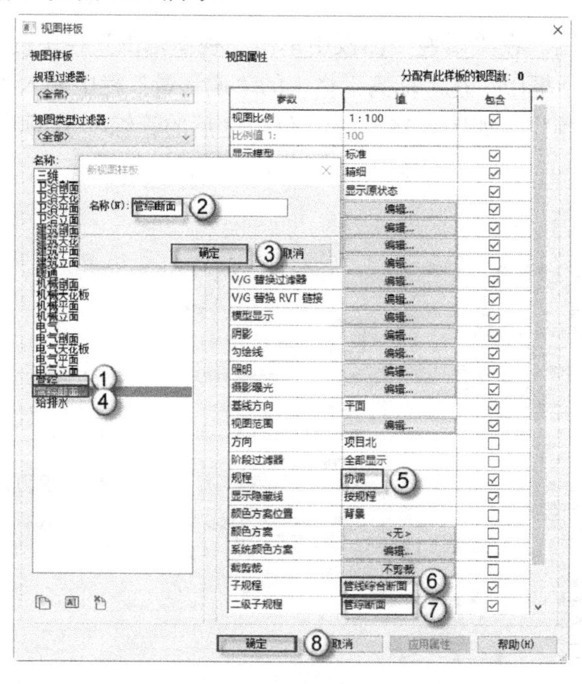

图 7.18　创建“管综断面”视图样板

（5）修改“管综断面”视图样板的过滤器。选择菜单栏“视图”|“视图样板”|“管理视图样板”命令，弹出“视图样板”对话框，选择“管综断面”视图样板，在“V/G 替换过滤器”栏中单击“编辑”按钮，在弹出的“可见性/图形替换”对话框中选择“过滤器”选项卡，再依次选择“填充图案”栏下方的颜色区域，在每一个弹出的“填充样式图形”对话框中皆取消“可见”复选框，单击“确定”按钮，这样依次将所有填充图案隐藏，单击“确定”按钮完成操作，如图 7.19 所示。

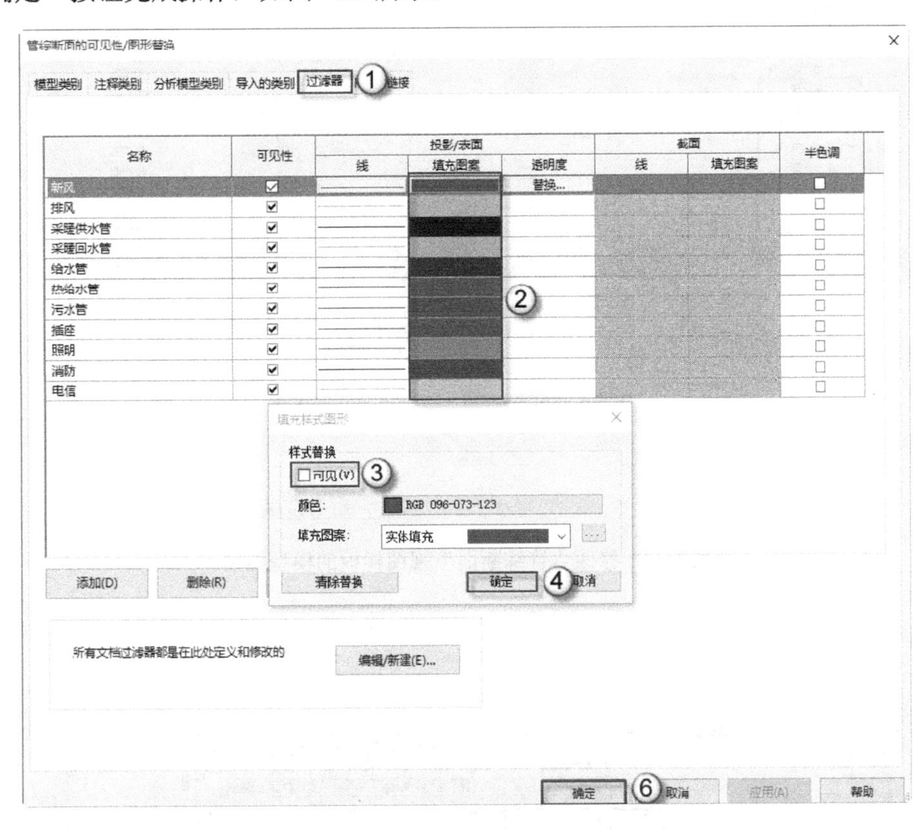


图 7.19　修改“管综断面”视图样板

（6）修改“管综断面”视图样板的模型类别。选择菜单栏“视图”|“视图样板”|“管理视图样板”命令，弹出“视图样板”对话框，选择“管综断面”视图样板，在“V/G 替换模型”栏中单击“编辑”按钮，在弹出的“可见性/图形替换”对话框中选择“模型类别”选项卡，在“过滤器列表”中选择“电气”选项，依次在“可见性”栏中勾选“安全设备”“数据设备”“火警设备”“灯具”“照明设备”“电气装置”“电气设备”“电缆桥架”“电缆桥架配件”“电话设备”复选框，最后单击“确定”按钮完成操作，如图 7.20 所示。

（7）创建剖面 1 视图。选择“视图”|“剖面”命令，由上往下创建剖面 1 视图，并单击⇄按钮（“翻转剖面”功能），在“属性”面板中的“远剪裁偏移”栏中输入“50.0”个单位，缩小剖面框范围，如图 7.21 所示。

**注意：管线相对较复杂的位置处需创建剖面图，即哪里复杂就在哪里建剖面图。**

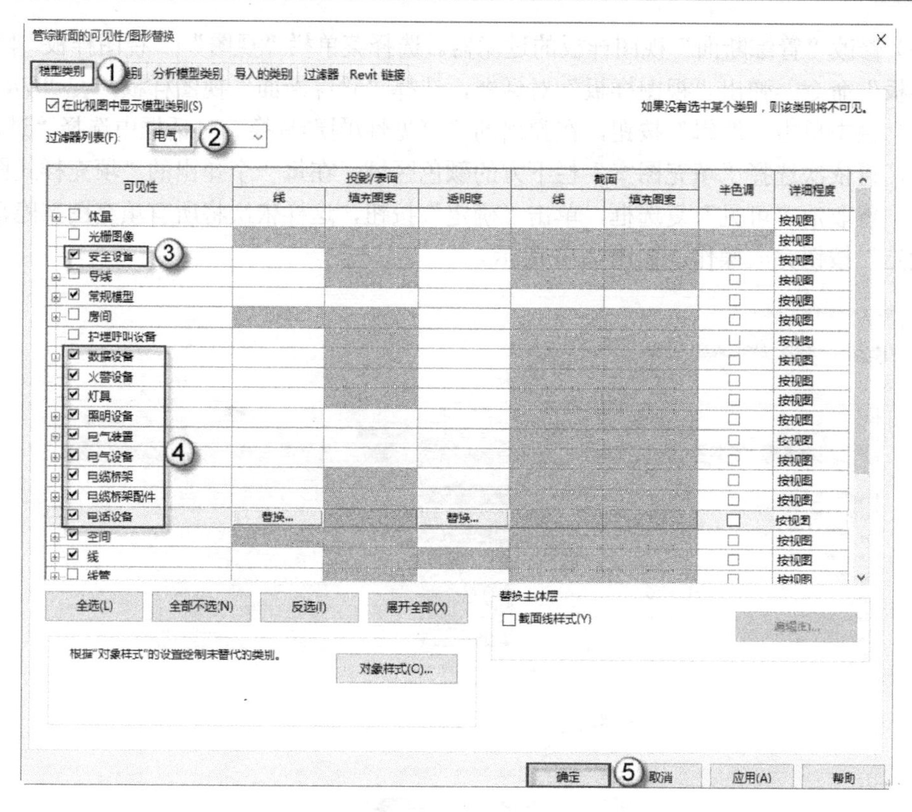


图 7.20　修改“管综断面”视图样板的模型类别

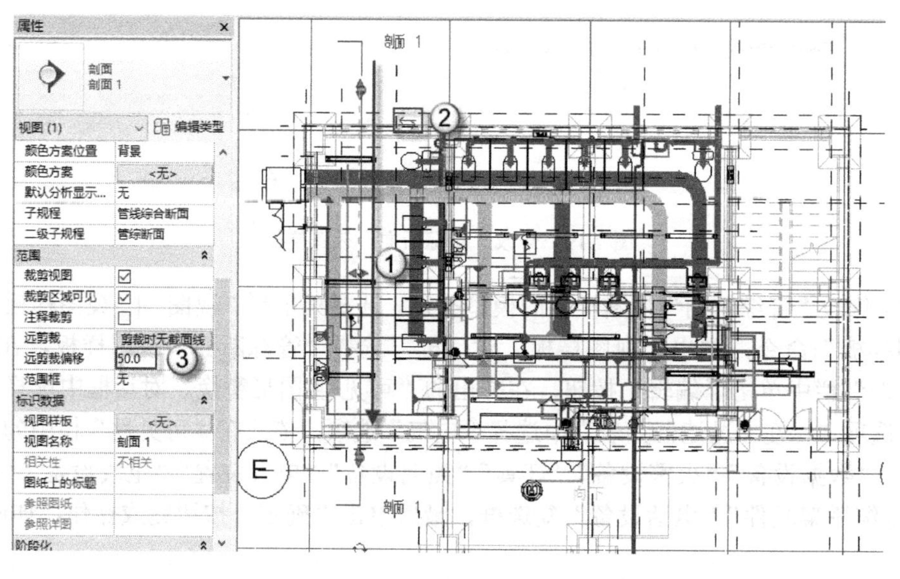


图 7.21　创建剖面 1 视图

（8）应用“管综断面”样板。右击“剖面 1”符号，选择“转到视图”命令，进入剖面 1 视图界面，选择菜单栏中的“视图”|“视图样板”|“将样板属性应用于当前视图”命令，在弹出的“应用视图样板”对话框中，在“视图类型过滤器”栏中选择“楼层、结构、面积平面”选项，在“名称”栏中选择“管综断面”视图样板，单击“确定”按钮完成操

作，如图 7.22 所示。

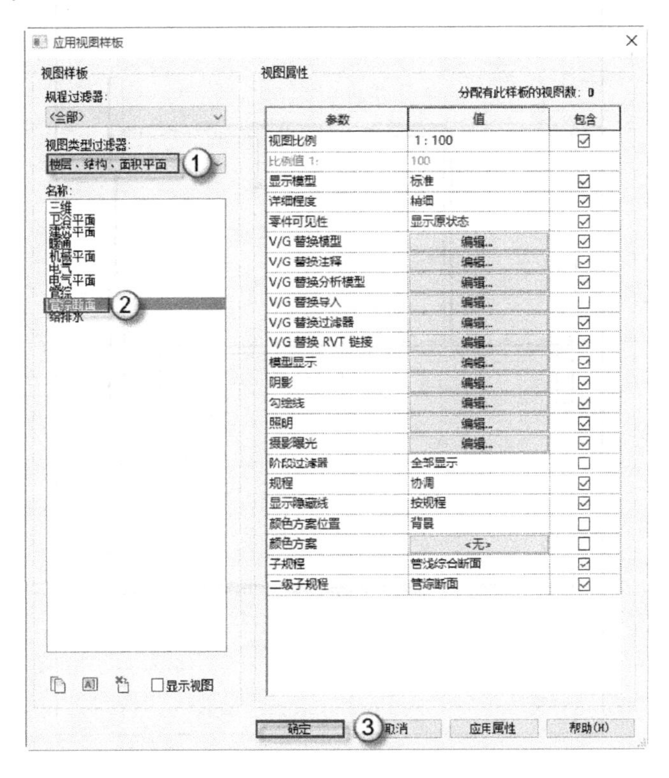


图 7.22　应用“管综断面”样板

（9）插入标记族。单击“插入”|“载入族”命令，在弹出的“载入族”对话框中，配合 Ctrl 键选择“电缆桥架标记”“风管标记”“管道标记”的 RFA 族文件，单击“打开”按钮，将其载入项目中，如图 7.23 所示。

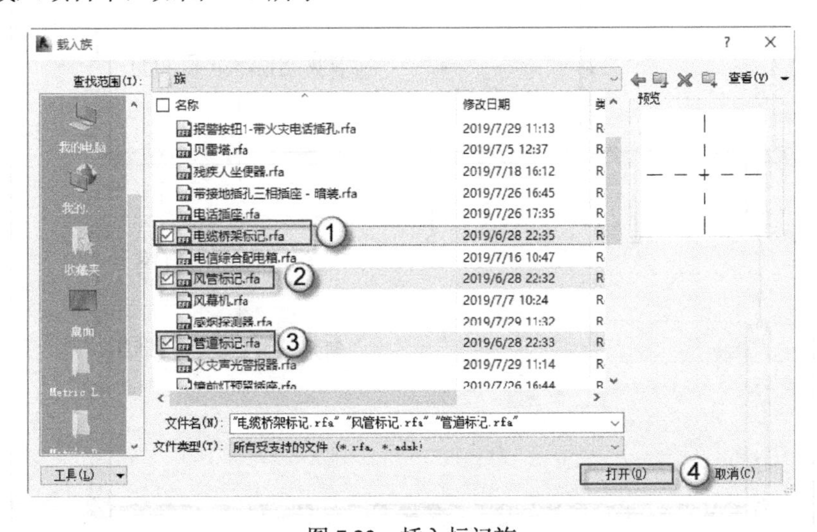


图 7.23　插入标记族

（10）标注管线。按 DI 快捷键发出“标注”命令，将管线中心与墙边距进行标注，如图 7.24 所示。

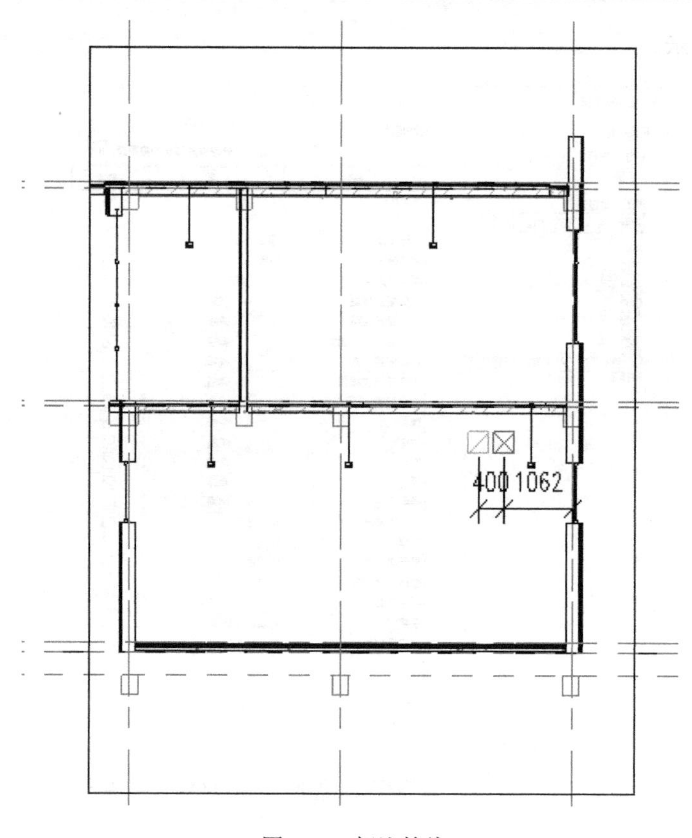


图 7.24　标注管线

（11）标记管线。按 TG 快捷键发出“按类别标记”命令，依次将图中相应的管线进行标记，如图 7.25 所示。

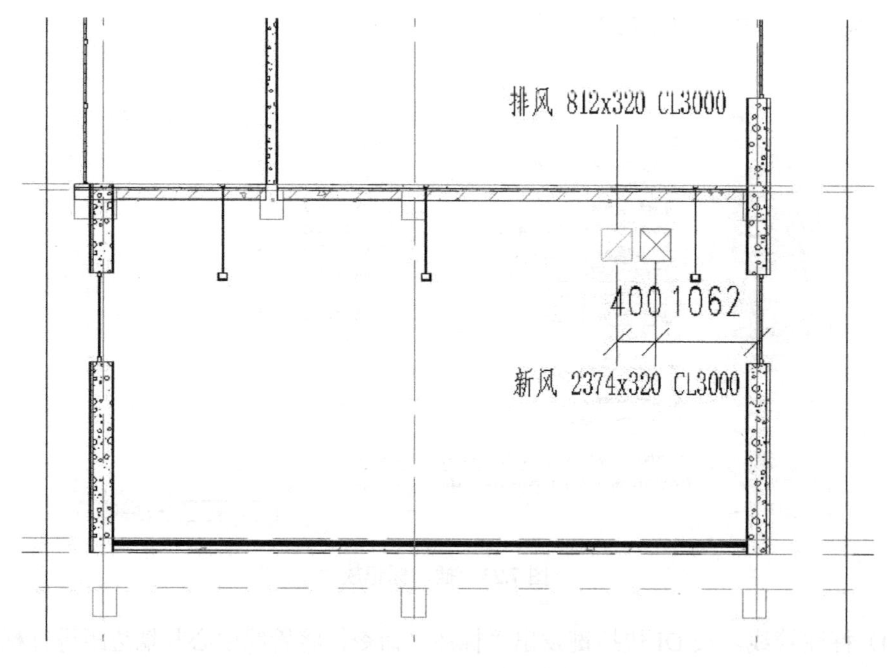


图 7.25　标记管线

（12）以上述同样的方法，依次对其他管线复杂位置进行剖面设计，“剖面 2”如图 7.26 所示，“剖面 3”如图 7.27 所示，“剖面 4”如图 7.28 所示。

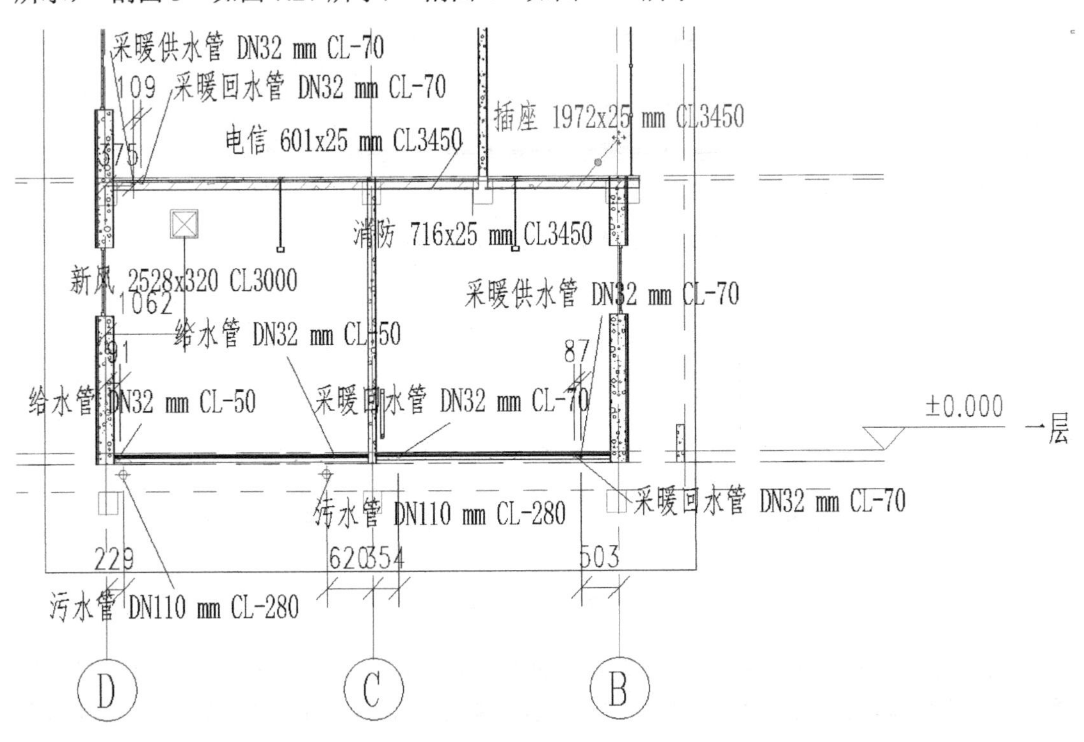


图 7.26　剖面 2

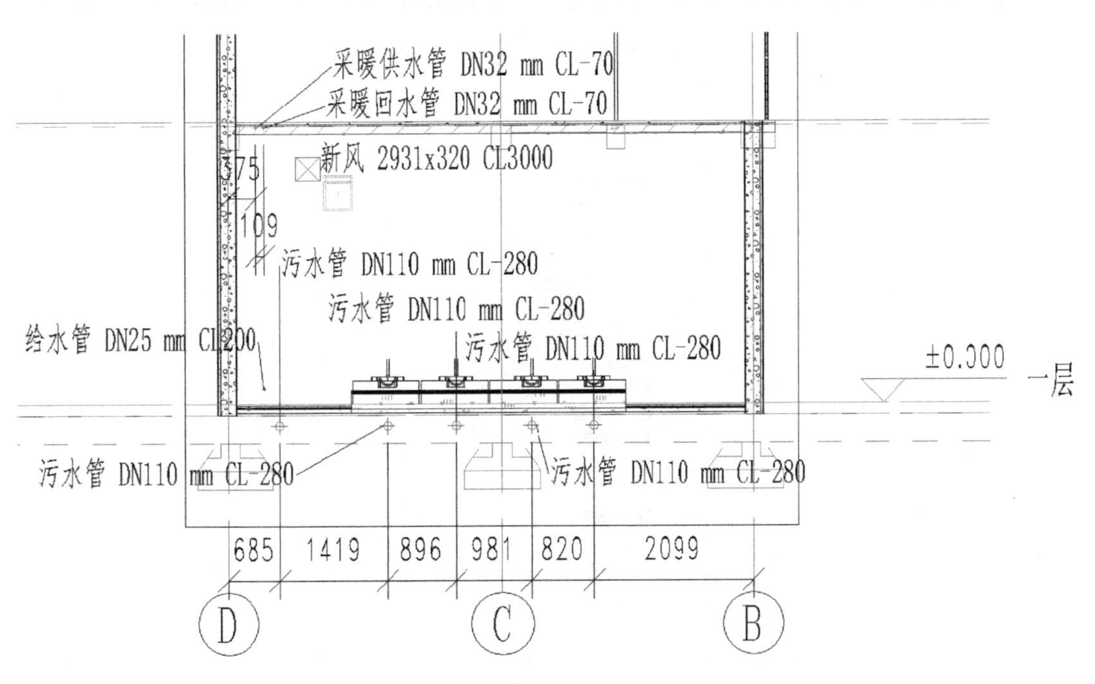


图 7.27　剖面 3

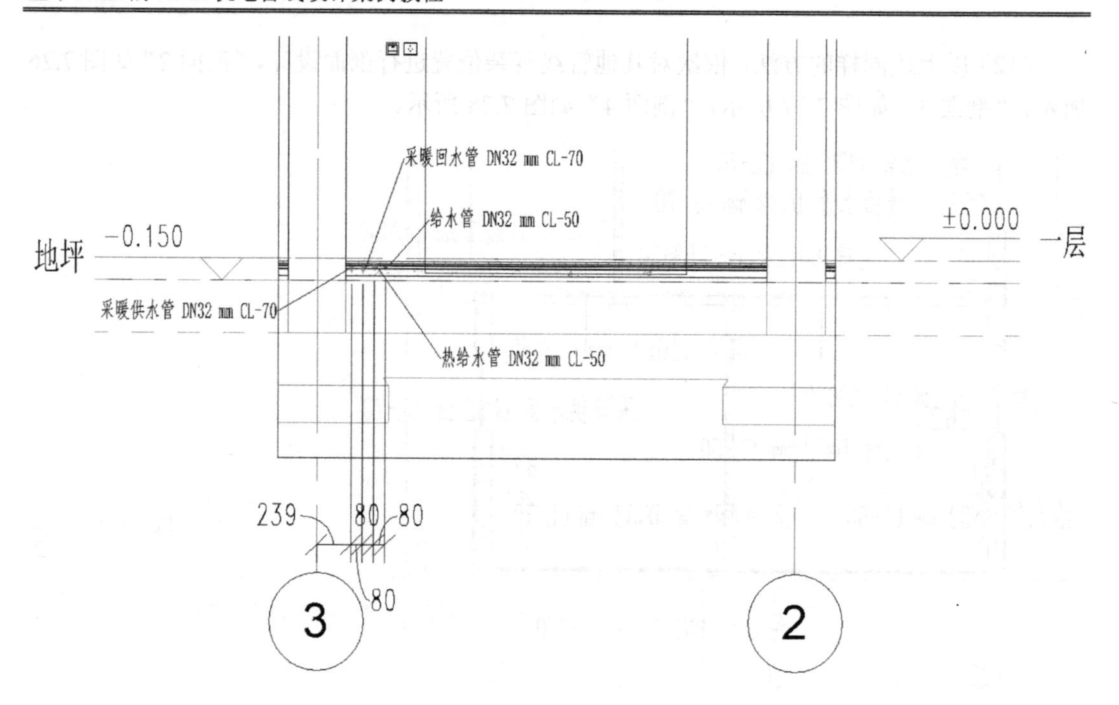


图 7.28 剖面 4

（13）命名为断面图。在“项目浏览器”面板中依次将“剖面 1”改名为“断面 1”，将“剖面 2”改名为“断面 2”，将“剖面 3”改名为“断面 3”，将“剖面 4”改名为“断面 4”，如图 7.29 所示。

与这 4 个段面图对应的断面符号的位置见本书附录 B 中的“管综断面位置示意图”。

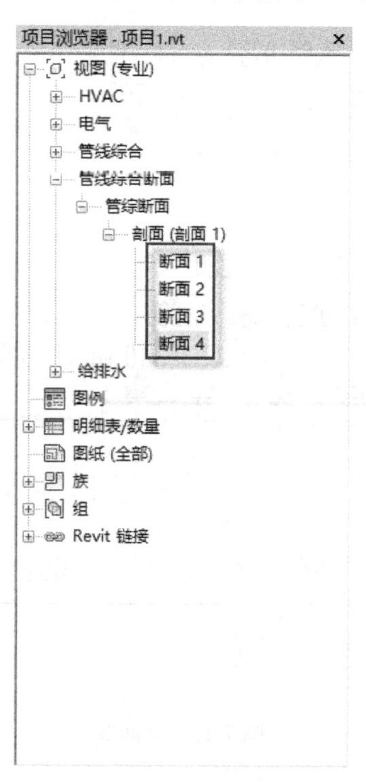


图 7.29 命名断面图

🔔注意：在我国制图标准中，有剖面剖切（剖面图）与断面剖切（断面图）两种剖切方式。剖面剖切不仅要绘制剖切到的部分，而且还要绘制剖切后观看到的部分；而断面剖切只需要绘制剖切到的部分。管线综合需要绘制断面图，但是 Revit 中只能自动生成剖面图，所以需要设计者手动调整转化成的断面图。

读者可依照上述同样的方法，对其他管线复杂的位置进行断面。由于操作方法一致，此处不再赘述。

## 7.2　房 间 净 高

在本例中由于没有设置吊顶，房间的净高指从房间地面至管线最低处的距离。这个数据可以用明细表统计出来，为建筑设计、室内设计提供参考。本例采用制作一个房间虚拟净高对象族的方法，通过设置项目参数，用明细表自动生成<房间净高统计表>。

### 7.2.1　制作房间虚拟净高对象族

本节制作的是一个虚拟对象，在管线综合断面图中是不显示的，其功能就是为了统计房间净高，具体制作族的方法如下。

（1）新建公制常规模型。选择“族”|“新建”命令，在弹出的“新建-选择样板文件”对话框中选择“公制常规模型”RFT 族样板文件，单击“打开”按钮，如图 7.30 所示，将会进入族编辑界面，如图 7.31 所示。

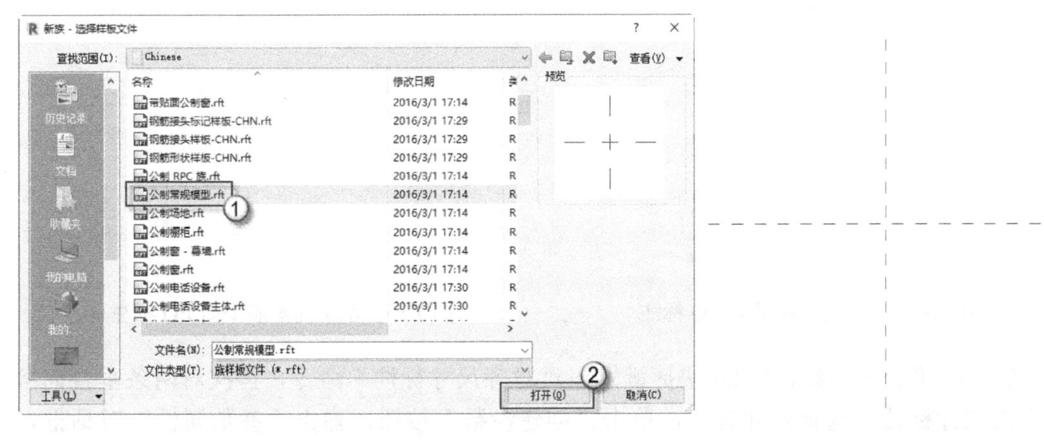


图 7.30　新建公制常规模型　　　　图 7.31　族编辑界面

（2）绘制 4 条参照平面。按 RP 快捷键发出“参照平面”命令，绘制两条垂直方向（①和②）、两条水平方向（③和④），共四条参照平面，如图 7.32 所示。这 4 条参照平面的长短、间距可以任意画，待载入到项目中再调整。

（3）参照平面的标注。按 DI 快捷键发出“对齐尺寸标注”命令，对两条垂直向参照平面进行标注，然后单击**EQ**按钮，如图 7.33 所示。可以观察到原来标注上的尺寸数值变化 EQ 字样，说明两侧的尺寸相同了，如图 7.34 所示。使用同样的方法对水平向的两个参照平面进行标注，如图 7.35 所示。

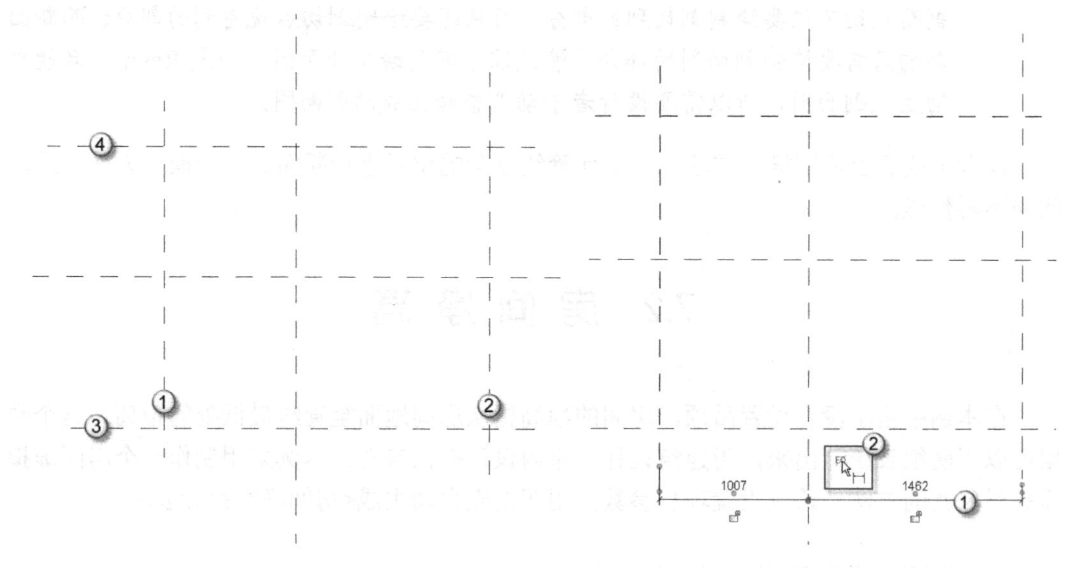


图 7.32　绘制 4 条参照平面　　　　图 7.33　垂直向参照平面的标注

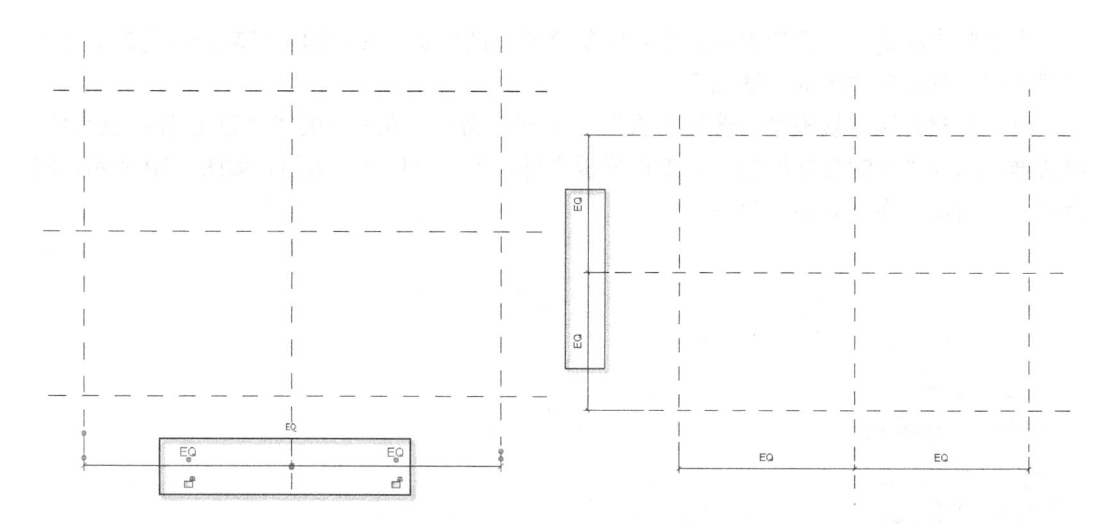


图 7.34　垂直向参照平面 EQ 标注　　　　图 7.35　水平向参照平面 EQ 标注

（4）创建长度参数。按 DI 快捷键发出“对齐尺寸标注”命令，再次对两条垂直向参照平面进行标注，选择尺寸标注，单击“创建参数”按钮，弹出“参数属性”对话框，选择“实例”单选按钮，在“名称”栏中输入“长度”，单击“确定”按钮，如图 7.36 所示。当观察到尺寸标注中增加了“长度=”字样后，说明标注与参数关联成功，如图 7.37 所示。

**注意：** 在制作族的时候，只有将标注设置成“实例”参数，导入项目文件之后对应的位置才能出现造型操纵柄。拖曳造型操纵柄可以方便地拉伸几何体，这个方法在下一节中会详细讲解。

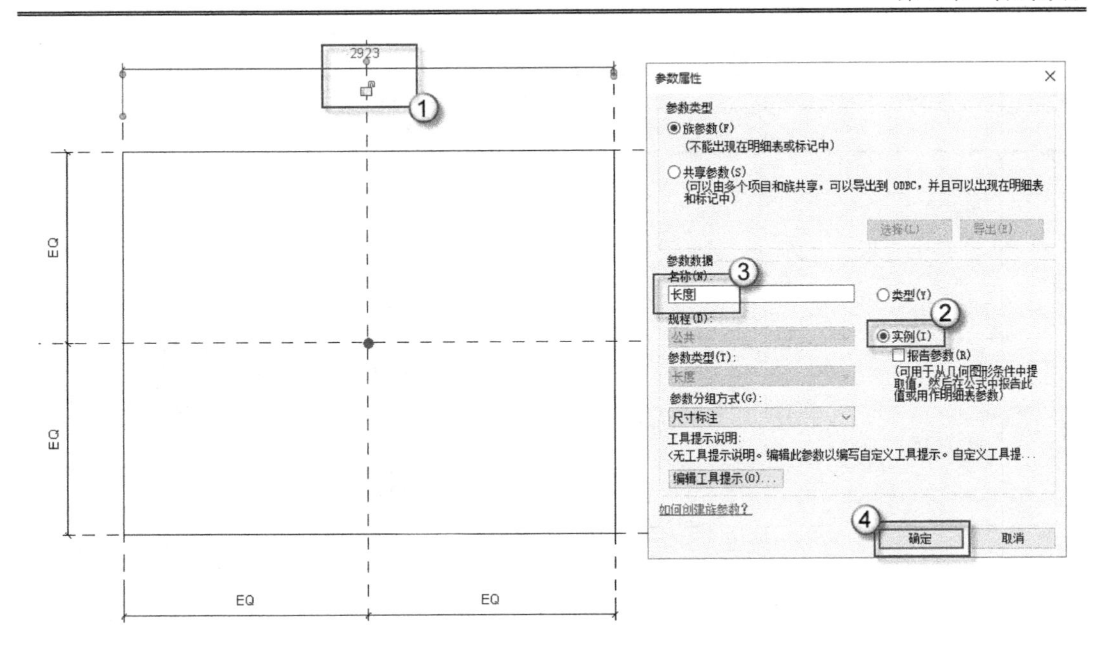


图 7.36　增加参数

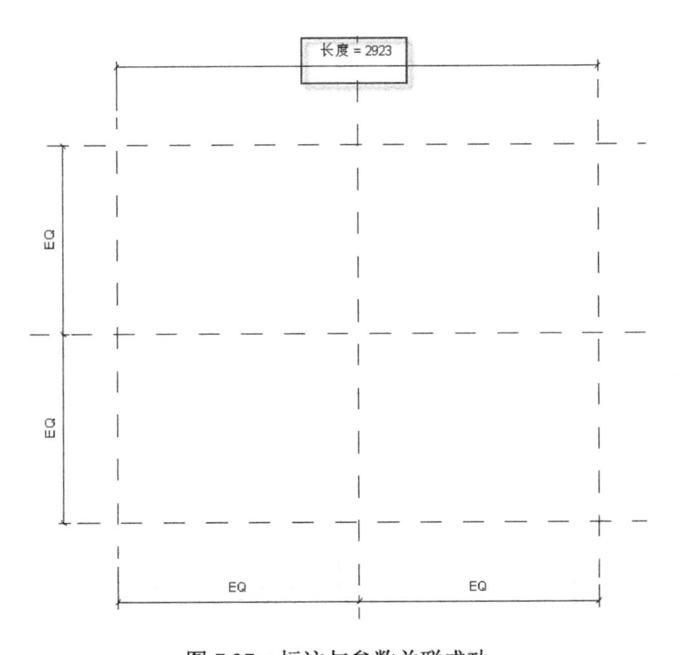


图 7.37　标注与参数关联成功

（5）创建宽度参数。按 DI 快捷键发出“对齐尺寸标注”命令，再次对两条水平向参照平面进行标注，选择尺寸标注，单击“创建参数”按钮，弹出“参数属性”对话框，选择“实例”单选按钮，在“名称”栏中输入“宽度”，单击“确定”按钮，如图 7.38 所示。当观察到尺寸标注中增加“宽度=”字样后，说明标注与参数关联成功，如图 7.39 所示。

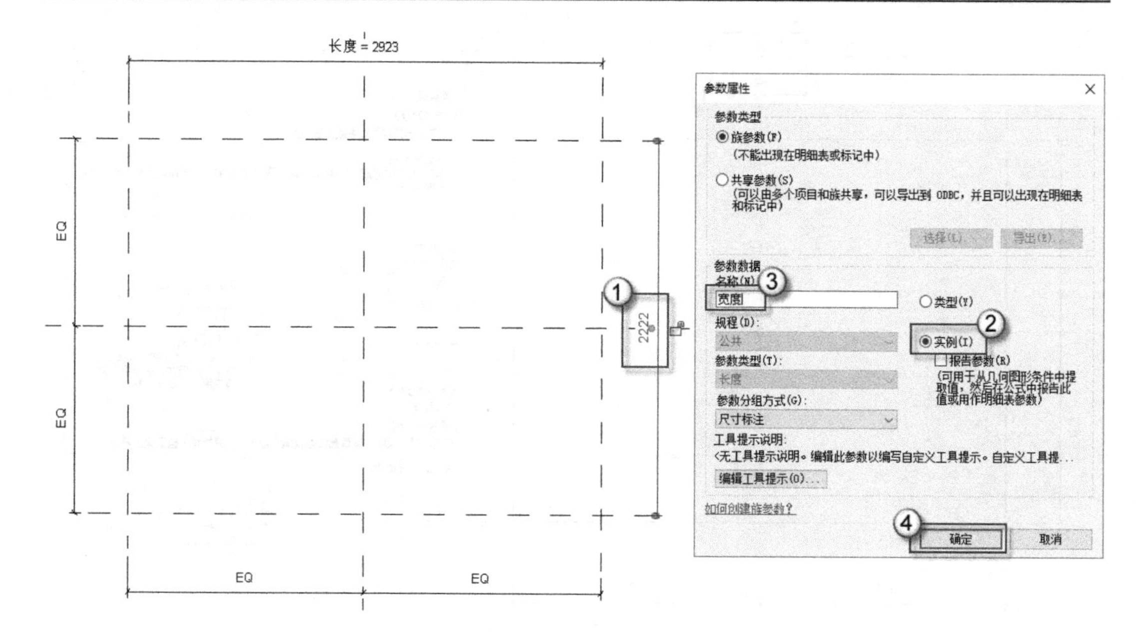


图 7.38　增加参数

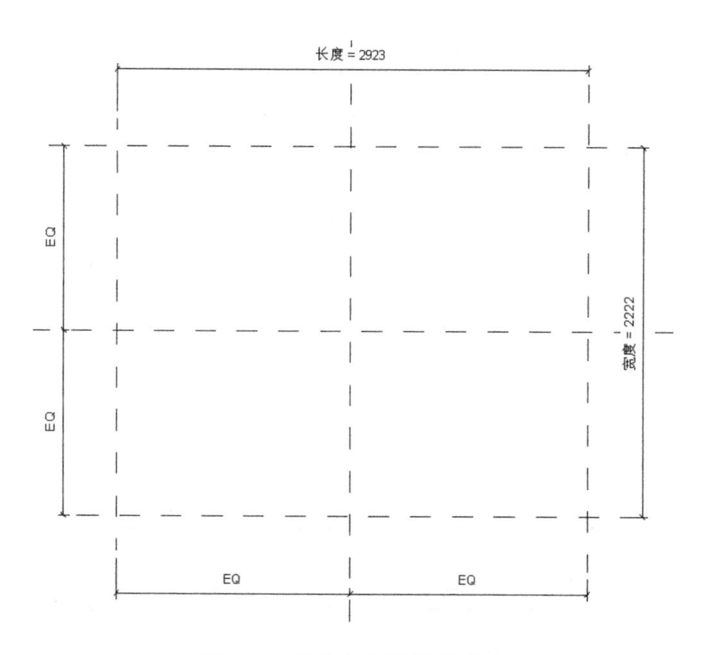


图 7.39　标注与参数关联成功

（6）创建矩形对象。选择“创建”|“拉伸”命令，选择“矩形”绘图方式，用两个对角点拉出一个矩形，如图 7.40 所示。在“项目浏览器”面板中选择“视图”|“立面”|“前”选项，如图 7.41 所示，进入立面视图。在“属性”面板中的“拉伸起点”栏中输入 0，在“拉伸终点”栏中输入-200，单击√按钮，可以从立面视图中观察到对象的变化，如图 7.42 所示。①处的线就是拉伸起点，对应数值 0；②处的线就是拉伸终点，对应数值-200（由于是向下生成，所以数值为负）。

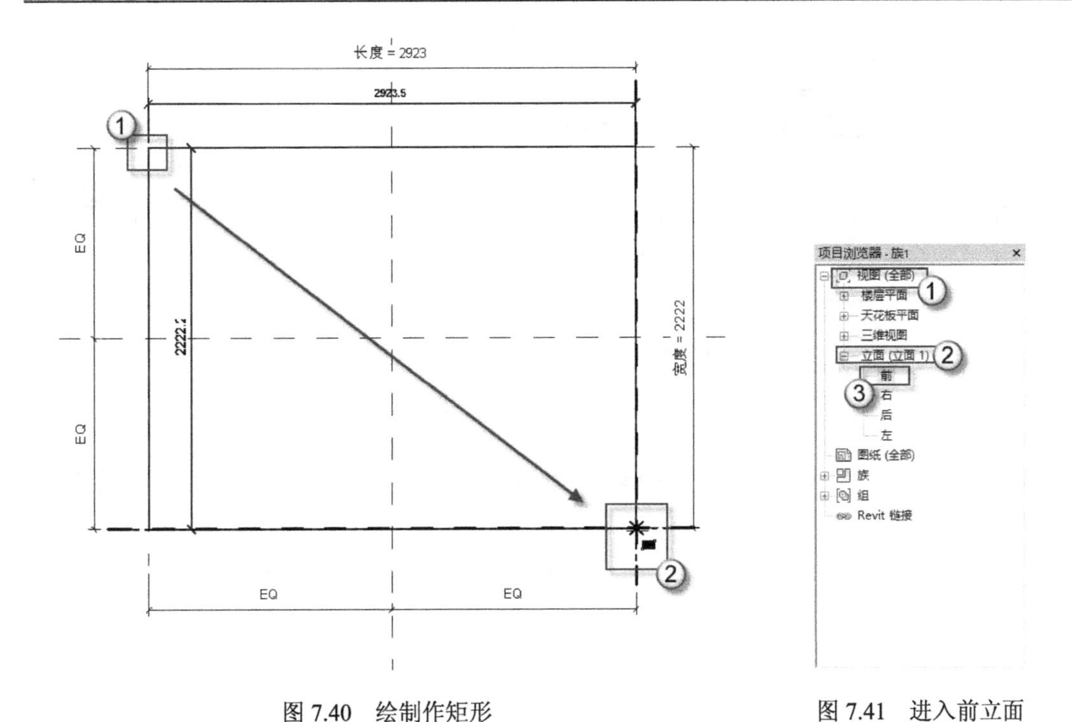


图 7.40　绘制作矩形　　　　图 7.41　进入前立面

图 7.42　拉伸起点与拉伸终点

（7）创建高度参数。选择 200 的标注，单击“创建参数”按钮，弹出“参数属性”对话框，选择“实例”单选按钮，在“名称”栏中输入“高度”，单击“确定”按钮，如图 7.43 所示。当观察到尺寸标注中增加了“长度=”字样后，说明标注与参数关联成功。

（8）设置族类型。单击“族类型”按钮，在弹出的“族类型”对话框中单击“新建类型”按钮，弹出“名称”对话框，在“名称”栏中输入“房间 1”，单击“确定”按钮，如图 7.44 所示。这样就为这个族添加了一个类型——房间 1。

（9）保存族。选择“文件”|“另存为”|“族”命令，弹出“另存为”对话框，在“文件名”栏中输入“房间虚拟净高对象”，单击“保存”按钮，如图 7.45 所示。

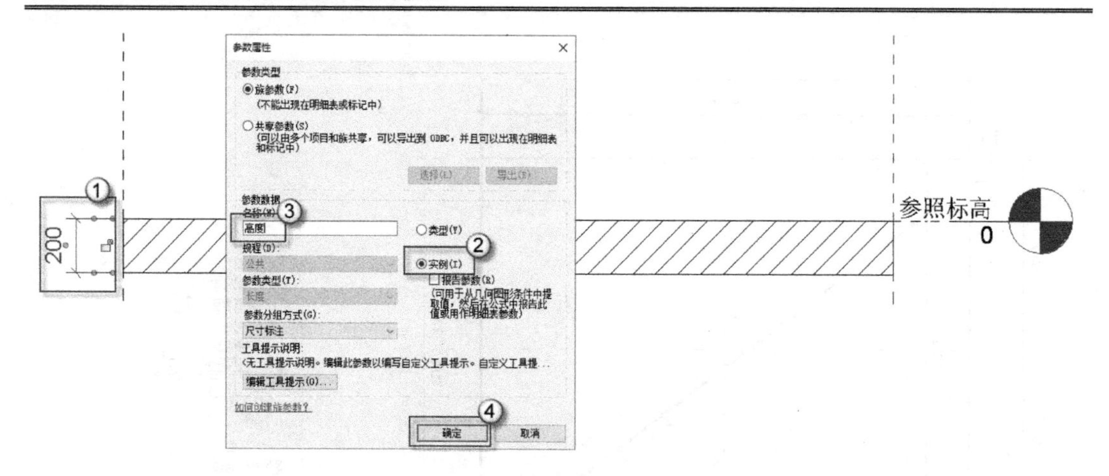


图 7.43　创建高度参数

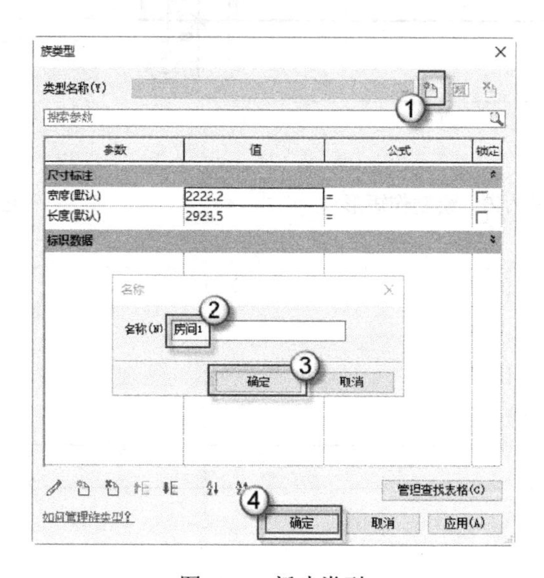


图 7.44　新建类型

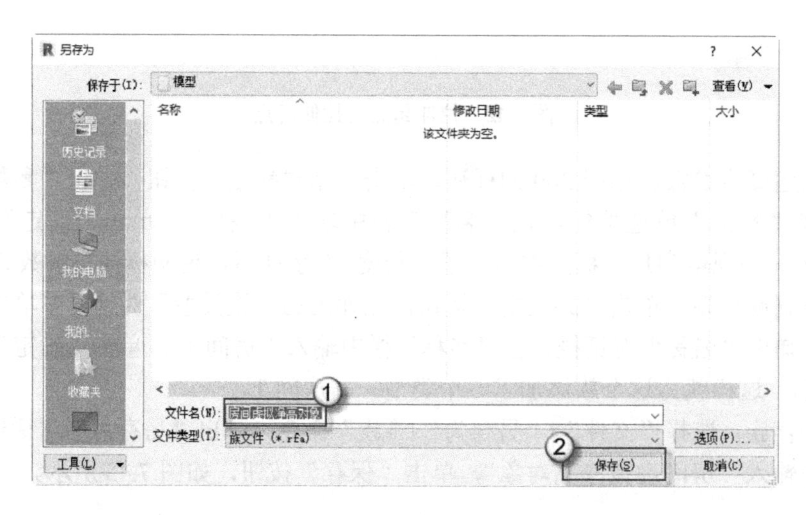


图 7.45　保存族

**注意：** 这个族的层级关系“类别>族>类型”如表 7.1 所示。“公制常规模型”的类别在下一节制作“项目参数”时会用到，“房间虚拟净高对象”的族在下一节导入项目中会用到，“房间 1”的类型在 7.2.3 节统计净高计算时会用到。如果读者对这个层级关系还不太清楚，可以参看《基于 BIM 的 Revit 建筑与结构设计案例教程》一书。这个重要的关系，直接影响 Revit 的设计思路，请读者引以重视。

表 7.1　层级关系

| 类　别 | 族 | 类　型 |
| --- | --- | --- |
| 公制常规模型 | 房间虚拟净高对象 | 房间1 |

## 7.2.2　载入房间虚拟净高对象族

上一节中已经制作好了房间虚拟净高对象族，本节将这个族载入项目中并布置到相应的房间中。具体操作如下：

（1）载入族。选择“插入”|“载入族”命令，在弹出的“载入族”对话框中选择上一节制作好的“房间虚拟净高对象”RFA 族文件，单击“打开”按钮将其载入项目中，如图 7.46 所示。

（2）进入平面视图。在“项目浏览器”面板中选择“视图”|“管线综合”|“管综”|“楼层平面”|“管综-一层”选项，如图 7.47 所示，将进入到“管综-一层”平面视图中操作。

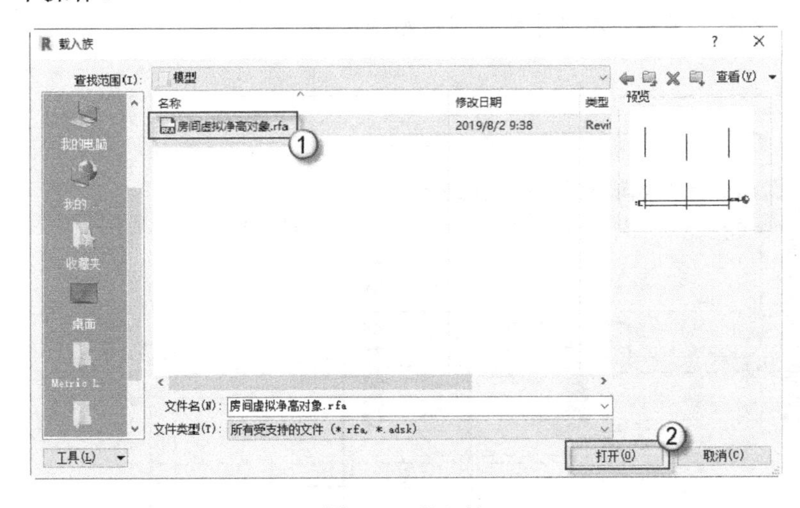


图 7.46　载入族

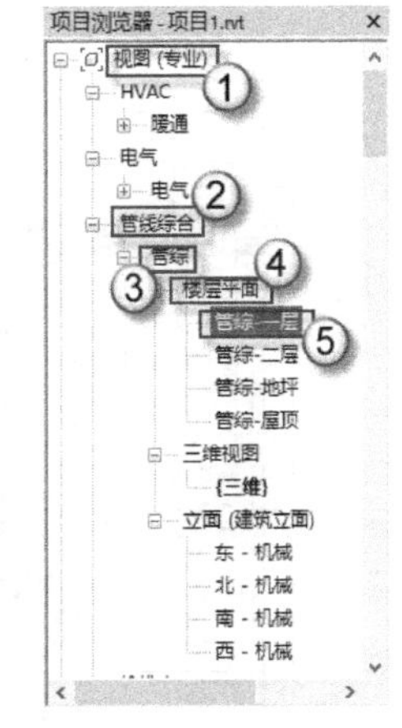


图 7.47　进入平面视图

（3）新建女厕类型。按 CM 快捷键发出“放置构件”命令，在“属性”面板中选择“房间虚拟净高对象 房间 1”类型，单击“编辑类型”按钮，弹出“类型属性”对话框，单击“复制”按钮，在弹出的“名称”对话框的“名称”栏中输入“女厕”，单击“确定”按钮，如图 7.48 所示。

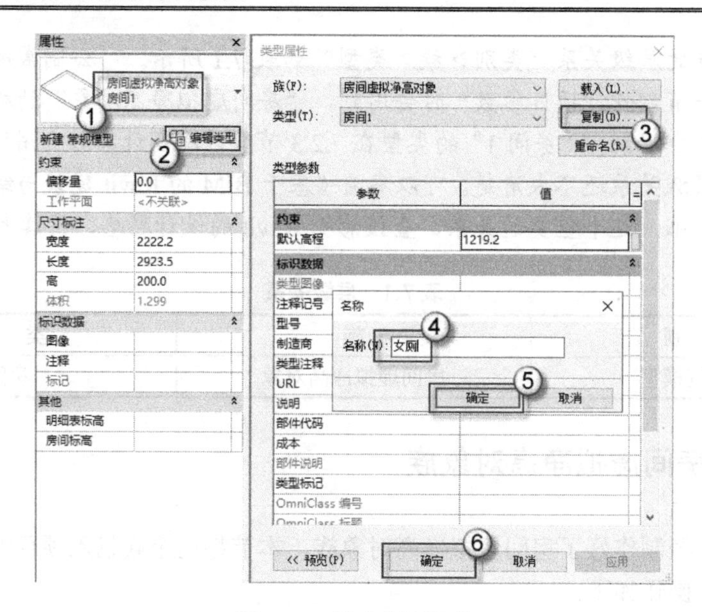


图 7.48　新建女厕类型

（4）放置对象。将“房间虚拟净高对象 女厕”放置到平面视图中女厕的位置，可以观察到虚拟对象的 4 条边线上会出现◄►的箭头，这个箭头就叫做造型操纵柄，如图 7.49 所示。拖曳造型操纵柄可以随意调整对象的边界位置。

注意：在上一节制作“房间虚拟净高对象”族时，其“长度”与“宽度”参数皆设置为“实例”参数，只有“实例”参数才能出现造型操纵柄。

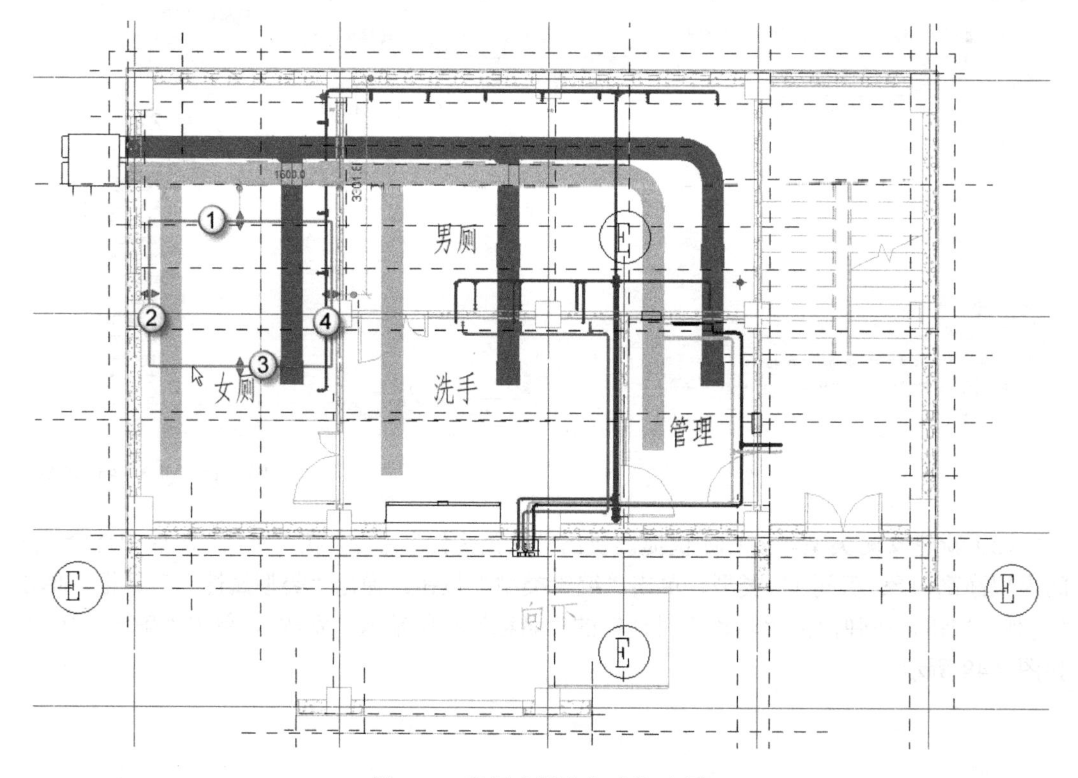


图 7.49　房间虚拟净高对象-女厕

（5）拖曳造型操纵柄。沿箭头方向，拖曳对象左边的造型操纵柄直至建筑物外侧，如图 7.50 所示。

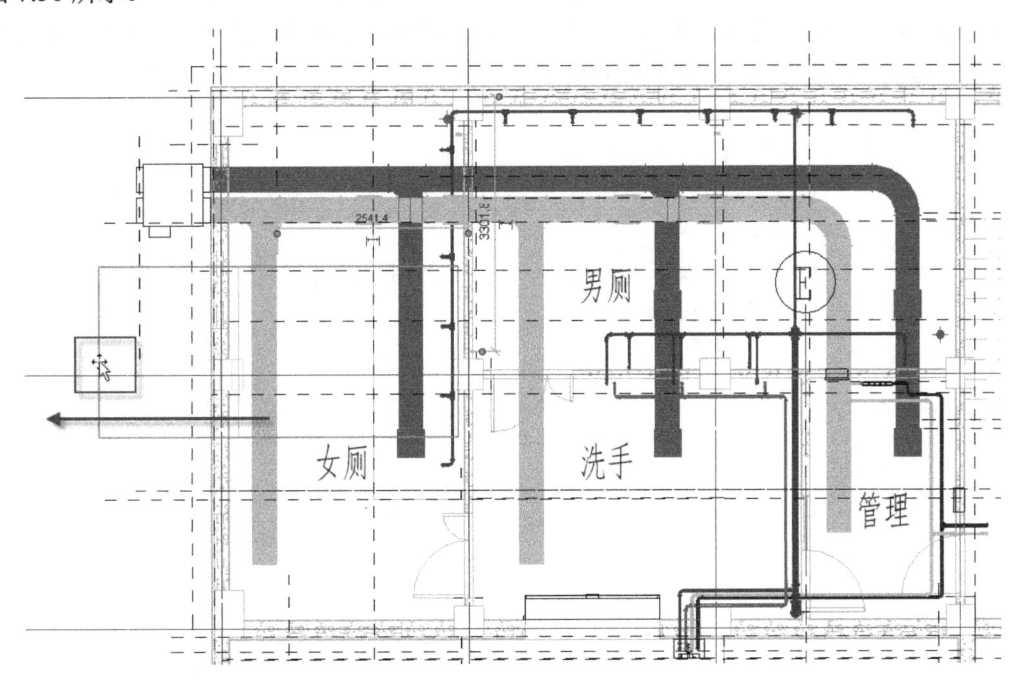


图 7.50　拖曳造型操纵柄

（6）进入到立面进行操作。在“项目浏览器”面板中选择“视图”|“管线综合”|“管综”|“立面”|“南-机械”选项，如图 7.51 所示，进入“南-机械”立面视图中操作。在建筑物外选择“房间虚拟净高对象 女厕”，可以观察到其顶部对齐正负零标高平面，如图 7.52 所示。

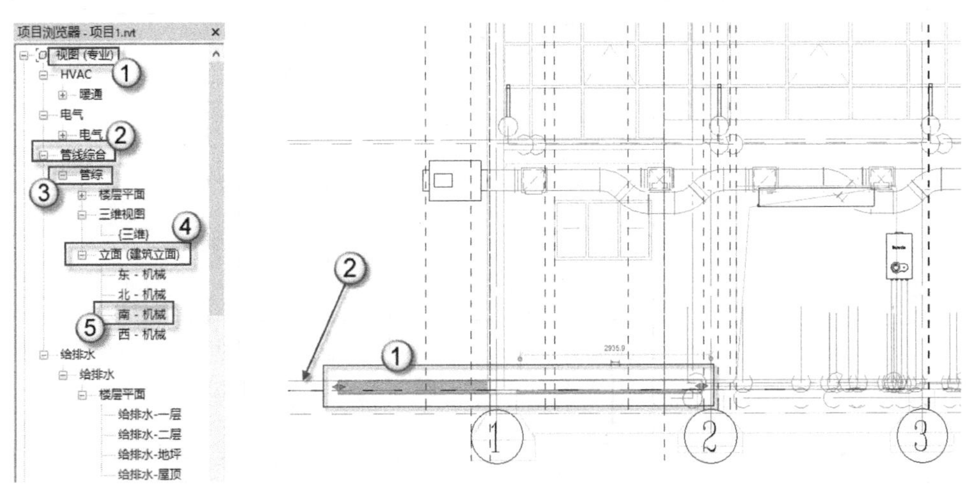


图 7.51　进入立面视图　　　　图 7.52　选择对象

**注意：** 这就是用造型操纵柄把对象的边界拖出室外的原因。如果对象完全在室内，那么会在立面图中会被其他构件遮挡，无法进行选择。

（7）对齐操作。按 AL 快捷键发出“对齐”命令，先选择矩形风管翻弯处最底部的线（图中①处），再选择“房间虚拟净高对象 女厕”最顶部的线（图中②处），如图 7.53 所示。可以观察到矩形风管翻弯（图中①处）与“房间虚拟净高对象 女厕”（图中②处）紧密地贴合在一起了（图中③处），如图 7.54 所示。

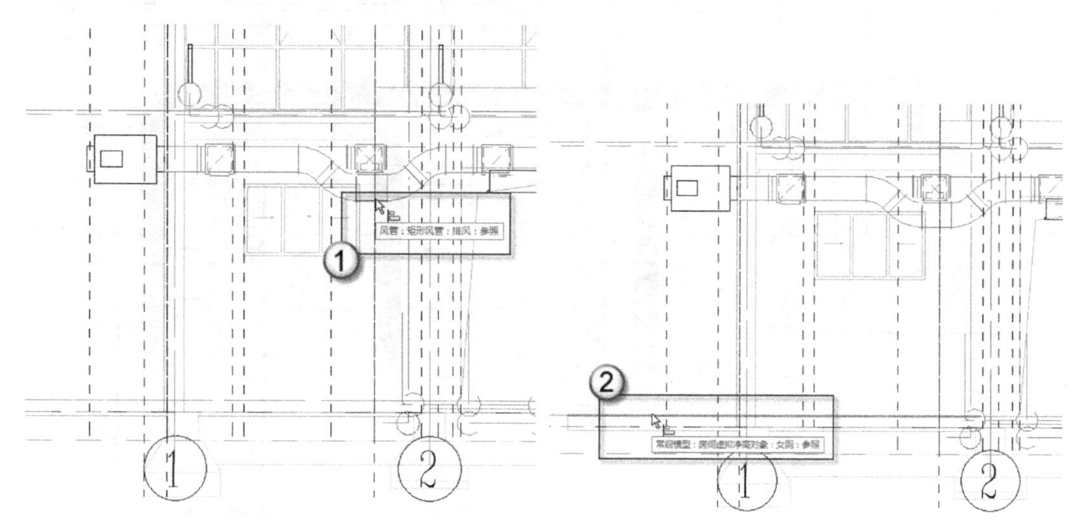


图 7.53　选择对齐线

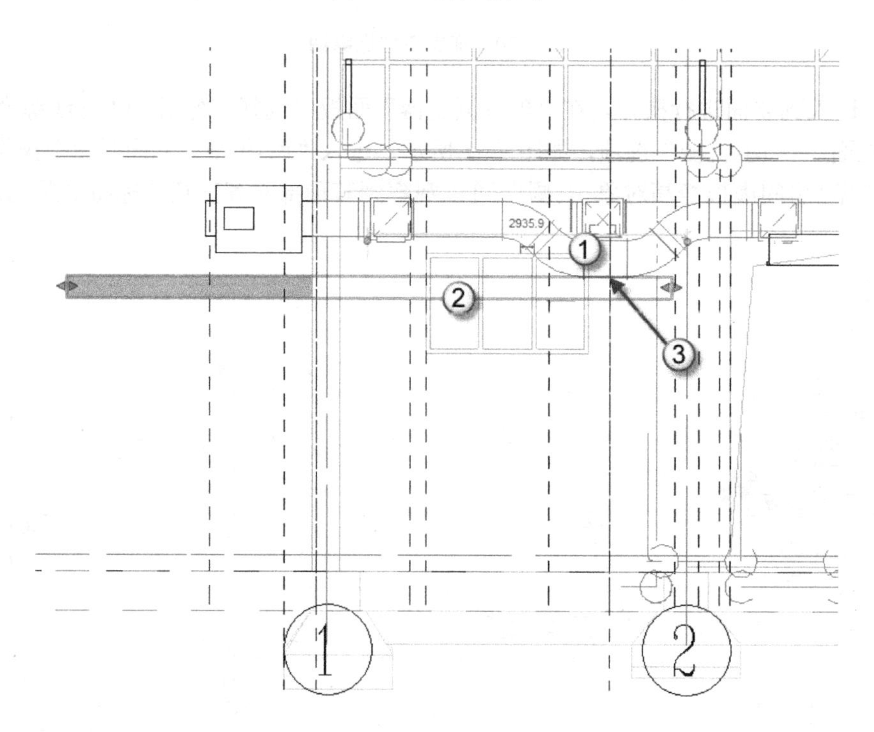


图 7.54　对齐

（8）偏移量。按 DI 快捷键发出“对齐尺寸标注”命令，分别对“房间虚拟净高对象 女厕”的上边线（图中①处）与正负零平面（图中②处）进行标注，可以观察到标注数值与“属性”面板中的“标高中的高程”的数值一致，皆为 2490，如图 7.55 所示。

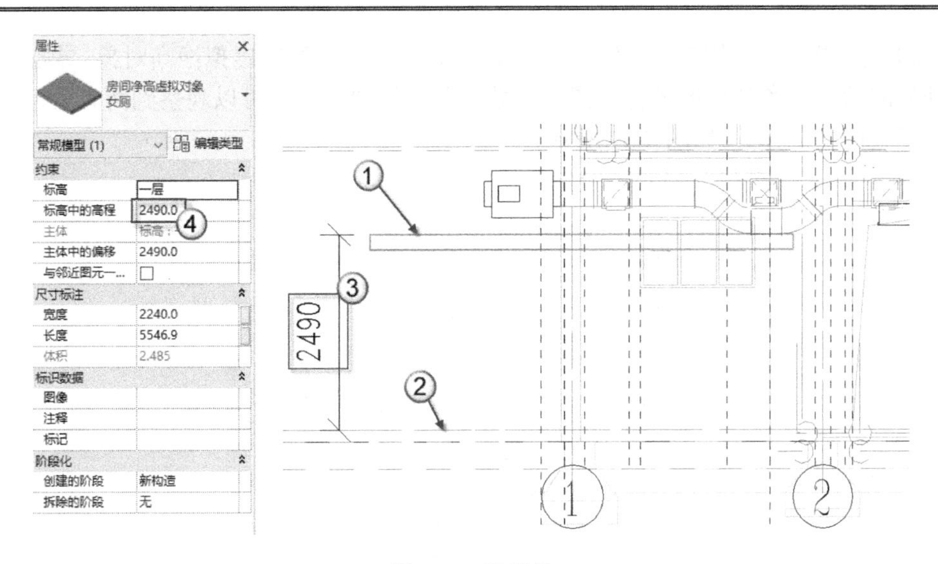


图 7.55　偏移量

（9）进入平面视图进行操作。在“项目浏览器”面板中选择“视图”|“管线综合”|“管综”|“楼层平面”|“管综-一层”选项，如图 7.56 所示，进入“管综-一层”平面视图中操作。沿箭头方向，拖曳对象左边的造型操纵柄至建筑物内，如图 7.57 所示。

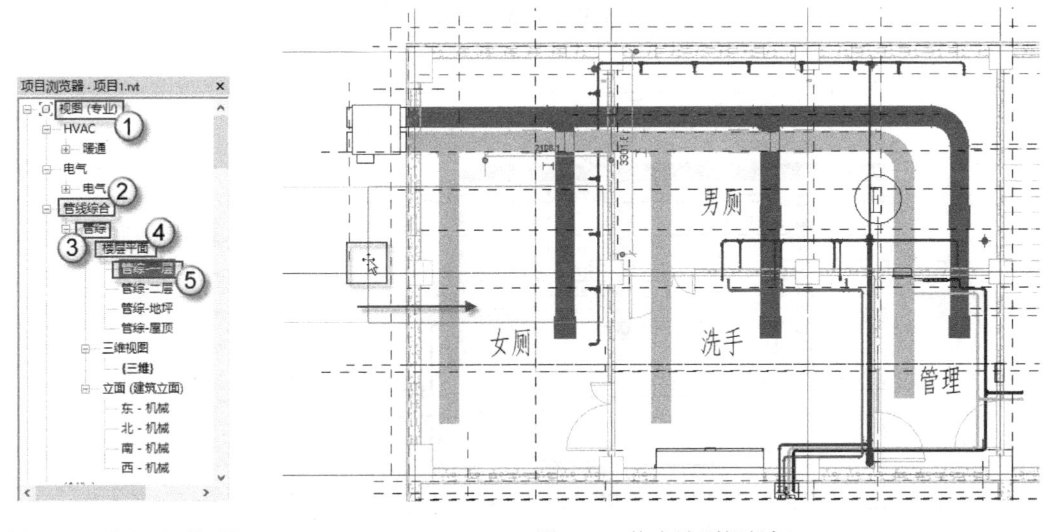


图 7.56　进入平面视图　　　　图 7.57　拖曳造型操纵柄

（10）生成男厕类型。按 CM 快捷键发出“放置构件”命令，在“属性”面板中单击“编辑类型”按钮，在弹出的“类型属性”对话框中单击“复制”按钮，弹出“名称”对话框，在“名称”栏中输入“男厕”，单击“确定”按钮，如图 7.58 所示，并将对象放置到男厕位置。

（11）拖曳造型操纵柄。选择放置好的对象，沿箭头方向拖曳对象右边的造型操纵柄直至建筑物外侧，如图 7.59 所示。切换到“南-机械”立面视图，在建筑物外选择“房间虚拟净高对象 男厕”（图中①处），可以观察到其顶部对齐正负零标高平面（图中②处），如图 7.60 所示。

（12）对齐操作。使用“对齐”命令（AL 快捷键），将“房间虚拟净高对象 男厕”（图中②处）的顶部对齐到矩形风管（图中①处）翻弯处的底部，可以观察到两者紧密地贴合在一起了（图中③处），如图 7.61 所示。

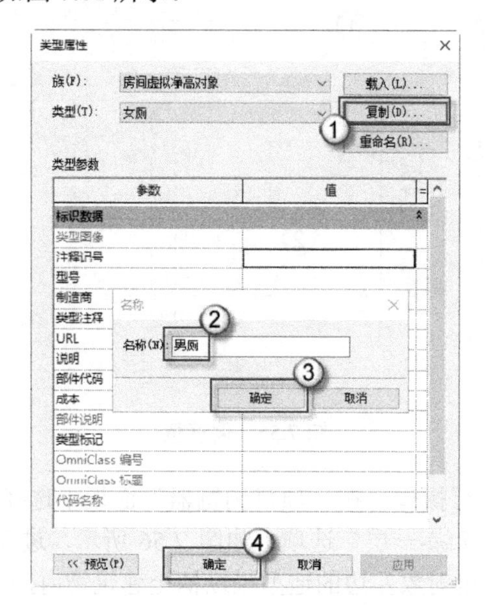


图 7.58　生成男厕类型

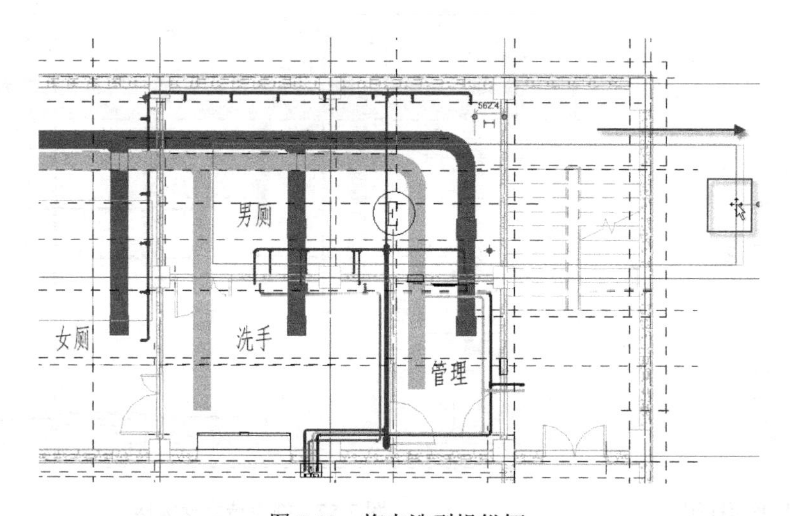


图 7.59　拖曳造型操纵柄

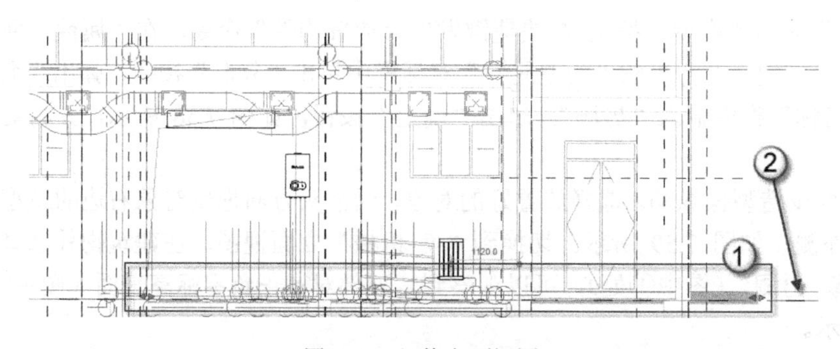

图 7.60　切换立面视图

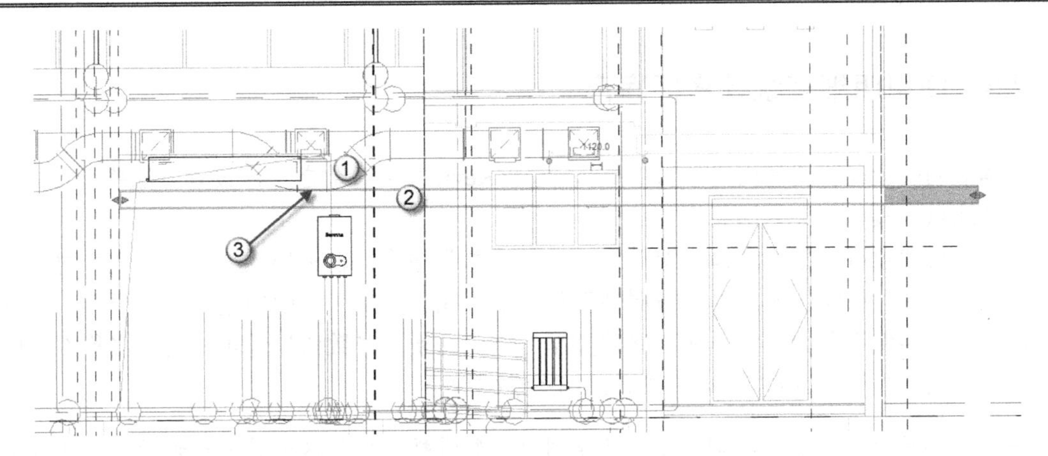


图7.61　对齐操作

（13）拖曳造型操纵柄。切换到“管综-一层”平面视图进行操作，沿箭头方向拖曳对象右边的造型操纵柄至建筑物内，如图7.62所示。

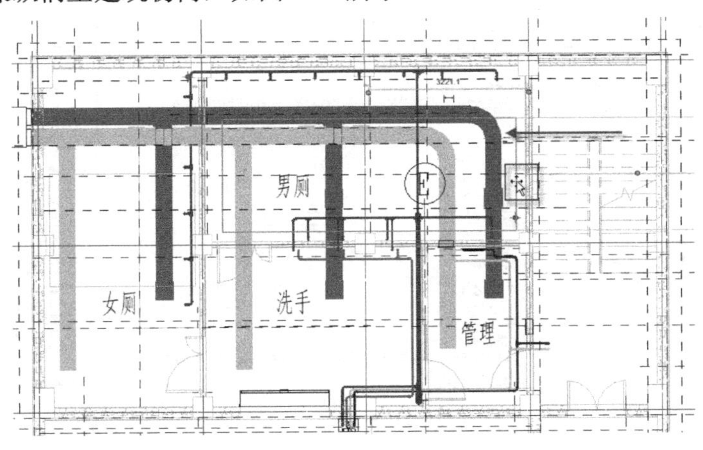


图7.62　拖曳造型操纵柄

使用同样的方法放置并调整其余的“房间虚拟净高对象”，具体操作不再赘述。一层中共有4个“房间虚拟净高对象”，分别是“女厕”（图中①处）、“男厕”（图中②处）、“洗手”（图中③处）、“管理”（图中④处），如图7.63所示。

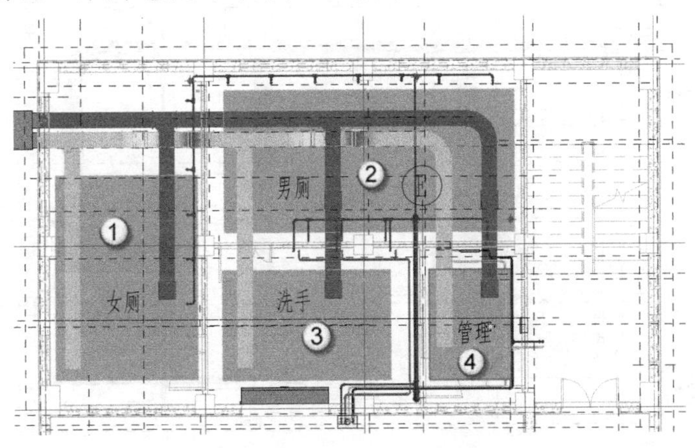


图7.63　一层的“房间虚拟净高对象”

### 7.2.3 使用明细表统计房间净高

本节的统计计算要使用“项目参数”，这是 Revit 几大参数之一，设置方法略有不同，请读者注意。具体统计方法如下：

（1）设置项目参数。选择“管理”|“项目参数”命令，在弹出的“项目参数”对话框中单击“添加”按钮，弹出“参数属性”对话框，在“类别”栏中勾选“常规模型”复选框，选中“实例”单选按钮，在“参数类型”栏中切换至“数值”选项，在“名称”栏中输入“房间标高”，单击“确定”按钮，如图 7.64 所示。

注意：由于“房间净高虚拟对象”族是用“公制常规模型”这个类别制作的，因此这里的“类别”要选择“常规模型”。由于“房间标高”这个参数是由设计者根据图纸手动输入的，因此其“参数类型”选择“数值”类型。

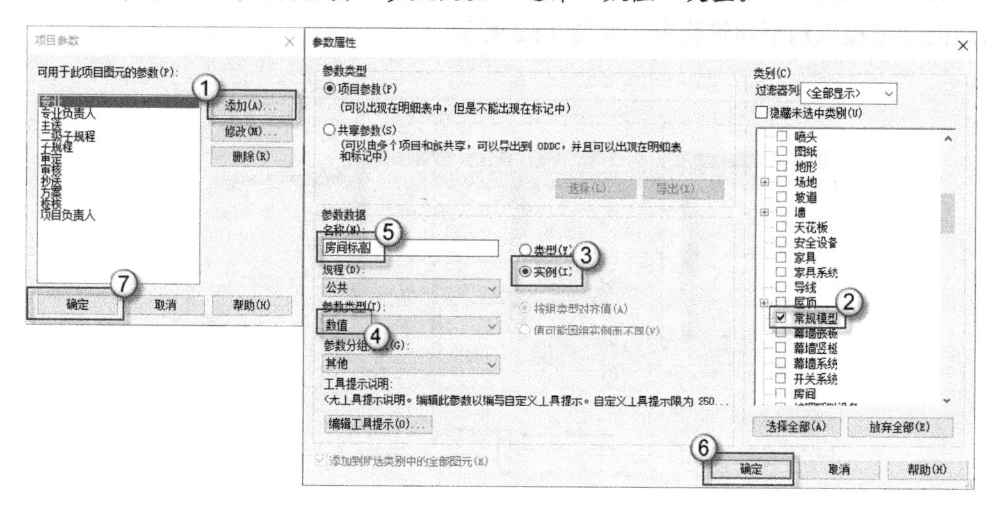


图 7.64 设置项目参数

（2）输入女厕的“房间标高”项目参数。选择“房间虚拟净高对象 女厕”，在“属性”面板的“房间标高”栏中输入-20，如图 7.65 所示。

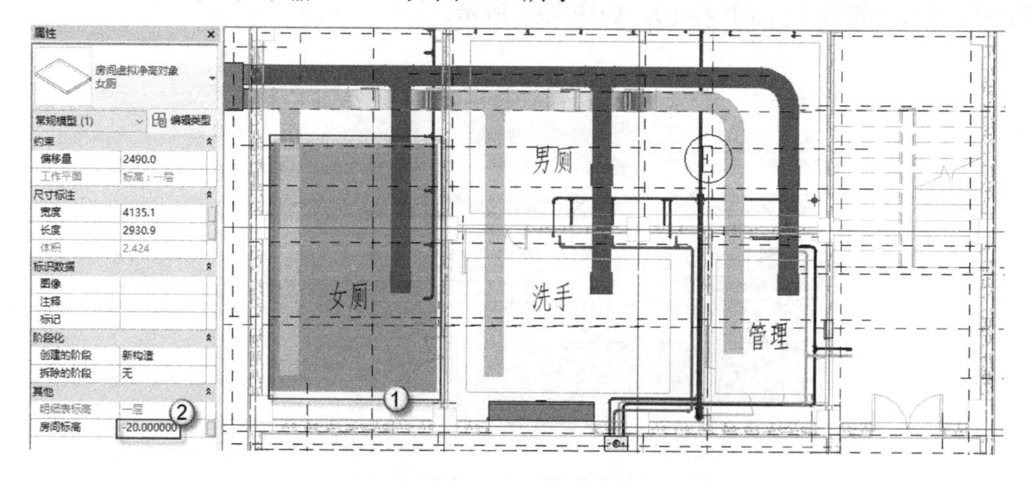


图 7.65 女厕的“房间标高”项目参数

注意：建筑专业图纸中的女厕标高为-0.020。我国建筑制图中的标高是以米为单位，但是 Revit 中所有输入数值的位置皆是以毫米为单位，所以此处“房间标高”需要手动转换单位为毫米，输入-20。

（3）输入男厕的“房间标高”项目参数。选择“房间虚拟净高对象 男厕”，在“属性”面板的“房间标高”栏中输入-20，如图 7.66 所示。

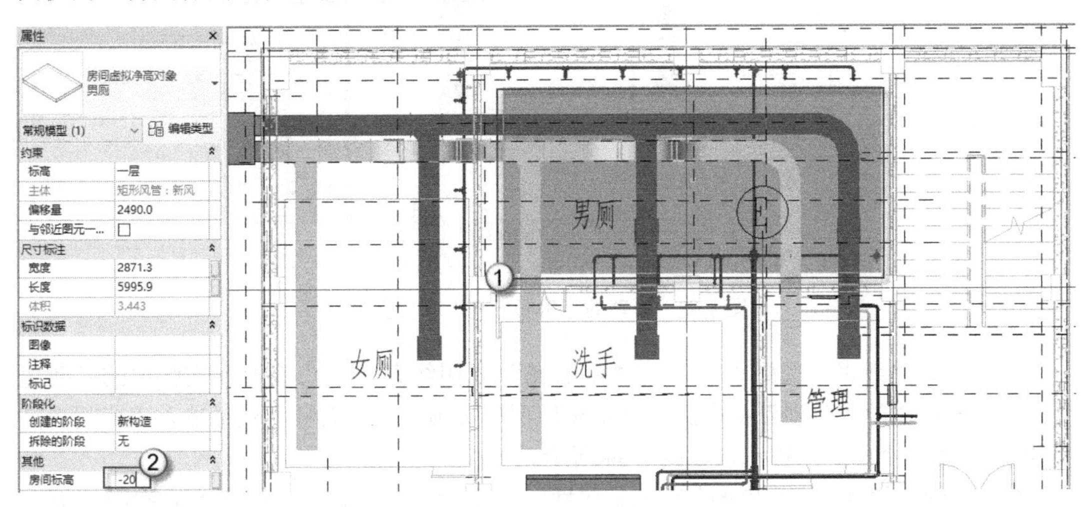


图 7.66　男厕的“房间标高”项目参数

（4）输入洗手的“房间标高”项目参数。选择“房间虚拟净高对象 洗手”，在“属性”面板的“房间标高”栏中输入-20，如图 7.67 所示。

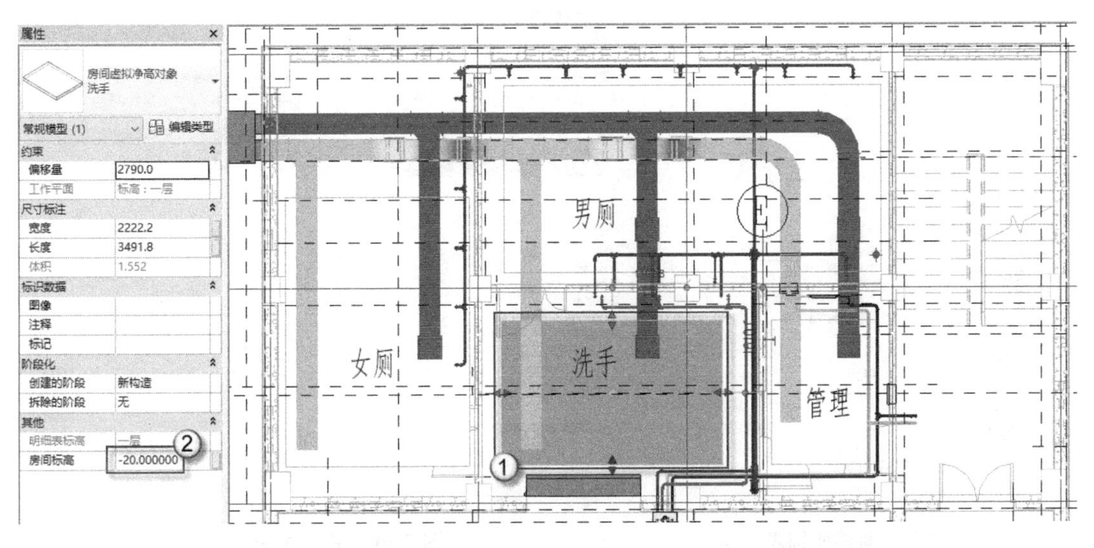


图 7.67　洗手的“房间标高”项目参数

（5）输入管理的“房间标高”项目参数。选择“房间虚拟净高对象 管理”，在“属性”面板的“房间标高”栏中输入 0，如图 7.68 所示。

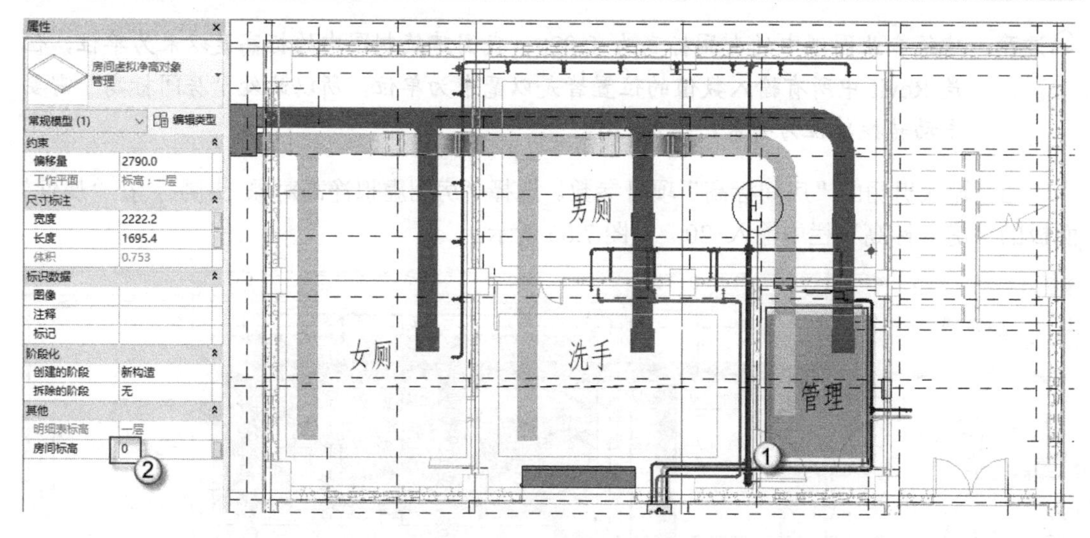


图 7.68　管理的“房间标高”项目参数

（6）新建明细表。选择“视图”|“明细表”|“明线表/数量”命令，在弹出的“新建明细表”对话框的“类别”栏中选择“常规模型”选项，在“名称”栏中输入“房间净高统计表”，单击“确定”按钮，如图 7.69 所示。

（7）明细表属性。在弹出的“明细表属性”对话框中依次添加“类型”“标高中的高程”“房间标高”3 个字段，单击 $f_x$ 按钮，如图 7.70 所示，准备添加公式进行自动计算。

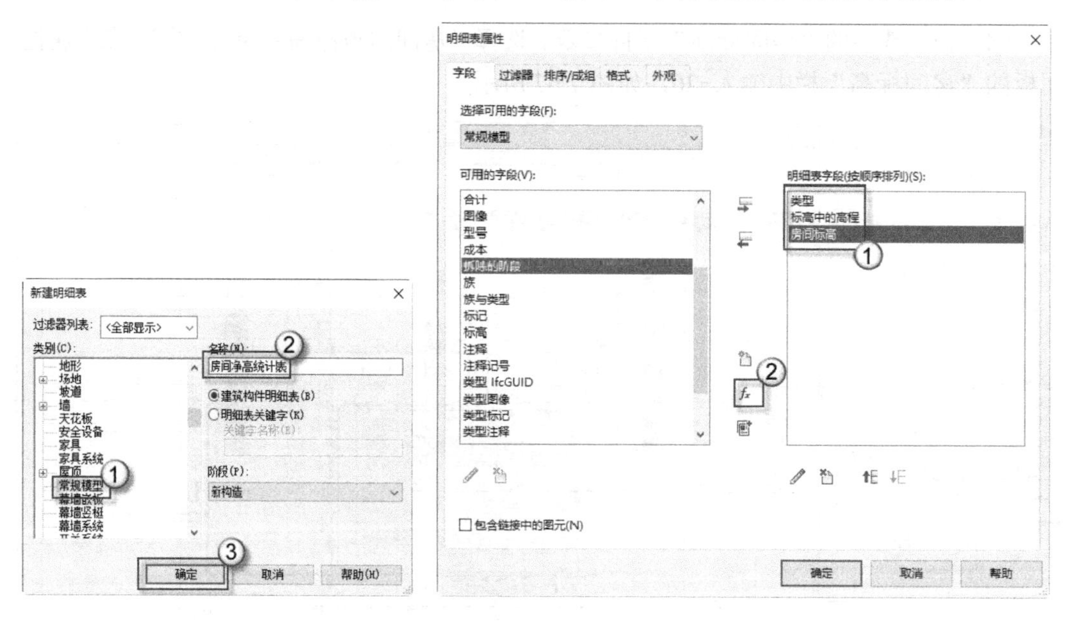


图 7.69　新建明细表　　　　图 7.70　明细表属性

（8）添加“房间净高”计算公式。在弹出的“计算值”对话框的“名称”栏中输入“房间净高”，单击⋯按钮，在弹出的“字段”对话框中选择“标高中的高程”字段，单击“确定”按钮，如图 7.71 所示，返回“计算值”对话框。在“公式”栏中的“标高中的高程”后输入－（减号），单击⋯按钮，在弹出的“字段”对话框中选择“房间标高”字段，单击“确定”按钮，如图 7.72 所示。在返回的“计算器”对话框中可以观察到“公式”栏中的公式为“标高中的高程－房间标高”，单击“确定”按钮，会弹出 Revit 对话框，上面有“单位不一致”的提示，单击“关闭”按钮，如图 7.73 所示。“单位不一致”的提示说明这个公式并没有设置正确，在返回的“计算值”对话框中，将“公式”栏中的“标高中的高程－房间标高”改为“标高中的高程/1－房间标高”，单击“确定”按钮就可以了，如图 7.74 所示。

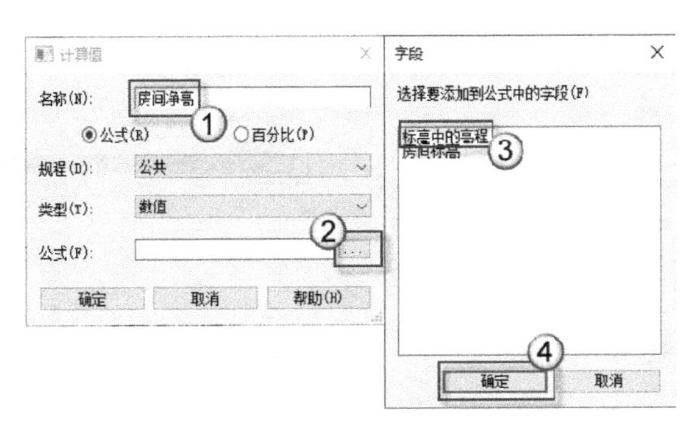


图 7.71　“标高中的高程”字段

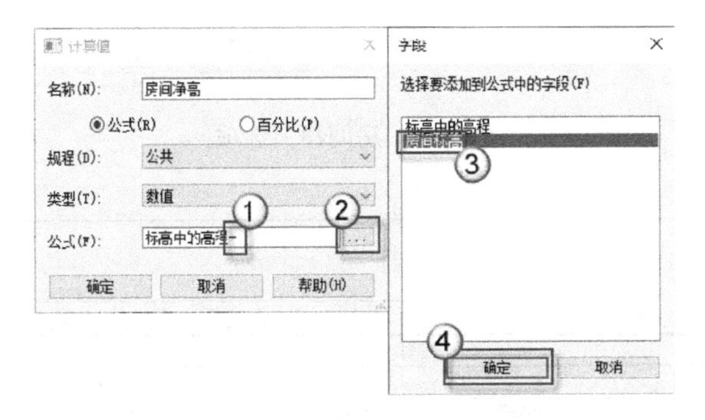


图 7.72　“房间标高”字段

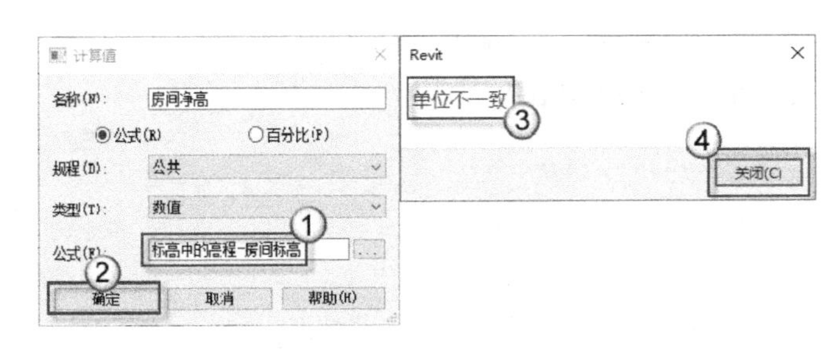


图 7.73　检查公式

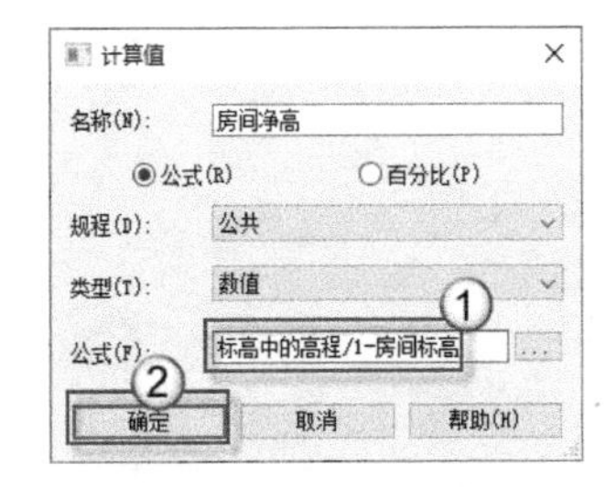


图 7.74　设置正确的公式

注意：“房间净高=标高中的高程－房间标高”这个公式从计算的角度是正确的，但是在 Revit 中有个问题。“标高中的高程”是系统自带的参数，属于“标注”类型；而“房间标高”是设计师自己定义的项目参数，属于“数值”类型。两者之间的转换就是需要其中一个参数“/1”，因此这个公式最后转换为“房间净高=标高中的高程/1－房间标高”。

（9）生成<房间净高统计表>。公式设置正确后可以观察到“明细表字段”栏中出现了

“房间净高”选项，单击“确定”按钮，如图 7.75 所示。此时软件可以自动生成<房间净高统计表>，如图 7.76 所示。

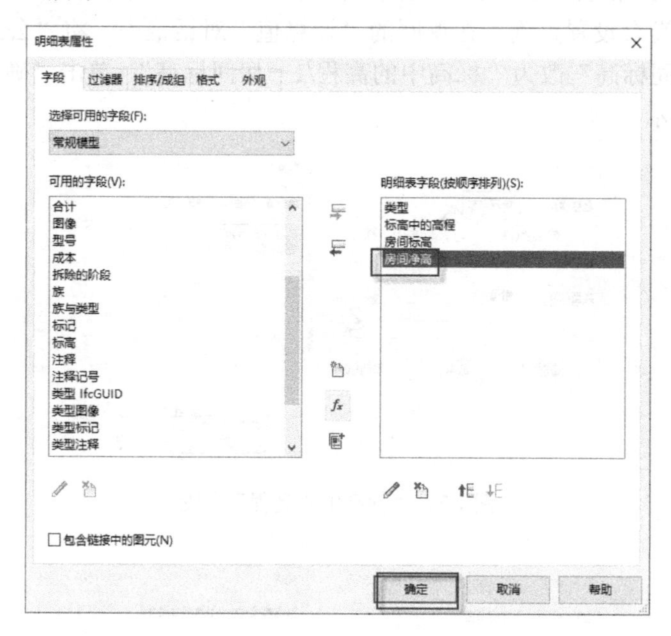


图 7.75　房间净高选项

| <房间净高统计表> | | | |
|---|---|---|---|
| A | B | C | D |
| 类型 | 标高中的高程 | 房间标高 | 房间净高 |
| 女厕 | 2490 | -20 | 2510 |
| 男厕 | 2490 | -20 | 2510 |
| 洗手 | 2790 | -20 | 2810 |
| 管理 | 2790 | 0 | 2790 |

图 7.76　房间净高统计表

# 附录 A　Revit 常用快捷键及命令对照表

在使用 Revit 的建筑、结构和机电三大专业设计和绘图时都需要使用快捷键进行操作，这样可以提高设计、建模、作图和修改的效率。与 AutoCAD 不定位数字母的快捷键不同，也与 3ds Max 的 Ctrl、Shift、Alt+字母的组合式快捷键不同，Revit 的快捷键都是两个字母。例如轴网命令 G+R 的操作，就是依次快速按键盘上的 G 和 R 键，而不是同时按下 G 和 R 键不放。

请读者注意从本书中学习笔者用快捷键操作 Revit 的习惯。表 A.1 中给出了 Revit 常见的快捷键使用方式，以方便读者经常查阅 。

表 A.1 中“机电”专业的快捷键最多，这个表也从一方面反映了在基于 BIM 的 Revit 设计中，机电专业是最烦琐的。

表A.1　Revit常用快捷键

| 类　　别 | 快　捷　键 | 命 令 名 称 | 备　　注 |
|---|---|---|---|
| 建筑 | W+A | 墙 | |
| | D+R | 门 | |
| | W+N | 窗 | |
| | L+L | 标高 | |
| | G+R | 轴网 | |
| 结构 | B+M | 梁 | |
| | S+B | 楼板 | |
| | C+L | 柱 | |
| 机电 | D+T | 风管 | |
| | A+T | 风管末端 | |
| | D+F | 风管管件 | |
| | D+A | 风管附件 | |
| | C+V | 转换为软风管 | |
| | P+B | 预制零件 | |
| | M+E | 机械设备 | |
| | M+S | 机械设置 | |
| | P+I | 管道 | |
| | P+F | 管件 | |
| | P+A | 管路附件 | |
| | F+P | 软管 | |

（续）

| 类　　别 | 快　捷　键 | 命令名称 | 备　　注 |
|---|---|---|---|
| 机电 | P+X | 卫浴装置 | |
| | S+K | 喷头 | |
| | E+W | 导线 | |
| | C+T | 电缆桥架 | |
| | T+F | 电缆桥架配件 | |
| | C+N | 线管 | |
| | N+F | 线管配件 | |
| | E+S | 电气设置 | |
| | E+E | 电气设备 | |
| | L+F | 照明设备 | |
| 共用 | R+P | 参照平面 | |
| | T+L | 细线 | |
| | D+I | 对齐尺寸标注 | |
| | T+G | 按类别标记 | |
| | S+Y | 符号 | 需要自定义 |
| | T+X | 文字 | |
| | C+M | 放置构件 | |
| 编辑 | A+L | 对齐 | |
| | M+V | 移动 | |
| | C+O | 复制 | |
| | R+O | 旋转 | |
| | M+M | 有轴镜像 | |
| | D+M | 无轴镜像 | |
| | T+R | 修剪/延伸为角 | |
| | S+L | 拆分图元 | |
| | P+N | 锁定 | |
| | U+P | 解锁 | |
| | G+P | 创建组 | |
| | U+G | 解组 | |
| | E+T | 修剪/延伸单个图元 | 需要自定义 |
| | O+F | 偏移 | |
| | R+E | 缩放 | |
| | A+R | 阵列 | |
| | D+E | 删除 | |
| | M+A | 类型属性匹配 | |
| | C+S | 创建类似 | |
| | R+3（或Space） | 定义旋转中心 | |

（续）

| 类　　别 | 快　捷　键 | 命 令 名 称 | 备　　注 |
|---|---|---|---|
| 视图 | F4 | 默认三维视图 | 需要自定义 |
| | F8 | 视图控制盘 | |
| | V+V | 可见性/图形 | |
| | Z+R | 区域放大 | |
| | Z+F（或双击滚轮） | 缩放匹配 | |
| | Z+P | 上一次缩放 | |
| 视觉样式 | W+F | 线框 | |
| | H+L | 隐藏线 | |
| | S+D | 着色 | |
| | G+D | 图形显示选项 | |
| 临时隐藏/隔离 | H+H | 临时隐藏图元 | |
| | H+C | 临时隐藏类别 | |
| | H+I | 临时隔离图元 | |
| | I+C | 临时隔离类别 | |
| | H+R | 重设临时隐藏/隔离 | |
| 视图隐藏 | E+H | 在视图中隐藏图元 | |
| | V+H | 在视图中隐藏类别 | |
| | R+H | 显示隐藏的图元 | |
| 选择 | S+A | 在整个项目中选择全部实例 | |
| | R+C（或Enter） | 重复上一次命令 | |
| | Ctrl+← | 重复上一次选择集 | |
| 捕捉替代 | S+R | 捕捉远距离对象 | |
| | S+Q | 象限点 | |
| | S+P | 垂足 | |
| | S+N | 最近点 | |
| | S+M | 中点 | |
| | S+I | 交点 | |
| | S+E | 端点 | |
| | S+C | 中心 | |
| | S+T | 切点 | |
| | S+S | 关闭替换 | |
| | S+Z | 形状闭合 | |
| | S+O | 关闭捕捉 | |

自定义快捷键的方法是，选择菜单栏“文件”｜“选项”命令，在弹出的“选项”对

话框中选择“用户界面”选项卡，单击“快捷键”栏中的“自定义”按钮，在弹出的“快捷键”对话框中找到所需要自定义快捷键的命令，如图 A.1 所示。

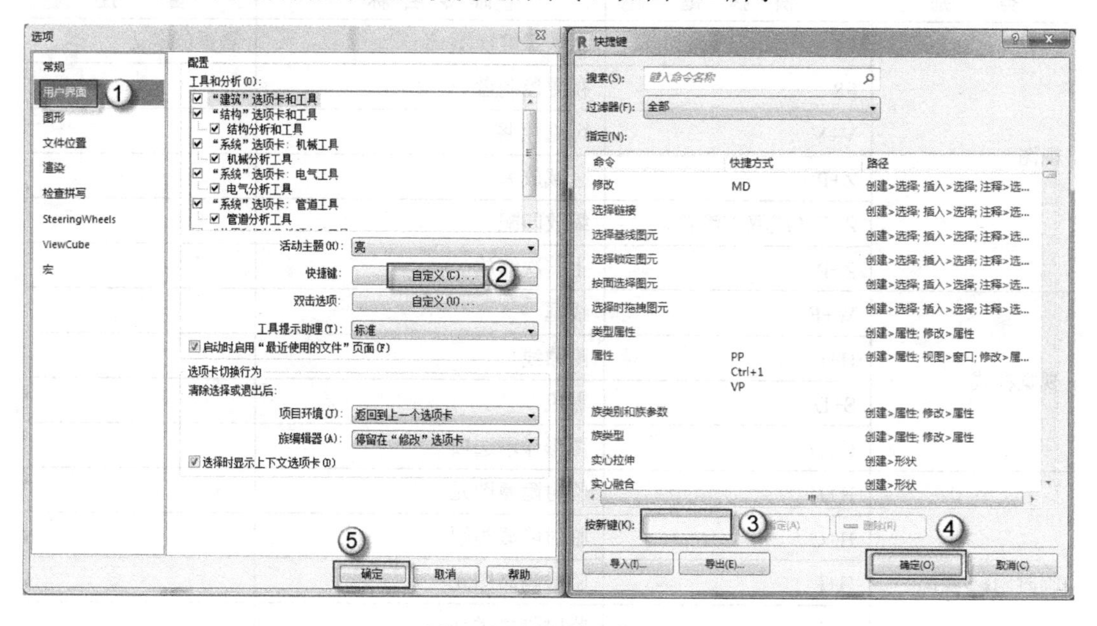


图 A.1　自定义快捷键 1

或者按 KS 快捷键，在弹出的“快捷键”对话框中找到需要定义快捷键的命令，在“按新键”栏中输入相应的快捷键，单击“确定”按钮完成操作，如图 A.2 所示。

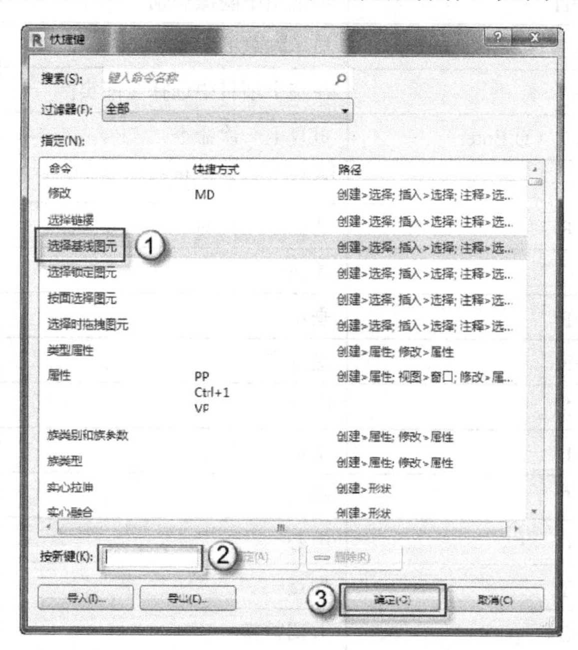


图 A.2　自定义快捷键 2

电气专业的命令复杂而多，各类别电气设备插入的命令也不一样，详见表 A.2。

**表A.2　电气专业命令对照表**

<table>
<tr><th>类　　别</th><th>命　　令</th><th>快　捷　键</th></tr>
<tr><td>动力照明配电箱</td><td rowspan="2">电气设备</td><td rowspan="2">E+E</td></tr>
<tr><td>电信配电箱</td></tr>
<tr><td>插座</td><td>系统|设备|电气装置</td><td></td></tr>
<tr><td>LEB</td><td rowspan="2">系统|设备|数据</td><td rowspan="2"></td></tr>
<tr><td>信息插座</td></tr>
<tr><td>开关</td><td>系统|设备|照明</td><td></td></tr>
<tr><td>灯具</td><td>照明设备</td><td>L+F</td></tr>
<tr><td rowspan="2">消防</td><td>系统|设备|火警</td><td></td></tr>
<tr><td>系统|设备|安全</td><td></td></tr>
<tr><td>电话插座</td><td>系统|设备|电话</td><td></td></tr>
</table>

# 附录B　机电专业图纸

机电专业设计图纸

| 序　号 | 专　业 | 图　名 | 比　例 | 页　码 |
|---|---|---|---|---|
| 1 | 强电 | 一层照明平面图 | 1:100 | 245 |
| 2 | | 二层照明平面图 | 1:100 | 246 |
| 3 | | 一层插座平面图 | 1:100 | 247 |
| 4 | | 二层插座平面图 | 1:100 | 248 |
| 5 | | 配电箱AW1配电系统图 | / | 249 |
| 6 | | 功率计算表 | / | 250 |
| 7 | | 强电图例 | / | 251 |
| 8 | 弱电 | 一层报警平面图 | 1:100 | 252 |
| 9 | | 二层报警平面图 | 1:100 | 253 |
| 10 | | 一层电信平面图 | 1:100 | 254 |
| 11 | | 二层电信平面图 | 1:100 | 255 |
| 12 | | 消防竖向系统图 | / | 256 |
| 13 | | 电信竖向系统图 | / | 257 |
| 14 | 给排水 | 一层给水平面图 | 1:100 | 258 |
| 15 | | J 1给水系统图 | / | 259 |
| 16 | | 一层热给水RJ-1平面图 | 1:100 | 260 |
| 17 | | 热给水RJ-1系统图 | / | 261 |
| 18 | | 一层污水平面图 | 1:100 | 262 |
| 19 | | 污水系统图 | / | 263 |
| 20 | 暖通 | 一层采暖平面图 | 1:100 | 264 |
| 21 | | 二层采暖平面图 | 1:100 | 265 |
| 22 | | 采暖系统图 | / | 266 |
| 23 | | 采暖炉安装图 | / | 267 |
| 24 | | 一层新风、排风平面图 | 1:100 | 268 |
| 25 | | 热回收新风机示意图 | / | 269 |
| 26 | 管综 | 管综断面位置示意图 | 1:100 | 270 |

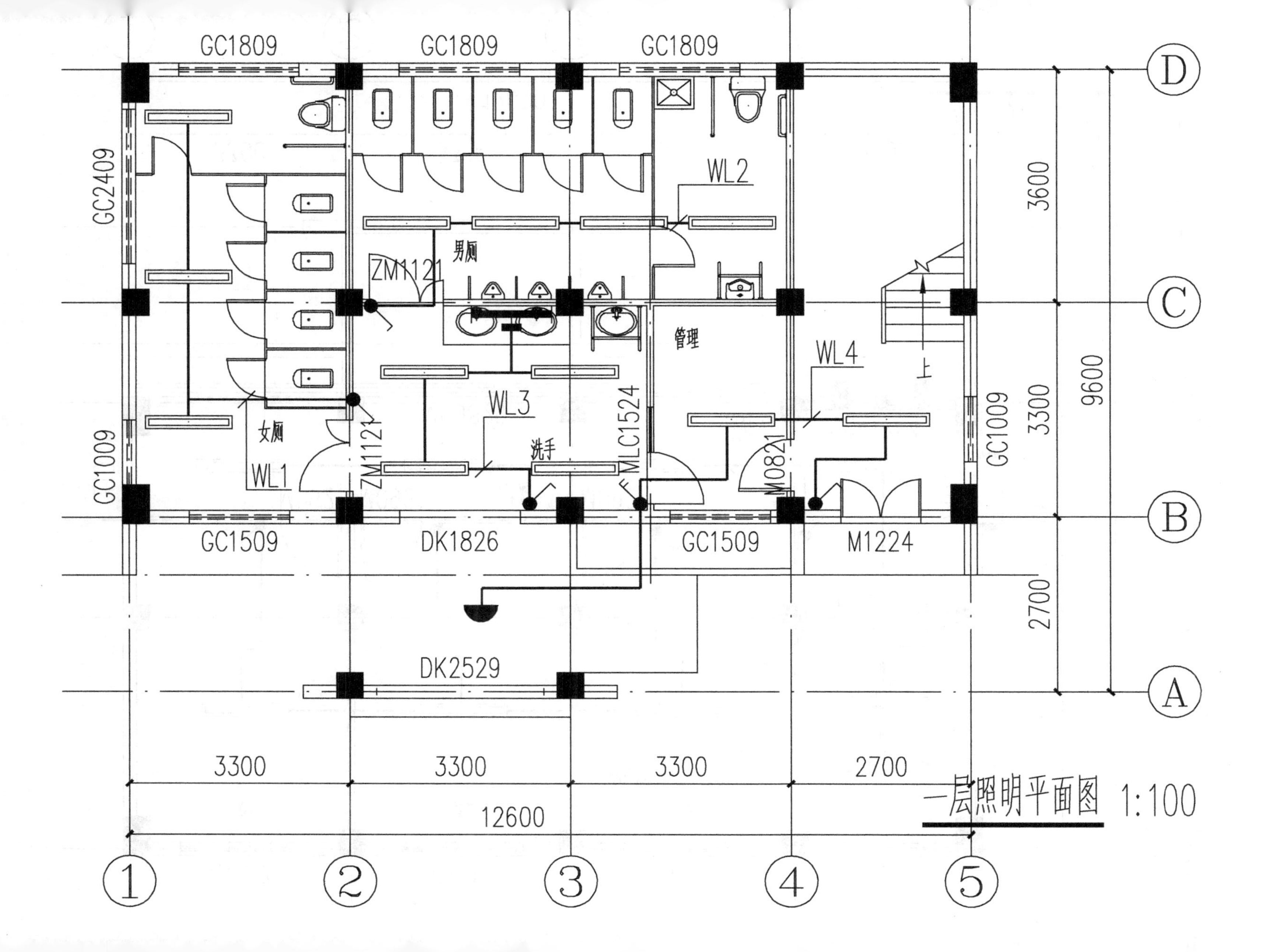
GC1809
GC1809
GC1809
D
C
B
A
GC2409
GC1009
WL2
男厕
ZM1121
管理
WL4
上
WL3
女厕
洗手
MLC1524
M0821
GC1009
WL1
ZM1121
GC1509
DK1826
GC1509
M1224
DK2529
3600
3300
2700
9600
3300
3300
3300
2700
12600
一层照明平面图 1:100
1
2
3
4
5

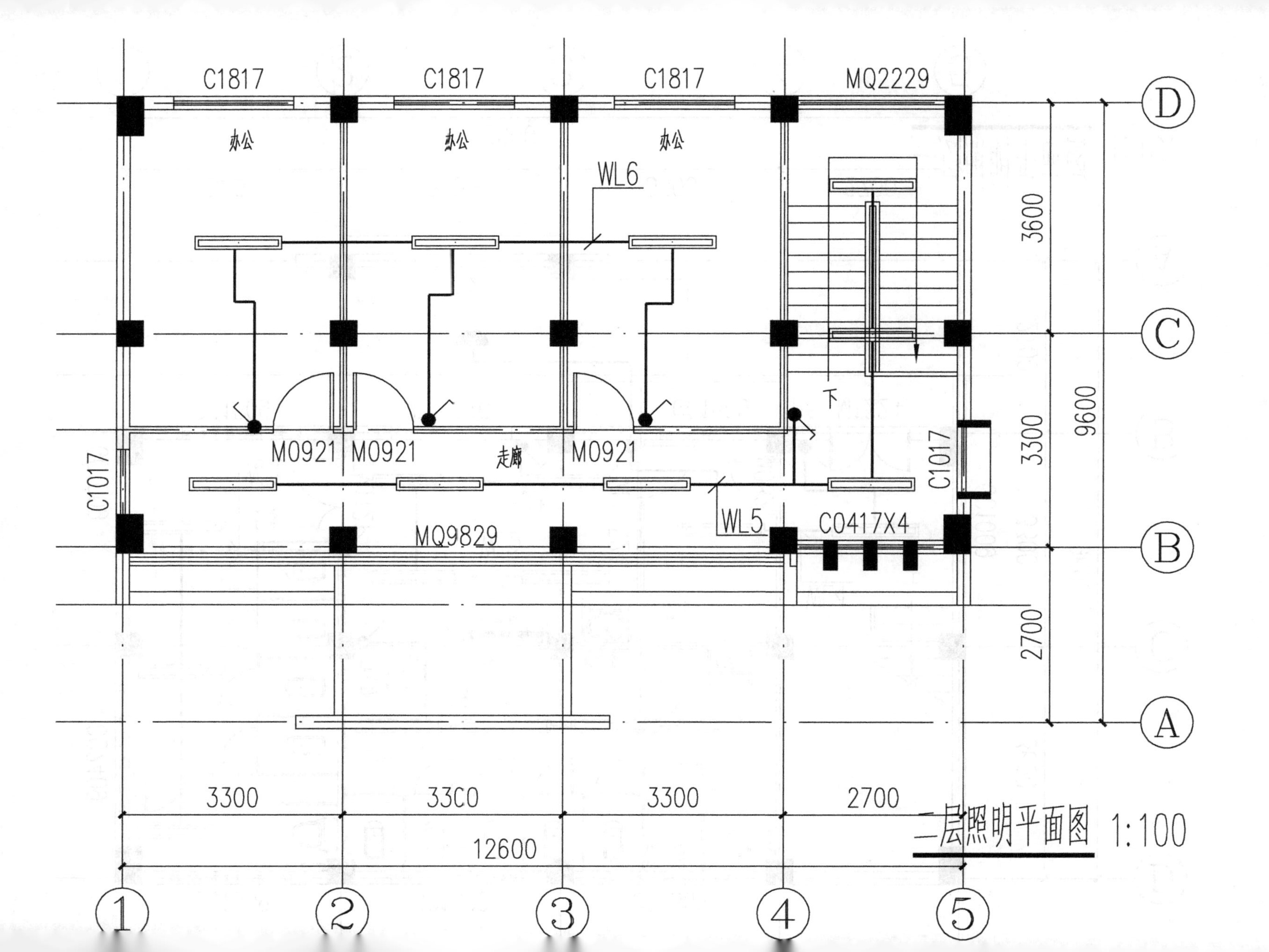

C1817
C1817
C1817
MQ2229
办公
办公
办公
WL6
D
C
B
A
3600
3300
2700
9600
下
M0921
M0921
走廊
M0921
C1017
C1017
WL5
C0417X4
MQ9829
3300
33C0
3300
2700
12600
二层照明平面图 1:100
1
2
3
4
5

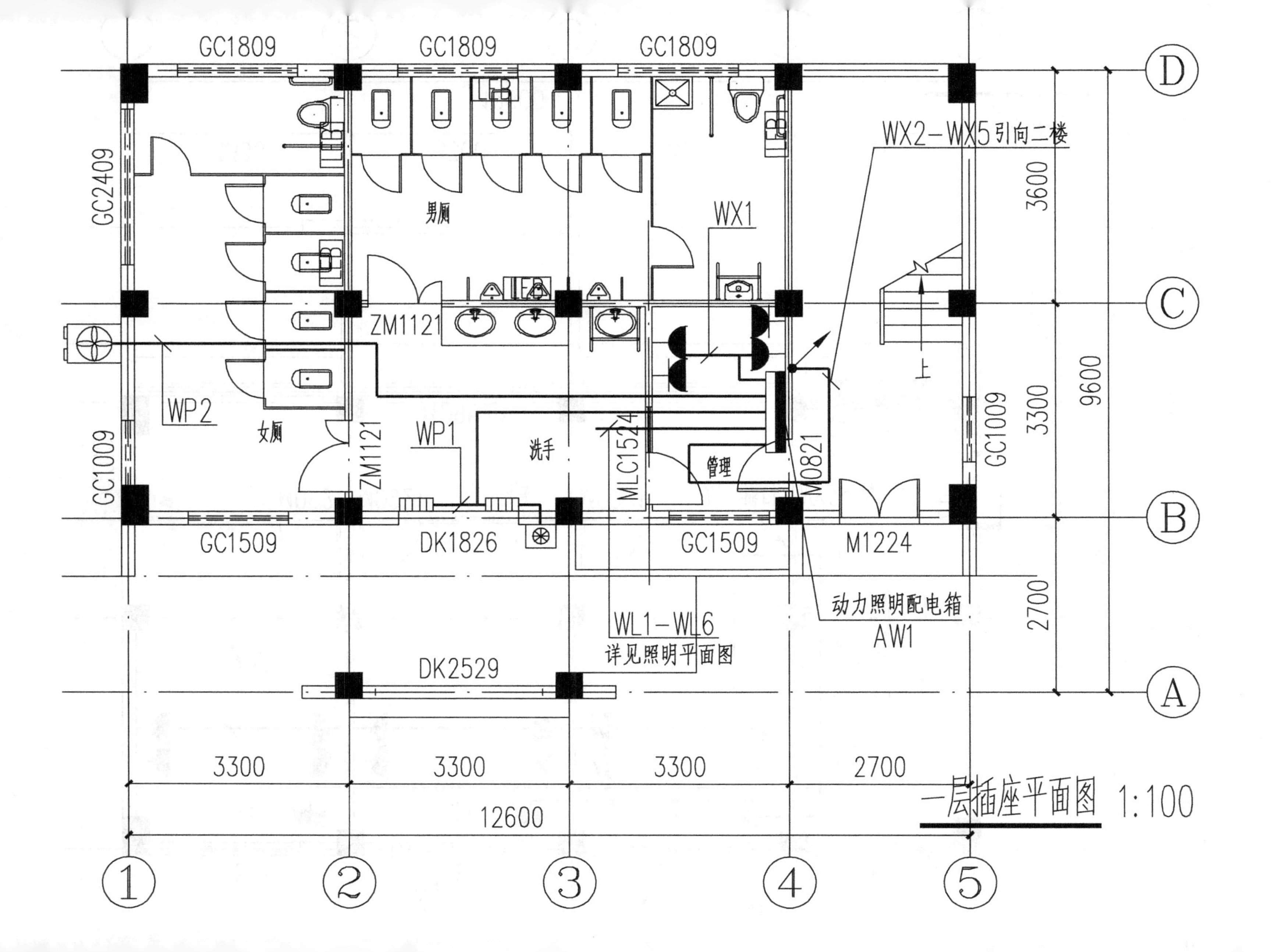
GC1809
GC1809
GC1809
GC2409
WX2—WX5引向二楼
3600
男厕
WX1
ZM1121
上
9600
3300
GC1009
WP2
女厕
ZM1121
WP1
洗手
MLC1524
管理
M0821
GC1009
GC1509
DK1826
GC1509
M1224
动力照明配电箱
AW1
2700
WL1—WL6
详见照明平面图
DK2529
3300
3300
3300
2700
12600
一层插座平面图 1:100
A
B
C
D
1
2
3
4
5

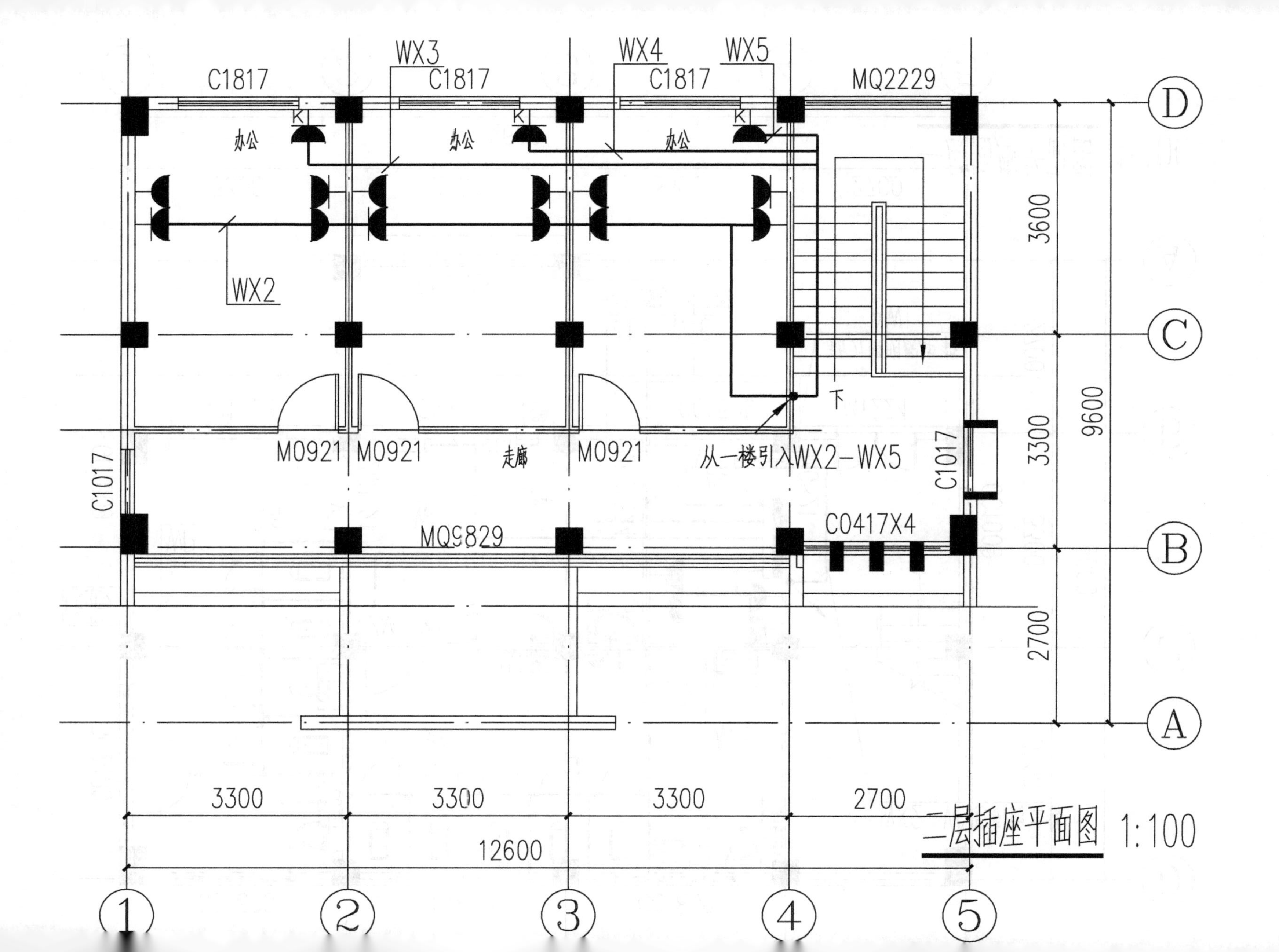


二层插座平面图 1:100

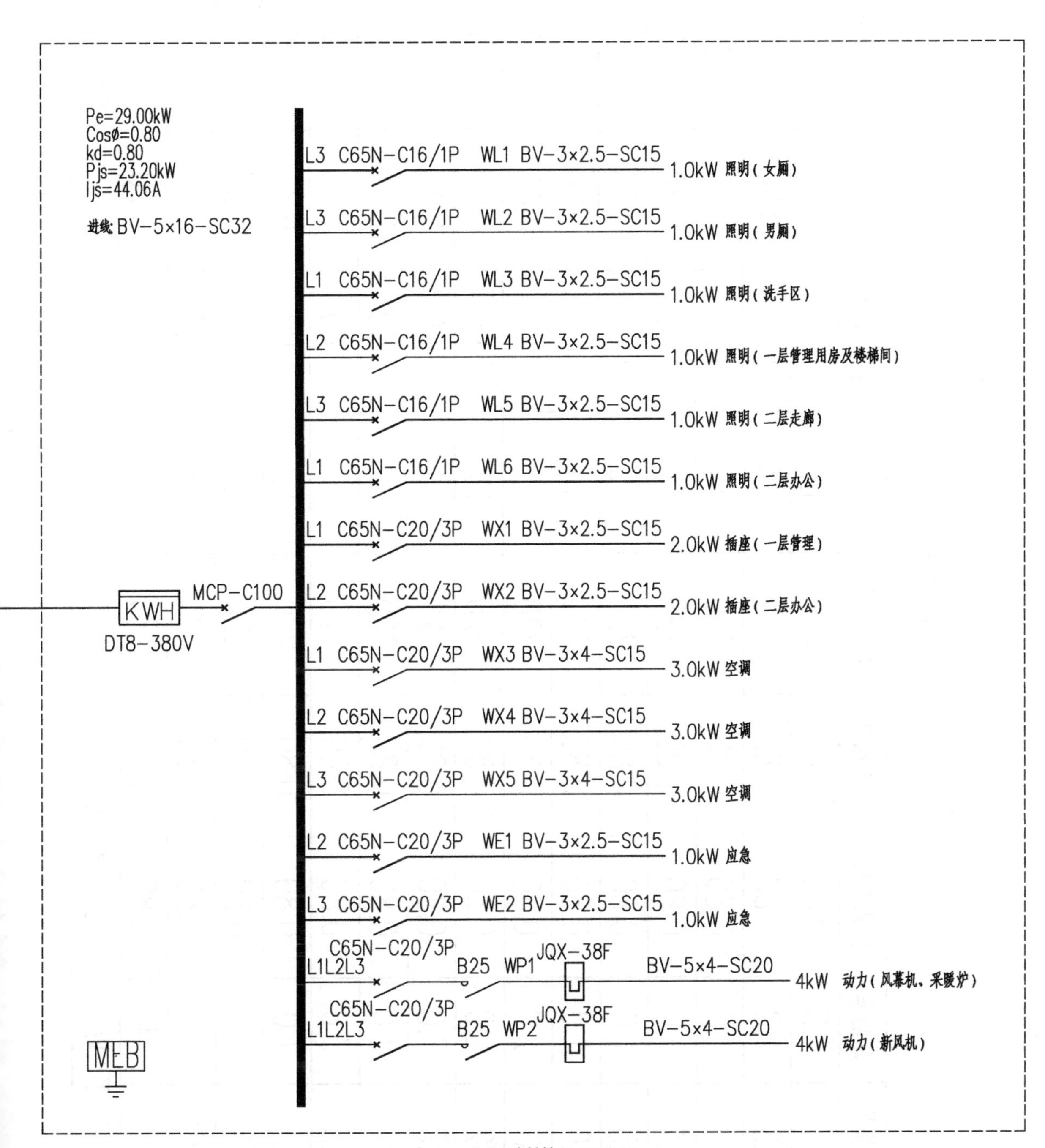


配电箱AW1配电系统图

# 功率计算表

| 序号 | 回路编号 | 总功率 | 需用系数 | 功率因数 | 额定电压 | 设备相数 | 视在功率 | 有功功率 | 无功功率 | 计算电流 |
|---|---|---|---|---|---|---|---|---|---|---|
| 1 | WL1 | 1.0 | 0.80 | 0.80 | 220 | L3 | 1.00 | 0.80 | 0.60 | 4.55 |
| 2 | WL2 | 1.0 | 0.80 | 0.80 | 220 | L3 | 1.00 | 0.80 | 0.60 | 4.55 |
| 3 | WL3 | 1.0 | 0.80 | 0.80 | 220 | L1 | 1.00 | 0.80 | 0.60 | 4.55 |
| 4 | WL4 | 1.0 | 0.80 | 0.80 | 220 | L2 | 1.00 | 0.80 | 0.60 | 4.55 |
| 5 | WL5 | 1.0 | 0.80 | 0.80 | 220 | L3 | 1.00 | 0.80 | 0.60 | 4.55 |
| 6 | WL6 | 1.0 | 0.80 | 0.80 | 220 | L1 | 1.00 | 0.80 | 0.60 | 4.55 |
| 7 | WX1 | 2.0 | 0.80 | 0.80 | 220 | L1 | 2.00 | 1.60 | 1.20 | 9.09 |
| 8 | WX2 | 2.0 | 0.80 | 0.80 | 220 | L2 | 2.00 | 1.60 | 1.20 | 9.09 |
| 9 | WX3 | 3.0 | 0.80 | 0.80 | 220 | L1 | 3.00 | 2.40 | 1.80 | 13.64 |
| 10 | WX4 | 3.0 | 0.80 | 0.80 | 220 | L2 | 3.00 | 2.40 | 1.80 | 13.64 |
| 11 | WX5 | 3.0 | 0.80 | 0.80 | 220 | L3 | 3.00 | 2.40 | 1.80 | 13.64 |
| 12 | WE1 | 1.0 | 0.80 | 0.80 | 220 | L2 | 1.00 | 0.80 | 0.60 | 4.55 |
| 13 | WE2 | 1.0 | 0.80 | 0.80 | 220 | L3 | 1.00 | 0.80 | 0.60 | 4.55 |
| 14 | WP1 | 4 | 0.80 | 0.80 | 380 | 三相 | 4.00 | 3.20 | 2.40 | 6.08 |
| 15 | WP2 | 4 | 0.80 | 0.80 | 380 | 三相 | 4.00 | 3.20 | 2.40 | 6.08 |
| 总负荷: Pe=29.00kW | | | 总功率因数：Cosø=0.80 | | | 计算功率: Pjs=23.20kW | | | 计算电流: Ijs=44.06A | |

## 强电图例

| 序号 | 图例 | 名称 | 规格 | 单位 | 数量 | 备注 |
| --- | --- | --- | --- | --- | --- | --- |
| 1 | | 动力照明配电箱 | AW1 | 台 | 1 | 安装时底部距地1200mm |
| 2 | MEB | 总等电位联结端子箱 | | 台 | 1 | 安装在配电箱中 |
| 3 | | 镜前灯预留座灯头 | EMB9001 | 盏 | 1 | 安装时底部齐挂镜上口 |
| 4 | | 天棚灯 | 30W | 盏 | 1 | 吸顶式安装 |
| 5 | | LED吊灯 | DD562122 吸吊两用 | 盏 | 22 | 吊线安装，吊线长900mm |
| 6 | | 风幕机 | 双速0.9m | 个 | 2 | 安装时底部齐门上口 |
| 7 | LEB | 局部等电位联结端子盒 | TD28 | 个 | 5 | 安装时顶部距地300mm |
| 8 | | 双联二三极暗装插座 | 86型暗装 | 个 | 9 | 安装时底部距地400mm |
| 9 | | 空调插座 | 86型暗装 | 个 | 3 | 安装时底部距地1800mm |
| 10 | | 双联开关 | 86型暗装 | 个 | 1 | 安装时底部距地1400mm |
| 11 | | 开关 | 86型暗装 | 个 | 8 | 安装时底部距地1400mm |
| 12 | | 新风机 | | 台 | 1 | 待风管安装好后确定安装高度 |
| 13 | | 采暖炉 | 贝雷塔板换机 | 台 | 1 | 安装时底部距地1500mm |

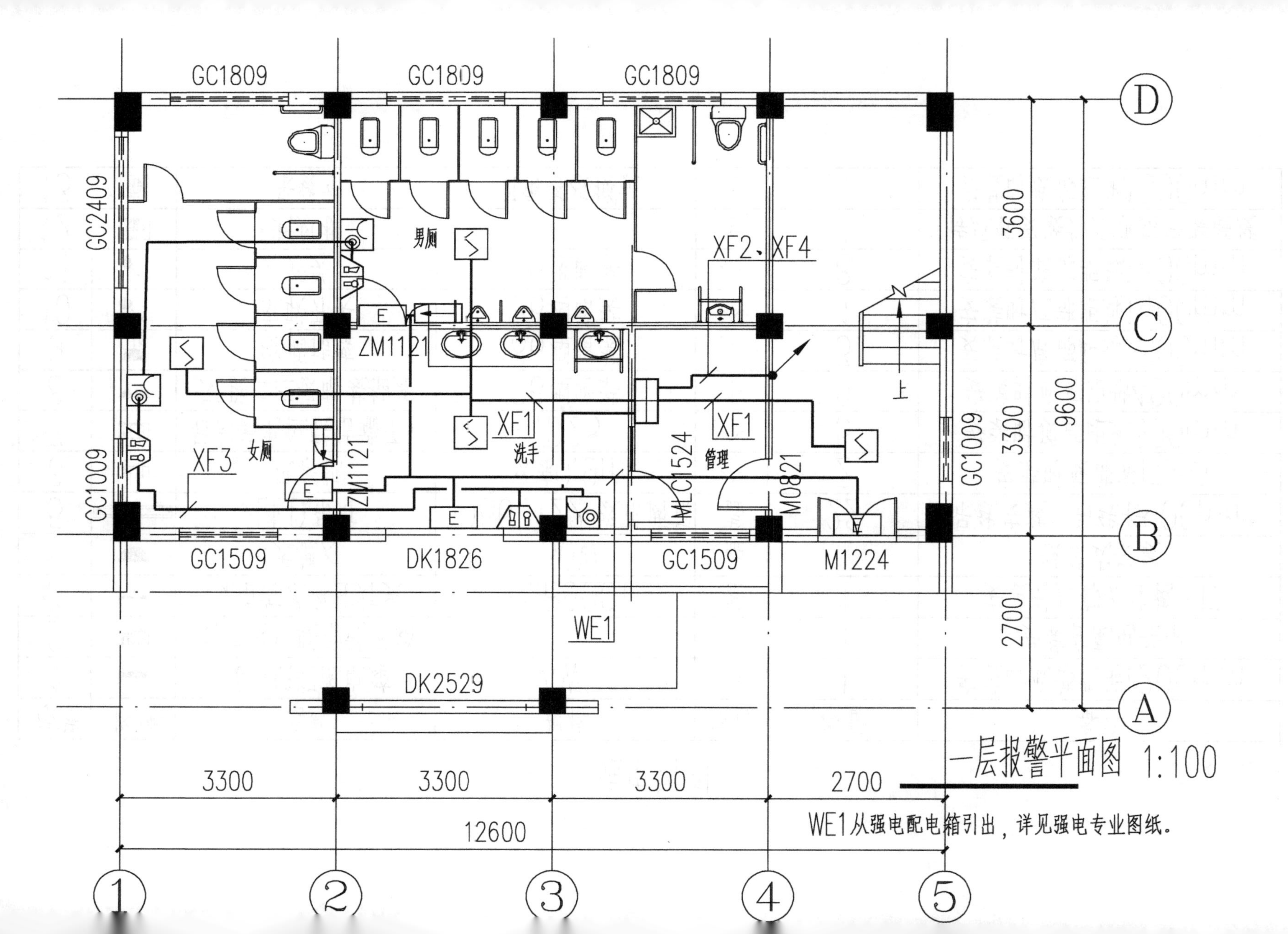


一层报警平面图 1:100

WE1从强电配电箱引出，详见强电专业图纸。

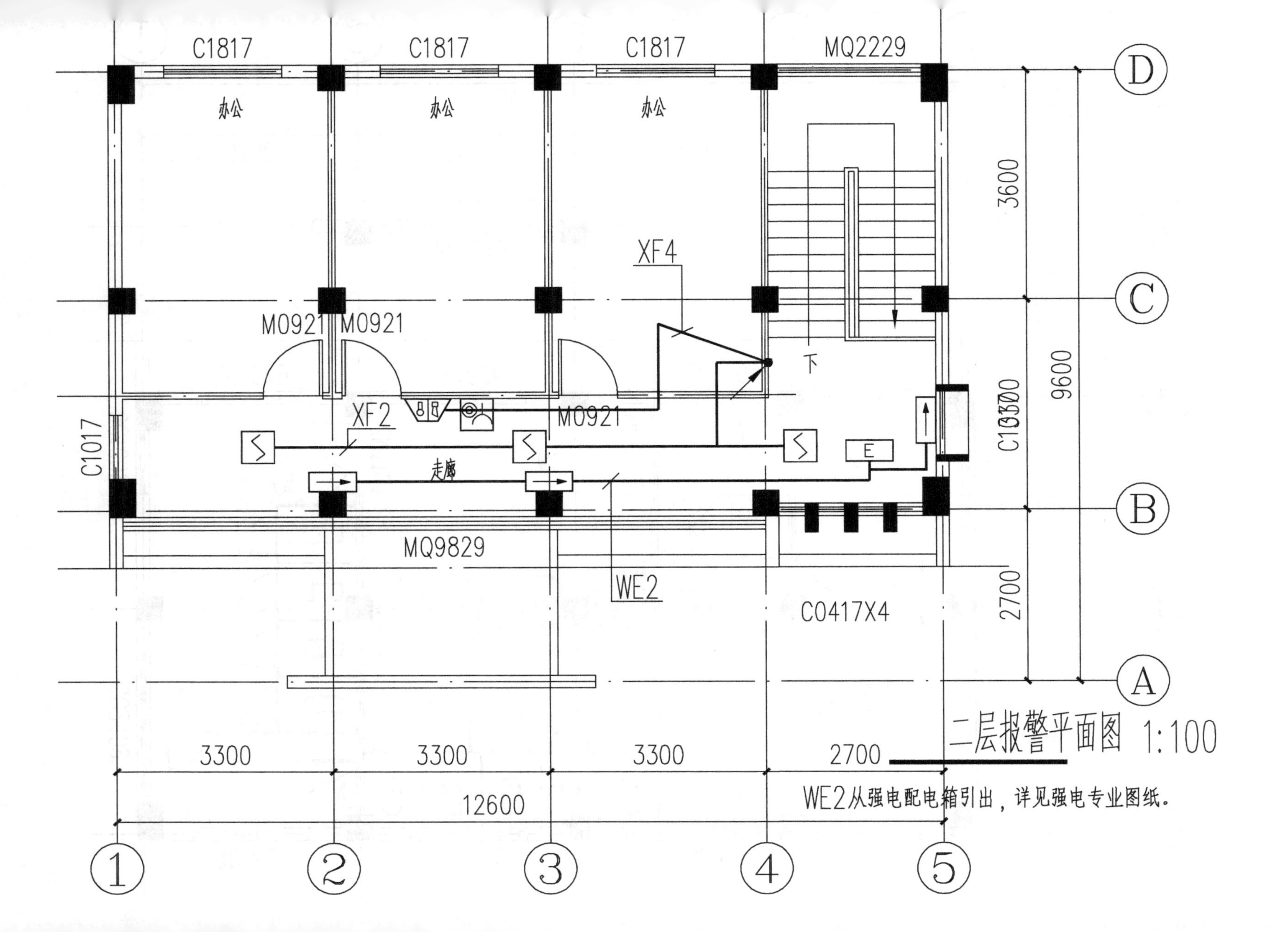


二层报警平面图 1:100

WE2从强电配电箱引出，详见强电专业图纸。

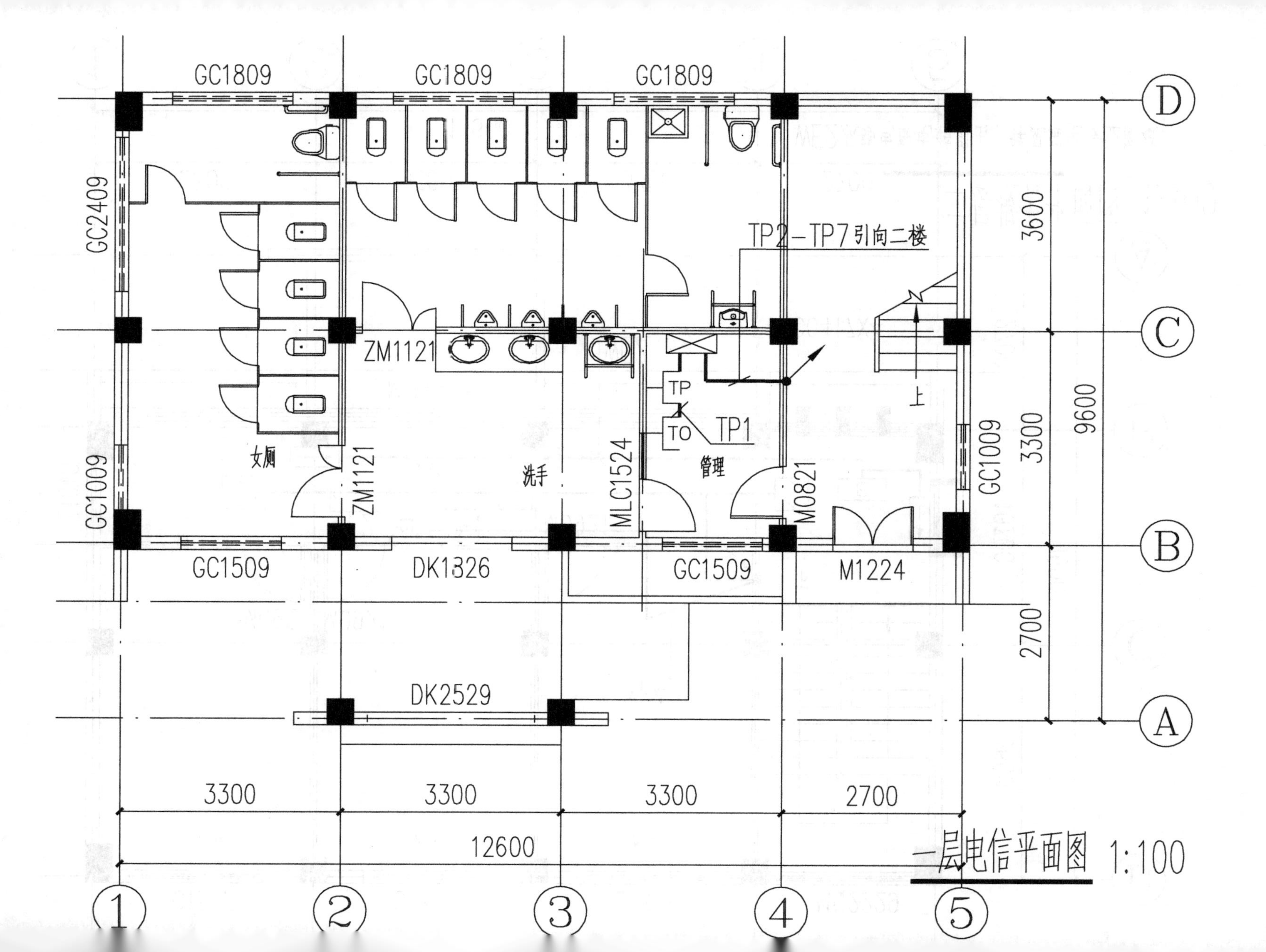


一层电信平面图 1:100

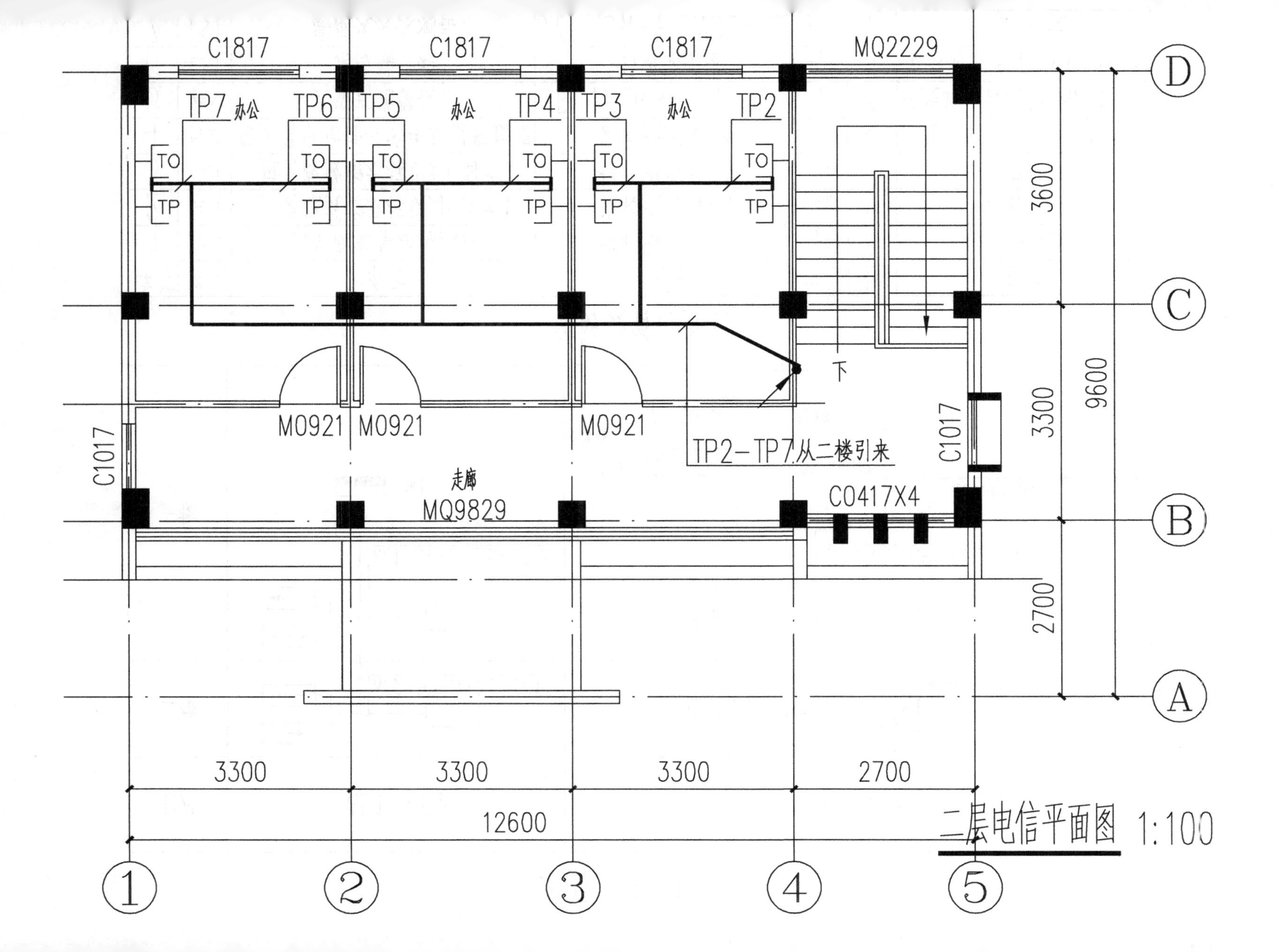


二层电信平面图 1:100

## 消防竖向系统图

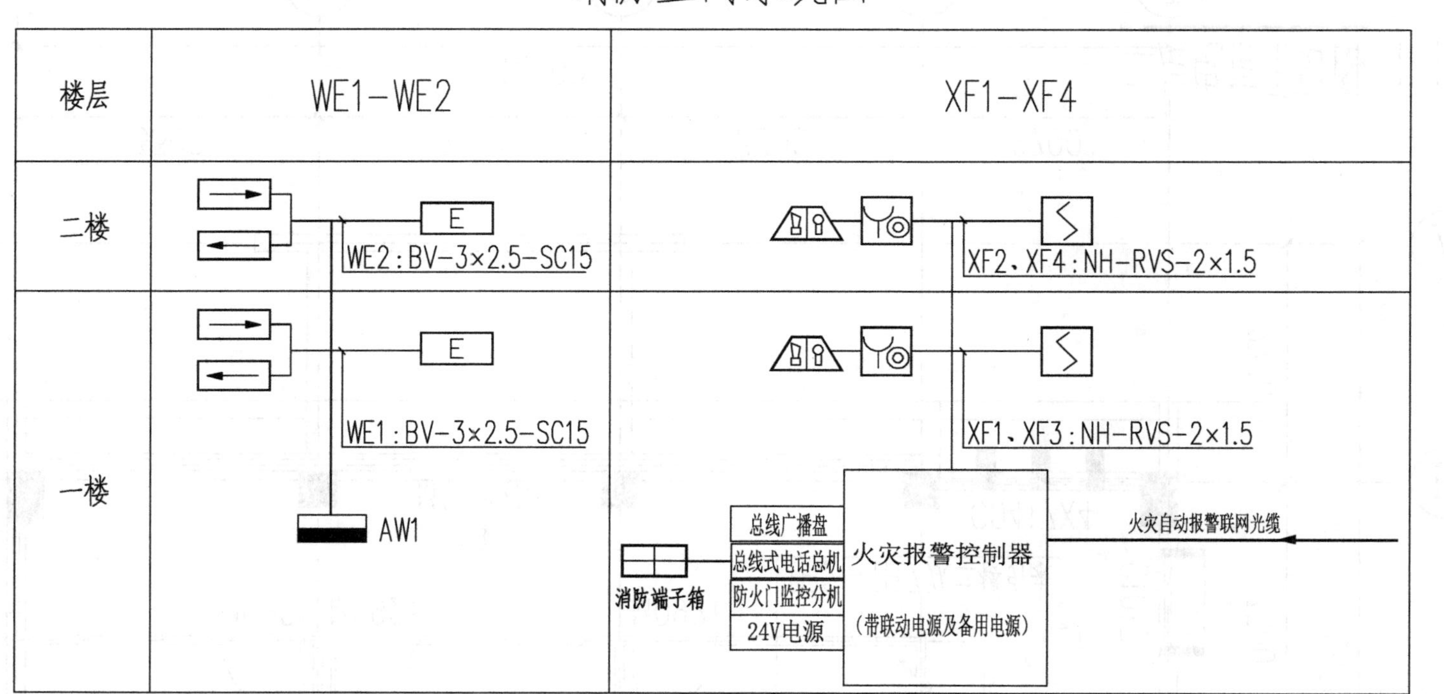


## 消防设备一览表

| 序号 | 图例 | 名称 | 规格 | 单位 | 数量 | 备注 |
|---|---|---|---|---|---|---|
| 1 | E | 应急疏散指示标志灯 | 谋福8078-1 | 盏 | 5 | 顶部吊装 |
| 2 | ← | 应急疏散指示标识灯(向左) | 谋福8078-1 | 盏 | 2 | 顶部吊装 |
| 3 | → | 应急疏散指示标识灯(向右) | 谋福8078-1 | 盏 | 3 | 顶部吊装 |
| 4 |  | 带火警电话插孔的手动报警按钮 | 公牛86型暗装 | 个 | 4 | 安装时底部距地1400mm |
| 5 |  | 火灾声光警报器 | DLTXCN DL-190S | 个 | 4 | 安装时底部距地1800mm |
| 6 |  | 消防端子箱 | 20对端子排 | 个 | 1 | 安装时底部距地900mm |
| 7 |  | 感烟火灾探测器 | JYT-GW-PEW001/B | 个 | 7 | 吸顶安装 |

# 电信竖向系统图

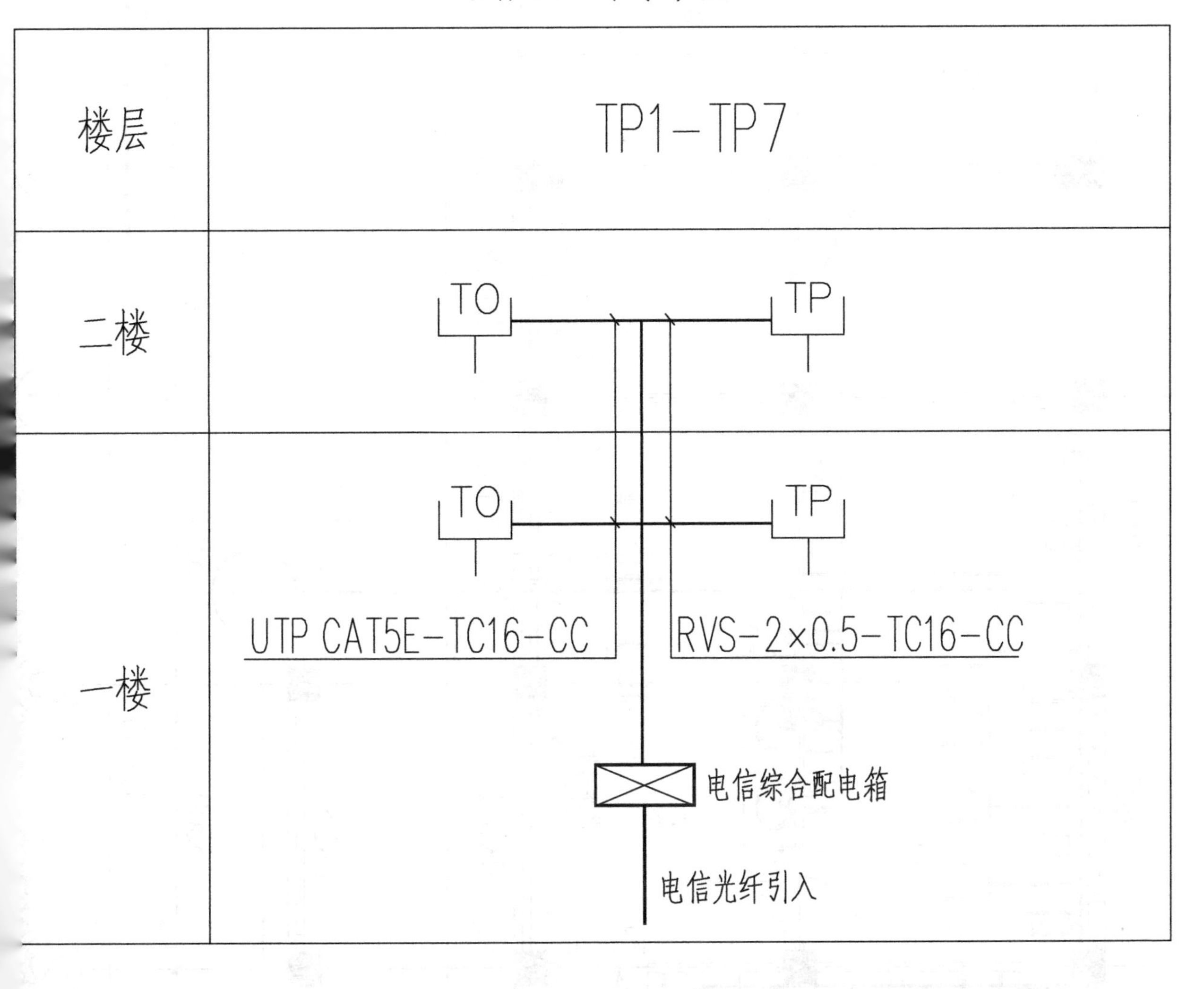


## 电信设备一览表

| 序号 | 图例 | 名称 | 规格 | 单位 | 数量 | 备注 |
|---|---|---|---|---|---|---|
| 1 | ⊠ | 电信综合配电箱 | 施耐德10U | 台 | 1 | 安装时底部距地900mm |
| 2 | TP | 电话插座 | 86型暗装 | 个 | 7 | 安装时底部距地400mm |
| 3 | TO | 信息插座 | 86型暗装 | 个 | 7 | 安装时底部距地400mm |

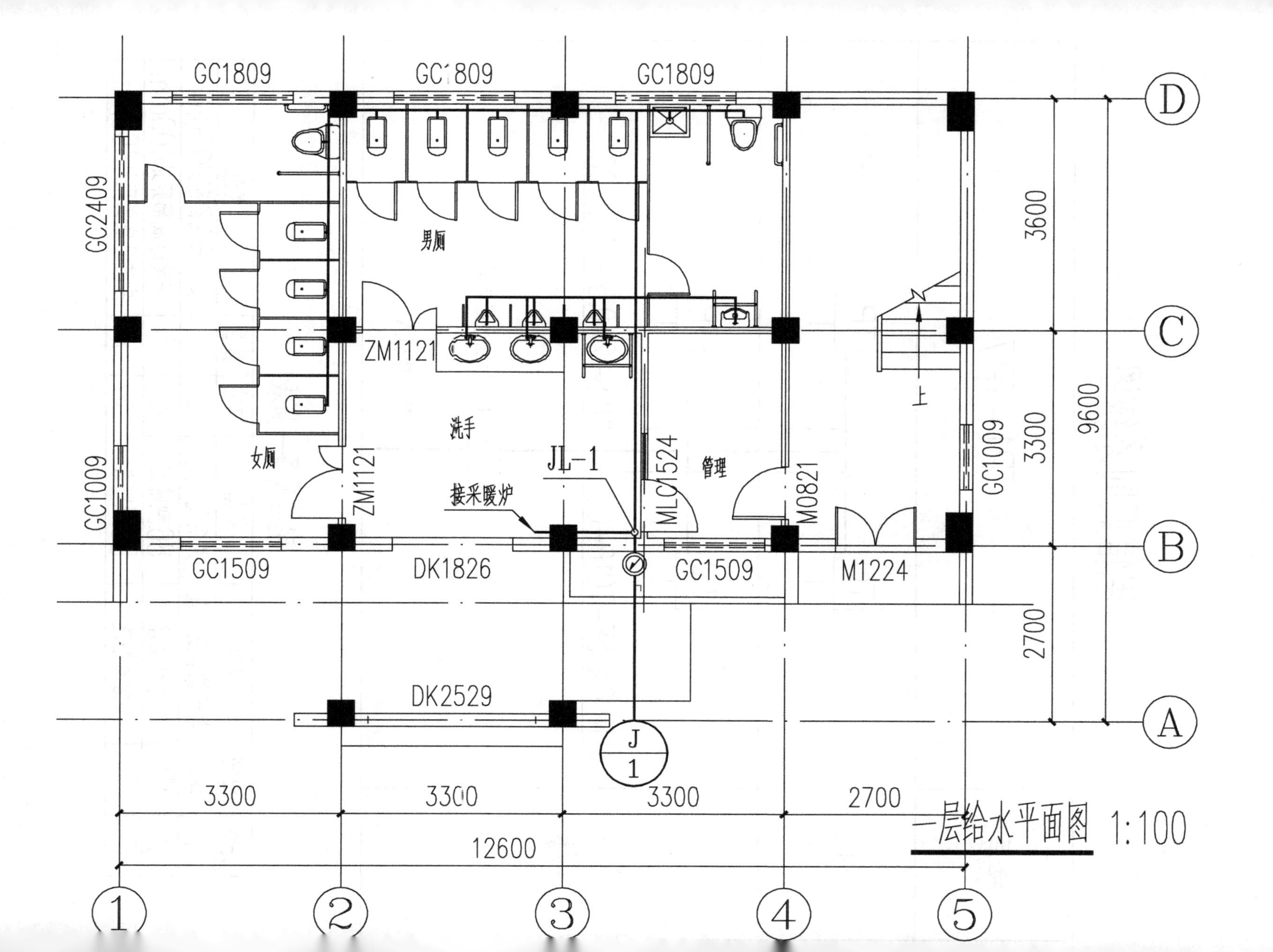
GC1809
GC1809
GC1809
GC2409
GC1009
男厕
女厕
洗手
管理
ZM1121
ZM1121
JL-1
接采暖炉
MLC1524
M0821
GC1009
上
GC1509
DK1826
GC1509
M1224
DK2529
J
1
3600
3300
2700
9600
3300
3300
3300
2700
12600
D
C
B
A
1
2
3
4
5
一层给水平面图 1:100

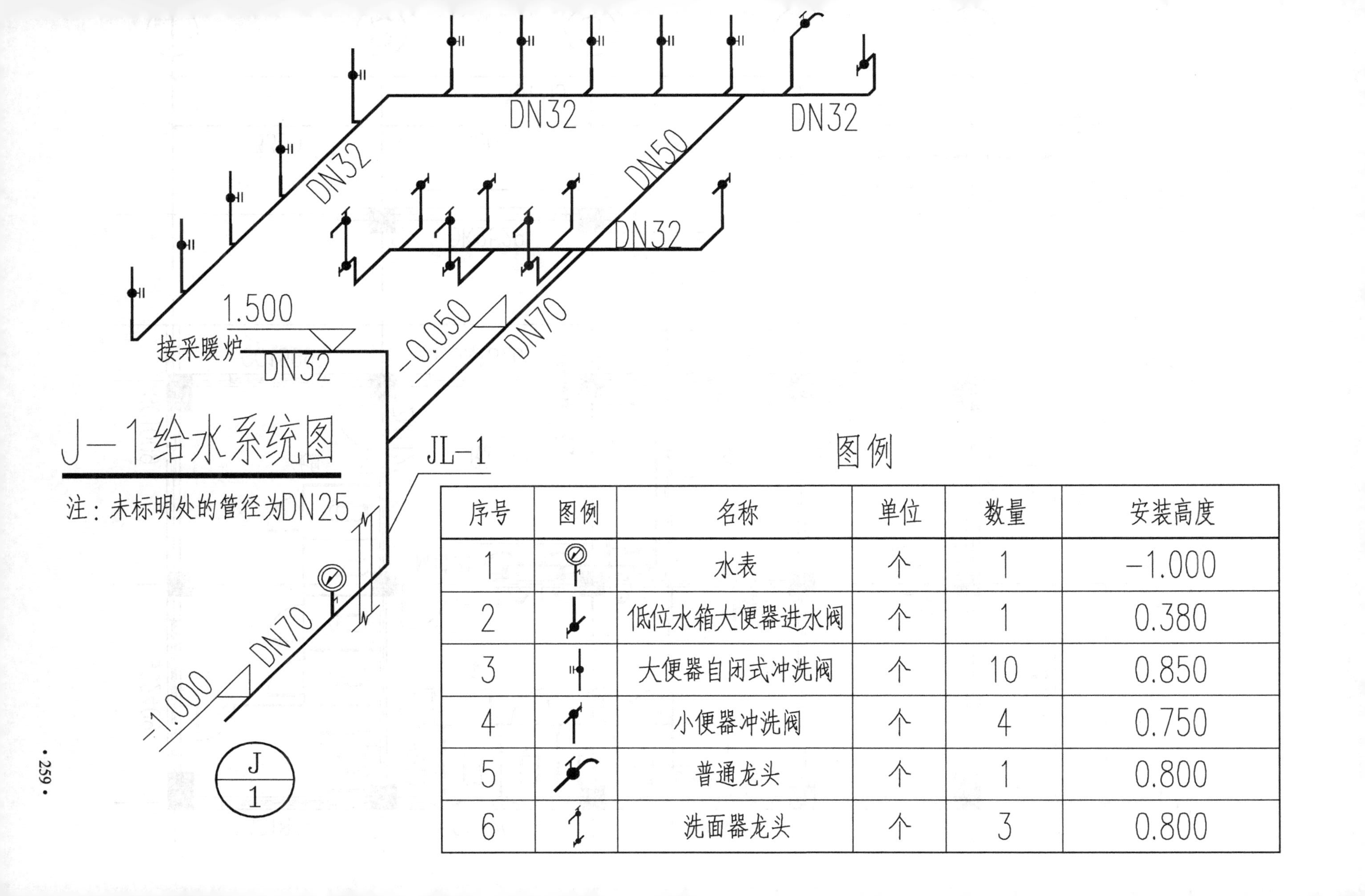


J—1给水系统图

注：未标明处的管径为DN25

图例

| 序号 | 图例 | 名称 | 单位 | 数量 | 安装高度 |
|---|---|---|---|---|---|
| 1 |  | 水表 | 个 | 1 | −1.000 |
| 2 |  | 低位水箱大便器进水阀 | 个 | 1 | 0.380 |
| 3 |  | 大便器自闭式冲洗阀 | 个 | 10 | 0.850 |
| 4 |  | 小便器冲洗阀 | 个 | 4 | 0.750 |
| 5 |  | 普通龙头 | 个 | 1 | 0.800 |
| 6 |  | 洗面器龙头 | 个 | 3 | 0.800 |

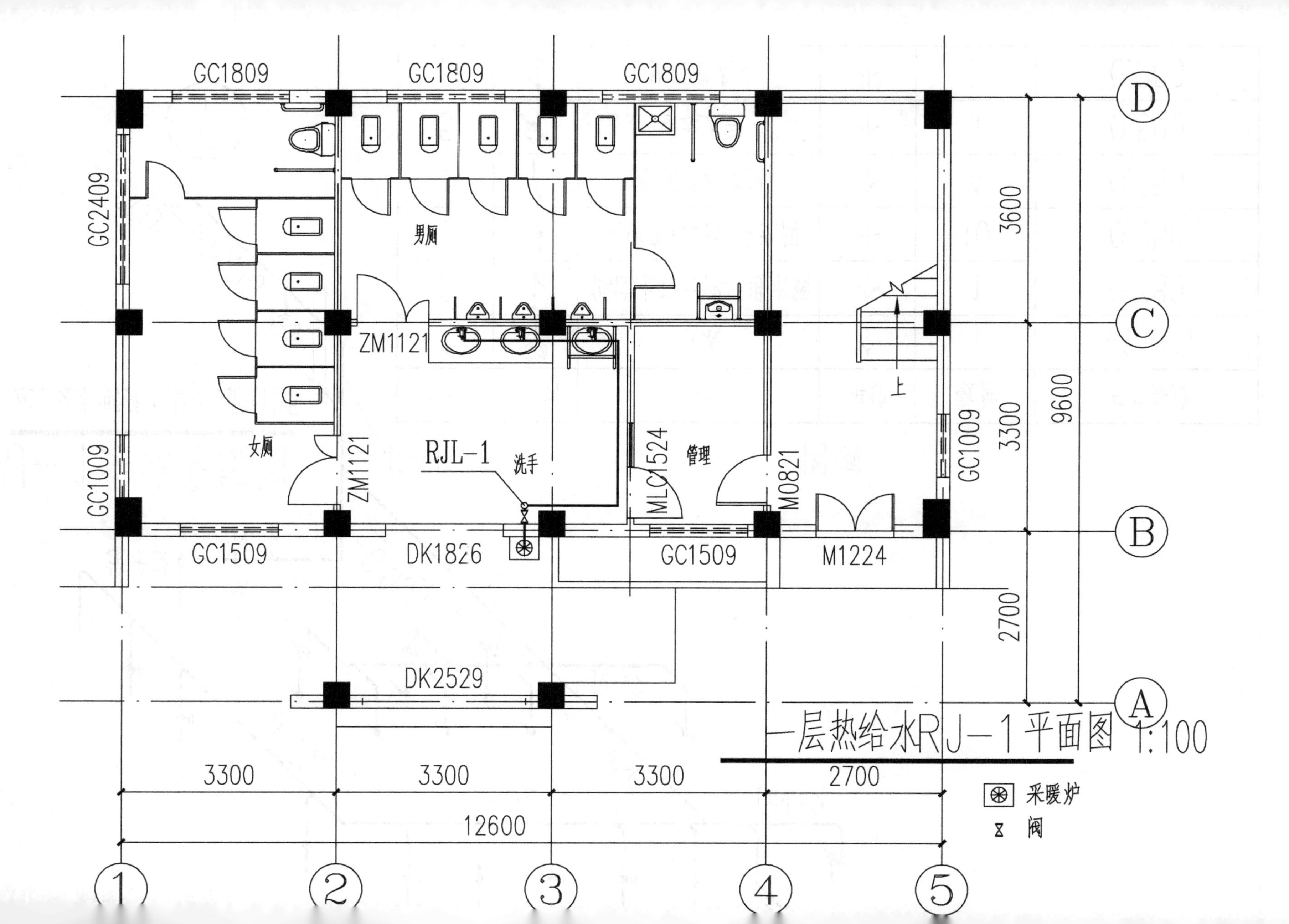
GC1809
GC1809
GC1809
D
GC2409
男厕
3600
C
ZM1121
上
9600
女厕
ZM1121
RJL-1
洗手
MLC1524
管理
M0821
GC1009
3300
GC1009
B
GC1509
DK1826
GC1509
M1224
2700
DK2529
A
一层热给水RJ-1平面图 1:100
3300
3300
3300
2700
采暖炉
阀
12600
1
2
3
4
5

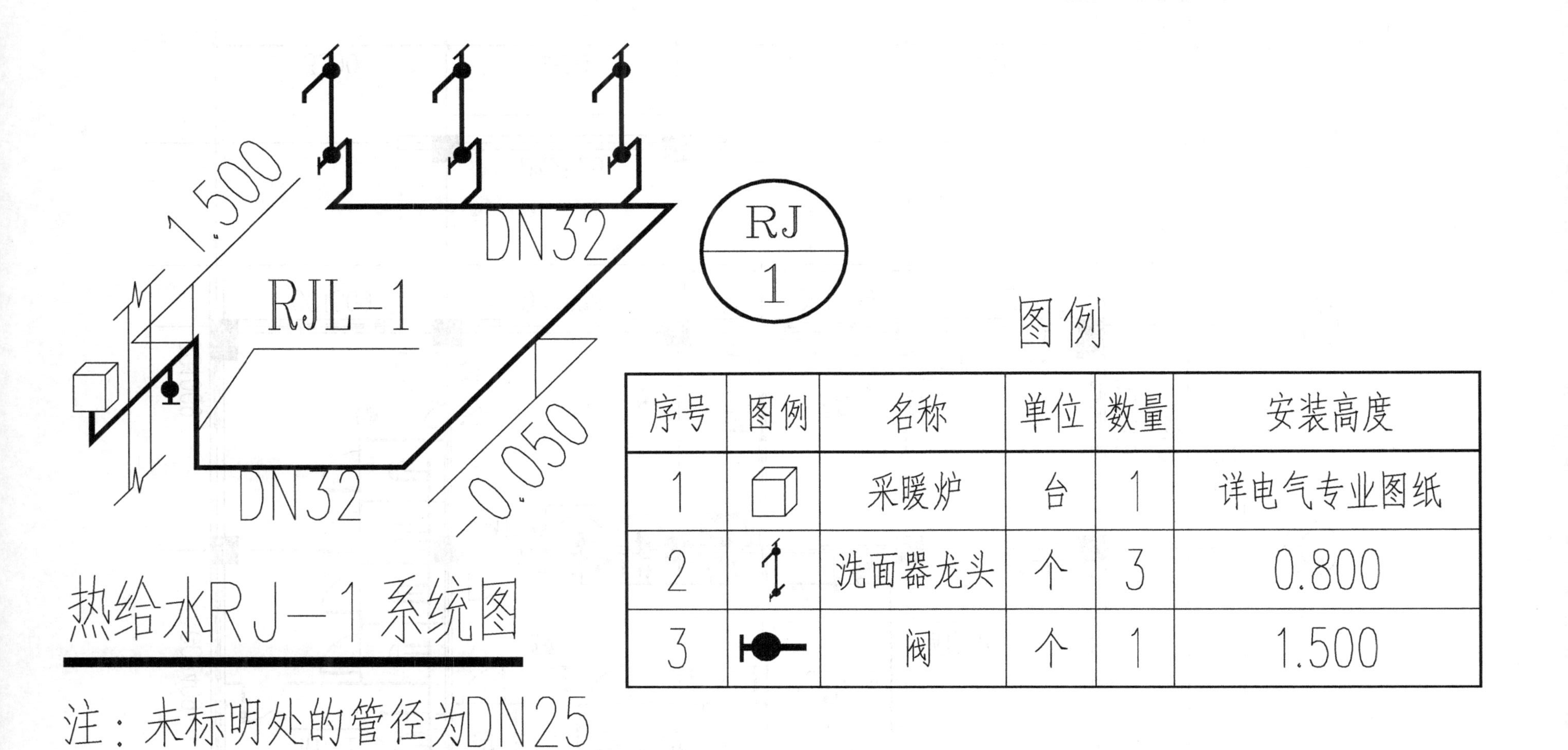


热给水RJ-1系统图

注：未标明处的管径为DN25

图例

| 序号 | 图例 | 名称 | 单位 | 数量 | 安装高度 |
|---|---|---|---|---|---|
| 1 | | 采暖炉 | 台 | 1 | 详电气专业图纸 |
| 2 | | 洗面器龙头 | 个 | 3 | 0.800 |
| 3 | | 阀 | 个 | 1 | 1.500 |

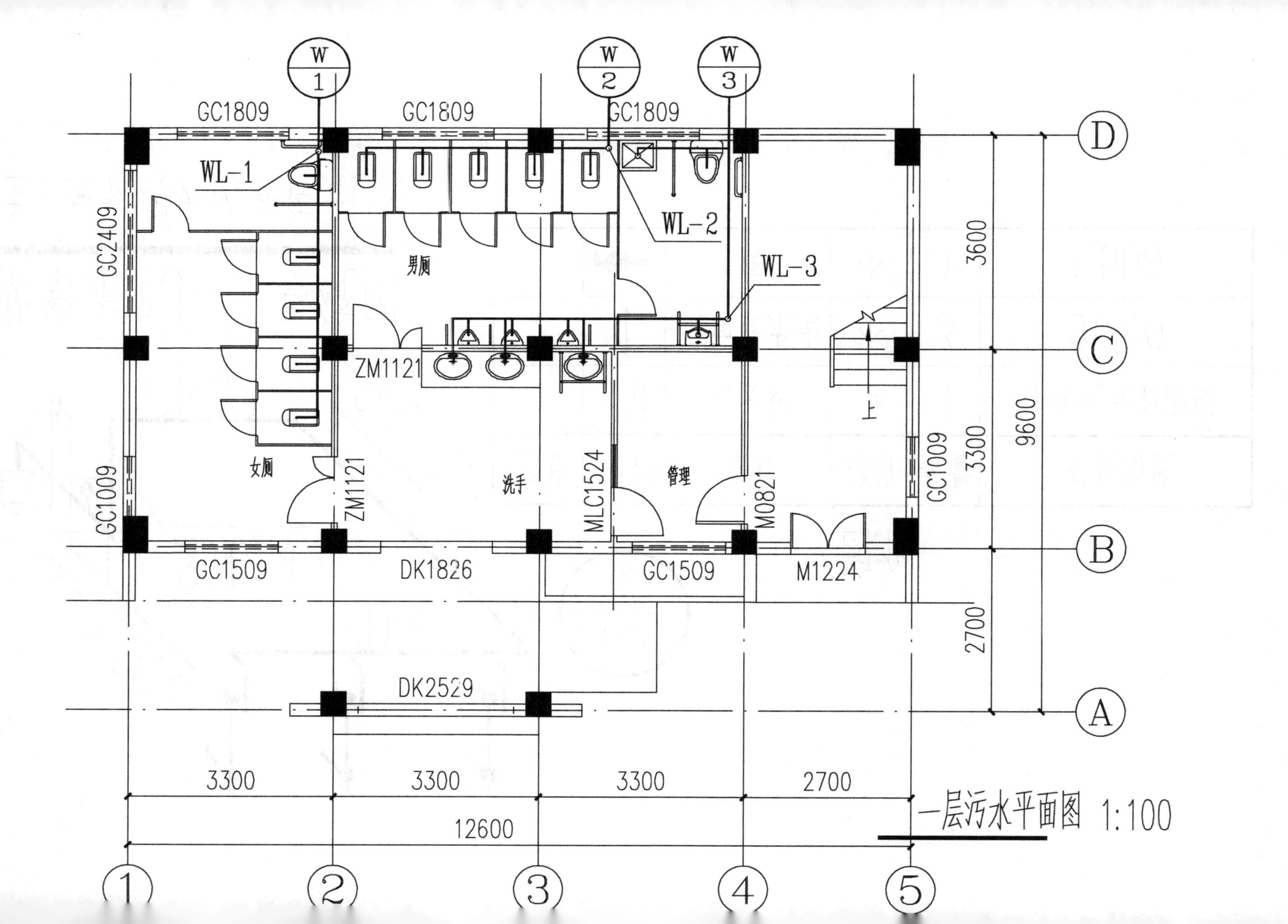


一层污水平面图 1:100

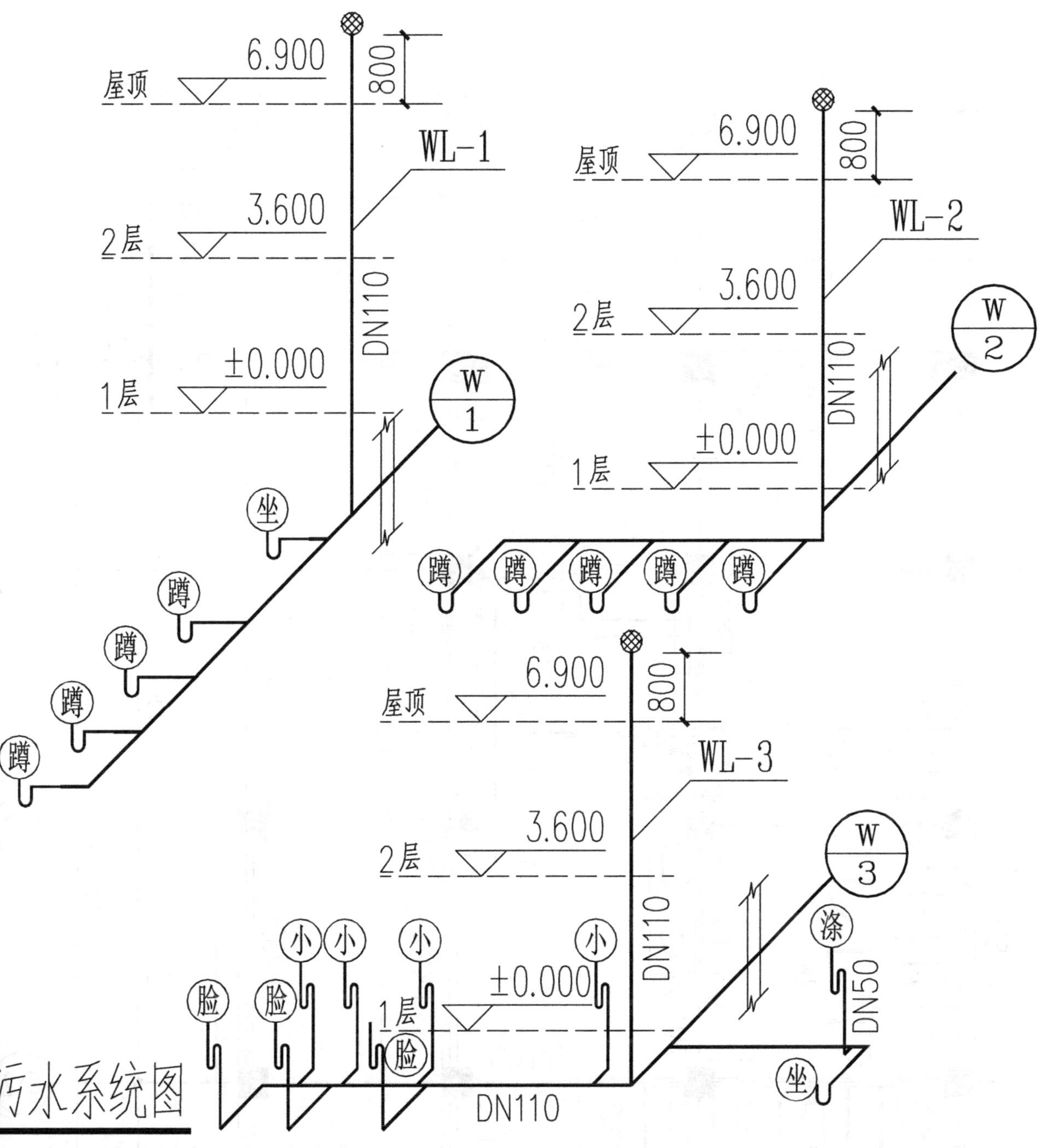


污水系统图

注：未标明的大便器处管径为DN110

未标明的小便器、洗脸盆处管径为DN50

## 图例

| 序号 | 图例 | 名称 | 单位 | 数量 | 安装高度 |
|---|---|---|---|---|---|
| 1 | | 存水弯（位于楼板上） | 个 | 6 | 0.400 |
| 2 | | 蹲便器存水弯 | 个 | 11 | −0.280 |
| 3 | | 通气帽 | 个 | 3 | 详系统图 |

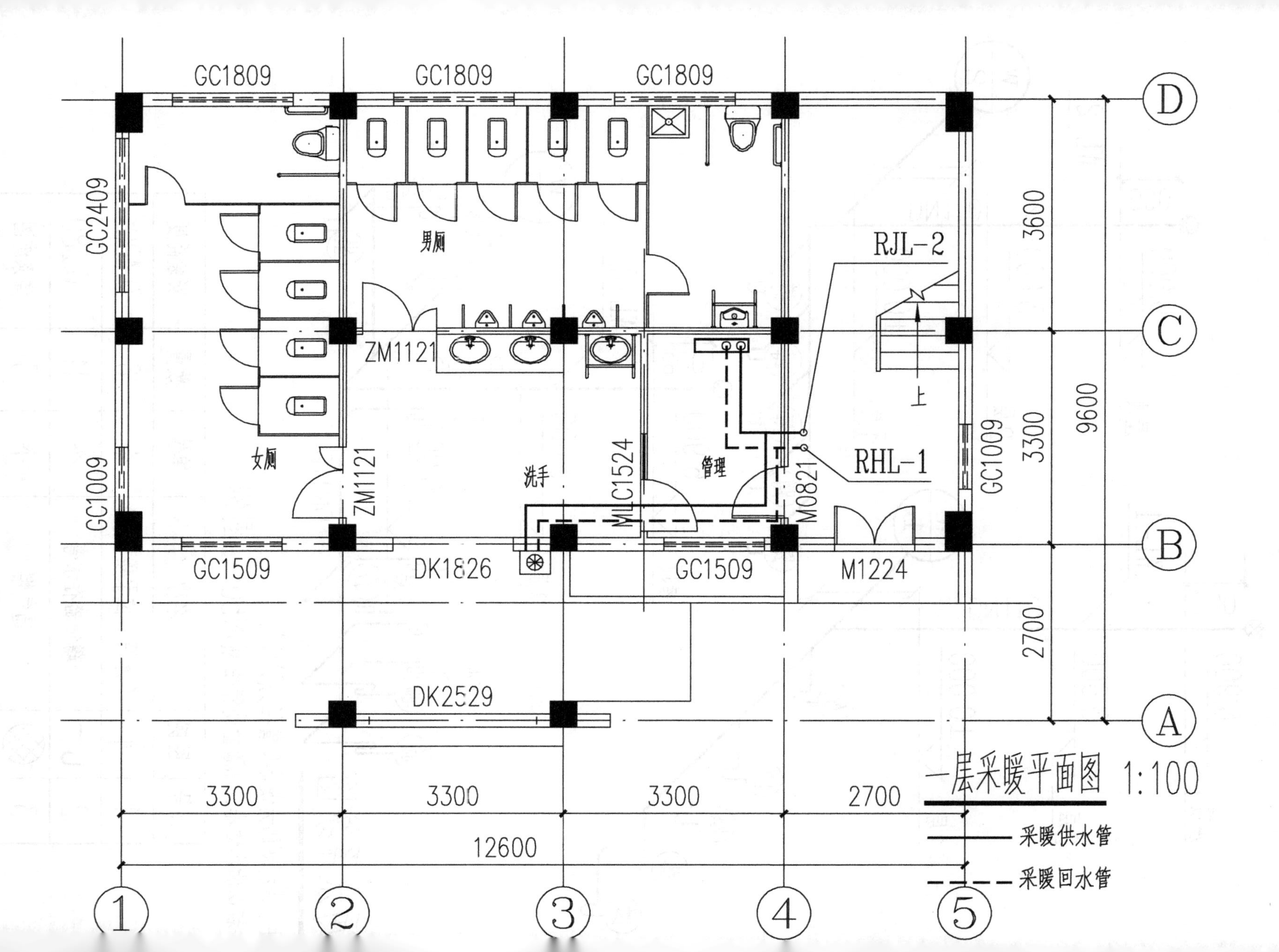

GC1809
GC1809
GC1809
GC2409
GC1009
GC1509
DK1826
GC1509
M1224
GC1009
ZM1121
ZM1121
MLC1524
M0821
男厕
女厕
洗手
管理
RJL-2
RHL-1
上
DK2529
D
C
B
A
3600
3300
2700
9600
3300
3300
3300
2700
12600
1
2
3
4
5
一层采暖平面图 1:100
采暖供水管
采暖回水管

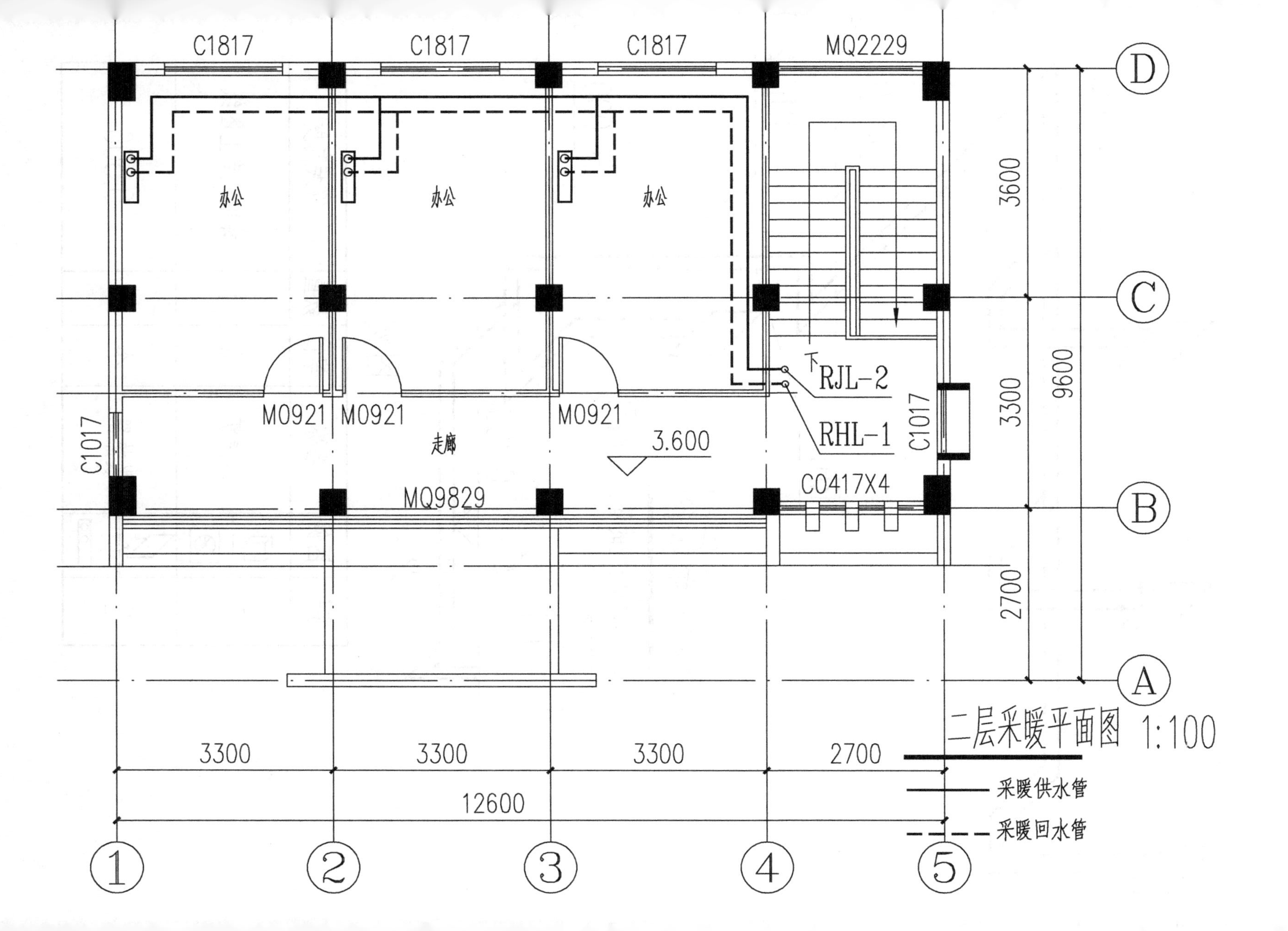

C1817
C1817
C1817
MQ2229
D
C
B
A
办公
办公
办公
3600
3300
9600
2700
下
RJL-2
RHL-1
C1017
C1017
M0921
M0921
M0921
走廊
3.600
C0417X4
MQ9829
二层采暖平面图 1:100
3300
3300
3300
2700
12600
采暖供水管
采暖回水管
1
2
3
4
5

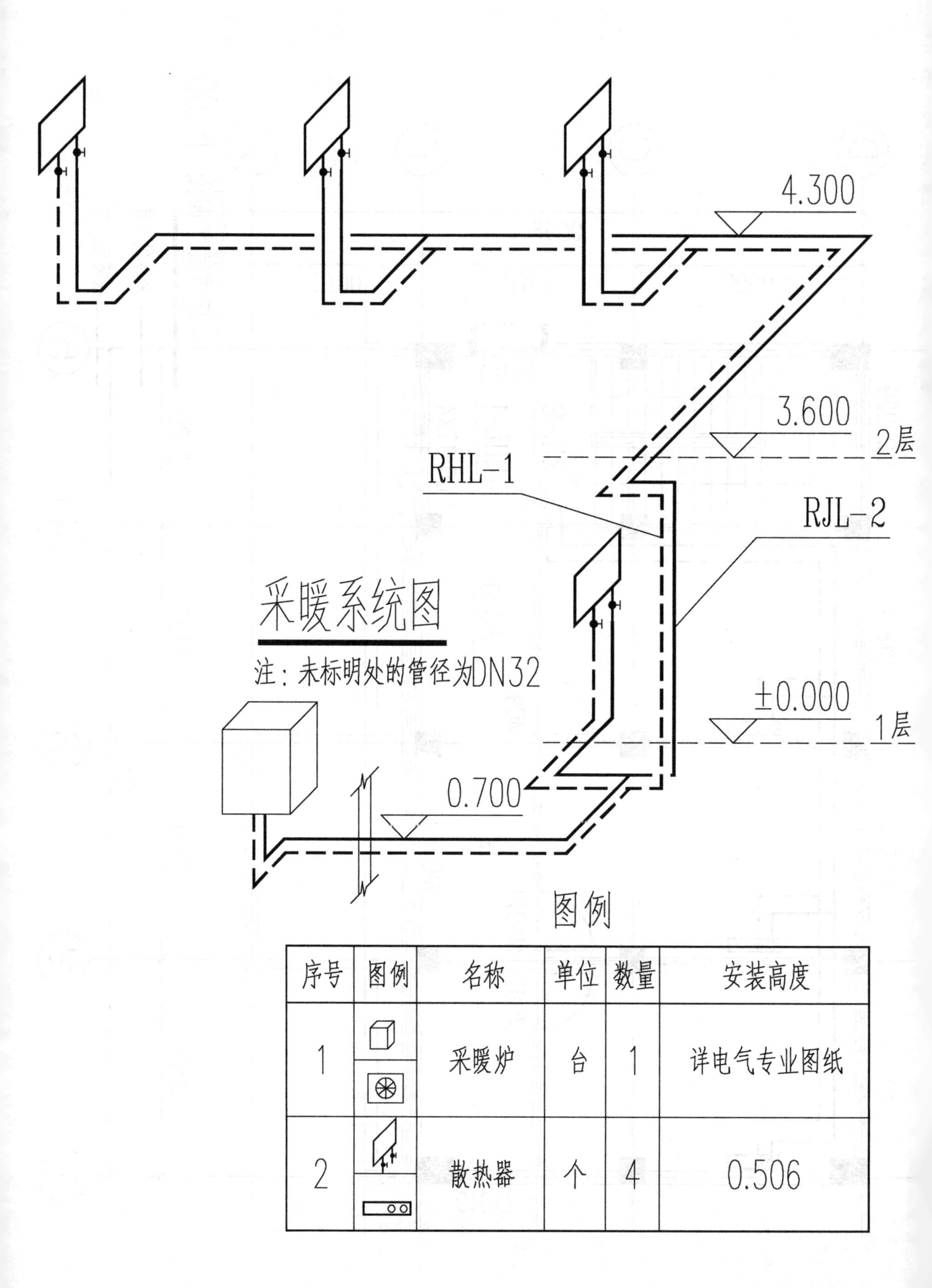


| 序号 | 图例 | 名称 | 单位 | 数量 | 安装高度 |
|---|---|---|---|---|---|
| 1 |  | 采暖炉 | 台 | 1 | 详电气专业图纸 |
| 2 |  | 散热器 | 个 | 4 | 0.506 |

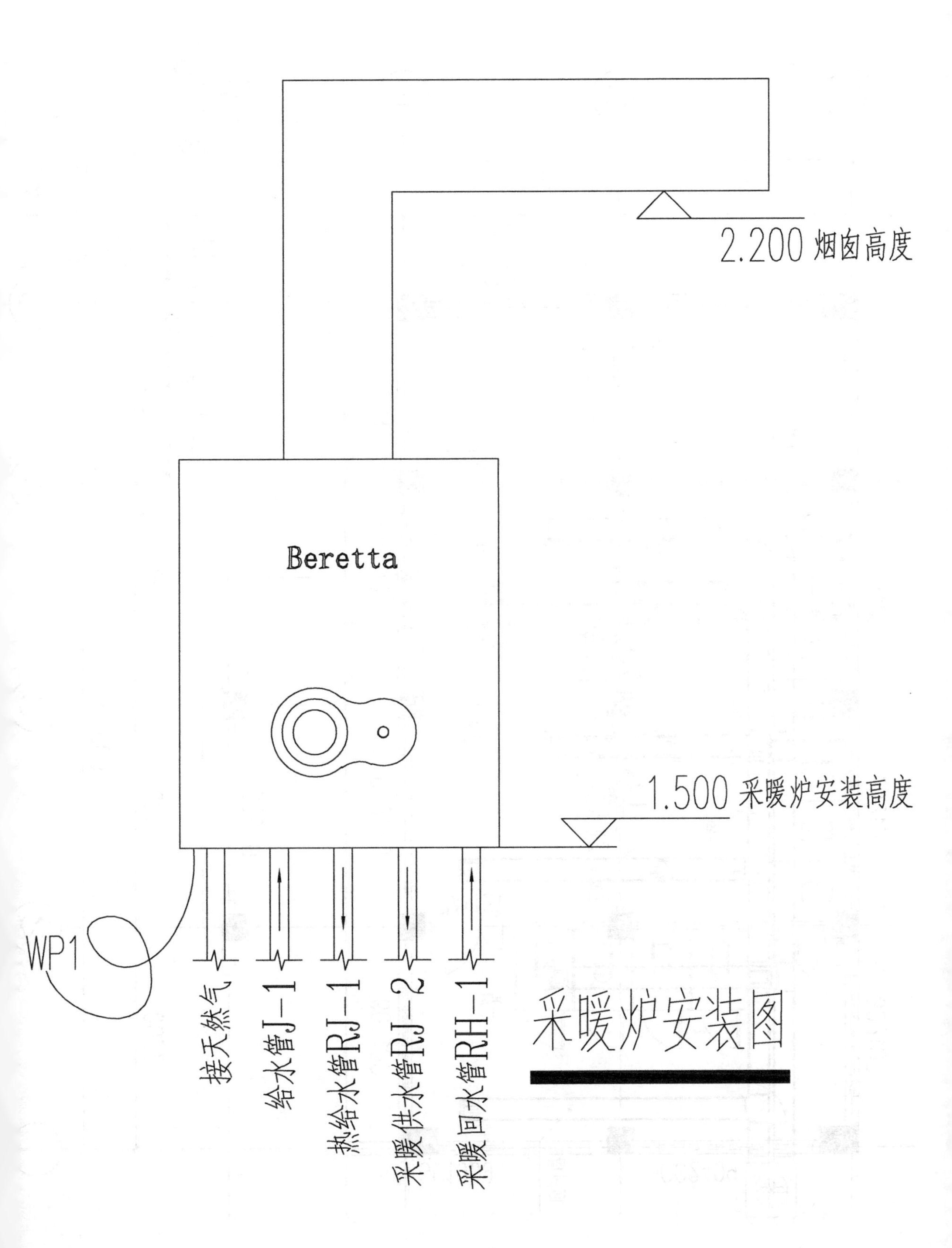
2.200 烟囱高度
Beretta
1.500 采暖炉安装高度
WP1
接天然气
给水管J−1
热给水管RJ−1
采暖供水管RJ−2
采暖回水管RH−1
采暖炉安装图

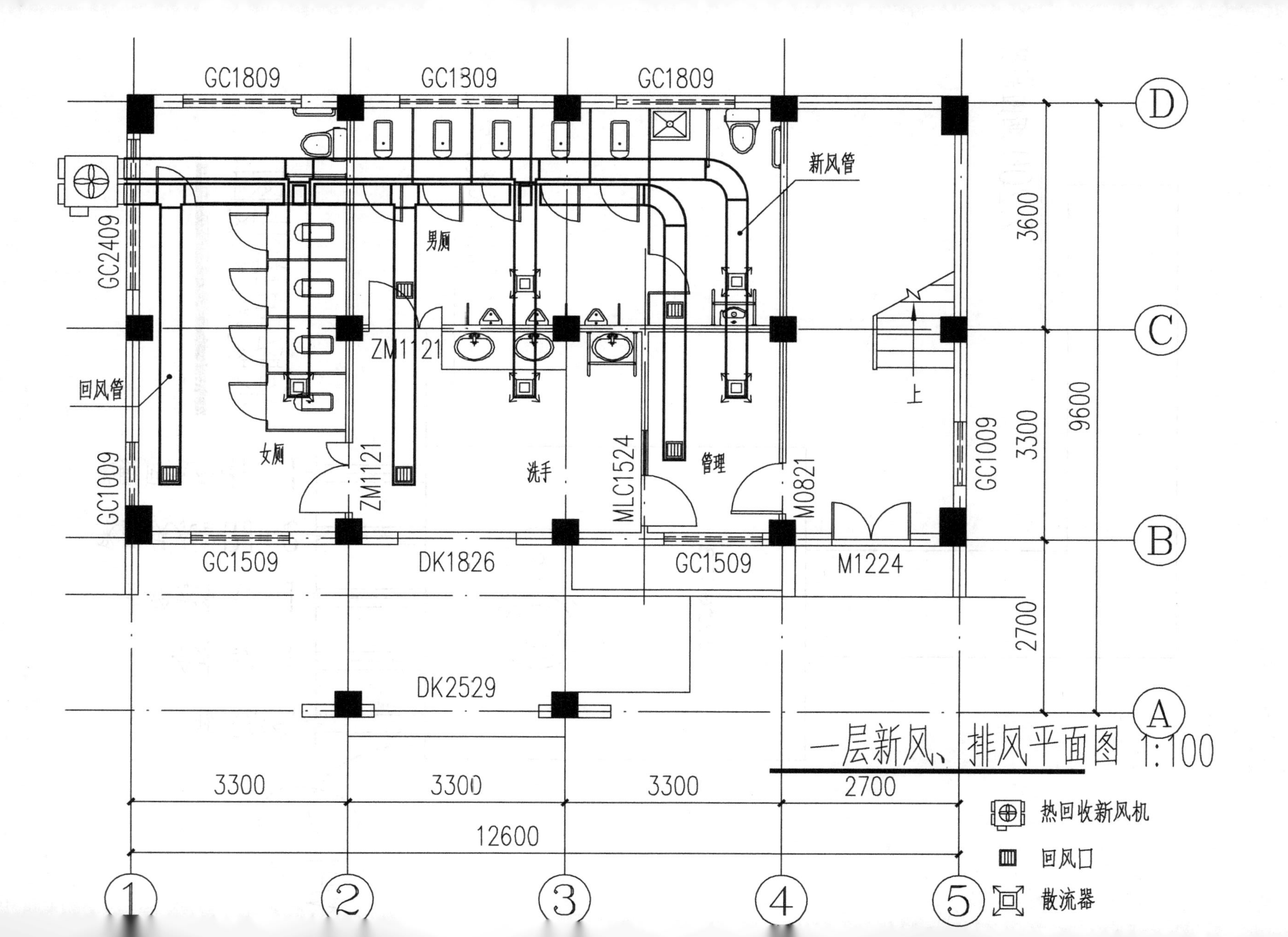

GC1809
GC1309
GC1809
新风管
GC2409
男厕
ZM1121
回风管
女厕
ZM1121
洗手
MLC1524
管理
M0821
GC1009
GC1009
上
GC1509
DK1826
GC1509
M1224
DK2529
一层新风、排风平面图 1:100
3600
3300
9600
2700
3300
3300
3300
2700
12600
热回收新风机
回风口
散流器
A
B
C
D
1
2
3
4
5

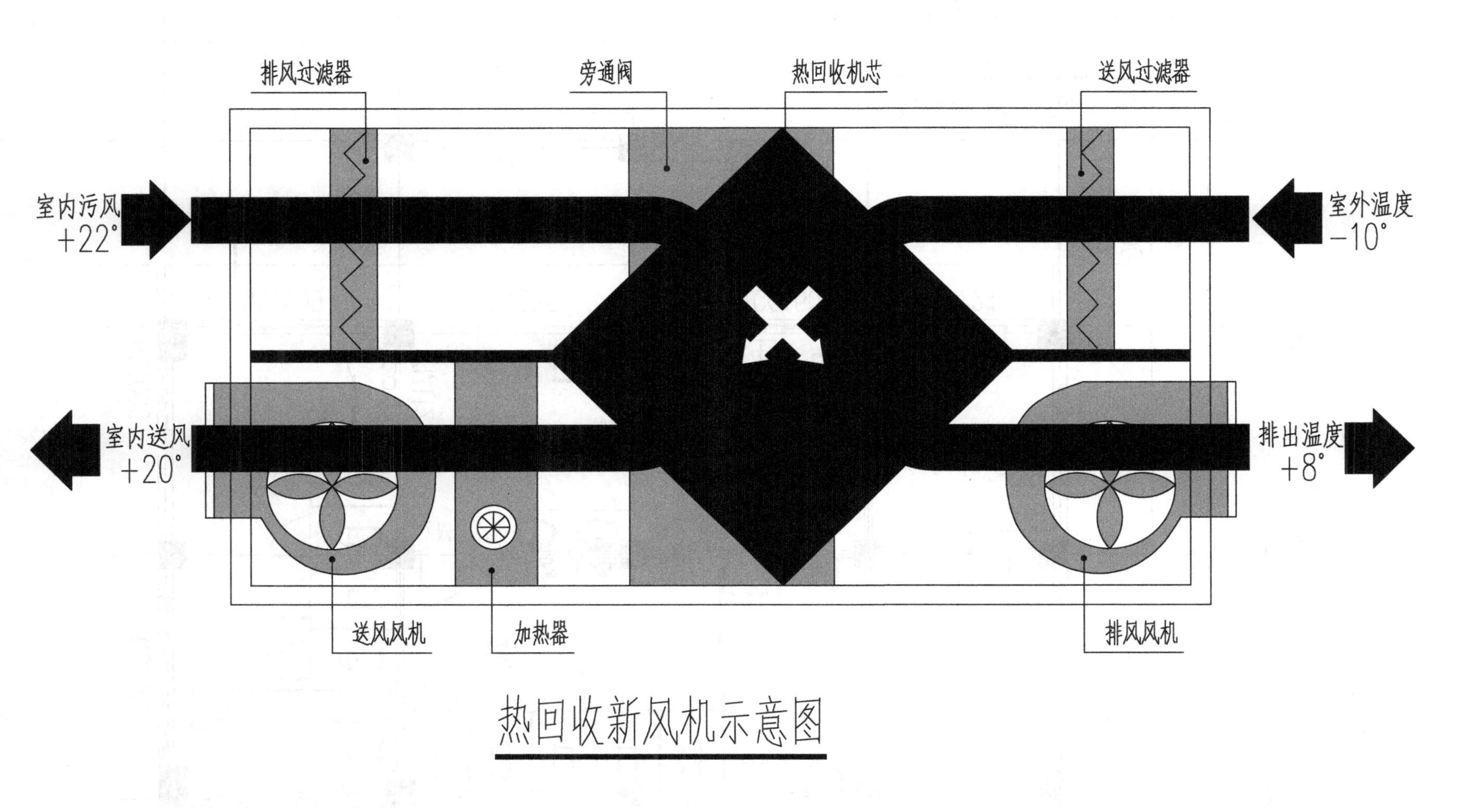
排风过滤器
旁通阀
热回收机芯
送风过滤器
室内污风
+22°
室外温度
-10°
室内送风
+20°
排出温度
+8°
送风风机
加热器
排风风机

热回收新风机示意图

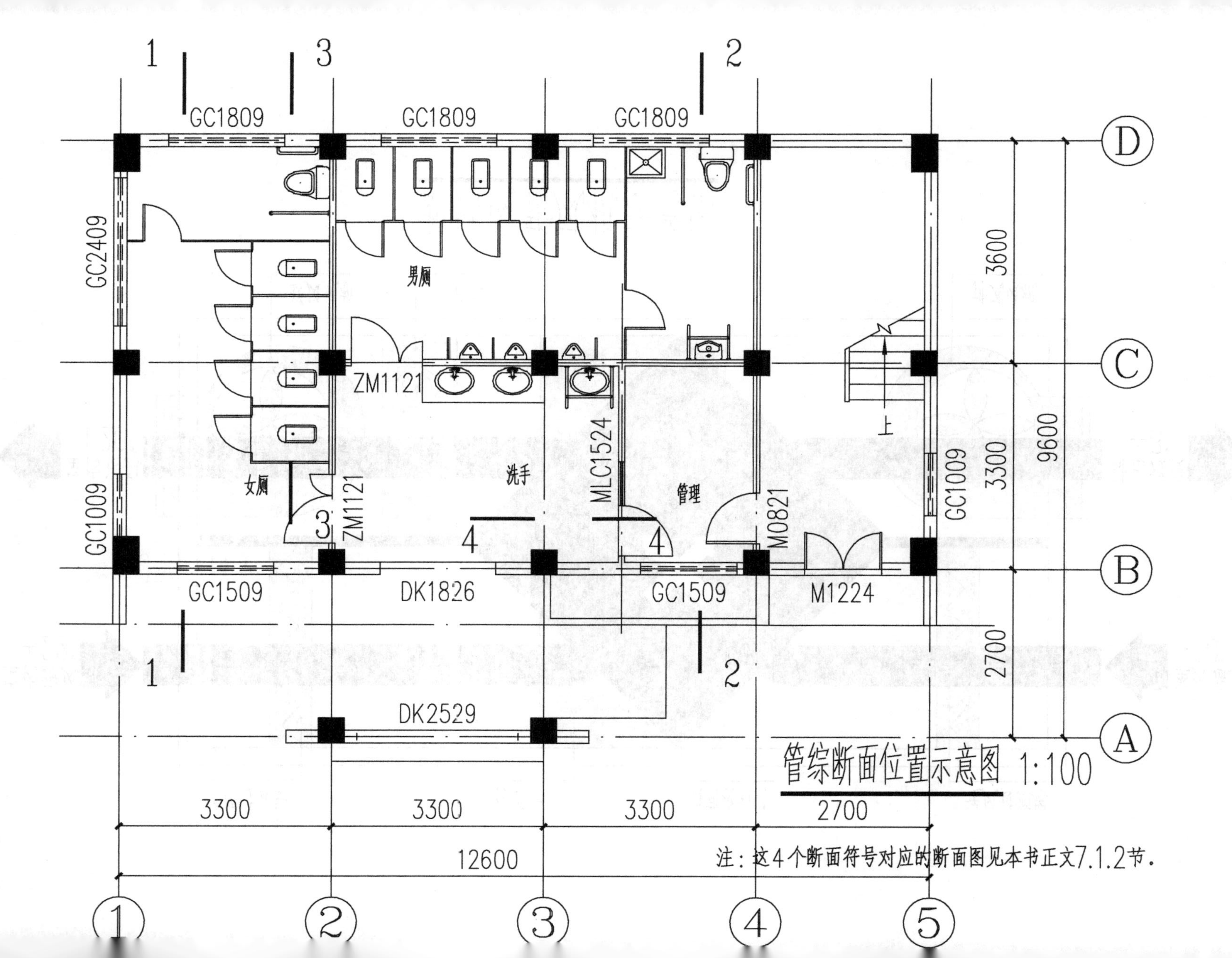


管综断面位置示意图 1:100

注：这4个断面符号对应的断面图见本书正文7.1.2节。

# 附录C　多屏显示器的设置与操作

从 Revit 2020 开始，软件支持多显示器功能，即一台计算机可以输出两台及两台以上的显示器。当然这不是所有计算机都可以实现的，要看所用计算机的显卡。例如笔者使用的 Quadro P4000 的显卡，就有 4 个 DP 口可以连接显示器，如图 C.1 所示。这款显卡可以支持 4 台显示器同时显示。

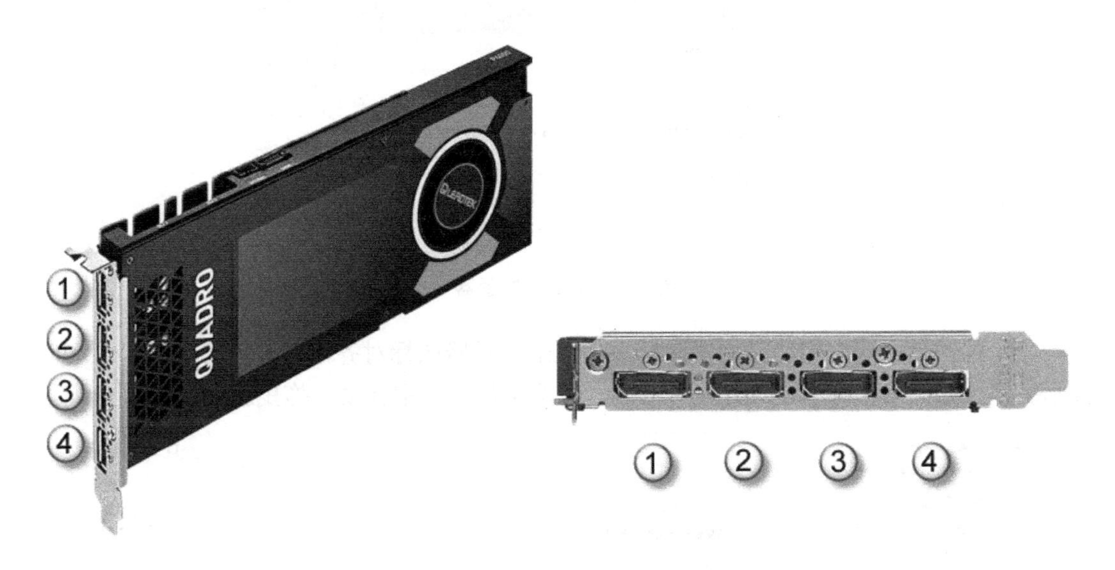


图 C.1　4 个 DP 口的显卡

并不是说显示器越多越好，因为连接的显示器多了，占桌面的位置就大了。三屏显示要使用两米长以上的桌子才行，因此笔者建议运行 Revit 的主机使用双显示器就够了。双屏幕基本上不用切换视口就可以流畅操作 Revit 了。下面以双屏幕为例，介绍多显示器的设置与操作。

（1）设置主显示器。双击“NVIDIA 控制面板”图标，在弹出的“NVIDIA 控制面板”窗口中选择“设置多个显示器”选项，右击需要作为主显示器的图标，选择“用作主要”命令，单击“应用”按钮，如图 C.2 所示。本例中双屏是以 2 号显示器为主显示器，1 号显示器为副显示器。

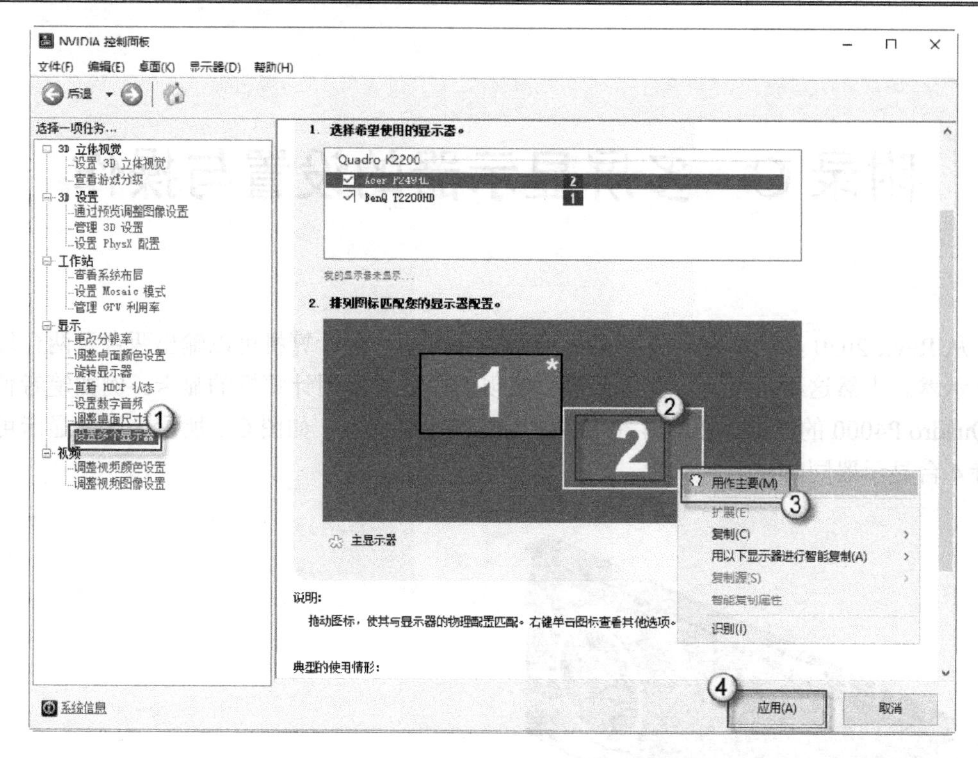


图 C.2 设置主显示器

（2）对齐显示器。拖动显示器图标，使两个显示器图标对齐，对齐后将出现“0，0”提示字样，如图 C.3 所示。对齐显示器后，在两个显示器中移动、拖曳就方便了。

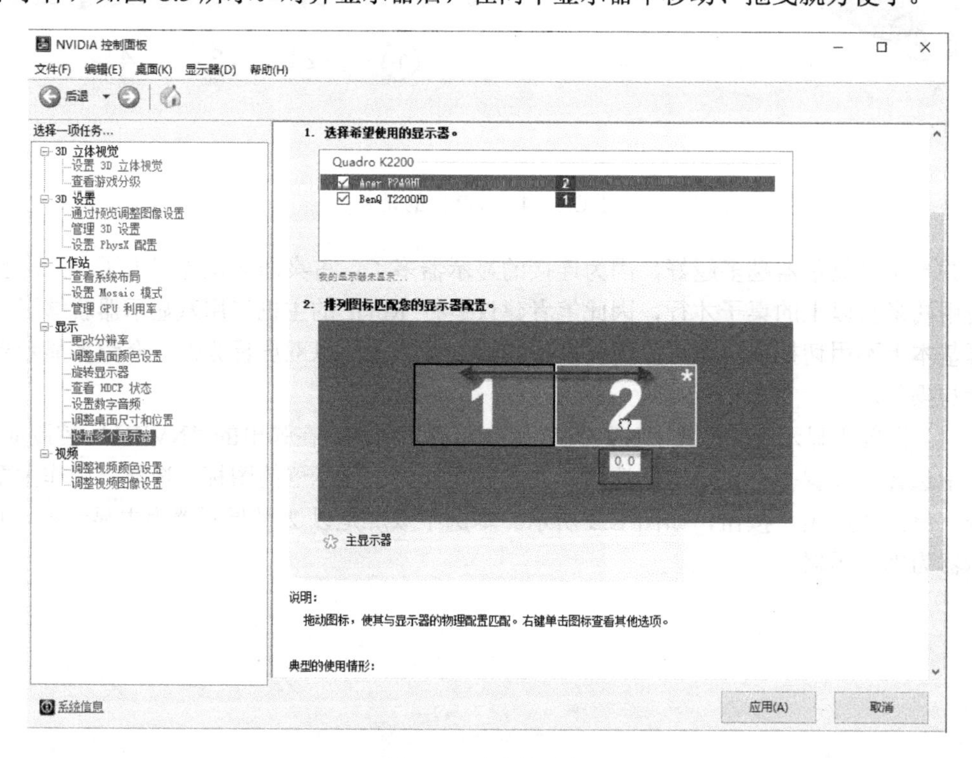


图 C.3 对齐显示器

（3）设置显示器的 Revit 视图类别。在主显示器中打开 Revit，将平面视图放置在主显示器上，如图 C.4 所示。打开三维视图或立面视图，将其拖曳至副显示器中，如图 C.5 和图 C.6 所示。

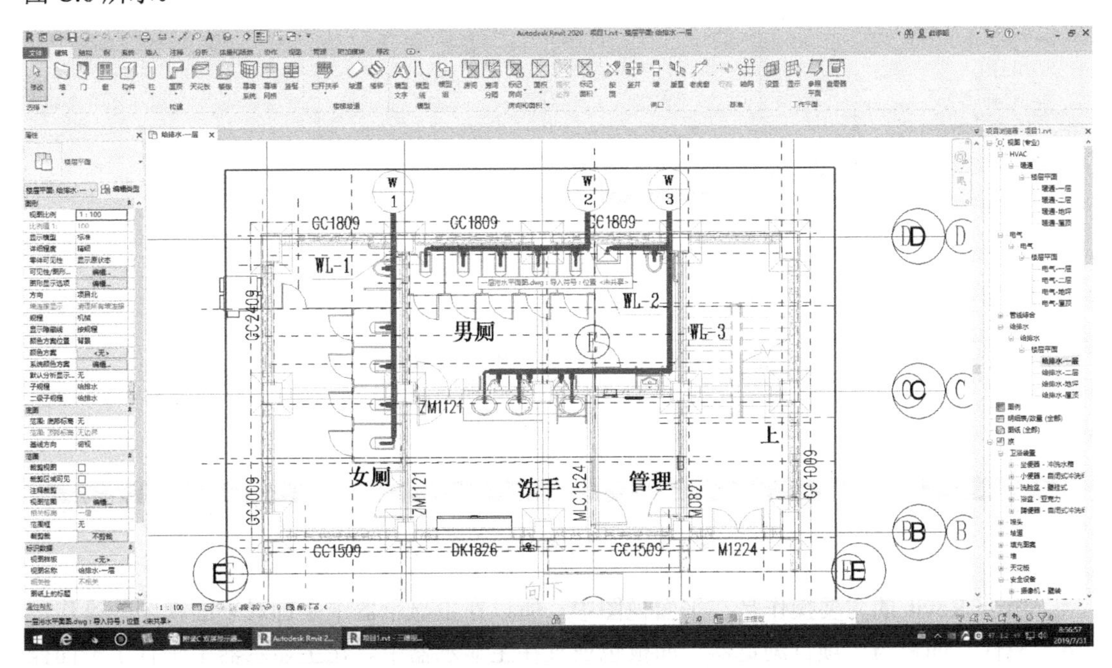


图 C.4　主显示器显示平面视图

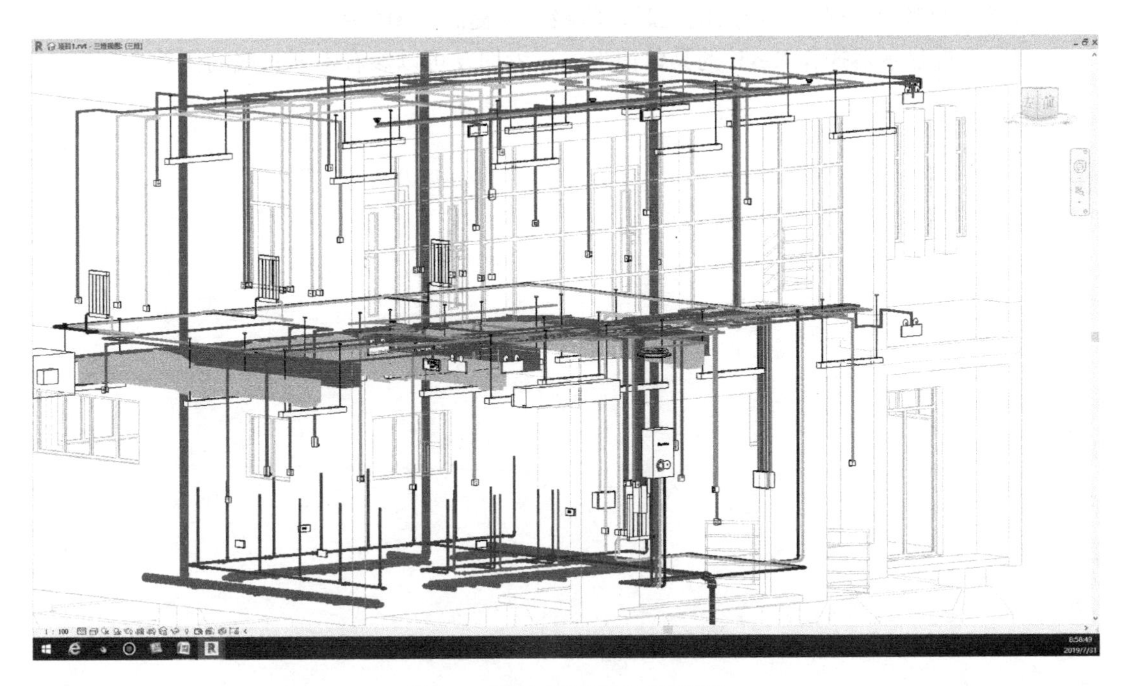

图 C.5　副显示器显示三维视图

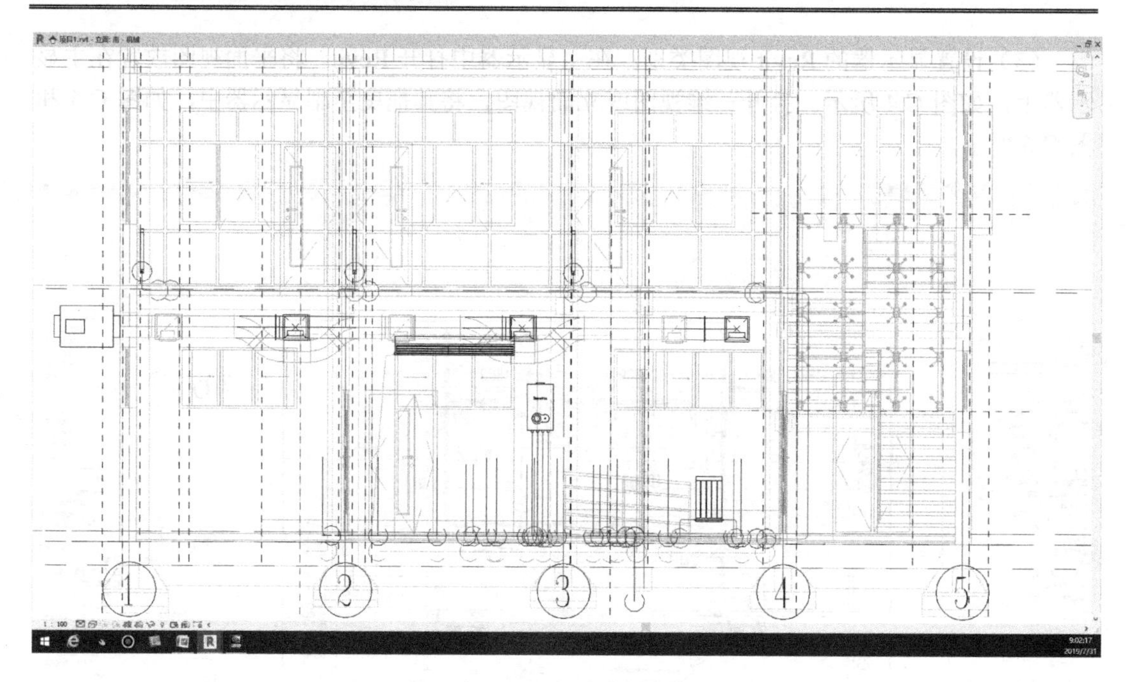


图 C.6　副显示器显示立面视图

由于 Revit 的主要操作是在平面视图中，所以在主显示器中是针对平面视图的操作，将“属性”面板与“项目浏览器”面板也放置在主显示器中。在主显示器中进行了平面操作之后，不用切换视口直接在副显示器中观察这一步操作的三维变化或立面变化即可，这样会节省由频繁切换视图而形成的冗时，将极大地提高作图效率。

使用双屏显示器操作 Revit 的具体情形，读者朋友可以参看本书封底的图片。

# 附录D 管线避让原则

管线之间如果出现交叉、碰撞的情况，宜遵守以下原则进行避让（为了让读者便于理解，一并给出遵循这个原则的原因）：

（1）小管让大管。小管绕弯容易且造价低。

（2）分支管让主干管。分支管一般管径较小，避让理由见第（1）条；另外还有一点，分支管的影响范围和重要性不如主干管。

（3）压力流管让重力流管。重力流管如改变转角和流向，对管内水的流动影响较大。

（4）给水管让排水管。除了上述第（3）条原因外，通常排水管管径大且水中杂质多。

（5）常温管让高（低）温管。高于常温的管线要考虑排气；低于常温的管线要考虑防结露和保温。

（6）低压管让高压管。高压管造价高且强度要求也高。

（7）气体管让水管。水流的动力消耗大，水管的施工难度偏大一些。

（8）金属管让非金属管。金属管易弯曲、切割和连接，施工方便一些。

（9）一般管道让通风管。通风管道体积大，绕弯困难。

（10）阀件少的管线让阀件多的管线。考虑安装、操作和维护等因素。

（11）施工简单的管线让施工难度大的管线。这是从避免增加安装难度方面考虑的。

（12）检修次数少的管线让检修次数多的管线。这是从后期维护方面考虑的。

（13）临时管线避让永久管线。这是从管线使用寿命方面考虑的。

（14）新建管线避让已建成的管线。这是从减少造价、工程量和施工难度等方面考虑的。

# 推荐阅读

**卫老师环艺教学实验室重磅力作，实战案例教学+同步视频教学**
**Autodesk认证Revit讲师11年设计院工作经验的总结，免费赠送超值配套学习资源**

## 基于BIM的Revit建筑与结构设计案例教程

作者：卫涛 阳桥 柳志龙 等 书号：978-7-111-57644-0　定价：79.00元

赠送20小时共79段高品质同步配套教学视频与教学PPT等配套学习资源
89个操作技巧与绘图心得 +15张建筑设计图纸+6张结构设计图纸+ QQ群答疑解惑

本书以一个真实的小型公共建筑项目案例贯穿全书，以小衬大，全面介绍了房屋建筑中建筑设计和结构设计两个专业的多项内容。

建筑设计：墙、建筑柱、地面、楼面、屋面、女儿墙、檐口、天沟、地坪、花池、无障碍坡道、雨蓬、栏杆、门洞、普通门、双开门、子母门、百叶门、门联窗、普通窗、高窗、窗框、装饰条、有框幕墙、无框幕墙、坐式与蹲式大便器、小便器、卫生间隔板隔断、无障碍抓杆、楼梯。

结构设计：垫层、杯口式基础、基础梁、框架柱、框架梁、楼板和屋顶。

## 基于BIM的Revit与广联达工程算量计价交互

作者：卫涛 刘依莲 高洁 等　书号：978-7-111-57907-6　定价：99.00元

赠送16小时共61段高品质同步配套教学视频与教学PPT等配套学习资源
85个操作技巧与绘图心得 + 15张建筑设计图纸 + 8张结构设计图纸 + QQ群答疑解惑

本书以一个真实的住宅楼项目案例贯穿全书，介绍了基于BIM的Revit软件建模，以及使用Revit软件与广联达软件对房屋建筑进行交互算量和计价的全过程。具体针对的结构构件有基础、基础梁、梁、板、柱、梯梁、梯板、梯柱等；针对的建筑构件有内墙、外墙、地面、楼面、屋面、风道、楼梯、散水、檐口、地漏、栏杆、坡道、门窗等。书中不仅介绍了在Revit中计算工程量，还介绍了Revit模型导入广联达后统计工程量的交互方法，体现了基于BIM技术的不同算量思路。